U0172342

"十三五"国家重点图书出版规划项目

湖北省公益学术著作出版专项资金资助项目

智能制造与机器人理论及技术研究丛书

总主编　丁汉　孙容磊

压电驱动技术

刘英想　邓 杰　陈维山◎著

PIEZOELECTRIC ACTUATION TECHNOLOGIES

华中科技大学出版社

http://www.hustp.com

中国·武汉

内 容 简 介

本书从高端装备发展对精密驱动技术的实际需求出发,系统阐述了压电驱动技术的定义、特点、分类及研究现状,对压电材料、压电驱动基本结构形式及激励方法进行了概括性介绍,着重论述了著者团队在模态复合型压电驱动器、旋转型直驱压电驱动器、尺蠖型压电驱动器、惯性致动型压电驱动器、行走型压电驱动器方面的最新研究成果,详细介绍了著者团队在多自由度压电驱动技术和跨尺度压电驱动技术两个领域的最新研究进展,并对压电驱动技术的典型应用进行了总结和分析。

图书在版编目(CIP)数据

压电驱动技术/刘英想,邓杰,陈维山著.—武汉:华中科技大学出版社,2022.7
(智能制造与机器人理论及技术研究丛书)
ISBN 978-7-5680-7913-6

Ⅰ.①压… Ⅱ.①刘… ②邓… ③陈… Ⅲ.①压电驱动器 Ⅳ.①TP333

中国版本图书馆 CIP 数据核字(2022)第 028857 号

压电驱动技术
Yadian Qudong Jishu
刘英想 邓 杰 陈维山 著

策划编辑:俞道凯 张少奇
责任编辑:姚同梅
封面设计:原色设计
责任监印:周治超
出版发行:华中科技大学出版社(中国·武汉)   电话:(027)81321913
　　　　　武汉市东湖新技术开发区华工科技园   邮编:430223
录　排:武汉市洪山区佳年华文印部
印　刷:湖北新华印务有限公司
开　本:710mm×1000mm 1/16
印　张:27.75
字　数:478 千字
版　次:2022 年 7 月第 1 版第 1 次印刷
定　价:198.00 元

本书若有印装质量问题,请向出版社营销中心调换
全国免费服务热线:400-6679-118 竭诚为您服务
版权所有 侵权必究

智能制造与机器人理论及技术研究丛书

专家委员会

主任委员 熊有伦（华中科技大学）

委　　员（按姓氏笔画排序）

卢秉恒（西安交通大学）　　朱　荻（南京航空航天大学）　　阮雪榆（上海交通大学）

杨华勇（浙江大学）　　　　张建伟（德国汉堡大学）　　　　邵新宇（华中科技大学）

林忠钦（上海交通大学）　　蒋庄德（西安交通大学）　　　　谭建荣（浙江大学）

顾问委员会

主任委员 李国民（佐治亚理工学院）

委　　员（按姓氏笔画排序）

于海斌（中国科学院沈阳自动化研究所）　　　　王飞跃（中国科学院自动化研究所）

王田苗（北京航空航天大学）　　　　　　　　　尹周平（华中科技大学）

甘中学（宁波市智能制造产业研究院）　　　　　史铁林（华中科技大学）

朱向阳（上海交通大学）　　　　　　　　　　　刘　宏（哈尔滨工业大学）

孙立宁（苏州大学）　　　　　　　　　　　　　李　斌（华中科技大学）

杨桂林（中国科学院宁波材料技术与工程研究所）　张　丹（北京交通大学）

孟　光（上海航天技术研究院）　　　　　　　　姜钟平（美国纽约大学）

黄　田（天津大学）　　　　　　　　　　　　　黄明辉（中南大学）

编写委员会

主任委员 丁　汉（华中科技大学）　　孙容磊（华中科技大学）

委　　员（按姓氏笔画排序）

王成恩（上海交通大学）　　方勇纯（南开大学）　　　　　史玉升（华中科技大学）

乔　红（中国科学院自动化研究所）　孙树栋（西北工业大学）　　杜志江（哈尔滨工业大学）

张定华（西北工业大学）　　张宪民（华南理工大学）　　　范大鹏（国防科技大学）

顾新建（浙江大学）　　　　陶　波（华中科技大学）　　　韩建达（南开大学）

蔺永诚（中南大学）　　　　熊　刚（中国科学院自动化研究所）　熊振华（上海交通大学）

作者简介

▶ **刘英想**　工学博士，教授，博士生导师，哈尔滨工业大学青年科学家工作室负责人、黑龙江省"头雁"团队骨干成员、哈尔滨工业大学机器人技术与系统国家重点实验室骨干成员，*IEEE Transactions on Industrial Electronics*编委（Associate Editor）、*IEEE Transactions on Robotics*编委（Associate Editor）、《振动工程学报》青年编委、中国机械工程学会高级会员、IEEE 高级会员、中国机械工程学会机器人分会第一届委员会委员、中国人工智能学会智能机器人专业委员会委员。主要研究方向为压电驱动理论与技术、机器人理论与技术。出版专著1部，在国际及国内权威期刊上发表学术论文160余篇，获国家发明专利授权120余项。主持国家自然科学基金联合基金重点项目、国家自然科学基金优秀青年科学基金、国家自然科学基金"共融机器人基础理论与关键技术研究"重大研究计划培育项目、国家自然科学基金面上项目、高等学校全国优秀博士学位论文作者专项资金资助项目、霍英东教育基金会第十五届高等院校青年教师基金项目等各类项目共20余个。获黑龙江省科学技术奖自然科学奖二等奖、技术发明奖二等奖，黑龙江省高校科学技术奖自然科学奖一等奖，第二届上银优秀机械博士论文奖铜奖，第四届中华优秀出版物图书提名奖。

作者简介

▶ **邓杰**　工学博士，讲师。主要研究方向为压电微纳操控机器人和微小型机器人。在国际及国内权威期刊发表学术论文50余篇，获国家发明专利授权10余项。主持国家自然科学基金青年基金项目和中国博士后基金面上项目。

▶ **陈维山**　工学博士，二级教授，博士生导师，哈尔滨工业大学机器人技术与系统国家重点实验室骨干成员，黑龙江省"头雁"团队骨干成员，中国电子学会会士，中国电子学会电子机械分会理事。主要研究方向为压电超声电机、飞行器半实物仿真技术、超声减摩技术、仿生机器人。出版专著1部，发表学术论文200余篇，获国家发明专利授权近100项。主持国家自然科学基金项目等各类项目50余个。获国家科学技术进步奖二等奖、国防科学技术进步奖一等奖、国防科学技术进步奖二等奖、黑龙江省科学技术奖技术发明奖二等奖、黑龙江省科学技术奖自然科学奖二等奖等各类科研奖项共计15项。

 # 总序

近年来，"智能制造＋共融机器人"特别引人瞩目，呈现出"万物感知、万物互联、万物智能"的时代特征。智能制造与共融机器人产业将成为优先发展的战略性新兴产业，也是"中国制造 2049"创新驱动发展的巨大引擎。值得注意的是，智能汽车与无人机、水下机器人等一起所形成的规模宏大的共融机器人产业，将是今后 30 年各国争夺的战略高地，并将对世界经济发展、社会进步、战争形态产生重大影响。与之相关的制造科学和机器人学属于综合性学科，是联系和涵盖物质科学、信息科学、生命科学的大科学。与其他工程科学、技术科学一样，制造科学、机器人学也是将认识世界和改造世界融合为一体的大科学。20世纪中叶，*Cybernetics* 与 *Engineering Cybernetics* 等专著的发表开创了工程科学的新纪元。21 世纪以来，制造科学、机器人学和人工智能等领域异常活跃，影响深远，是"智能制造＋共融机器人"原始创新的源泉。

华中科技大学出版社紧跟时代潮流，瞄准智能制造和机器人的科技前沿，组织策划了本套"智能制造与机器人理论及技术研究丛书"。丛书涉及的内容十分广泛，热烈欢迎各位专家从不同的视野、不同的角度、不同的领域著书立说。选题要点包括但不限于：智能制造的各个环节，如研究、开发、设计、加工、成形和装配等；智能制造的各个学科领域，如智能控制、智能感知、智能装备、智能系统、智能物流和智能自动化等；各类机器人，如工业机器人、服务机器人、极端机器人、海陆空机器人、仿生/类生/拟人机器人、软体机器人和微纳机器人等的发展和应用；与机器人学有关的机构学与力学、机动性与操作性、运动规划与运动控制、智能驾驶与智能网联、人机交互与人机共融等；人工智能、认知科学、大数据、云制造、物联网和互联网等。

本套丛书将成为有关领域专家、学者学术交流与合作的平台，青年科学家茁壮成长的园地，科学家展示研究成果的国际舞台。华中科技大学出版社将与

施普林格（Springer）出版集团等国际学术出版机构一起，针对本套丛书进行全球联合出版发行，同时该社也与有关国际学术会议、国际学术期刊建立了密切联系，为提升本套丛书的学术水平和实用价值，扩大丛书的国际影响营造了良好的学术生态环境。

近年来，高校师生、各领域专家和科技工作者等各界人士对智能制造和机器人的热情与日俱增。这套丛书将成为有关领域专家、高校师生与工程技术人员之间的纽带，增强作者与读者之间的联系，加快发现知识、传授知识、增长知识和更新知识的进程，为经济建设、社会进步、科技发展做出贡献。

最后，衷心感谢为本套丛书做出贡献的作者和读者，感谢他们为创新驱动发展增添正能量、聚集正能量、发挥正能量。感谢华中科技大学出版社相关人员在组织、策划过程中的辛勤劳动。

华中科技大学教授

中国科学院院士

熊有伦

2017 年 9 月

 前言

精密驱动是高端装备领域的一项共性支撑技术,精密驱动设备的行程、速度和精度等指标将直接决定装备的加工精度、机器人的操控精度、仪器的检测精度、航天器的飞行轨迹精度和武器系统的打击精度等。例如,超精加工运动平台、大规模集成电路加工、MEMS(microelectromechanical system,微机电系统)器件封装、细胞精细操控等均对驱动系统的各项指标提出了极为苛刻的要求,部分指标已超出目前所能达到的极限。因此,在寻求高端装备技术突破过程中最为基础和亟待攻克的问题之一就是要发展新型的精密驱动技术。压电驱动技术具有结构简单、构型多样、力密度高、精度高、响应快、断电自锁、无电磁干扰、环境适应性好等突出优势,已成为推动高端装备向高精尖方向发展的一项核心技术,超精加工、半导体制造、机器人、精密仪器、生命科学、航空航天和武器装备等领域对其均具有迫切的应用需求。压电驱动技术可为高端装备的突破和发展提供坚实的理论和技术基础,具有重要的科学意义和突出的实用价值。

本书共分十章:

第1章叙述了压电驱动技术的定义、特点及分类,详细介绍了不同类型压电驱动器的国内外研究现状。

第2章简要介绍了压电材料及其基本特性,分析了两种常用的压电驱动器基本结构形式,并进一步对压电驱动器采用的基本运动模式及激励方法、弹性体基本振动模态及激励方法进行了详细的分析。

第3章以采用谐振工作模式的模态复合型超声压电驱动器为对象,详细分

析了常用的基本振动模态组合方式,并对著者团队所提出的纵-纵复合型、纵-弯复合型、弯-弯复合型超声压电驱动器进行了详细分析。

第 4 章以直驱压电驱动器为研究对象,详细介绍了著者在旋转型压电驱动器领域的研究成果,提出了三种新型旋转型直驱压电驱动器。

第 5 章简单介绍了尺蠖型压电驱动器的基本工作原理及特点,对著者团队所提出的尺蠖型压电驱动器进行了详细分析,并重点讨论了尺蠖型压电驱动器中存在的运动耦合问题。

第 6 章分析了惯性致动型压电驱动器的致动原理,并对著者团队所研制的两种类型的惯性致动型压电驱动器进行了详细分析,并重点讨论了惯性压电驱动中存在的位移回退问题。

第 7 章分析了压电驱动器多足协调步进致动原理,并对著者团队所研制的直线型和旋转型压电驱动器进行了详细分析。

第 8 章提出了单足多维轨迹致动和多足协调致动两种适用于压电驱动维度拓展的新思想,并对著者团队提出的四种多自由度压电驱动器进行了详细分析。

第 9 章提出了基于多模式融合来实现跨尺度压电驱动的新思想,并对著者团队所研制的两种具备跨尺度驱动能力的新型压电驱动器进行了详细分析。

第 10 章分析了压电驱动技术的典型应用。

本书第 1 章和第 2 章由刘英想、邓杰和陈维山共同撰写,第 3 章至第 10 章由刘英想和邓杰共同撰写,全书由刘英想修改定稿。本书吸收了著者团队已毕业/在读博士和硕士研究生杨小辉、徐冬梅、田鑫琦、王良、于洪鹏、卢飞、杜鹏飞、常庆兵、张仕静、史东东、闫纪朋、刘宇阳、赵亮亮、谷志征、申志航、沈强强、王云、高祥、李京、张彬瑞、李宜卿、荀铭鑫等人的研究成果。这些研究成果是著者团队集体创造和智慧的结晶。

本书的出版是国家自然科学基金(资助项目包括:优秀青年科学项目 51622502,联合基金项目 U1913215,面上项目 51475112,青年科学基金项目 51105097)、高等学校全国优秀博士学位论文作者专项资金(资助项目编号为 201424)、霍英东教育基金会第十五届高等院校青年教师基金(资助项目编号为 151053)、中国博士后科学基金(特别资助项目,编号为 2013T60357)等基金,以及机器人技术与系统国家重点实验室(自主课题,编号为 SKLRS201801B、

SKLRS201605B)、数字制造装备与技术国家重点实验室（开放课题，编号为DMETKF2015008)、机械结构力学及控制国家重点实验室（开放课题，编号为MCMS-0315K01)资助的结果，在此表示深切的谢意。

特别感谢曾经支持过我们研究工作的专家和学者们，他们是：蔡鹤皋院士、邓宗全院士、刘宏院士、王子才院士、赵淳生院士、赵杰教授、孙立宁教授、姚郁教授、谢晖教授、刘军考教授。

压电驱动技术涉及多个学科，限于著者的研究水平，加之所列举的部分压电驱动器还处于实验室研究阶段，本书中难免存在不妥之处，恳请广大读者批评、指正。

刘英想

2021 年 10 月

目录

第 1 章
绪论

1.1 压电驱动技术概述

1.1.1 压电驱动的定义和致动原理

压电驱动是一种利用压电材料逆压电效应将电能转换为机械能,从而进行运动输出的新型驱动技术,具有响应快、分辨力高等突出优点,已被广泛应用于各种精密驱动领域。

对于直驱(即直接驱动)压电驱动器,压电陶瓷元件在外部电场的作用下会产生微小的机械变形,这种机械变形可直接用于实现微小尺度工作范围内的纳米级精细操控。直驱压电驱动器基本致动原理如图 1-1(a)所示。

此外,压电陶瓷元件和金属弹性体可以组成特定形状的弹性复合体,通过给压电陶瓷元件施加特定形式的激励信号,实现定子弹性体低频运动/高频振动的激励,进而在定子弹性体驱动区域内质点处获得具有驱动作用的运动轨迹(直线、斜线、矩形、三角形、椭圆运动轨迹等),进一步通过定子和动子之间的摩擦耦合实现动子的宏观运动输出。这种致动原理可以通过微小步距重复累积的方式实现大行程输出,且在大行程输出过程中存在两个能量转换的过程:一个是通过逆压电效应将电能转换为定子微观运动的机械能的过程,另一个是通过摩擦耦合将定子微观运动转换为动子宏观运动的过程。行波超声压电驱动器为采用此致动原理的代表。图 1-1(b)示出了典型行波超声压电驱动器的致动原理:通过施加两相交流激励电压,A 相和 B 相压电陶瓷片分别在定子弹性体中激励出一列同型驻波,两列驻波在时间上和空间上均具有 $90°$ 的相位差;当两列驻波振幅一致时,叠加的结果是在定子中形成一列行波,在行波作用下定子表面上的质点按椭圆轨迹运动,进一步通过摩擦耦合推动压在定子上的动子产生宏观运动。

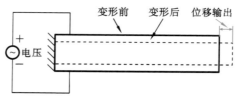

（a）直驱压电驱动器

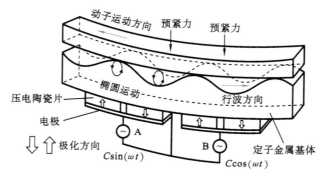

（b）行波超声压电驱动器

图 1-1　压电驱动器基本致动原理

1.1.2　压电驱动技术的起源

自从 1880 年压电效应被发现以来,研究人员多次尝试利用逆压电效应获得驱动器的大行程机械运动输出。1927 年,Meissner 申请了一项名为"将电振荡转换为机械运动"(*Converting electrical oscillations into mechanical movement*)的美国专利[1]。这是著者查阅到的最早的有关压电驱动技术的专利。该专利所述驱动器由一个压电板和一对非对称杆臂组成,如图 1-2 所示。向压电板的顶面和底面施加驱动信号,会激发出压电板的扭转运动,实现旋转运动输出。1948 年,Williams 和 Brown 申请了一个"压电电机"的专利[2],该压电电机

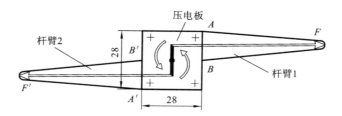

图 1-2　Meissner 申请专利的驱动器结构

即压电驱动器,其结构如图 1-3 所示。电机定子为正方形截面金属梁和两组压电陶瓷片组成的弹性复合体,通过给压电陶瓷片施加交变电压,可激励弹性复合体产生两个同频正交弯振(即弯曲振动),进而在弹性体末端质点合成出具有驱动作用的椭圆轨迹运动,通过摩擦耦合驱动动子周期性动作。该专利充分揭示了步进式压电驱动器的基本原理。20 世纪 60 年代初期,Archangelskij[3] 和 Lavrinenko[4] 提出了各自不同结构的压电驱动器,由于当时高压电常数的压电陶瓷尚没有问世,加之当时的驱动结构也不尽合理,这些驱动器也就仅停留在理论层面,并没有产生实用价值。在 70 年代初,美国 IBM 公司的研究者 Barth[5] 和 Vishnewski[6] 将压电驱动器的研究工作又推进了一步,研制出了能初步动作的原型机。而后,伴随着以叠堆型压电驱动器和行波型超声压电驱动器为典型代表的各类新型压电驱动器的出现,压电驱动技术受到了广泛关注,并逐渐成为精密驱动技术领域的研究热点和主要研究方向。

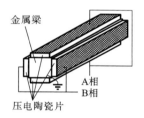

图 1-3　Williams 和 Brown 的压电驱动器结构

1.1.3　压电驱动器的特点

压电驱动技术由于其独特的致动原理和技术特点,在研究应用中表现出如下优点[7-11]:

(1)位移分辨力高。压电驱动器依靠压电材料在逆压电效应下的机械变形实现位移输出,通过激励信号的调控,可轻易达到纳米级位移分辨力。

(2)响应速度快。由于压电材料的电气时间常数很小,压电驱动器的响应时间可达毫秒级甚至更短。

(3)出力密度高。如截面尺寸为 10 mm×10 mm 的叠堆型压电驱动器的最大输出力达 7000 N,而超声压电驱动器的输出力密度可以达到电磁电机的 5~10 倍。

(4)低速大推力。压电驱动器不需减速机构即可直接驱动负载实现低速运动输出,可以实现系统质量、体积的减小及构型的简化,以小体积实现低速大推力输出。

（5）构型多样。压电陶瓷元件工作模式的多样性、压电陶瓷元件极化方式的多样性、定子弹性体运动形式的多样性和定子弹性体振动模态的多样性,使得压电驱动器呈现构型多样的典型特点,以及易于满足对不同运动形式、不同结构尺寸及不同机械输出能力的差异化需求。

（6）断电自锁。基于摩擦驱动的压电驱动器在断电后定子与动子之间的接触力会转换为静摩擦力,可以完成自锁,从而实现动子系统的姿态保持,不需要额外的锁紧装置。

（7）无电磁干扰,且不受电磁干扰。由于压电驱动器无铁芯和线圈,不产生磁场,也不受外界磁场干扰,因此其抗电磁干扰性强,特别适合用在致动器件对电磁敏感的情况下。

（8）环境适应性好。压电驱动器能在高压、低温(零下 60 ℃)、高温(数百摄氏度)及真空环境中工作,也可在核辐射环境、高磁场环境等恶劣环境中工作。

（9）运动形式多样化。压电驱动实现直线运动和旋转运动输出无本质差异,主要依赖于动子系统的设计;此外,采用单个定子来实现多自由度运动输出也较为简单。

当然,压电驱动器由于致动原理限制也存在如下局限:

（1）对驱动电源要求严格。压电元件完成电能到机械能的转换需要采用专用电源激励,高位移分辨力特性要求电源的输出信号分辨力高且稳定性好,快速响应特性则要求电源的功率尽可能大。此外,工作于谐振模式的压电驱动器则又要求驱动电源具备高电压、低纹波等特点,并且具有谐振频率跟踪功能。

（2）输出功率较小。压电驱动器的输出功率与其体积成一定的正比关系,但是受加工工艺、加工成本、谐振频率、电源功率等因素的综合影响,其输出功率的提升存在瓶颈,超声致动型压电驱动器的输出功率一般不会超过 100 W。综合而言,压电驱动器更加适合用于小功率驱动领域。

（3）输出存在非线性。压电材料存在典型的迟滞、蠕变等非线性特性,这使得压电驱动器实现精密运动控制较为麻烦。

（4）成本较高。相较于传统电磁电机,压电材料及压电驱动器的制作工序较复杂,尚未建立标准的流程,也尚未形成产业规模,这导致其成本较高。

目前,以上四个典型缺陷在一定程度上限制了压电驱动器的大规模应用。

1.1.4　压电驱动器的分类

在过去几十年的研究中,涌现出了采用各种原理、不同形式和结构的压电驱动器,但是其分类一直比较模糊。可以按多种方法对压电驱动器进行分类:按振动模式将其分为谐振型和非谐振型,按输出形式将其分为单自由度型和多自由度型,按致动模式将其分为超声致动型、尺蠖型、惯性致动型、行走致动型和直接致动型,如图 1-4 所示。

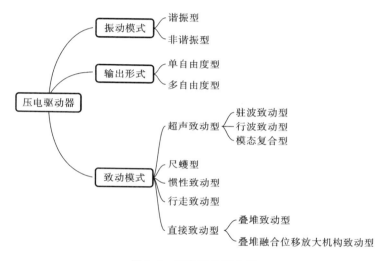

图 1-4　压电驱动器分类

1.2　压电驱动技术研究方向概述

压电驱动技术已有数十年的发展历史,综合考虑基础科学研究和实际应用需求,压电驱动技术主要包括以下五个研究方向:

(1) 构型设计。压电驱动器结构灵活多样,面向不同的目标需求开展构型设计及致动原理分析是压电驱动技术最为基础的研究方向之一。

(2) 压电材料。压电驱动器的输出特性与压电材料直接相关,研制性能良好且稳定的压电材料是压电驱动技术取得进一步突破的根本。

(3) 摩擦材料。压电驱动器一般是基于摩擦耦合来实现大行程运动输出的,耦合接触面间的摩擦材料的特性决定了压电驱动器输出的稳定性和使用

寿命。

（4）驱动电源。驱动电源的特性直接决定了驱动器的输出特性，大功率、高分辨力及高稳定性的驱动电源是压电驱动技术的一个重要研究方向。

（5）运动控制。压电驱动的运动控制策略是实现"快、准、稳"运动输出的基础，是该项技术走向实际应用的关键。

下面针对以上五点研究内容，展开压电驱动技术的具体研究现状概述。

1.2.1　构型设计

由于压电陶瓷元件工作模式（d_{31}模式、d_{33}模式、d_{15}模式）、压电陶瓷元件极化方式（如单一方向极化、分区域极化等）、定子弹性体运动形式（纵、弯、扭）和定子弹性体振动模态（纵、弯、扭振及其复合，且振动模态阶数无穷多）的多样性，压电驱动器的构型设计具有极大的灵活性和可创新性。

面向不同领域的差异化需求，关于压电驱动器的新构型设计及致动原理分析得到了最广泛的研究。压电驱动器构型包括圆盘形、圆筒形（见图 1-5（a））、堆叠形（见图 1-5（b））、板形（见图 1-5（c））、直梁形、多交叉梁形等多种，而采用超声致动、尺蠖致动、惯性致动、行走致动和直接致动等不同致动原理的压电驱动器已有商用品。德国 PI 公司研制了如图 1-5（d）所示的 P-721.CLQ 型直线型压电驱动器，其使用直接致动方式获得了 120 μm 的行程、0.5 nm 的位移分辨力[①]；以色列 Nanomotion 公司研制的 FB105 型超声致动型压电驱动器在 25 mm 的行程内线性度可达 1.5 μm[②]；美国 New Scale Technologies 公司研制了 M3-LS 惯性致动型压电驱动器，如图 1-5（e）所示，其尺寸为 28 mm×13.2 mm×7.5 mm、行程为 6 mm，定位精度为 0.5 μm，最大负载为 0.5 N[③]。部分商用压电驱动器已被成功应用于微纳定位、光学扫描成像、材料特性表征、微纳增材制造等领域，如图 1-5（f）～（i）所示。当前压电驱动器的发展对构型设计提出了更高的要求，包括小体积、高功率密度、结构简单、一机多能等。

表 1-1 汇总了采用不同致动模式的压电驱动器的基本特性。通过对比可以发现：超声致动型压电驱动器的优点是结构灵活、输出速度及输出力大；缺点是易发热、驱动足可被磨损，导致驱动器损失精度并影响其使用寿命，适用于要求微米级精度和大工作范围输出的领域。惯性致动型压电驱动器的优点是结构

---

① 参见 www.physikinstrumente.de.

② 参见 www.nanomotion.com.

③ 参见 www.newscaletech.com.

（a）圆筒形压电　　（b）堆叠形压电　（c）板形压电　（d）直接致动直线型　（e）惯性致动型
　　驱动器　　　　　　驱动器　　　　　驱动器　　　　压电驱动器　　　　压电驱动器

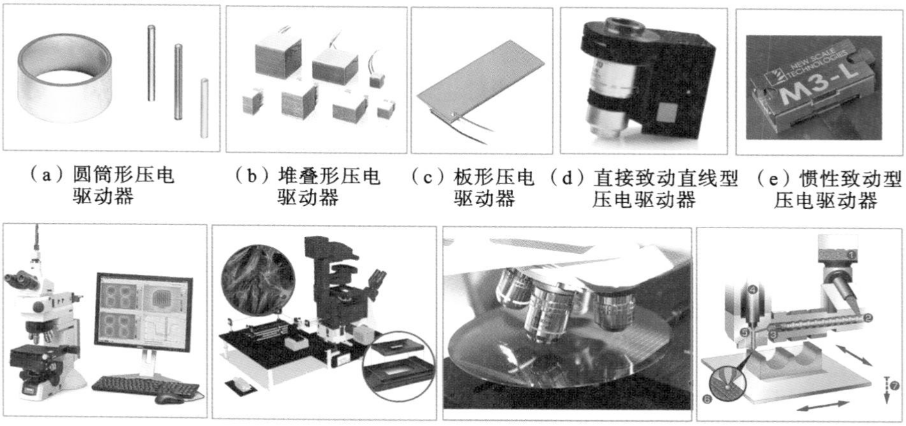

（f）微纳定位　　　（g）光学扫描成像　　　（h）材料特性表征　　　（i）微纳增材制造

图 1-5　压电驱动器及其应用

和激励信号简单、输出速度较大，但存在位移回退、输出力小等缺点，适用于低速、大行程、微米级精度及小驱动力领域。行走致动型压电驱动器的优点是利用静摩擦力驱动，摩擦磨损较小，易于实现亚微米级分辨力，步距重复性好，但

表 1-1　不同致动模式下压电驱动器的基本特性对比

致 动 模 式	结构 复杂性	输 出 性 能	驱动力类型	缺　　点
超声致动	中等	每秒数米的输出速度、大行程、亚微米级分辨力、上百牛顿输出力	滑动摩擦力	易发热，驱动足易磨损而造成精度损失
惯性致动	简单	每秒数毫米的输出速度、大行程、微米级分辨力、牛顿级输出力	滑动和静摩擦力	存在位移回退，驱动足会有一定磨损，输出力较小
行走致动	复杂	每秒数十到上百微米的输出速度、大行程、亚微米级分辨力、数十牛顿输出力	静摩擦力	结构以及激励信号复杂
直接致动（叠堆型）	简单	微米级行程、亚纳米级分辨力、千牛级输出力	轴向力	行程小
直接致动（叠堆结合放大机构）	复杂	微米级行程、纳米级分辨力、上百牛顿输出力	轴向力	行程较小、结构较复杂

其结构和激励信号复杂,输出速度较小,一般为每秒数十到上百微米。采用压电叠堆直接致动的直驱压电驱动器的优点是输出力大,易于实现纳米级分辨力,激励信号简单,易于控制;但存在输出行程小的缺点,虽然可通过结合柔性放大机构放大输出位移,但同时会导致结构复杂,动态性较差。由此可见,工作在单种致动模式下的压电驱动器不能同时实现大行程和纳米级分辨力的致动输出。

针对此问题,研究人员设计了可工作在多致动模式下的压电驱动器[12,13],用以实现兼顾大行程和纳米级分辨力的致动输出。在直接致动模式下可以获得纳米级分辨力,在超声致动、惯性致动或行走致动模式下可获得大行程致动输出。综合而言,在构型设计及致动原理方向的研究重点是要克服已有不同构型及致动模式压电驱动器存在的典型不足。在机械输出特性层面,实现快速、大行程、大输出力、高精度、多维度、高力密度和高效率等指标的兼顾是该研究方向的核心目标,追求这七个指标上的突破;在应用层面,需要解决压电驱动器长时间连续工作时的寿命和稳定性等问题。

1.2.2　压电材料

1880 年,Jacques Curie 和 Pierre Curie 兄弟在石英晶体上首次发现了压电效应,石英晶体的压电效应源于它的不对称中心晶体结构;次年,居里兄弟通过实验验证了逆压电效应,关于压电材料的研究也由此开始。1916 年,朗之万发明了石英晶体声换能器(quartz crystal acoustic transducer),将应用于水下声波发射和声回波接收,并成功探测到了水下潜行的潜艇。1942 年,美国、俄罗斯、日本的三个研究组几乎同时发现钛酸钡($BaTiO_3$)铁电陶瓷。在居里温度以下,这种铁电陶瓷的晶粒属于一种具有不对称中心的四方相晶体结构并拥有自发极化能力,经过高电压极化处理后,铁电陶瓷的晶粒具有很强的剩余极化强度,因此可产生很强的压电效应,它的压电系数是石英晶体的 60 倍。1954 年,B. Jaffe 发现铁电体钛酸铅($PbTiO_3$)与反铁电体锆酸铅($PbZrO_3$)可以形成连续固溶体——锆钛酸铅($Pb(Zr,Ti)O_3$,PZT),PZT 在准同型相界(morphotropic phase boundary,MPB)附近的组分具有优异的压电性能。与 $BaTiO_3$ 压电陶瓷相比,PZT 压电陶瓷具有更大的压电系数和更好的温度稳定性,很快便取代 $BaTiO_3$ 压电陶瓷成为目前应用最广泛的压电材料之一。PZT 压电陶瓷自其被发现以来,数十年间一直占据压电材料领域的统治地位[14]。

常用的 PZT 压电陶瓷属于压电弛豫单晶体材料,具有较大的压电系数和机电耦合因子,在所有弛豫铁电单晶中,PMN-PT(铌镁酸铅-钛酸铅)、PZN-PT

（铌锌酸铅-钛酸铅）、PIN-PT（铌铟酸铅-钛酸铅）和 KNN（铌酸钾钠）在过去 20年中得到了广泛的研究。虽然 PZT 压电陶瓷机电耦合系数较大，但它们存在着脆硬和易碎等固有缺点。将压电陶瓷薄膜粘接到金属基体上形成的贴片式结构，可在保持陶瓷应变性能的基础上缓解其易碎的不足。这种结构得到了广泛的研究与应用，其中以夹心式结构最具代表性，已经在多种设备里得到了应用。

相对压电弛豫单晶体材料而言，聚合物型压电材料具有质量小、柔韧性好等优点，其中以聚偏二氟乙烯（PVDF）最具代表性。它兼具氟树脂和通用树脂的特性，具有良好的耐化学腐蚀性、耐高温性、耐氧化性、耐射线辐射性，在柔性电子领域有着广泛的应用前景。虽然压电聚合物具有特殊的优点，但它们的压电耦合性能明显较压电陶瓷（如 PZT）差，驱动性能欠佳[15]。使用简单、低成本和可重复的工艺改善 PVDF 的压电耦合性能已成为一个研究热点，现有的加工方法为热塑性塑料加工，如挤塑、注塑、浇注、模塑及传递模塑（传递成型），如何优化这些工序，获得特性更好的压电聚合物是近年来功能材料领域的一个重要研究方向。

1.2.3 摩擦材料

压电驱动技术一般需要基于定子与动子之间的摩擦耦合，完成动子的步进致动，以实现大行程运动输出。因此，定、动子间的摩擦材料决定了压电驱动器输出特性的稳定性。压电驱动器中包括压电材料在内的其他组成部件的材料一般比摩擦材料更耐用，所以压电驱动器的寿命主要由摩擦材料决定。摩擦材料的选择类似于制动器的选择——既要有高摩擦系数，又要有优异的耐磨性[16]。金属材料摩擦配副的接触界面磨损剧烈而性能寿命较短[17]，不适合压电驱动器的长时间稳定运行。近年来，工程陶瓷和高聚物基复合材料以其良好的摩擦性能，成为压电驱动技术中摩擦材料发展的主要方向。

氧化铝（Al_2O_3）凭借其高硬度、强惰性、低磨损率和相对较高的摩擦系数在早期压电驱动器中应用较多[18]。然而，Al_2O_3 及与其组合的摩擦配副虽具有理想的使用寿命，但采用该材料的压电驱动器在运行过程中的速度稳定性并非最佳。近年来，聚四氟乙烯（PTFE）因其低摩擦系数、良好的自润滑性、良好的高温稳定性和化学稳定性、低表面能等优异特性而备受关注，在长期和大量预压下可减少黏结损伤；但是聚四氟乙烯在正常摩擦条件下表现出高磨损率，这限制了其应用领域。与聚四氟乙烯相比，聚酰亚胺（PI）基复合材料是一种更适合用于压电驱动器的摩擦材料，可通过填充纤维、添加固体润滑剂和纳米颗粒等方法提高其耐磨性。在复合材料中,纤维承担了施加的载荷,而固体润滑剂提高了聚合物的耐磨性,相关研究将是压电驱动技术摩擦材料领域的另一个研究方向。

兼有大摩擦系数、高耐磨性和高稳定性的摩擦材料一直是摩擦学领域的研究热点,但是任何一种摩擦材料都不可避免地存在磨损及特性衰减的问题,这也会直接导致压电驱动器的特性产生不确定的演变。针对该问题的另一个有效解决思路是将摩擦耦合界面之间的相对滑动尽量弱化,甚至完全消除动摩擦现象,实现基于静摩擦力的高效率、低磨损/无磨损的压电致动。从该角度而言,尺蠖型压电驱动器和行走型压电驱动器均可以实现基于静摩擦力的步进驱动,这将极大地弱化摩擦耦合界面的磨损问题,保证压电驱动器可以实现长周期、高可靠性和高稳定性服役。

1.2.4 驱动电源

驱动电源的输出性能好坏直接决定了压电驱动器能否产生高效、准确、稳定的运动输出。压电驱动器从电学角度可以等效为容性器件,各类压电驱动器的静态电容量一般处于几纳法至数十微法的水平,工作频率则可为某一极低频率至数十千赫兹。驱动电源激励压电驱动器的过程通常可视为电容的充放电过程,为了产生快速的机械响应,压电驱动电源必须具备相当高的有效电荷转移速率,即对压电驱动器这类容性负载具有较快的充放电能力。此外,恰当的工作带宽、稳定且低噪声的输出信号也是压电驱动器对其驱动电源的重要要求。因此,压电驱动电源的开发往往是以特定压电驱动器的电容量水平、工作频率范围、信号噪声要求等重要因素为参考的。简而言之,压电驱动器配套驱动电源的开发也是精密压电驱动技术研究的一项重要任务,其对压电驱动器的实际应用具有重要的助推作用。

压电驱动电源的基本结构如图1-6所示。压电驱动电源通常包含主控模块、波形发生模块和功率放大模块。激励信号的基本参数由主控模块控制,并通过波形发生器产生特定波形的信号,并将该信号接入功率放大模块进行电压和功率放大,从而获得具有一定功率的电信号并用于激励压电驱动器产生运动输出。

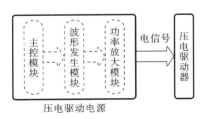

**图1-6 压电驱动电源基本
结构及应用示意图**

根据压电驱动电源中功率放大模块电路原理的不同,压电驱动电源通常可分为电荷控制型和电压控制型两大类[19]。电荷控制型压电驱动电源也称为电流控制型压电驱动电源,这类压电驱动电源具有良好的开环线性特性,带载能力强,频带宽,可在一定程度上改善压电驱动器输出的迟滞和蠕变非线性特性[20]。但这类电源存在电荷泄漏问题,且容易出现低频特性差、稳定性差、零点漂移难以控制等问题[21]。电压控制型压电驱动电源通过控制压电驱动器激励电极之间的电压来控制其位移输出,通常具有结构简单、稳定性强等优点。电压控制型压电驱动电源目前主要有两种,一种是基于直流变换原理的开关式压电驱动电源,另一种则是基于线性放大器件的直流放大式压电驱动电源。典型的开关式压电驱动电源和直流放大式压电驱动电源功率放大电路结构分别如图 1-7 和图 1-8 所示。

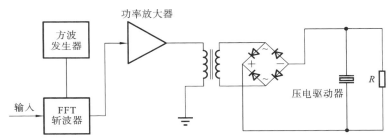

图 1-7　开关式压电驱动电源功率放大电路

注:FFT 指快速傅里叶变换。

开关式压电驱动电源采用脉冲宽度调制(PWM)技术[22],具有功率损耗小、效率高、体积小、成本低的优点,但其高频干扰大、输出纹波较大、动态频率范围较窄[23]、输出信号类型较为单一,对于要求具有宽频、高精度以及多类型信号输出的压电驱动器适用性较差。直流放大式压电驱动电源则采用运算放大电路,通常具有动态频率宽、输出信号稳定、电压精度高、低纹波等特性[24],有利于激励压电驱

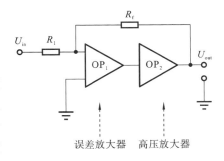

图 1-8　直流放大式压电驱动电源功率放大电路

动器产生高精度和宽频带的运动输出。尽管直流放大式压电驱动电源价格较高、功耗较大,但它仍然逐步成为压电驱动电源的主要技术方案。

1.2.5　运动控制

压电驱动技术目前已被广泛应用于原子力显微镜、自适应光学系统、伺服阀、燃油喷射系统、微操作器等诸多微纳定位系统,可实现毫米级至亚纳米尺度的高分辨力位移输出。如图1-9所示,一个典型的压电驱动定位系统通常由压电驱动器及末端执行部分、驱动模块、传感检测模块、控制系统等组成。压电驱动定位系统输出性能通常会受到驱动器固有的迟滞、蠕变等非线性动力学特性的影响[25,26]。迟滞往往带来系统定位精度和周期性响应位移重复性的衰减,而蠕变则影响系统的静态定位性能,二者已成为影响压电驱动定位系统性能的关键因素。为此,压电驱动器本身固有的非线性动力学特性已成为精密压电驱动技术领域最受关注的控制问题之一。受多自由度压电驱动器结构形式的影响,多个运动自由度之间可能存在交叉耦合问题,该问题也是多自由度解耦运动控制研究需要解决的难题之一。此外,多数压电驱动器在工作过程中存在摩擦耦合,复杂多变的动态摩擦接触过程也影响着压电驱动器的输出性能。为此,动态摩擦监测与控制也是精密压电驱动技术领域的一个关键问题。

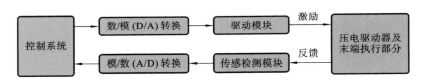

图 1-9　压电驱动定位系统结构示意图

1. 非线性动力学建模与补偿控制

为了克服压电驱动器固有的迟滞和蠕变等非线性问题,国内外学者在非线性动力学建模方面开展了广泛研究。压电驱动器的迟滞效应是指由于晶体极化效应的存在,压电驱动器的输出位移与激励电压并不成线性关系,在输出的升程和回程曲线之间呈现明显的动态滞后误差。该效应往往使得压电驱动器的动态输出能力降低,进而影响着整个系统的性能水平及稳定性。为了描述压电驱动器的迟滞特性,国内外学者开展了广泛的迟滞行为建模研究,所采用的建模方法主要有基于物理属性的迟滞建模和基于现象的迟滞建模。其中基于现象的迟滞建模更受关注,通常采用的模型包括微分方程模型、算子模型和其他多项式模型。文献中广泛报道的部分典型迟滞模型如图1-10所示[27]。压电驱动器的蠕变则是指当其激励电压产生突变之后,驱动器的位移响应产生缓慢漂移的现象。该现象主要影响压电驱动器的绝对定位精度。蠕变主要是由压电材料固有的属性所造成的,因此在设计驱动器之初通过选择合适的压电材料,可有效控制驱动器输出的蠕变特性。用于描述蠕变非线性行为的典型数学

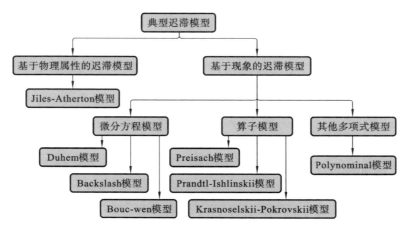

图 1-10 典型的迟滞非线性模型

模型有对数蠕变模型和线性时不变蠕变模型。对数蠕变模型为

$$L(t,u)=L_0\left[1+\gamma(u)\lg\frac{t}{0.1}\right] \tag{1-1}$$

式中:$L(t,u)$——压电驱动器任意时刻 t 在电压 u 激励下产生的输出位移;

L_0——电压输入 0.1 s 后压电驱动器的输出位移;

$\gamma(u)$——蠕变因子。

而线性时不变蠕变模型则可由一系列弹簧和阻尼表示,其数学表达方式为

$$G(s)=\frac{Y(s)}{U(s)}=\frac{1}{K_0}+\sum_{i=1}^{n}\frac{1}{c_is+k_i} \tag{1-2}$$

式中:$U(s)$——频域输入电压;

k_i——弹簧刚度系数;

c_i——阻尼系数。

为了实现压电驱动器输出目标位置的精密定位或运动轨迹的高动态跟踪,国内学者基于上述各类非线性模型,开展了诸多压电驱动器的非线性特性补偿控制研究。压电驱动领域的典型非线性动力学特性和补偿控制策略如图 1-11所示,典型的补偿控制策略包括前馈-反馈控制[28]、前馈控制[29]、重复控制[30]、自适应控制[31]、滑模控制[32-34]、模糊逻辑控制[35]等。借助上述各类控制策略,可实现压电驱动器非线性行为的有效补偿,从而降低系统整体定位和跟踪误差。综上所述,虽然国内外学者已开展了诸多关于迟滞和蠕变非线性行为的建模和补偿控制方法研究,但用于描述压电驱动器非线性行为的精确模型以及更

高效的补偿控制策略依然是该领域的核心研究内容。

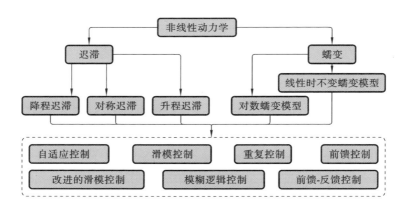

图 1-11　压电驱动领域的典型非线性动力学特性及补偿控制策略

2. 交叉耦合控制

压电驱动器的交叉耦合是指其多个运动在激励时产生的轴间耦合现象,该现象是限制压电驱动多自由度定位系统运动精度的一个重要因素。值得注意的是,减少交叉耦合的根本措施在于压电驱动器的结构设计,即通过恰当的构型设计和压电单元布置,尽可能减小压电驱动器多自由度运动输出的交叉耦合误差,例如,对实现多自由度运动的单元采用对称结构布局。然而,即使从基本构型上实现无耦合对称布置,由加工和装配误差引起的交叉耦合也仍然不可避免。此外,多自由度压电驱动器的交叉耦合误差还与其工作频率有关,高频激励引起的交叉耦合误差较低频工况下的更加显著。因此,对于已装配完成的多自由度压电驱动器样机,减小其交叉耦合误差的有效方案则是采用补偿控制策略。

国内外学者在交叉耦合控制方面开展了诸多研究工作,目前典型的交叉耦合控制策略主要包括基于耦合模型的控制和不需耦合模型的补偿控制。前者需要开展耦合模型辨识,并基于辨识出的耦合模型开展控制器设计,而后者无须进行耦合建模。根据补偿控制器的结构,基于耦合模型的补偿控制通常采用前馈补偿控制和基于多输入多输出的反馈补偿控制。例如:Guo 等人[36]针对一个基于柔性机构的三自由度压电驱动器,通过线性模型描述其各轴间的交叉耦合关系,基于所建立的模型设计前馈控制器,利用从输入端补偿耦合相关的控制电压实现了对该驱动器轴间耦合现象的有效抑制。基于多输入多输出的反馈补偿控制是将压电驱动器视为多输入多输出模型来进行参数辨识,并基于所辨识的模型开展相应的多输入多输出控制器设计,从而利用闭环反馈补偿控制实现对轴间耦合运动的有效抑制。例如:美国伊利诺伊大学厄巴纳-香槟分校的 Dong 等人[37]通过多输入多输出的鲁棒控制器实现了对三自由度压电纳米定位平台的轴间耦合控制。不需耦合模型的控制思路则是将耦合作为输出端干扰,通过设计控制器来消除该干扰以达到减小交叉耦合误差的目的,而常用消除耦合干扰的方法有自适应控制、滑模控制等方法。

3. 摩擦补偿控制

大部分压电驱动定位系统采用了摩擦耦合原理来实现大行程运动输出,压电驱动器动子和定子的摩擦接触状态将在运行时产生动态变化。摩擦耦合变化会对其输出性能乃至整个压电驱动定位系统的性能产生决定性影响。对于动态摩擦问题:一方面可从摩擦学本身机理出发对压电驱动器的动态摩擦过程进行研究,并将摩擦学的研究成果融入压电驱动器构型研发和样机研制过程中;另一方面可以开展压电驱动器运行过程中的摩擦补偿控制研究,主要是针对摩擦模型开展参数估计,并进一步研究有效的摩擦补偿控制方法。目前,典型的摩擦补偿控制方法主要包括基于非模型的摩擦补偿控制方法和基于模型的摩擦补偿控制方法。

基于非模型的摩擦补偿控制方法的核心思想是将摩擦视为外部扰动,通过改变控制器参数或结构,提高系统抑制扰动的能力。常用的控制手段包括:非线性 PID(proportional integral differential,比例积分微分)控制[38]、鲁棒控制、变结构控制[39]和神经网络控制[40]等方法。基于模型的摩擦补偿控制方法是先建立精确的摩擦模型,再根据所建立的模型开展补偿控制器设计,进一步通过闭环控制实现动态摩擦的有效控制。该方法与基于非模型的摩擦补偿控制方法相比具有针对性强和机理清晰的特点;但是对于复杂的压电驱动器,精确地建立其摩擦耦合模型往往是非常困难的,这将给控制器设计中的稳定性分析带来困难;此外,精确的控制算法也是十分关键的。在早期的基于模型的摩擦补偿控制方法中,诸如 Coulomb 模型、Karnopp 模型、粘滑摩擦模型、Stribeck 模型等静态摩擦模型被广泛采用,它们可以简单地区分低速和高速运动中的摩擦行为,具有模型简单、易分析、利于控制器设计的特点。但是随着人们对机电系统性能要求的不断提高,经典的静摩擦力模型在面对高精度运动控制问题时,显得越来越无能为力。大量的文献报道和实验研究表明:静摩擦状态远比想象中的复杂,当变化的摩擦力幅值小于最大静摩擦力幅值时,两接触表面间仍然存在相对运动,接触表面会产生弹塑性变形,由此导致微小的预滑移位移。众

多学者针对预滑移阶段的摩擦机理开展了深入研究,并对模型进行了不断改良和优化,获得了许多摩擦模型,如：Dahl 模型[41]、LuGre 模型[42]、Leuven 模型[43]、Hsieh 模型[44]、弹塑性模型[45]、GMS 模型[46]等。这些模型加强了对预滑移阶段静态摩擦的描述。

概括而言,上述基于模型的摩擦补偿控制算法具有机理清晰、易于理解的特点。其主要难点在于摩擦模型的选取和参数辨识,更加精确的摩擦模型和高效控制方法也将是压电驱动领域的核心研究内容之一。

1.3　压电驱动器的研究现状

压电驱动器结构灵活多样,面向不同需求开展构型设计及致动原理分析是压电驱动技术研究最为基础的任务,相关内容的研究时间最长、研究领域最广、研究成果最丰富。以下将聚焦不同类型压电驱动器的本体设计,对其研究现状进行全面介绍。

1.3.1　行波超声压电驱动器

行波超声压电驱动器,也称为行波超声电机,它利用压电陶瓷在弹性体定子中激励出行进的弯振行波,从而使弹性体定子驱动表面的质点产生具有驱动作用的椭圆轨迹运动。其致动原理如图1-12 所示。具体而言,弹性体定子中的行波是由两组相同振型的驻波叠加而成的。根据振动叠加原理,两组驻波不仅应振型相同,还应具有空间和时间上的正交关系,即具有空间上的 1/4 波长差以及时间上的 ±90° 相位差,通过改变两组驻波的相位差可以改变行波的行进方向,进而实现动子的双向运动输出。驱动足设置在定子弹性体表面

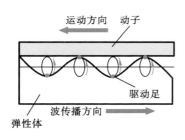

图 1-12　行波超声压电驱动器致动原理

上并以椭圆轨迹运动,利用定子与动子间的摩擦力驱动动子。

行波超声压电驱动器根据动子的运动形式可分为直线型和旋转型。其中,关于直线型行波超声压电驱动器的研究相对较少,因为其所用定子一般是长梁或细杆结构,定子两端容易产生波的折射和反射,进而破坏行波的生成条件。为了实现行波超声压电驱动器直线运动输出,国内外学者研究了几种解决方法。一种比较有效的方法是在长梁或细杆振子两端分别加上激励和吸收行波

的换能器,以解决行波在振子上的传播问题,但这样会使驱动器的整体结构复杂化,且能量利用效率较低;韩国学者 Roh 等人提出了在振子两端增加橡胶垫来增大阻尼进而防止行波反射的方法[47],其设计的驱动器结构如图 1-13 所示;德国学者 Seemann 研制了包含直梁和曲梁的"跑道型"定子,可以在直梁部分实现直线运动输出[48];图 1-14 所示为长春工业大学程廷海教授研制的一种具有三波长激励模式的螺旋式行波超声压电驱动器[49],其结构包括带有内螺纹的圆筒形定子和螺纹输出轴,可以实现螺旋式的直线运动输出。虽然以上几种方法均实现了基于行波原理的直线致动,但驱动器运行效率并不高。

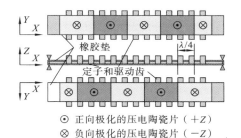

图 1-13　直线型行波超声压电驱动器

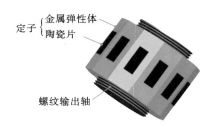

图 1-14　螺旋式行波超声压电驱动器

　　旋转型行波超声压电驱动器采用圆环等轴对称结构作为定子,比较容易激励出行波,因此该类型压电驱动器成为行波超声压电驱动器领域中的主要研究对象。早在 1983 年,日本新生(Shinsei)公司就研制出了一种旋转型行波超声压电驱动器[50],它是现在的环形行波超声压电驱动器的前身。该行波超声压电驱动器不存在原理上的致命弱点,具有良好的应用前景,超声压电驱动器因此而进入较大规模的实验室研究和实用化开发阶段,并于 1987 年被佳能(Canon)公司应用在照相机自动调焦系统上。旋转型行波超声压电驱动器所使用的振动模态主要有圆筒径向弯振模态、圆盘轴向弯振模态和圆环轴向弯振模态三种[51],如图 1-15 所示,行波在这些振动模态的圆周方向上扩散以产生旋转驱动效果。

　　国内外学者针对这三种振动模态对旋转型行波超声压电驱动器开展了大量的研究。图 1-16 所示为日本学者 Mashimo 等人提出的一种立方体旋转型行波超声压电驱动器[52],金属立方体的四个表面均粘贴有 PZT 陶瓷片,可以激励出环绕定子圆孔的三阶径向弯振,从而实现绕定子孔的旋转运动。该行波超声压电驱动器尺寸仅为 $\phi 2$ mm×5.9 mm,峰值转矩可达 1 mN·m。图 1-17 所示

（a）圆筒径向弯振模态

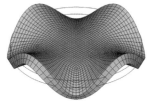
（b）圆盘轴向弯振模态

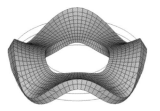
（c）圆环轴向弯振模态

图 1-15　旋转型行波超声压电驱动器所使用的三种主要振动模态

单位:mm
（a）实物外观

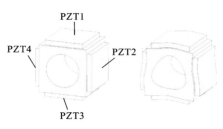
（b）陶瓷片的布置方式和所激励的径向弯振模态

图 1-16　Mashimo 等人提出的立方体旋转型行波超声压电驱动器

为上海交通大学 Yang 等人设计的一种带有振动转子和定子的圆盘式旋转型行波超声压电驱动器[53]，转子和定子采用相似结构，均由金属弹性体和压电陶瓷环组成。在该压电驱动器中，可分别激励出定子和转子的九阶轴向弯振以实现旋转驱动效果，压电驱动器输出转速可达 30 r/min，输出扭矩可达 750 mN·m。
图 1-18 所示为深圳大学 Peng 等人设计的环形旋转型行波超声压电驱动器[54]，

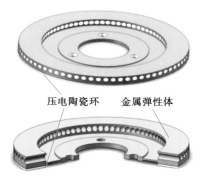

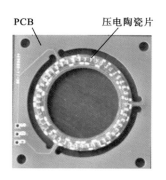

图 1-17　Yang 等人设计的圆盘式旋转型
　　　　　行波超声压电驱动器

图 1-18　Peng 等人设计的环形旋转型
　　　　　行波超声压电驱动器

其圆环定子由双面印制电路板（PCB）制成,可实现的最大转速为 116 r/min,最大转矩为 25 mN·m。

以上几种旋转型行波超声压电驱动器均采用了贴片式结构,压电陶瓷工作于 d_{31} 模式,优点是结构简单、制作方便,不足是机电耦合效率较低、输出力较小。相对而言,压电陶瓷工作于 d_{33} 模式时,机电耦合效率较高、输出力较大。不少学者基于压电陶瓷的 d_{33} 模式开展了旋转型行波超声压电驱动器的研究工作,一般是将多个压电陶瓷片叠加在一起构成夹心式结构,布置在定子内部或外部以激励出行波。将压电陶瓷布置在定子内部时,通常需要将压电陶瓷组以 1/4 波长的距离对称布置,如图 1-19 所示。图中的压电驱动器由著者团队研制,是一种将压电陶瓷组嵌入定子内部的夹心式旋转型行波超声压电驱动器[55],它能实现的最大转速为 53.86 r/min,最大转矩为 110 mN·m。将压电陶瓷组布置在定子外部时,通常是利用外部夹心式换能器的弯振和纵振(即纵向振动)来激励定子产生行波,如图 1-20 所示。图中的压电驱动器是著者团队研制的利用外部夹心式换能器激励相邻圆柱体行波的旋转型行波超声压电驱动器[56],它能实现的最大转速为 156 r/min,最大转矩 750 mN·m。夹心式结构的压电陶瓷工作于 d_{33} 模式,与贴片式结构的压电陶瓷相比,机电耦合效率高且输出力大,但结构较复杂、体积偏大。

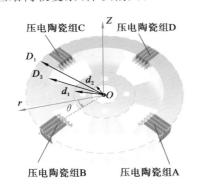

图 1-19 夹心式旋转型行波超声压电
驱动器压电陶瓷组布置方式

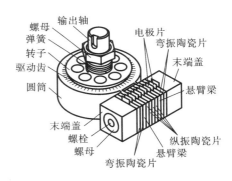

图 1-20 夹心式旋转型行波超声
压电驱动器

目前,市场上有许多商用旋转型行波超声压电驱动器,例如,日本新生公司开发的 USR-60 系列超声电机就属于采用环形轴向弯振模态的旋转型行波超声压电驱动器。旋转型行波超声压电驱动器因结构简单、力矩和效率均较高、驱动和控制性能好,一直是超声压电驱动器领域的主要研究对象,也是目前世界上最成熟和产业化最成功的超声压电驱动器。

1.3.2 驻波超声压电驱动器

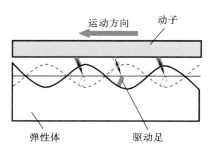

图 1-21 驻波超声压电驱动器致动原理

驻波超声压电驱动器也称为驻波超声电机,它利用压电陶瓷在定子弹性体中激励出弯振驻波,将驱动齿布置于驻波的特定位置,驱动齿端面质点随驻波的周期振动来产生椭圆或斜线等形状的具有驱动作用的振动轨迹。其致动原理如图 1-21 所示。与行波超声压电驱动器更容易在轴对称结构定子中激励出行波不同,驻波超声压电驱动器在任何形状定子中都可以轻松获得驻波。驻波超声压电驱动器同样可以分为直线型和旋转型。

驻波超声压电驱动器通常仅由一相激励信号即可在定子中激励出驻波振动,并通过合理布置驱动齿或设计定子形状来获得具有驱动作用的振动轨迹。图 1-22 所示为著者研制的一种非对称定子结构的贴片式直线型驻波超声压电驱动器[57]。将一阶纵向驻波与非对称定子结构相结合,该驻波超声压电驱动器在驱动齿处产生具有单向驱动作用的斜线轨迹运动,其最大输出速度为 127.31 mm/s,最大输出力为 2.8 N。相较于斜线振动轨迹运动,椭圆振动轨迹运动通常具有更好的驱动效果。为了仅由一相激励信号实现具有更好驱动效果的椭圆振动轨迹运动,著者提出了一种利用非对称边界条件获得耦合驻波振动的激励方法[58]:仅由一组压电陶瓷激励一阶纵振,同时结合非对称边界条件耦合出三阶弯振。利用此方法,著者获得了一阶纵振和三阶弯振的耦合式驻波,并在两侧驱动足端获得椭圆振动轨迹。图 1-23 所示为著者研制的夹心式直线型驻波超声压电驱动器,其最大输出速度可达 891.3 mm/s,最大输出力可达 39.2 N。

图 1-22 非对称定子结构的贴片式直线型
驻波超声压电驱动器

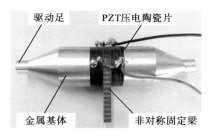

图 1-23 夹心式直线型驻波
超声压电驱动器

为了实现驻波超声压电驱动器的双向驱动,国内外学者提出了几种行之有效的方法。图 1-24 所示为著者所在团队石胜君副教授提出的一种夹心式双向直线型驻波超声压电驱动器[59]。通过分别激励梁的 B3 和 B4 弯振模态,驱动齿分别在振动波腹的两侧振动,进而实现双向驱动。该驻波超声压电驱动器在 B3 弯振模态下实现的最大输出速度为 150 mm/s,最大输出力为 12 N,在 B4 弯振模态下实现的最大输出速度为 180 mm/s,最大输出力为 14 N。虽然可以通过激励定子中不同模式的驻波波形实现双向驱动,但实现的双向运动特性也会因此存在一定差异。图 1-25 所示为南京航空航天大学赵淳生院士团队研制的双向直线型驻波超声压电驱动器[60]。该压电驱动器通过激励出不同的面内弯振模态来改变驱动足端振动方向,进而实现双向驱动,并通过定子形状的特别设计进行模态简并,较好地改善了双向运动输出的一致性,实现的双向最大输出速度分别为 385 mm/s 和 315 mm/s。图 1-26 所示为韩国学者 Roh 等人设计的一种双向直线型驻波超声压电驱动器[61]。该压电驱动器通过在金属振子上下表面粘贴具有四分之一波长空间相位差的压电陶瓷片,利用同相位和反相位的两种激励电压来改变振子驻波质点的位置进而实现双向驱动;其两个方向上的运动均由相同波形的驻波实现,因此运动输出一致性较好,实现的最大输出速度为 824 mm/s,最大输出力为 0.46 N。图 1-27 所示为日本学者 Tamura 等人研制的一种双向直线型驻波超声压电驱动器[62]。该压电驱动器采用了由 V 形梁连接的两个方板组成的定子结构,通过分别激励两块方板的面内振动实现双向驱动,并实现了相同的双向运动特性,最大输出速度为 100 mm/s,最大输出力为 3.5 N。

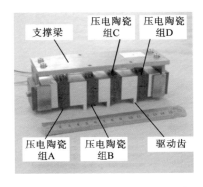

图 1-24 夹心式双向直线型驻波
超声压电驱动器

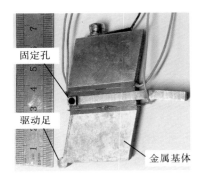

图 1-25 双向直线型驻波
超声压电驱动器

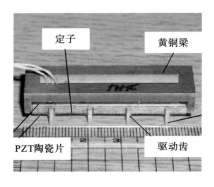

定子

黄铜梁

PZT陶瓷片

驱动齿

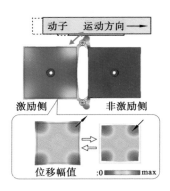

动子　运动方向 →

激励侧　　　　非激励侧

位移幅值　:0 ▬▬▬ max

图 1-26　Roh 等人设计的双向直线型
　　　　驻波超声压电驱动器

图 1-27　Tamura 等人研制的双向直线型
　　　　驻波超声压电驱动器

　　驻波驱动也可应用于旋转型超声压电驱动器。图 1-28 所示为一种圆盘式旋转型驻波超声压电驱动器的致动原理,其定子是由压电陶瓷片和金属圆盘通过粘贴方式构成的弹性复合体,定子弹性体采用 B(1,3)阶弯振模态工作。图 1-28(b)为压电驱动器沿节圆周向展开图。当 A 相通电 B 相短路时,驱动齿端生成斜线轨迹振动,推动转子向左运动;反之,A 相短路 B 相通电时,驱动齿端斜线轨迹振动改变方向,推动转子向右运动[63]。

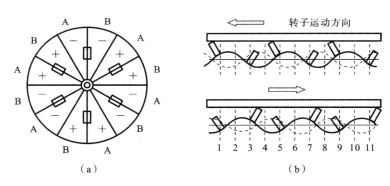

（a）　　　　　　　　　　　　　　　　（b）

图 1-28　工作于 B(1,3)阶弯振模态下的旋转型驻波超声压电驱动器的致动原理

　　此外,驻波超声压电驱动器还可实现多自由度驱动。图 1-29 所示为日本学者 Ferreira 提出的一种多自由度直线型驻波超声压电驱动器[64],该压电驱动器通过对平面振子上压电陶瓷电极和驱动齿位置的合理布置,可实现 X 和 Y 两个方向的直线运动输出。图 1-30 所示为浙江师范大学 Guo 等人设计的多自由度旋转型驻波超声压电驱动器[65],该压电驱动器通过矩形板的两种振动模态(B(3,2)和

B(2,3)阶),可分别实现绕球形动子两个正交轴的旋转运动输出,实现的最大输出转速为 37.7 r/min。

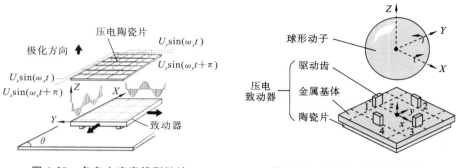

图 1-29　多自由度直线型驻波
超声压电驱动器

图 1-30　多自由度旋转型驻波
超声压电驱动器

市场上同样存在许多商用驻波超声压电驱动器,例如德国 PI(Physik Instrumente)公司研发的 PILine 系列压电驱动器,该系列驱动器属于通过不同电极激励压电元件来实现双向运动的直线型驻波超声压电驱动器。概括而言,驻波压电驱动器的优点在于单相激励,驱动电路和控制方法简单,输出力大;不足之处在于速度波动大,不易实现双向驱动,或实现双向直线驱动时两个运动方向上的性能存在差异,或需分别激励两个致动器来实现具有相同运动性能的双向驱动。

1.3.3　模态复合型超声压电驱动器

模态复合型超声压电驱动器的致动原理是在定子复合弹性体上激励出相同频率的振动模态,通常一个模态用于在定子/动子间提供正压力,另一个模态借助于定子与动子的摩擦来提供驱动力,从而使动子产生直线或旋转运动。定子的振动模态形式多样,目前比较成熟有纵-扭、纵-弯、弯-弯和纵-纵等复合模态类型。图 1-31 展示了纵-扭复合型压电驱动器致动原理:纵振用于调节正压力,扭振(即扭转振动)用于驱动动子实现旋转运动输出。其余模态复合型超声压电驱动器也采用类似的原理实现致动。很多国家的科研机构和公司都对模态复合型驱动器进行了大量的研究,部分构型已经得到了商业化的应用。

1993 年日本学者 Nakamura 设计了一种纵-扭复合旋转型超声压电驱动器[66],如图 1-32 所示。它利用定子的纵振使定子与两侧的转子接触,利用扭振通过摩擦耦合驱动转子旋转。此后,日本学者 Satonobu 对纵-扭复合型压电驱动器的构型进行了研究,提高了压电驱动器的输出特性[67,68]。2013 年日本山梨大学的 Ishii 研制了一种带润滑推力轴承的纵-扭复合型超声压电驱动器[69]。该驱动器最大输出转速为 10 r/min,最大输出转矩为 0.123 N·m,最大效率为 2.7%。

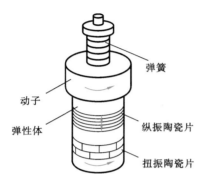

图 1-31　纵-扭复合型压电
驱动器致动原理

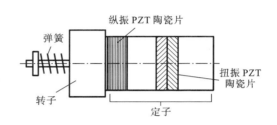

图 1-32　Nakamura 设计的纵-扭复合旋转型
超声压电驱动器

以色列的 Nanomotion 公司在 1995 年提出了一种纵-弯复合的贴片式超声压电驱动器[70],该压电驱动器利用一阶纵振模态提供定子与动子之间的正压力,利用二阶弯振模态提供驱动力。该压电驱动器构型结构简单,易于小型化,得到了广泛应用,并且到目前为止,由该驱动器已经衍生出多种直线、旋转和多自由度平台,如图 1-33 所示。国内外的很多学者针对此种复合型驱动器的结构与输出特性进行了较为全面的研究[71-73],取得了丰硕的成果。

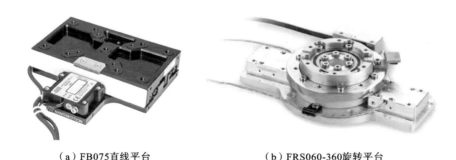

（a）FB075直线平台　　　　　（b）FRS060-360旋转平台

图 1-33　Nanomotion 公司压电运动平台

2000 年 Morita 研制了一种圆管式弯-弯复合型超声压电驱动器[74],其外径为 1.4 mm,长度为 5.0 mm,最大输出转速为 295 r/min,堵转力矩为 0.67 mN·m。

2001 年清华大学的周铁英设计了一种柱状弯振复合型超声压电驱动器。该驱动器不需要考虑内径,因此可以做得非常细小,样机的直径只有 1 mm,长 5 mm,质量仅为 36 mg,最大输出转速为 1800 r/min,堵转力矩为 4 μN·m。该微型驱动器是当时世界上最小的超声压电驱动器,现在已经成功应用到了 OCT(optical coherence tomography,光学相干断层扫描)内窥镜样机中,用于驱动一个光学棱镜对样品进行环向扫描,得到了塑料管和葱管内部的层析成像图,并且实现了微米量级的分辨力[75]。法国 Cedrat Technologies 公司利用叠堆式压电陶瓷研制了一种纵振复合式超声压电驱动器,可以组成直线型和旋转型超声压电驱动器(见图 1-34),其中:直线型(LPM20-3)超声压电驱动器已经应用在人造卫星 Helos 上,以调整卫星的姿态;另一种旋转型超声压电驱动器可应用于机器人关节、精密仪器等领域①。2003 年 New Scale Technologies 公司研制了一种螺纹驱动超声压电驱动器[76],如图 1-35 所示。该驱动器的压电片贴于杆状基体的外表面,通电使定子产生两个一阶弯振模态,通过这两个复合模态驱动螺杆旋转,同时通过螺纹将旋转转化为直线运动。此小型驱动器已经应用到了相机透镜模组的变焦和调焦之中。

(a)直线型超声压电驱动器　　　　(b)旋转型超声压电驱动器

图 1-34　Cedrat Technologies 公司产品

2011 年,韩国昌原国立大学的 Jeong 利用 V 形结构设计了一种贴片式纵振复合型超声压电驱动器[77],如图 1-36 所示,其原理是:利用由压电陶瓷片与定子基体组成的复合弹性体激励出两个纵振模态,两个纵振模态形成的复合振动使得驱动足表面的质点形成椭圆运动轨迹,再通过定子与动子之间的摩擦力来实现动子的致动输出。Jeong 对驱动器的预紧力、输出速度、转矩以及温度等

---

① 参见 www.cedrat-technologies.com.

特性进行了研究。实验表明当驱动器的 V 形开口角度减小时,驱动器的输出转矩增加,并且输出速度降低。日本东京大学的 Kurosawa 在 1998 年提出了一种 V 形直线型超声压电驱动器[78],如图 1-37 所示。该驱动器采用两个夹心式纵振换能器,可以输出的最大空载速度为 3.5 m/s,最大输出力为 51 N。此后,很多日本学者针对该构型开展了进一步的研究,使得 V 形直线型超声压电驱动器输出特性得到了改善[79-81]。

图 1-35　New Scale Technologies 公司产品　图 1-36　Jeong 设计的 V 形超声压电驱动器

图 1-37　Kurosawa 提出的 V 形直线型超声压电驱动器

　　受 V 形结构启发,著者研制了四足纵振复合型超声压电驱动器,如图 1-38 所示。该驱动器由四个纵振换能器组成一个方形,换能器之间连接处用作驱动足。样机的最大空载速度为 71 r/min,最大输出转矩为 12.3 N·m[82]。

　　南京航空航天大学的时运来研制了一种蝶形纵振复合型超声压电驱动器[83],如图 1-39 所示。驱动器的前端盖处有两个驱动足,在三相信号的激励下,换能器的纵振使得两个驱动足以 180°相位差交替运动。该驱动器的空载速

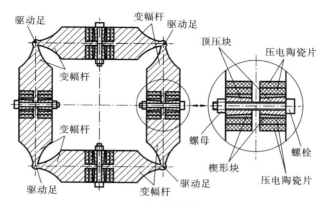

（a）驱动器剖视图

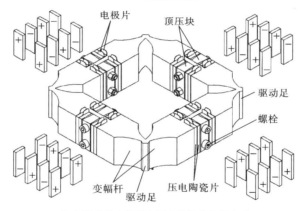

（b）驱动器立体图和压电陶瓷片极化方式

图 1-38　著者研制的四足纵振复合型超声压电驱动器

度达到了 870 mm/s,最大输出力为 24 N,最高效率达到了 44%。另外,时运来还设计了一种轮式弯振复合型超声压电驱动器[84],两个驱动足以 180° 相位差交替运动,最大输出速度为 374 mm/s,最大输出力为 13 N,效率为 18.3%,推重比达到了 43∶1。著者研制了一种 T 形纵振复合直线型超声压电驱动器[85],如图 1-40 所示,其最大空载速度为 1160 mm/s,最大输出力为 20 N。基于纵-弯复合模态,著者设计了一种双自由度纵-弯复合直线型超声压电驱动器[86],其中一个自由度的运动是通过二阶纵振和五阶弯振的复合而实现的,另一个自由度的运动则是基于两个五阶弯振的复合而实现的。该驱动器在水平和竖直运动方向上的最大输出速度分别为 572 mm/s 和 543 mm/s,最大输出力分别为 24 N 和 22 N。2013 年著者研制了一种夹心式纵-弯复合型超声压电驱动器[87]，两个驱动足对称置于样机的末端，指数型变幅杆具有放大振幅的作用，弯振模态提供驱动力。实验结果显示该驱动器最大空载速度为 560 mm/s，最大输出力为 55 N。2016 年北京航空航天大学的祝聪设计了一种四足纵-弯复合型超声压电驱动器[88]，定子类似一个梳齿型结构，最大空载速度为 181.2 mm/s，最大输出力为 1.7 N。2018 年著者设计了一种基于三阶弯振复合的超声压电驱动器[89]，样机全长 94 mm，驱动足位于定子的中间，可以实现的最大速度为 850 mm/s，最大输出力密度为 124.3 N/kg。

图 1-39　时运来研制的蝶形超声压电驱动器　　图 1-40　著者研制的 T 形超声压电驱动器

1.3.4　叠堆型压电驱动器

叠堆型压电驱动器是直驱压电驱动器的典型代表，采用多层压电陶瓷片堆叠的结构形式，在电压信号激励下实现多层陶瓷响应位移的叠加输出，具有结构紧凑、分辨力高、输出力大、体积小等优点，是目前商用最成功的一类压电驱动器。叠堆型压电驱动器的基本结构和致动原理如图 1-41 所示：成千个压电陶瓷片在电压激励下同时伸长，输出位移为压电陶瓷片伸长量之和，实现直线运动输出。根据制造工艺不同，压电叠堆可以分为共烧型压电叠堆与粘接型压电叠堆。

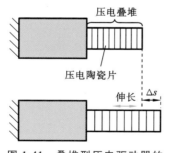

图 1-41　叠堆型压电驱动器的基本结构和致动原理

共烧型压电叠堆（见图 1-42）是指采用共烧陶瓷工艺制备的压电叠堆。所谓共烧陶瓷工艺就是将烧结陶瓷粉和银粉制成厚度精确而且致密的陶瓷带。采用共烧陶瓷工艺制备的压电叠堆具有优异的性能及超长使用寿命，适用于科学实验以及工业应用。但共烧型压电叠堆内部是由压电陶瓷层及电极层交叉

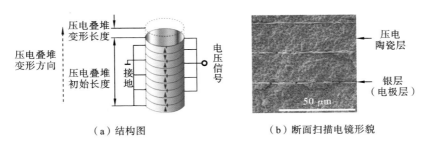

（a）结构图　　　　　　（b）断面扫描电镜形貌

图 1-42　共烧型压电叠堆

叠加构成的，压电陶瓷层的厚度一般为微米量级，而电极层的厚度更小，因此其对加工生产的工艺要求是非常高的，成本也较高。

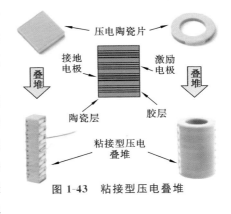

图 1-43　粘接型压电叠堆

粘接型压电叠堆是将单层压电陶瓷片与金属电极层交替进行堆叠粘接而形成的，如图 1-43 所示。粘接型压电叠堆通过将多个压电陶瓷片进行叠堆、焊接公共电极后使用，高度可以自由选择，叠堆后的位移为各陶瓷片变形位移的总和。相较于共烧型压电叠堆，粘接型压电叠堆静电容量比较低，在预紧力下动态性能更好；但是粘接型压电叠堆是采用先烧制多个压电陶瓷片后进行人为粘接的方法制作出来的，在相同静态特性下体积较大。

叠堆型压电驱动器在精密定位与微纳操作等领域得到了广泛的应用[90]，但是由于其变形量一般为原始长度的0.1%，因此其行程较短，一般为十几微米。此外，采用多层压电陶瓷叠堆的结构不能承受侧向力，且一般不能承受负电压。这些缺点限制了压电叠堆在一些要求大行程或者高动态工况领域的应用。

1.3.5　叠堆与柔性位移放大机构相融合的压电驱动器

针对叠堆型压电驱动器行程小的问题，同时采用压电叠堆与位移放大机构的融合设计得到了越来越多的研究。融合了具有导向功能的柔性位移放大机构的叠堆型压电驱动器的致动原理如图 1-44 所示。压电叠堆的输出位移被柔性位移放大机构放大，可以在一定程度上缓解压电叠堆行程小的问题。

柔性位移放大机构主要分为杠杆式、桥式和三角式三种[91]。澳大利亚蒙纳

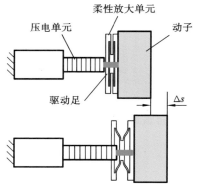

图 1-44 叠堆与位移放大机构相融合
的压电驱动器致动原理

士大学的 Bhagat 等人在 2014 提出了一种基于杠杆式柔性位移放大机构的三自由度压电平台，如图 1-45 所示[92]，其由三个压电叠堆驱动器和三个杠杆式柔性位移放大机构组成，可以实现 X-Y-θ 三自由度运动。山东大学的 Liu 等人在 2018 年提出了一种基于桥式柔性位移放大机构的三自由度压电平台，其基本构型如图 1-46 所示[93]。该平台由三个压电叠堆驱动器和两个桥式柔性位移放大机构组成，位移放大比约为 5.16。

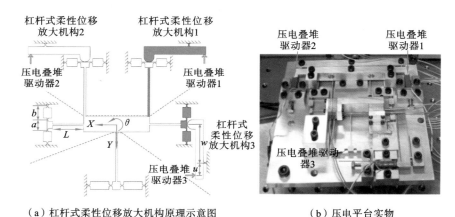

（a）杠杆式柔性位移放大机构原理示意图　　　　（b）压电平台实物

图 1-45　基于杠杆式柔性位移放大机构的三自由度压电平台

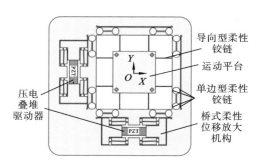

（a）压电平台原理示意图　　　　（b）压电平台实物

图 1-46　Liu 等人提出的基于桥式柔性位移放大机构的压电平台

杠杆式柔性位移放大机构具有结构简单的优点,但难做到高放大比和小体积的兼容,高放大比会使整体尺寸显著增加,如图 1-47(a)所示。而基于三角形放大原理的桥式柔性位移放大机构具有结构紧凑、高放大比等特点,得到了广泛的应用,如图1-47(b)所示,但桥式柔性位移放大机构的结构刚度较低,动态性能较差。为了弥补杠杆式柔性位移放大机构和桥式柔性位移放大机构的缺点,混合式柔性位移放大机构的方案被提出,其原理如图 1-47(c)所示。

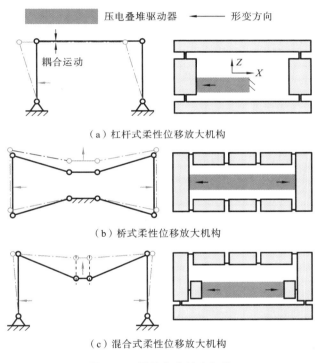

（a）杠杆式柔性位移放大机构

（b）桥式柔性位移放大机构

（c）混合式柔性位移放大机构

图 1-47　柔性位移放大机构

混合式柔性位移放大机构从原理上解决了杠杆式柔性位移放大机构的耦合问题和桥式柔性位移放大机构的低刚度问题。Zhu 等人基于混合式柔性位移放大机构设计了一款 Z 向压电平台,其结构如图 1-48 所示[94]。该平台由混合式柔性位移放大机构、导向型柔性铰链机构和解耦机构等部分组成,其 Z 向行程为 214 μm,分辨力为 8 nm,平台前两阶谐振频率分别为 205 Hz 和 1206 Hz,在一定程度上兼顾了杠杆式柔性位移放大机构和桥式柔性位移放大机构两者的优点。

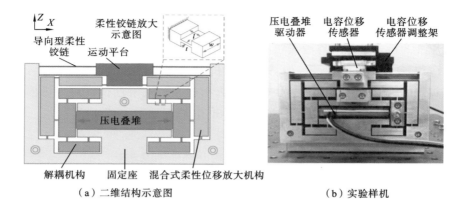

（a）二维结构示意图　　　　　　　　　　　　（b）实验样机

图 1-48　Z 向压电平台

1.3.6　尺蠖型压电驱动器

受自然界尺蠖爬行运动的启发,尺蠖型压电驱动器被设计了出来,其致动过程类似于软体动物的爬行运动,各压电致动单元分别完成箝位、进给、释放、收缩等动作,通过多组致动单元协调配合实现蠕动式爬行运动。一个致动周期分为六步,如图 1-49 所示:① 箝位单元Ⅱ完成释放动作;② 驱动单元完成伸长进给动作;③ 箝位单元Ⅱ完成箝位动作;④ 箝位单元Ⅰ完成释放动作;⑤ 驱动单元完成收缩动作;⑥ 箝位单元Ⅰ完成箝位动作。通过重复以上动作,驱动器

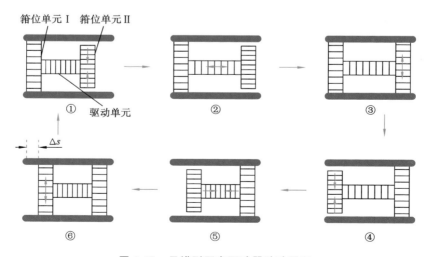

图 1-49　尺蠖型压电驱动器致动原理

可驱动自身实现步进运动。

1972 年,苏联 Galutva[95] 设计了第一个尺蠖型压电驱动器,如图 1-50 所示。该压电驱动器包含两个箝位压电叠堆和两个驱动压电叠堆,精度达到了微米级,最大输出速度达每分钟几百毫米。韩国 Moon 等人于 2006 年提出了如图 1-51 所示的尺蠖型压电驱动器[96],它包含两个箝位压电叠堆和一个驱动叠堆,通过箝位-进给原理实现步进蠕动,最终实现了 100 mm 的行程,输出速度能达到 10.2 mm/s,输出力为 10 N,在闭环控制下输出定位精度为 50 nm。

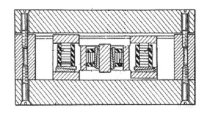

图 1-50　Galutva 设计的尺蠖型
压电驱动器

图 1-51　Moon 设计的尺蠖型
压电驱动器

韩国仁荷大学学者 Kim 等人[97] 提出了由一组陶瓷驱动单元和两组陶瓷箝位单元组成的尺蠖型压电驱动器,用于实现沿导轨的直线运动,其最大速度达到了 925 μm/s。加拿大不列颠哥伦比亚大学学者 Mohammad[98] 提出了一种用于实现竖直方向致动的行走型压电驱动器。该驱动器实现了 5.4 mm/s 的最大输出速度及 120 nm 的位移分辨力。

国内众多研究机构也开展了尺蠖型压电驱动器的研究工作[99-101]。广东工业大学杨宜民[102] 研制的尺蠖型压电驱动器输出步距在亚微米级,最大输出速度可达每秒几百微米。清华大学李勇等人[103, 104] 研制了采用由柔性铰链构成的周向式杠杆箝位机构的尺蠖型压电驱动器,其行程为 60 mm,最大输出力可达 200 N。吉林大学刘国嵩等人[105] 研制了具有整体对称结构的尺蠖驱动器,该压电驱动器采用精调斜块来调节压电元件与箝位机构之间的间隙,保障了工作的稳定性和准确性,最大行程为 18 mm,驱动速度为 0.1 mm/s,可牵引 150 g 的载荷。哈尔滨工业大学的张兆成等人[106] 采用两根平行的导向轴来代替传统的导轨结构,可以使尺蠖驱动器免受轴向力的影响,其行程为 20 mm,最大输出速度约为 1.2 mm/s。浙大宁波理工学院华顺明等人提出了一种两自由度尺蠖式压电精密驱动器[107]。该压电驱动器能够实现旋转和直线运动。样机做旋转运动时,100 V 激励电压作用下的动态驱动力矩为 0.38 N·m,最大输出速度为

0.01 rad/s,3.9 V 激励电压作用下的角度分辨力为 0.3 μrad,旋转行程无限;样机做直线运动时,100 V 激励电压作用下的动态驱动力大约为 39.2 N,最大输出速度为 482 μm/s,6 V 激励电压作用下的位移分辨力为 0.2 μm,运动行程为 20 mm。吉林大学赵宏伟教授团队研制了多种尺蠖型压电驱动器,用于实现旋转以及直线运动输出[108-112],其中直线型压电驱动器获得了 105.31 μm/s 的最大输出速度和 4.9 N 的最大输出力[112];旋转型压电驱动器获得了 3521.70 μrad/s 的最大输出转速和 0.294 N·m 的最大输出转矩[111]。著者所在团队详细研究了尺蠖型压电驱动器的致动机理,研发了一系列尺蠖型直线型压电驱动器[113-115]。图 1-52 所示为著者设计的 U 形双足尺蠖型压电驱动器的工作原理,其利用四个压电叠堆(一对作为箝位单元,一对作为驱动单元)实现致动。按照设计所制作的驱动器样机获得了 47.6 μm/s 的最大输出速度和 13.2 N 的最大输出力[114]。

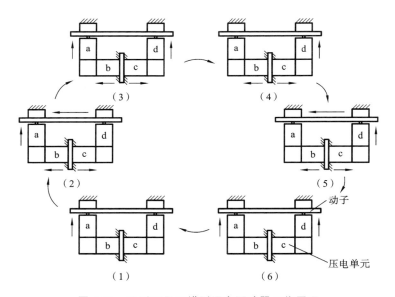

图 1-52　U 形双足尺蠖型压电驱动器工作原理

1.3.7　惯性致动型压电驱动器

惯性致动型压电驱动器充分利用了压电材料响应快速的特点,基于惯性原理实现致动效果,可分为惯性冲击式和惯性摩擦式两种。惯性冲击式压电驱动器最早由瑞士学者 Pohl 提出[116],其定子与动子为一个整体,当压电单元快速伸长时利用其惯性实现驱动器的整体移动,当压电单元缓慢缩短时驱动器整体保持静止。惯性冲击式压电驱动器一个致动周期的动作如图 1-53（a）所示，可以看出驱动器的输出速度与惯性单元密切相关，设计驱动器时必须严格考虑惯性单元质量与驱动器总质量之间的关系[117, 118]。

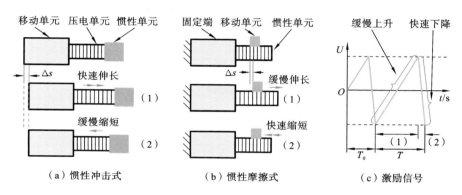

图 1-53　惯性致动型压电驱动器致动原理

惯性摩擦式压电驱动器最早由日本学者 Higuchi[119] 提出，其定子与动子处于分离状态。对于该类压电驱动器，一般将惯性单元视为定子，将移动单元视为动子，这样可避免移动单元与驱动器定子一体化设计引起的问题[120]。当驱动器定子缓慢动作时，其动子跟随定子移动；当驱动器定子快速动作时，其动子由于惯性保持静止。利用定子单元的慢-快周期性动作即可驱动动子实现"粘-滑"的步进运动，如图 1-53（b）所示。其一个致动周期包括两步，具体如下：

（1）给压电驱动器施加如图 1-53（c）所示的缓慢上升的电压激励信号，定子缓慢动作并通过静摩擦力驱动动子跟随其缓慢前进；

（2）给驱动器施加快速下降的电压激励信号，定子快速动作并返回其初始位置，动子由于惯性保持静止。

施加周期性的激励信号即可驱动动子实现连续的步进运动。其中，在一个致动周期里，第一步的致动过程似动子粘在定子上运动，第二步定子与动子之间发生滑移运动。正因为如此，惯性摩擦致动也被称为粘-滑致动。

基于上述惯性致动原理，瑞士洛桑联邦理工学院学者 Bergander 等人[121] 提出利用压电材料剪切模式工作的惯性致动型压电驱动器，实现了两自由度运动输出。上海交通大学学者 Duan 等人[122] 提出了如图 1-54 所示的惯性摩擦式压电驱动器，将滑块和压电陶瓷单元分别作为动子和定子，基于惯性致动原理通过定子驱动滑块在导轨上做直线运动，最终实现大行程精密输出。吉林大学

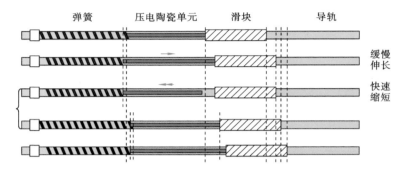

图 1-54　惯性摩擦式压电驱动器

赵宏伟等人[123-125]提出了基于柔性铰链放大机构的惯性压电驱动器,可将压电叠堆的轴向运动转化为驱动足切向非对称运动并驱动动子,获得了 7.95 mm/s 的最大速度。长春工业大学的程廷海[126]提出了基于非对称梯形柔性铰链放大机构的惯性压电驱动器,获得了 5.96 mm/s 的最大输出速度和 3 N 的最大输出力;针对压电驱动器存在的运动回退问题,提出了利用超声减摩思想抑制回退的方法[127-129],在"滑"阶段给陶瓷定子施加超声激励信号来减小定子与动子间的摩擦系数,从而减小动子回退量,有效改善了惯性摩擦式压电驱动器固有的回退问题。

1.3.8　行走型压电驱动器

受自然界生物行走运动的启发,研究人员提出了压电驱动器行走致动原理。行走致动即通过多个驱动足配合实现步进致动,类似多足动物的行走运动,如图 1-55(a)所示。驱动足以空间矩形轨迹完成抬起、前进等动作,通过静摩擦力驱动动子步进运动,以微小步距累积的方式实现大行程运动输出(见图 1-55(b))。

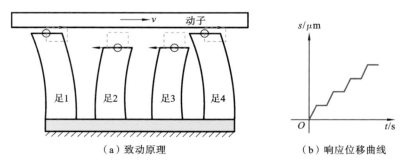

（a）致动原理　　　　　　　　（b）响应位移曲线

图 1-55　行走型压电驱动器致动原理及响应位移曲线

荷兰埃因霍温理工大学学者 Merry 等人[130-132]提出了四足行走型压电驱动器，用于实现精密直线运动输出。实验结果表明该驱动器获得了 2 mm/s 的最大输出速度，闭环跟踪误差小于 400 nm。德国 PI 公司研制了一款利用压电陶瓷纵振和剪切模式的四足行走型压电驱动器①，如图 1-56 所示，其纵振压电陶瓷单元用于实现箝位，剪切压电陶瓷单元用于驱动，驱动器获得了大行程精密直线运动输出。

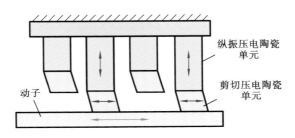

图 1-56 德国 PI 公司四足行走型压电驱动器

本章参考文献

[1] MEISSNER A. Converting electrical oscillations into mechanical movement：US，US1804838[P]. 1931-05-12.

[2] WILLIAMS A L W，BROWN W J. Piezoelectric motor：US，US2439499[P]. 1948-04-13.

[3] ARCHANGELSKIJ M E. Acoustic motor[J]. Acoustics，1963，9(2)：275-278.

[4] LAVRINENKO V V. Piezoelectric motor：US，US217509[P]. 1964.

[5] BARTH H V. Ultrasonic driven motor[J]. IBM Technical Disclosure Bulletin，1973，16(7)：2263.

[6] VISHNEWSKI V，KARTASHEV I，KAVERTSEV V，et al. Ultrasonic motor：US，US4019073[P]. 1975-08-12.

[7] 赵淳生. 21 世纪超声电机技术展望[J]. 振动、测试与诊断，2000，20(1)：7-11.

① 参见 www.physikinstrumente.de.

［8］胡敏强，金龙，顾菊平. 超声波电机原理与设计［M］. 北京:科学出版社，2005.

［9］赵淳生. 超声电机技术与应用［M］. 北京:科学出版社，2007.

［10］陈维山，刘英想，石胜君. 纵弯模态压电金属复合梁式超声电机［M］. 哈尔滨:哈尔滨工业大学出版社，2011.

［11］SPANNER K，KOC B. Piezoelectric motors，an overview［J］. Actuators，2016，5(1)：6-23.

［12］XU D M，LIU Y X，LIU J K，et al. Developments of a piezoelectric actuator with nano-positioning ability operated in bending modes［J］. Ceramics International，2017，43(1)：S21-S26.

［13］BOUDAOUD M，LU T M，LIANG S，et al. A voltage/frequency modeling for a multi-DOFs serial nanorobotic system based on piezoelectric inertial actuators［J］. IEEE/ASME Transactions on Mechatronics，2018，23(6)：2814-2824.

［14］吴金根,高翔宇,陈建国,等. 高温压电材料、器件与应用［J］. 物理学报，2018，67(20)：10-39.

［15］GAO X Y，YANG J K，WU J G，et al. Piezoelectric actuators and motors：materials，designs，and applications［J］. Advanced Materials Technologies，2020，5(1):1900716.

［16］QU J J，ZHANG Y H，TIAN X，et al. Wear behavior of filled polymers for ultrasonic motor in vacuum environments［J］. Wear，2015，322-323：108-116.

［17］张彦虎. 驻波超声电机定动子摩擦磨损机理及寿命预测方法［D］. 哈尔滨:哈尔滨工业大学，2016.

［18］OLOFSSON J，JOHANSSON S，JACOBSON S. Influence from humidity on the alumina friction drive system of an ultrasonic motor［J］. Tribology International，2009，42(10):1467-1477.

［19］程俊辉，范青武，刘旭东，等. 一种高精度压电陶瓷驱动电源设计［J］. 电子世界，2019(7):134-136.

［20］CHEN Y S，QIU J H，GUO J H,et al. A charge controlled driving power supply for hysteresis compensation of piezoelectric stack actuators［J］. International Journal of Applied Electromagnetics and Mechanics，2018，

1:1-11.

[21] 李胜，赵宏强，邓圭玲，等. 一种宽频带压电陶瓷驱动电源补偿方法研究[J]. 压电与声光，2019，41(5)：666-669.

[22] LI R Y，FRÖHLEKE N，BÖCKER J. LLCC-PWM inverter for driving high-power piezoelectric actuators[C]//IEEE. Proceedings of the 13th International Power Electronics and Motion Control Conference. Piscataway：IEEE，2008：159-164.

[23] 杨雪锋，李威，王禹桥. 压电陶瓷驱动电源的研究现状及进展[J]. 仪表技术与传感器，2008(11)：109-112.

[24] 钟清华，黄伟强，李子升. 基于线性电源的高压放大器[J]. 现代电子技术，2004(15)：6-7.

[25] XU Q S. Identification and compensation of piezoelectric hysteresis without modeling hysteresis inverse[J]. IEEE Transactions on Industrial Electronics，2013，60(9)：3927-3937.

[26] LIU L，YUN H，LI Q，et al. Fractional order based modeling and identification of coupled creep and hysteresis effects in piezoelectric actuators[J]. IEEE/ASME Transactions on Mechatronics，2020，25(2)：1036-1044.

[27] SABARIANAND D V，KARTHIKEYAN P，MUTHURAMALINGAM T. A review on control strategies for compensation of hysteresis and creep on piezoelectric actuators based micro systems[J]. Mechanical Systems and Signal Processing，2020，140：106634.

[28] FAN Y F，TAN U X. Design of a feedforward-feedback controller for a piezoelectric-driven mechanism to achieve high-frequency nonperiodic motion tracking[J]. IEEE/ASME Transactions on Mechatronics，2019，24(2)：853-862.

[29] JIAN Y P，HUANG D Q，LIU J B，et al. High-precision tracking of piezoelectric actuator using iterative learning control and direct inverse compensation of hysteresis[J]. IEEE Transactions on Industrial Electronics，2019，66(1)：368-377.

[30] MERRY R J E，KESSELS D J，HEEMELS W P M H，et al. Delay-varying repetitive control with application to a walking piezo actuator[J].

Automatica，2011，47(8)：1737-1743.

[31] LING J，ZHAO Y F，ZHENG D D，et al. Robust adaptive motion tracking of piezoelectric actuated stages using online neural-network-based sliding mode control[J]. Mechanical Systems and Signal Processing，2021，150：107235.

[32] MA H F，LI Y M，XIONG Z H. A generalized input-output-based digital sliding-mode control for piezoelectric actuators with non-minimum phase property[J]. International Journal of Control Automation and Systems，2019，17(3)：773-782.

[33] XU Q S. Continuous integral terminal third-order sliding mode motion control for piezoelectric nanopositioning system[J]. IEEE/ASME Transactions on Mechatronics，2017，22(4)：1828-1838.

[34] YU S D，WU H T，XIE M Y，et al. Precise robust motion control of cell puncture mechanism driven by piezoelectric actuators with fractional-order nonsingular terminal sliding mode control[J]. Bio-Design and Manufacturing，2020，3(4)：410-426.

[35] LIN F J，WAI R J，SHYU K K，et al. Recurrent fuzzy neural network control for piezoelectric ceramic linear ultrasonic motor drive[J]. IEEE Transactions on Ultrasonics，Ferroelectrics，and Frequency Control，2001，48(4)：900-913.

[36] GUO Z，TIAN Y，LIU X，et al. An inverse Prandtl-Ishlinskii model based decoupling control methodology for a 3-DOF flexure-based mechanism[J]. Sensors and Actuators A：Physical，2015，230：52-62.

[37] DONG J Y，SALAPAKA S M，FERREIRA P M. Robust MIMO control of a parallel kinematics nano-positioner for high resolution high bandwidth tracking and repetitive tasks[C]//IEEE. Proceedings of the 46th IEEE Conference on Decision and Control. Piscataway：IEEE，2007：4495-4500.

[38] TAN K K，TONG H L，ZHOU H X. Micro-positioning of linear-piezoelectric motors based on a learning nonlinear PID controller[J]. IEEE/ASME Transactions on Mechatronics，2000，6(4)：428-436.

[39] KIM K H，KIM P J，YOU K H. Ultra-precision positioning system u-

sing robust sliding mode observer and control[J]. Precison Engineering，2013，37(1)：235-240.

[40] LIN F J，SHIEH H J，HUANG P K. An adaptive recurrent radial basis function network tracking controller for a two-dimensional piezo-positioning stage[J]. IEEE Transactions on Ultrasonics，Ferroelectrics，and Frequency Control，2008，55(1):183-198.

[41] DAHL P R. A solid friction model[R]. Los Angeles，CA：Aerospace Corp.，1968.

[42] DE WIT C C，OLSSON H，ASTROM K J，et al. A new model for control of systems with friction[J]. IEEE Transactions on Automatic Control，1995，40(3)：419-425.

[43] LAMPAERT V，SWEVERS J，AL-BENDER F. Modification of the Leuven integrated friction model structure[J]. IEEE Transactions on Automatic Control，2002，47(4)：683-687.

[44] HSIEH C，PAN Y C. Dynamic behavior and modelling of the pre-sliding static friction[J]. Wear，2000，242(1-2)：1-17.

[45] KECK A，ZIMMERMANN J，SAWODNY O. Friction parameter identification and compensation using the elastoplastic friction model[J]. Mechatronics，2017，47(11):168-182.

[46] AL-BENDER F，LAMPAERT V，SWEVERS J. The generalized Maxwell-slip model：A novel model for friction simulation and compensation [J]. IEEE Trans Autom Control，2005，50(11)：1883-1887.

[47] ROH Y，LEE S，HAN W. Design and fabrication of a new traveling wave-type ultrasonic linear motor[J]. Sensors and Actuators A：Physical，2001，94(3)：205-210.

[48] SEEMANN W. A linear ultrasonic traveling wave motor of the ring type [J]. Smart Materials and Structures，1996，5(3)：361-368.

[49] LI H Y，WANG L，CHENG T H，et al. A high-thrust screw-type piezoelectric ultrasonic motor with three-wavelength exciting mode[J]. Applied Sciences，2016，6(12)：442-453.

[50] 上羽贞行，富川义郎. 超声波马达理论与应用[M]. 杨志刚，郑学伦,译. 上海:上海科学技术出版社,1998.

[51] TIAN X Q，LIU Y X，DENG J，et al. A review on piezoelectric ultrasonic motors for the past decade：Classification，operating principle，performance，and future work perspectives[J]. Sensors and Actuators A：Physical，2020，306：111971.

[52] MASHIMO T，URAKUBO T，SHIMIZU Y. Micro geared ultrasonic motor[J]. IEEE/ASME Transactions on Mechatronics，2018，23（2）：781-787.

[53] DONG Z P，YANG M，CHEN Z Q，et al. Design and performance analysis of a rotary traveling wave ultrasonic motor with double vibrators[J]. Ultrasonics，2016，71：134-141.

[54] PENG T J，SHI H Y，LIANG X，et al. Experimental investigation on sandwich structure ring-type ultrasonic motor[J]. Ultrasonics，2015，56：303-307.

[55] MA X F，LIU J K，DENG J，et al. A rotary traveling wave ultrasonic motor with four groups of nested PZT ceramics：Design and performance evaluation[J]. IEEE Transactions on Ultrasonics，Ferroelectrics，and Frequency Control，2020，67（7）：1462-1469.

[56] LIU Y X，LIU J K，CHEN W S. A cylindrical traveling wave ultrasonic motor using a circumferential composite transducer[J]. IEEE Transactions on Ultrasonics，Ferroelectrics，and Frequency Control，2011，58（11）：2397-2404.

[57] WANG L，LIU J K，LIU Y X，et al. A novel single-mode linear piezoelectric ultrasonic motor based on asymmetric structure[J]. Ultrasonics，2018，89：137-142.

[58] LIU Y X，SHI S J，LI C H，et al. A novel standing wave linear piezoelectric actuator using the longitudinal-bending coupling mode[J]. Sensors and Actuators A：Physical，2016，251：119-125.

[59] CHEN W S，SHI S J. A bidirectional standing wave ultrasonic linear motor based on Langevin bending transducer[J]. Ferroelectrics，2007，350（1）：102-110.

[60] LIU Z，YAO Z Y，LI X，et al. Design and experiments of a linear piezoelectric motor driven by a single mode[J]. Review of Scientific Instru-

ments，2016，87(11)：115001.

[61] ROH Y，KWON J. Development of a new standing wave type ultrasonic linear motor[J]. Sensors and Actuators A：Physical，2004，112(2-3) 196-202.

[62] YOKOYAMA K，TAMURA H，MASUDA K，et al. Single-phase drive ultrasonic linear motor using a linked twin square plate vibrator[J]. Japanese Journal of Applied Physics，2013，52(7S)：07HE03.1-07HE03.7.

[63] 苏鹤玲，赵向东，赵淳生. 单相驱动旋转型驻波超声电机的运动机理[J]. 压电与声光，2001，23(4)：306-312.

[64] FERREIRA A，MINOTTI P. Control of a multidegree of freedom standing wave ultrasonic motor driven precise positioning system[J]. Review of Scientific Instruments，1997，68(4)：1779-1786.

[65] CHENG G M，GUO K，ZENG P R，et al. Development of a two-degree-of-freedom piezoelectric motor using single plate vibrator[J]. Journal of Mechanical Engineering Science，2011，226(4)：1036-1052.

[66] NAKAMURA K，KUROSAWA M，UEHA S. Design of a hybrid transducer type ultrasonic motor[J]. IEEE Transactions on Ultrasonics，Ferroelectrics，and Frequency Control，1993，40(4)：395-401.

[67] SATONOBU J，FRIEND J R，NAKAMURA K，et al. Numerical analysis of the symmetric hybrid transducer ultrasonic motor[J]. IEEE transactions on Ultrasonics，Ferroelectrics，and Frequency Control，2001，48(6)：1625-1631.

[68] SATONOBU J，LEE D，NAKAMURA K，et al. Improvement of the longitudinal vibration system for the hybrid transducer ultrasonic motor [J]. IEEE Transactions on Ultrasonics，Ferroelectrics，and Frequency Control，2000，47(1)：216-221.

[69] ISHII T，YAMAWAKI H，NAKAMURA K. An ultrasonic motor using thrust bearing for friction drive with lubricant[C]//IEEE. Proceedings of the 2013 IEEE International Ultrasonics Symposium (IUS). Piscataway：IEEE，2013：197-200.

[70] ZUMERIS J. Ceramic motor：US，US5453653[P]. 1995-09-26.

[71] LI X T，CHEN J G，CHEN Z J，et al. A high-temperature double-mode

piezoelectric ultrasonic linear motor[J]. Applied Physics Letters，2012，101(7)：72902.

[72] YUN C，WATSON B，FRIEND J，et al. A piezoelectric ultrasonic linear micromotor using a slotted stator[J]. IEEE Transactions on Ultrasonics，Ferroelectrics，and Frequency Control，2010，57(8)：1868-1874.

[73] TAKANO M，TAKIMOTO M，NAKAMURA K. Electrode design of multilayered piezoelectric transducers for longitudinal-bending ultrasonic actuators[J]. Acoustical Science and Technology，2011，32(3)：100-108.

[74] MORITA T，KUROSAWA M K，HIGUCHI T. A cylindrical shaped micro ultrasonic motor utilizing PZT thin film (1. 4 mm in diameter and 5. 0 mm long stator transducer)[J]. Sensors and Actuators A：Physical，2000，83(1-3)：225-230.

[75] 周铁英，张凯，陈宇，等. 1mm 圆柱式超声电机的研制及在 OCT 内窥镜中的应用[J]. 科学通报，2005(7)：713-716.

[76] DAVID A H. Ultrasonic lead screw motor：US，US6940209[P]. 2005-09-06.

[77] JEONG S S，PARK T G，KIM M H，et al. Characteristics of a V-type ultrasonic rotary motor[J]. Current Applied Physics，2011，11(3)：S364-S367.

[78] KUROSAWA K M，KODAIRA O，TSUCHITOI Y，et al. Transducer for high speed and large thrust ultrasonic linear motor using two sandwich-type vibrators[J]. IEEE Transactions on Ultrasonics，Ferroelectrics，and Frequency Control，1998，45(5)：1188-1195.

[79] ASUMI K，FUJIMURA T，FUKUNAGA R，et al. Improvement of the low speed controllability of a V-shaped，two bolt-clamped Langevin-type transducer，ultrasonic linear motor[C]//IEEE. Proceedings of the 2007 IEEE International Symposium on Micro-Nano Mechatronics and Human Science. Piscataway：IEEE，2007：377-382.

[80] ASUMI K，FUKUNAGA R，FUJIMURA T，et al. High speed，high resolution ultrasonic linear motor using V-shape two bolt-clamped Langevin-type transducers[J]. Acoustical Science and Technology，2009，30(3)：180-186.

[81] ASUMI K, FUKUNAGA R, FUJIMURA T, et al. Miniaturization of a V-Shape Transducer Ultrasonic Motor[J]. Japanese Journal of Applied Physics, 2009, 48(7):07GM02.

[82] LIU Y X, CHEN W S, FENG P L, et al. A square-type rotary ultrasonic motor with four driving feet[J]. Sensors and Actuators A: Physical, 2012, 180:113-119.

[83] SHI Y L, LI Y B, ZHAO C S, et al. A new type butterfly-shaped transducer linear ultrasonic motor[J]. Journal of Intelligent Material Systems and Structures, 2011, 22(6):567-575.

[84] SHI Y L, ZHAO C S, HUANG W Q. Linear ultrasonic motor with wheel-shaped stator[J]. Sensors and Actuators A: Physical, 2010, 161 (1-2):205-209.

[85] LIU Y X, CHEN W S, LIU J K, et al. A high-power linear ultrasonic motor using longitudinal vibration transducers with single foot[J]. IEEE Transactions on Ultrasonics, Ferroelectrics, and Frequency Control, 2010, 57(8):1860-1867.

[86] LIU Y X, YAN J P, WANG L, et al. A two-DOF ultrasonic motor using a longitudinal-bending hybrid sandwich transducer[J]. IEEE Transactions on Industrial Electronics, 2019, 66(4): 3041-3050.

[87] YANG X H, LIU Y X, CHEN W S, et al. Longitudinal and bending hybrid linear ultrasonic motor using bending PZT elements[J]. Ceramics International, 2013, 39(S1): S691-S694.

[88] ZHU C, CHU X C, YUAN S M, et al. Development of an ultrasonic linear motor with ultra-positioning capability and four driving feet[J]. Ultrasonics, 2016, 72:66-72.

[89] ZHANG Q, CHEN H J, LIU Y X, et al. A bending hybrid linear piezoelectric actuator using sectional excitation[J]. Sensors and Actuators A: Physical, 2018, 271:96-103.

[90] YONG Y K, MOHEIMANI S O R, KENTON B J, et al. Invited Review Article: High-speed flexure-guided nanopositioning: Mechanical design and control issues[J]. Review of Scientific Instruments, 2012, 83 (12):121101.

[91] WU Z Y，XU Q S. Survey on recent designs of compliant micro-/nano-positioning stages[J]. Actuators，2018，7(1):5.

[92] BHAGAT U，SHIRINZADEH B，CLARK L，et al. Design and analysis of a novel flexure-based 3-DOF mechanism[J]. Mechanism and Machine Theory，2014，74:173-187.

[93] LIU P B，YAN P，ÖZBAY H，et al. Design and trajectory tracking control of a piezoelectric nano-manipulator with actuator saturations[J]. Mechanical Systems and Signal Processing，2018，111:529-544.

[94] ZHU X，XU X，WEN Z，et al. A novel flexure-based vertical nanopositioning stage with large travel range[J]. Review of Scientific Instruments，2015，86(10):105112(1-10).

[95] GALUTVA G V，RYAZANTSEV A I，PRESNYAKOV G S,et al. Device forprecision displacement of a solid body:US,US3684904[P]. 1972-08-15.

[96] MOON C，LEE S，CHUNG J K. A new fast inchworm type actuator with the robust I/Q heterodyne interferometer feedback[J]. Mechatronics，2006，16(2)：105-110.

[97] KIM J，KIM H K，CHOI S B. A hybrid inchworm linear motor[J]. Mechatronics，2002，12(4)：525-542.

[98] MOHAMMAD T，SALISBURY S P. Design and assessment of a Z-axis precision positioning stage with centimeter range based on a piezoworm motor[J]. IEEE/ASME Transactions on Mechatronics，2015，20(5)：2021-2030.

[99] 胡长德，赵美蓉，李咏强，等. 大行程纳米级压电微动工作台的设计与试验研究[J]. 传感技术学报，2009，22(6)：803-807.

[100] 王丽娜，刘俊标，郭少鹏，等.一种结构简单的高精度压电尺蠖式位移致动器[J]. 微特电机，2009，37(12)：26-28.

[101] 王丽娜，刘俊标，郭少鹏，等. 竖式高精度压电尺蠖式位移致动器[J]. 压电与声光，2010，32(04)：601-603,607.

[102] 杨宜民，李传芳，程良伦. 仿生型步进式直线驱动器的研究[J]. 机器人，1994，16(1)：37-39.

[103] 李勇，胡敏，周兆英，等. 提高输出推力的蠕动式微进给定位机构[J].

压电与声光，1999，21(5)：407-410.

[104] LI Y，GUO M，ZHOU Z Y，et al. Micro electro discharge machine with an inchworm type of micro feed mechanism[J]. Precision Engineering，2002，26(1)：7-14.

[105] 刘国嵩，张宏壮，曾平，等. 整体对称结构的压电步进型精密直线驱动器[J]. 微电机，2006，39(2)：71-73.

[106] ZHANG Z C，HU H. Design of a novel piezoelectric inchworm actuator [C]//IEEE. Proceedings of the 2008 International Conference on Electrical Machines and Systems. Piscataway：IEEE，2008：3707-3711.

[107] 华顺明，曹旭，王义强，等. 尺蠖型压电驱动器结构及其特性[J]. 压电与声光，2019，41(5)：694-699，705.

[108] 赵宏伟，吴博达，华顺明，等. 尺蠖型压电直线驱动器的动态特性[J]. 光学精密工程，2007，15(6)：873-877.

[109] 赵宏伟，吴博达，杨志刚，等. 尺蠖型压电旋转驱动器钳位特性分析[J]. 西安交通大学学报，2007，41(9)：1022-1025，1035.

[110] 赵宏伟，吴博达，程光明，等. 尺蠖型压电旋转驱动器的静动态特性研究[J]. 哈尔滨工业大学学报，2009，41(3)：125-129.

[111] LI J P，ZHAO H W，QU H，et al. A piezoelectric-driven rotary actuator by means of inchworm motion[J]. Sensors and Actuators A：Physical，2013，194(5)：269-276.

[112] LI J P，ZHAO H W，QU H，et al. Development of a compact 2-DOF precision piezoelectric positioning platform based on inchworm principle [J]. Sensors and Actuators A：Physical，2015，222：87-95.

[113] LIU Y X，CHEN W S，SHI D D，et al. Development of a four feet driving type linear piezoelectric actuator using bolt-clamped transducers [J]. IEEE Access，2017，5：27162-27171.

[114] CHEN W S，LIU Y X，LIU Y Y，et al. Design and experimental evaluation of a novel stepping linear piezoelectric actuator[J]. Sensors and Actuators A：Physical，2018，276：259-266.

[115] TIAN X Q，ZHANG B R，LIU Y X，et al. A novel U-shaped stepping linear piezoelectric actuator with two driving feet and low motion coupling：design，modeling and experiments[J]. Mechanical Systems and

Signal Processing，2019，124：679-695.

[116] POHL D W. Dynamic piezoelectric translation devices[J]. Review of Scientific Instruments，1987，58(1)：54-57.

[117] HAN W X，ZHANG Q，MA Y T，et al. An impact rotary motor based on a fiber torsional piezoelectric actuator[J]. Review of Scientific Instruments，2009，80(1)：014701.

[118] HU Y L，WANG R M，WEN J M，et al. A low frequency structure-control-type inertial actuator using miniaturized bimorph piezoelectric vibrators[J]. IEEE Transactions on Industrial Electronics，2019，66 (8)：6179-6188.

[119] HIGUCHI T，MASAHIRO W，KENICHI K. Precise positioner utilizing rapid deformations of a piezoelectric element[J]. Journal of the Japan Society for Precision Engineering，1988，54(11)：2107-2112.

[120] MORITA T，YOSHIDA R，OKAMOTO Y，et al. A smooth impact rotation motor using a multi-layered torsional piezoelectric actuator[J]. IEEE Transactions on Ultrasonics，Ferroelectrics，and Frequency Control，1999，46(6)：1439-1445.

[121] BERGANDER A，BREGUET J M，SCHMITT C，et al. Micropositioners for microscopy applications based on the stick-slip effect[C]// IEEE. Proceedings of the 2000 International Symposium on Micromechatronics and Human Science. Piscataway：IEEE，2000：213-216.

[122] DUAN Z Y，WANG Q K. Development of a novel high precision piezoelectric linear stepper actuator[J]. Sensors and Actuators A：Physical，2005，118(2)：285-291.

[123] LI J P，ZHOU X Q，ZHAO H W，et al. Development of a novel parasitic-type piezoelectric actuator [J]. IEEE/ASME Transactions on Mechatronics，2017，22(1)：541-550.

[124] LI J P，HUANG H，ZHAO H W. A piezoelectric-driven linear actuator by means of coupling motion[J]. IEEE Transactions on Industrial Electronics，2018，65(3)：2458-2466.

[125] 李建平. 步进式压电驱动基础理论与试验研究[D]. 长春：吉林大学，2016.

[126] CHENG T H，HE M，LI H Y，et al. A novel trapezoid-type stick-slip piezoelectric linear actuator using right circular flexure hinge mechanism [J]. IEEE Transactions on Industrial Electronics，2017，64（7）：5545-5552.

[127] CHENG T H，LI H Y，HE M，et al. Investigation on driving characteristics of a piezoelectric stick-slip actuator based on resonant/off-resonant hybrid excitation[J]. Smart Materials and Structures，2017，26（3）：035042.

[128] CHENG T H，LU X H，ZHAO H W，et al. Performance improvement of smooth impact drive mechanism at low voltage utilizing ultrasonic friction reduction [J]. Review of Scientific Instruments，2016，87（8）：085007.

[129] WANG L，CHEN D，CHENG T H，et al. A friction regulation hybrid driving method for backward motion restraint of the smooth impact drive mechanism [J]. Smart Materials and Structures，2016，25（8）：085033.

[130] MERRY R J E，DE KLEIJN N C T，VAN DE MOLENGRAFT M J G，et al. Using a walking piezo actuator to drive and control a high-precision stage[J]. IEEE/ASME Transactions on Mechatronics，2009，14（1）：21-31.

[131] MERRY R J E，VAN DE MOLENGRAFT R，STEINBUCH M. Modeling of a walking piezo actuator[J]. Sensors and Actuators A：Physical，2010，162(1)：51-60.

[132] MERRY R J E，MAASSEN M G J，VAN DE MOLENGRAFT M J G，et al. Modeling and waveform optimization of a nano-motion piezo stage [J]. IEEE/ASME Transactions on Mechatronics，2011，16（4）：615-626.

第2章
压电材料与压电驱动基础

压电驱动器的致动原理表明：可以通过压电材料的变形直接实现致动，或者通过压电材料与弹性体共同变形并利用摩擦耦合来实现致动。因此，压电驱动技术领域包含两个基本问题：第一个基本问题是，采用何种运动模式或者振动模态及其组合方式来使质点在定子弹性体驱动区域内形成具有驱动作用的运动轨迹，即选择何种运动模式或者振动模态以及如何合理对它们进行组合；第二个基本问题是，在明确定子弹性体所采用的目标运动模式或者振动模态后，如何通过压电陶瓷和金属弹性体的合理布置来实现目标运动模式或者振动模态的激励，即如何选择合理且高效的激励目标运动模式或者振动模态。研究压电驱动器新构型必须解决这两个基本问题，而这两个问题是否得到妥善解决直接决定了驱动器的机械输出特性能否得到有效改善。因此，对弹性体基本运动模式和振动模态及其激励方式的分析是进行压电驱动器构型和原理研究的基础。

本章首先介绍压电材料及其基本特性；然后对压电驱动器的基本结构形式进行介绍，分析贴片式和夹心式压电驱动器不同工作模式对应的结构和激励方式；之后对压电驱动器基本运动模式、振动模态及其激励方式进行介绍，分别讨论纵向运动、弯曲运动、扭转运动三种基本运动模式，以及圆环轴向弯振、圆筒径向弯振、压电金属复合梁纵振和弯振四种基本振动模态所对应的驱动器的结构及激励方式。

2.1 压电材料及其基本特性

2.1.1 压电效应

广义压电效应是正压电效应和逆压电效应的统称，用于反映晶体的弹性性能与介电性能之间的耦合特性，是超声学发展史上的重大发现。压电效应是由法国物理学家居里兄弟于 1880 年发现的,他们把砝码分别放在许多晶体(如石英、电气石、罗谢尔盐等)上,用静电计测量晶体表面产生电荷的情况。实验证明:这些晶体的某些表面上产生了电荷,且这些电荷量与所加砝码的质量成正比。1882 年居里兄弟通过实验证实了李普曼(G. Lippamann)关于逆压电效应的预言,证明逆压电效应确实存在。

图 2-1 所示为压电元件的压电效应示意图:对于正压电效应,输入为外部的作用力,外部作用力引起压电元件的机械变形,同时会使材料内部电荷位置产生变化而出现正负电荷聚集在两个端面上的情况,最终使得压电元件呈现带电状态;对于逆压电效应,输入的则是外部的电场作用,通过材料内部电荷的移位,最终引起压电元件的机械变形。

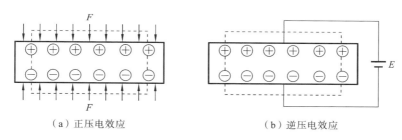

（a）正压电效应　　　　　　　　（b）逆压电效应

图 2-1　压电效应示意图

这里借助石英晶体(SiO_2)对材料的压电效应进行解释。石英晶体由硅离子和氧离子规则排列组成,硅离子带正电荷,氧离子带负电荷。图 2-2(a)所示为石英晶体结构的简化示意图,正负电荷分别代表硅离子和氧离子,它们对称分布在正六边形的顶角上,这种分布使得在自由状态下晶体内部离子的正负电

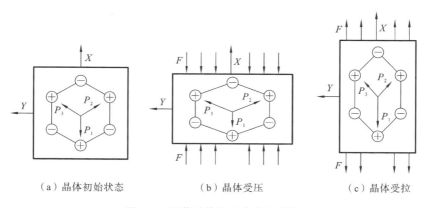

（a）晶体初始状态　　　　　（b）晶体受压　　　　　（c）晶体受拉

图 2-2　石英晶体的压电效应机理

荷相互平衡,晶体对外呈现一种不带电的状态。图 2-2(a)中的 P_1,P_2,P_3 为电偶极矩。当给晶体施加外部作用力 F,使其受压并产生沿 X 方向的压缩变形时,硅离子和氧离子的相对位置发生变化(见图 2-2(b)),这使得晶体内部离子不再处于正负电荷相互平衡的状态,电偶极矩沿 X 轴的分量大于零,晶体上表面出现正电荷的聚集,而下表面则出现负电荷的聚集,最终结果是晶体呈现带电状态。同理,在晶体上施加外部作用力 F 并使晶体沿 X 方向产生一定的拉伸变形后,晶体同样会呈现带电状态,如图 2-2(c)所示。此时晶体状态与图 2-2(b)所示受压状态的不同之处在于,晶体表面所带电荷的极性发生了改变。

2.1.2　压电材料基本特性与参数

压电材料除具有弹性常数、介电常数、压电常数三种性能参数外,还有描述谐振状态时机械能和电能相互转换的机电耦合系数 k,描述在交变电场中介电行为的介质损耗因子 $\tan\delta_e$,以及描述弹性谐振时力学性能的机械品质因数 Q_m 等参数。

具体到压电陶瓷,作为同轴各向异性压电材料,其物理特性通常用相互独立的两个介电常数、五个弹性刚度(柔性)常数和三个压电常数表征,以下标形式来表示应变、应力、位移和电场的各个量的方向。如图 2-3 所示,按 IEEE(Institute of Electrical and Electronics Engineers,美国电气与电子工程师学会)标准,把 Z 轴正方向设为压电陶瓷晶体极化轴方向,则 1,2 和 3 分别代表 X,Y 和 Z 轴的方向,4,5 和 6 分别代表这些轴的切变方向。

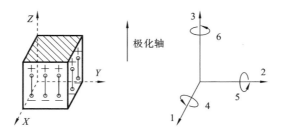

图 2-3　压电晶体轴的表示法

1. 压电材料的弹性特性[1]

压电材料元件作为一种弹性体,具有弹性特性,可通过应力 T 和应变 S 表征其弹性特性。给弹性体施加一定的外部作用力之后,弹性体内部微粒之间会失去原来的平衡状态,并产生吸引力或者排斥力。将这种由外部作用力引起的弹性体内部颗粒之间的相互作用力称为内力。进一步将单位面积上承受的内力称为应力,一般用 T 代表应力。T 可写成下面的矩阵形式:

$$T=\begin{bmatrix} T_1 & T_6 & T_5 \\ T_6 & T_2 & T_4 \\ T_5 & T_4 & T_3 \end{bmatrix} \qquad (2\text{-}1)$$

式中:T_1,T_2,T_3——正应力;

T_4,T_5,T_6——切应力。

图 2-4 为应力张量示意图。

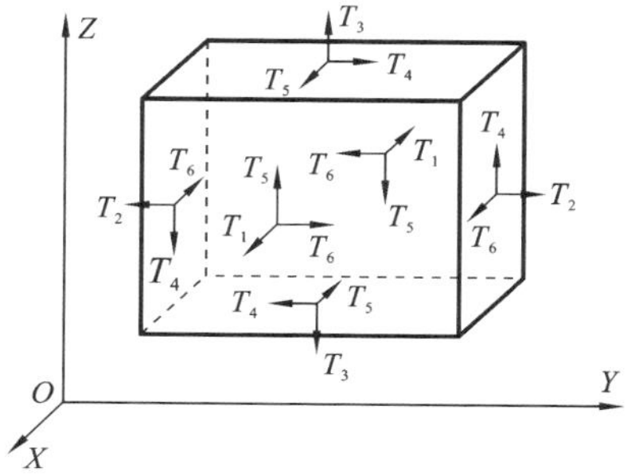

弹性体在受外力作用产生内应力的同时也会产生应变。压电弹性体的应变分为正应变和切应变,用 S 代表应变。S 可写成下面的矩阵形式:

图 2-4 应力张量示意图

$$S=\begin{bmatrix} S_1 & \dfrac{1}{2}S_6 & \dfrac{1}{2}S_5 \\[2mm] \dfrac{1}{2}S_6 & S_2 & \dfrac{1}{2}S_4 \\[2mm] \dfrac{1}{2}S_5 & \dfrac{1}{2}S_4 & S_3 \end{bmatrix} \qquad (2\text{-}2)$$

式中:S_1,S_2,S_3——正应变;

S_4,S_5,S_6——切应变。

基于广义胡克定律,在小变形情况下,弹性体应力与应变之间的关系可由下列方程组给出:

$$\begin{cases} S_1 = s_{11}T_1 + s_{12}T_2 + s_{13}T_3 + s_{14}T_4 + s_{15}T_5 + s_{16}T_6 \\ S_2 = s_{21}T_1 + s_{22}T_2 + s_{23}T_3 + s_{24}T_4 + s_{25}T_5 + s_{26}T_6 \\ S_3 = s_{31}T_1 + s_{32}T_2 + s_{33}T_3 + s_{34}T_4 + s_{35}T_5 + s_{36}T_6 \\ S_4 = s_{41}T_1 + s_{42}T_2 + s_{43}T_3 + s_{44}T_4 + s_{45}T_5 + s_{46}T_6 \\ S_5 = s_{51}T_1 + s_{52}T_2 + s_{53}T_3 + s_{54}T_4 + s_{55}T_5 + s_{56}T_6 \\ S_6 = s_{61}T_1 + s_{62}T_2 + s_{63}T_3 + s_{64}T_4 + s_{65}T_5 + s_{66}T_6 \end{cases} \qquad (2\text{-}3)$$

式(2-3)可以简化成如下形式:

$$S_l = \sum_{k=1}^{6} s_{lk}T_k \quad (l,k=1,2,\cdots,6) \qquad (2\text{-}4)$$

式中:s_{lk}——弹性柔顺常数,或简称柔性常数、顺性常数。

式(2-3)写成矩阵形式为

$$\begin{bmatrix} S_1 \\ S_2 \\ S_3 \\ S_4 \\ S_5 \\ S_6 \end{bmatrix} = \begin{bmatrix} s_{11} & s_{12} & s_{13} & s_{14} & s_{15} & s_{16} \\ s_{21} & s_{22} & s_{23} & s_{24} & s_{25} & s_{26} \\ s_{31} & s_{32} & s_{33} & s_{34} & s_{35} & s_{36} \\ s_{41} & s_{42} & s_{43} & s_{44} & s_{45} & s_{46} \\ s_{51} & s_{52} & s_{53} & s_{54} & s_{55} & s_{56} \\ s_{61} & s_{62} & s_{63} & s_{64} & s_{65} & s_{66} \end{bmatrix} \begin{bmatrix} T_1 \\ T_2 \\ T_3 \\ T_4 \\ T_5 \\ T_6 \end{bmatrix} \tag{2-5}$$

同理,任意一点的六个应力分量均是六个应变分量的线性函数,可通过下列方程组进行描述:

$$\begin{cases} T_1 = c_{11}S_1 + c_{12}S_2 + c_{13}S_3 + c_{14}S_4 + c_{15}S_5 + c_{16}S_6 \\ T_2 = c_{21}S_1 + c_{22}S_2 + c_{23}S_3 + c_{24}S_4 + c_{25}S_5 + c_{26}S_6 \\ T_3 = c_{31}S_1 + c_{32}S_2 + c_{33}S_3 + c_{34}S_4 + c_{35}S_5 + c_{36}S_6 \\ T_4 = c_{41}S_1 + c_{42}S_2 + c_{43}S_3 + c_{44}S_4 + c_{45}S_5 + c_{46}S_6 \\ T_5 = c_{51}S_1 + c_{52}S_2 + c_{53}S_3 + c_{54}S_4 + c_{55}S_5 + c_{56}S_6 \\ T_6 = c_{61}S_1 + c_{62}S_2 + c_{63}S_3 + c_{64}S_4 + c_{65}S_5 + c_{66}S_6 \end{cases} \tag{2-6}$$

式(2-6)可以简化写成如下形式:

$$T_l = \sum_{k=1}^{6} c_{lk}S_k \quad (l,k=1,2,\cdots,6) \tag{2-7}$$

式中:c_{lk}——弹性刚度常数或弹性劲度常数,简称刚度常数。

式(2-6)写成矩阵形式为

$$\begin{bmatrix} T_1 \\ T_2 \\ T_3 \\ T_4 \\ T_5 \\ T_6 \end{bmatrix} = \begin{bmatrix} c_{11} & c_{12} & c_{13} & c_{14} & c_{15} & c_{16} \\ c_{21} & c_{22} & c_{23} & c_{24} & c_{25} & c_{26} \\ c_{31} & c_{32} & c_{33} & c_{34} & c_{35} & c_{36} \\ c_{41} & c_{42} & c_{43} & c_{44} & c_{45} & c_{46} \\ c_{51} & c_{52} & c_{53} & c_{54} & c_{55} & c_{56} \\ c_{61} & c_{62} & c_{63} & c_{64} & c_{65} & c_{66} \end{bmatrix} \begin{bmatrix} S_1 \\ S_2 \\ S_3 \\ S_4 \\ S_5 \\ S_6 \end{bmatrix} \tag{2-8}$$

因此,刚度常数和柔性常数之间的关系可用矩阵表示为

$$\begin{bmatrix} c_{11} & c_{12} & c_{13} & c_{14} & c_{15} & c_{16} \\ c_{21} & c_{22} & c_{23} & c_{24} & c_{25} & c_{26} \\ c_{31} & c_{32} & c_{33} & c_{34} & c_{35} & c_{36} \\ c_{41} & c_{42} & c_{43} & c_{44} & c_{45} & c_{46} \\ c_{51} & c_{52} & c_{53} & c_{54} & c_{55} & c_{56} \\ c_{61} & c_{62} & c_{63} & c_{64} & c_{65} & c_{66} \end{bmatrix} = \begin{bmatrix} s_{11} & s_{12} & s_{13} & s_{14} & s_{15} & s_{16} \\ s_{21} & s_{22} & s_{23} & s_{24} & s_{25} & s_{26} \\ s_{31} & s_{32} & s_{33} & s_{34} & s_{35} & s_{36} \\ s_{41} & s_{42} & s_{43} & s_{44} & s_{45} & s_{46} \\ s_{51} & s_{52} & s_{53} & s_{54} & s_{55} & s_{56} \\ s_{61} & s_{62} & s_{63} & s_{64} & s_{65} & s_{66} \end{bmatrix}^{-1} \tag{2-9}$$

刚度常数和柔性常数的矩阵都是对称矩阵,独立的刚度常数和柔性常数都只有 21 个,因为压电体的对称性,独立的刚度常数和柔性常数还会减少。对称程度越高,独立的常数就越少,均匀各向同性材料的独立刚度常数只有两个。经过极化的压电陶瓷材料具有类似于六方晶系的对称性,其柔性常数矩阵如下:

$$
\begin{bmatrix}
s_{11} & s_{12} & s_{13} & 0 & 0 & 0 \\
s_{12} & s_{11} & s_{13} & 0 & 0 & 0 \\
s_{13} & s_{13} & s_{33} & 0 & 0 & 0 \\
0 & 0 & 0 & s_{44} & 0 & 0 \\
0 & 0 & 0 & 0 & s_{44} & 0 \\
0 & 0 & 0 & 0 & 0 & 2(s_{11}-s_{12})
\end{bmatrix}
\tag{2-10}
$$

压电陶瓷的刚度常数矩阵中元素除 $c_{66}=\dfrac{1}{2}(c_{11}-c_{12})$ 外,其余元素均与 S 矩阵的相似。

2. 压电材料的介电特性[1]

压电陶瓷属于电介质,其介电特性通过介电常数来反映。未经极化的压电陶瓷为各向同性的材料,将其放入电场强度为 E 的电场内,压电陶瓷内将出现极化强度 P,并引起电位移 D。P,D,E 都是矢量,在直角坐标系下它们之间的关系为

$$
\begin{cases}
P_1 = \chi E_1 \\
P_2 = \chi E_2 \\
P_3 = \chi E_3
\end{cases}
\tag{2-11}
$$

$$
\begin{cases}
D_1 = \varepsilon_0 E_1 + P_1 = (\varepsilon_0 + \chi) E_1 = \varepsilon E_1 \\
D_2 = \varepsilon E_2 \\
D_3 = \varepsilon E_3
\end{cases}
\tag{2-12}
$$

式中:ε——介电常数;

χ——电极化率;

ε_0——真空介电常数,$\varepsilon_0 = 8.85 \times 10^{-12}$ F/m。

压电陶瓷经过极化处理后将变成各向异性体,沿不同的方向有不同的物理性能。沿 X 方向施加强度为 E_1 的电场作用,压电陶瓷所产生的极化强度 P' 与 E_1 不同方向,可分为三个分量——P'_1, P'_2, P'_3,如图 2-5 所示。

P' 的各个分量与 E_1 的关系如下:

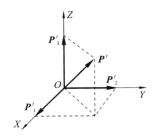

**图 2-5 各向异性体中的
E 与 P 的关系**

$$
\begin{cases}
\boldsymbol{P}'_1 = \chi_{11} \boldsymbol{E}_1 \\
\boldsymbol{P}'_2 = \chi_{21} \boldsymbol{E}_1 \\
\boldsymbol{P}'_3 = \chi_{31} \boldsymbol{E}_1
\end{cases}
\tag{2-13}
$$

式中：χ_{11}——受 X 方向电场作用时沿 X 方向产生极化强度的电极化率；

χ_{21}——受 X 方向电场作用时沿 Y 方向产生极化强度的电极化率；

χ_{31}——受 X 方向电场作用时沿 Z 方向产生极化强度的电极化率。

同理，若分别沿 Y 方向施加强度为 $\boldsymbol{E}_2$ 的电场作用和沿 Z 方向施加强度为 $\boldsymbol{E}_3$ 的电场作用，压电陶瓷的极化强度与电场强度的关系如下：

$$
\begin{cases}
\boldsymbol{P}''_1 = \chi_{12} \boldsymbol{E}_2 \\
\boldsymbol{P}''_2 = \chi_{22} \boldsymbol{E}_2 \\
\boldsymbol{P}''_3 = \chi_{32} \boldsymbol{E}_2
\end{cases}
\tag{2-14}
$$

$$
\begin{cases}
\boldsymbol{P}'''_1 = \chi_{13} \boldsymbol{E}_3 \\
\boldsymbol{P}'''_2 = \chi_{23} \boldsymbol{E}_3 \\
\boldsymbol{P}'''_3 = \chi_{33} \boldsymbol{E}_3
\end{cases}
\tag{2-15}
$$

根据式(2-11)、式(2-12)和式(2-13)，对压电陶瓷施加沿空间中任意方向的电场时，$\boldsymbol{P}$，$\boldsymbol{D}$ 和 $\boldsymbol{E}$ 之间有如下关系：

$$
\begin{cases}
\boldsymbol{P}_1 = \chi_{11} \boldsymbol{E}_1 + \chi_{12} \boldsymbol{E}_2 + \chi_{13} \boldsymbol{E}_3 \\
\boldsymbol{P}_2 = \chi_{21} \boldsymbol{E}_1 + \chi_{22} \boldsymbol{E}_2 + \chi_{23} \boldsymbol{E}_3 \\
\boldsymbol{P}_3 = \chi_{31} \boldsymbol{E}_1 + \chi_{32} \boldsymbol{E}_2 + \chi_{33} \boldsymbol{E}_3
\end{cases}
\tag{2-16}
$$

$$
\begin{cases}
\boldsymbol{D}_1 = \varepsilon_{11} \boldsymbol{E}_1 + \varepsilon_{12} \boldsymbol{E}_2 + \varepsilon_{13} \boldsymbol{E}_3 \\
\boldsymbol{D}_2 = \varepsilon_{21} \boldsymbol{E}_1 + \varepsilon_{22} \boldsymbol{E}_2 + \varepsilon_{23} \boldsymbol{E}_3 \\
\boldsymbol{D}_3 = \varepsilon_{31} \boldsymbol{E}_1 + \varepsilon_{32} \boldsymbol{E}_2 + \varepsilon_{33} \boldsymbol{E}_3
\end{cases}
\tag{2-17}
$$

此时，压电陶瓷的介电常数可通过如下矩阵形式给出：

$$
\boldsymbol{\varepsilon} = \begin{bmatrix}
\varepsilon_{11} & \varepsilon_{12} & \varepsilon_{13} \\
\varepsilon_{21} & \varepsilon_{22} & \varepsilon_{23} \\
\varepsilon_{31} & \varepsilon_{32} & \varepsilon_{33}
\end{bmatrix}
\tag{2-18}
$$

实验证明，$\varepsilon_{mn} = \varepsilon_{nm}$，故压电陶瓷的独立的介电常数只有六个。因为晶体具有对称性，所以实际上大多数晶体的介电常数少于六个。压电陶瓷属于六方晶系，其介电常数矩阵如下：

$$\varepsilon = \begin{bmatrix} \varepsilon_{11} & 0 & 0 \\ 0 & \varepsilon_{11} & 0 \\ 0 & 0 & \varepsilon_{33} \end{bmatrix} \tag{2-19}$$

3. 压电材料的压电特性

压电材料的压电特性可以通过压电方程进行描述,压电方程是描述压电陶瓷力学量(应力 T_l 和应变 S_k;$l,k=1,2,\cdots,6$)及电学量(电场强度 E_i 和电位移 D_i;$i=1,2,3$)之间相互关系的表达式,可由热力学关系(麦克斯韦关系)推导出来。依据设定的电学边界条件和力学边界条件的不同,线性压电方程有四种表达方式。

$$h \text{ 型:} \begin{cases} T_l = c^D_{lk} S_k - h_{jl} D_j, & l,k=1,2,\cdots,6 \\ E_i = -h_{ik} S_k + \beta^S_{ij} D_j, & i,j=1,2,3 \end{cases}$$

$$d \text{ 型:} \begin{cases} S_l = s^E_{lk} T_k + d_{jl} E_j, & l,k=1,2,\cdots,6 \\ D_i = d_{ik} T_k + \varepsilon^T_{ij} E_j, & i,j=1,2,3 \end{cases}$$

$$\tag{2-20}$$

$$g \text{ 型:} \begin{cases} S_l = s^D_{lk} T_k + g_{jl} D_j, & l,k=1,2,\cdots,6 \\ E_i = -g_{ik} T_k + \beta^T_{ij} D_j, & i,j=1,2,3 \end{cases}$$

$$e \text{ 型:} \begin{cases} T_l = c^E_{lk} S_k - e_{jl} E_j, & l,k=1,2,\cdots,6 \\ D_i = e_{ik} S_k + \varepsilon^S_{ij} E_j, & i,j=1,2,3 \end{cases}$$

其中刚度常数 c 和 s 上角标 D、E 分别表示电学边界条件为恒电位移(开路)和恒电场(短路),介电常数 ε 和 β 上角标 S,T 分别表示力学边界条件为恒应变(夹持)和恒应力(自由)。以上四类方程可以相互转化,研究过程中,可根据实际需要选用相应的方程。

基于式(2-20)所示的压电方程,电学短路($E_1=E_2=E_3=0$)情况下的正压电效应可以由下式表示:

$$\boldsymbol{D} = \begin{bmatrix} \boldsymbol{D}_1 \\ \boldsymbol{D}_2 \\ \boldsymbol{D}_3 \end{bmatrix} = \boldsymbol{d}\boldsymbol{T} = \begin{bmatrix} d_{11} & d_{12} & d_{13} & d_{14} & d_{15} & d_{16} \\ d_{21} & d_{22} & d_{23} & d_{24} & d_{25} & d_{26} \\ d_{31} & d_{32} & d_{33} & d_{34} & d_{35} & d_{36} \end{bmatrix} \begin{bmatrix} T_1 \\ T_2 \\ T_3 \\ T_4 \\ T_5 \\ T_6 \end{bmatrix} \tag{2-21}$$

式中:d——压电应变常数矩阵,由具体的材料及晶体结构决定。

同理,自由边界($T_1=T_2=T_3=T_4=T_5=T_6=0$)条件下的逆压电效应可以由下式表示:

$$S = \begin{bmatrix} S_1 \\ S_2 \\ S_3 \\ S_4 \\ S_5 \\ S_6 \end{bmatrix} = \boldsymbol{d}^{\mathrm{T}} \boldsymbol{E} = \begin{bmatrix} d_{11} & d_{21} & d_{31} \\ d_{12} & d_{22} & d_{32} \\ d_{13} & d_{23} & d_{33} \\ d_{14} & d_{24} & d_{34} \\ d_{15} & d_{25} & d_{35} \\ d_{16} & d_{26} & d_{36} \end{bmatrix} \begin{bmatrix} E_1 \\ E_2 \\ E_3 \end{bmatrix} \tag{2-22}$$

对于沿 Z 方向极化的压电陶瓷,其压电常数矩阵 $\boldsymbol{d}$ 中仅有三个独立常数 $(d_{31}, d_{33}$ 和 $d_{15})$,则压电常数矩阵可以简化为

$$\boldsymbol{d} = \begin{bmatrix} 0 & 0 & 0 & 0 & d_{15} & 0 \\ 0 & 0 & 0 & d_{15} & 0 & 0 \\ d_{31} & d_{31} & d_{33} & 0 & 0 & 0 \end{bmatrix} \tag{2-23}$$

压电常数矩阵 $\boldsymbol{d}$ 中的三个常数 d_{31}, d_{33} 和 d_{15} 分别对应压电陶瓷三个基本的工作模式。

(1)在横向工作模态(也称 d_{31} 模式)下,如图 2-6(a)所示,压电陶瓷的极化方向和所施加电场的方向均为 Z 方向,激发的是压电陶瓷 Y 方向的变形。

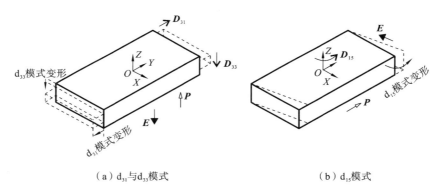

(a) d_{31} 与 d_{33} 模式　　　　　　　　　(b) d_{15} 模式

图 2-6　压电陶瓷的三种基本工作模式

注:➡表示极化方向;➡表示电场方向;➡表示变形方向。

(2)在纵向工作模态(也称 d_{33} 模式)下,压电陶瓷的极化方向和所施加电场的方向均为 Z 方向,激发的压电陶瓷变形同样为 Z 方向,如图 2-6(a)所示。需要特别指出,压电陶瓷的 d_{31} 模式和 d_{33} 模式是同时存在的,因此施加同一电场可激发这两种模式下的变形。但是,压电陶瓷与金属基体结合的方式决定了其工作模式。一般而言:如果压电陶瓷是通过粘贴的方式固定于金属基体表面的,

则其工作于 d_{31} 模式；如果压电陶瓷是采用螺栓预紧的夹心式结构与金属基体结合的，则其工作于 d_{33} 模式。

（3）在剪切工作模态（也称 d_{15} 模式）下，压电陶瓷的极化方向为 Z 方向，施加的电场方向为 Y 方向，激发的压电陶瓷振动为绕 X 轴的剪切振动，如图 2-6（b）所示。

4．压电材料主要特征参数[2]

1）机电耦合系数 k

给压电元件施加一定的外部作用力或者外部电场后，由于正压电效应和逆压电效应，压电元件中会发生机械能和电能之间的转换。机电耦合系数 k 是用于表示压电元件中能量耦合程度的一个参数，反映了压电元件中机械能和电能之间的耦合关系。对于压电陶瓷，k 的大小与材料的机电常数、弹性常数和压电常数有关。对于高对称晶体，机电耦合系数和机电常数、弹性常数和压电常数之间存在简单关系，通过测量机电耦合系数，可以确定介电常数、弹性常数和压电常数。

机电耦合系数 k 的定义可由下式给出：

$$k^2 = \frac{\text{通过逆压电效应获得的机械能}}{\text{输入的电能}} \tag{2-24}$$

$$k^2 = \frac{\text{通过正压电效应获得的电能}}{\text{输入的机械能}} \tag{2-25}$$

对应压电陶瓷三个基本的工作模式（d_{31}，d_{33} 和 d_{15} 模式）的机电耦合系数如下：

$$\begin{cases} k_{31} = \dfrac{d_{31}}{\sqrt{s_{11}^E \varepsilon_{33}^T}} \\[3mm] k_{33} = \dfrac{e_{31}}{\sqrt{c_{33}^D \varepsilon_{33}^S}} \\[3mm] k_{15} = \dfrac{e_{15}}{\sqrt{c_{55}^D \varepsilon_{11}^S}} \end{cases} \tag{2-26}$$

机电耦合系数 k 是一个小于 1 的无量纲的量，用于表征压电元件中能量耦合程度的强弱，并不直接对应于能量转换效率，未被转换的能量实际上是以电能或者弹性能的形式可逆地存储在压电元件内部。

2）介质损耗因子 $\tan\delta_e$ 和电学品质因数 Q_e

压电材料为电介质，在电场的作用下其内所损耗的能量称为介质损耗。这种电介质损耗主要是由极化弛豫和漏电等原因引起的。电介质在外电场作用下的极化从初态到末态要经过一定的弛豫时间，这种现象称为极化弛豫。介质极化的这种弛豫在交变电场中会引起介质损耗,并且使动态介电常数和静态介电常数不同。实际的压电材料不可能绝对地绝缘,在交变电场作用下仍具有一定的导电性能,即压电材料存在漏电现象,这是产生介质损耗的另一原因。特别是在高温和强电场作用下,这方面的影响显得尤为重要。介质损耗使压电材料发热,大功率条件下会损坏换能器部件或使陶瓷去极化。

通常采用介质损耗因子(或称为介质损耗角正切)$\tan\delta_e$ 来表示介质损耗,$\tan\delta_e$ 和损耗能量成正比。$\tan\delta_e$ 的定义如下:

$$\tan\delta_e = \frac{I_R}{I_C} = \frac{1}{\omega C_0 R_d} \tag{2-27}$$

式中:ω——交变电场的角频率;

$\quad\quad C_0$——压电介质元件的静态电容;

$\quad\quad R_d$——介质损耗电阻;

$\quad\quad I_R$——消耗电能使介质发热的有功电流分量;

$\quad\quad I_C$——流向静态电容的纯电容部分的电流分量。

电学品质因数(electrical quality factor)Q_e 为单位时间内电路中储存的能量与消耗的能量之比。Q_e 和 $\tan\delta_e$ 成倒数关系,即

$$Q_e = \frac{1}{\tan\delta_e} = \omega C_0 R_d \tag{2-28}$$

3)机械损耗因子 $\tan\delta_m$ 和机械品质因数 Q_m

机械损耗因子 $\tan\delta_m$ 和机械品质因数 Q_m 反映了压电材料机械损耗的大小。产生机械损耗的原因主要是材料的内摩擦。机械损耗使材料发热而消耗能量,并使材料的性能下降。$\tan\delta_m$ 的定义及表达式与介质损耗因子 Q_m 的定义及表达式与电学品质因数类似。机械品质因数 Q_m 的定义:每周期内单位体积材料储存的机械能 W_m 与损耗的机械能 W_R 之比的 2π 倍,即

$$Q_m = 2\pi \frac{W_m}{W_R} \tag{2-29}$$

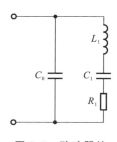

**图 2-7 致动器的
等效电路**

一般在机械谐振频率附近的致动器可用如图 2-7 所示的等效电路描述,其中 C_0 称为致动器的静态(或并联)电容,L_1,C_1 和 R_1 分别称为致动器的动态(或等效)电感、电容和电阻。L_1,C_1 和 R_1 组成的串联谐振电路反映了致动器的机械谐振性质。由电路知识得

$$Q_m = \omega_s C_1 R_1 = \frac{1}{\tan\delta_m} \tag{2-30}$$

式中:ω_s——串联(或机械)谐振角频率。

2.2 压电驱动器基本结构形式

压电驱动器是将电能转化成机械能来实现致动的,压电陶瓷作为激励源,通过施加特定的电场作用激励压电金属弹性复合体输出运动。目前压电驱动器的主要结构分为贴片式和夹心式两种,下面将分别讨论这两种结构的压电驱动器。

2.2.1 贴片式压电驱动器

贴片式压电驱动器一般是压电陶瓷片与金属弹性基体通过粘贴的方式组成的弹性复合体,其中梁式的贴片式压电驱动器是最具代表性的一类。驱动器工作时,给压电陶瓷片施加交流电压激励信号,通常是利用压电陶瓷的 d_{31} 模式实现运动激励。对于梁式压电驱动器,主要激励出纵向或弯曲运动,对应结构和激励方式如图 2-8 所示,图中 F 和 P 分别为端面上选取的关键点(端面中心点和侧边中心点)。

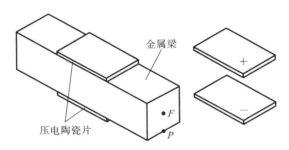

图 2-8 梁式的贴片式压电驱动器结构示意图

给上下侧两个压电陶瓷片施加同一相激励信号时,它们同时伸长或收缩,弹性体产生沿长度方向的纵向运动;而当给上下侧压电陶瓷片分别施加一相信号且两相信号相位相反时,上侧压电陶瓷片伸长(或收缩),下侧压电陶瓷片收缩(或伸长),两个压电陶瓷片的交替伸缩激励弹性体产生弯曲运动。图 2-9 展示了施加具有 90° 相位差的两相信号(见图 2-10)时梁式的贴片式压电驱动器在一个周期内的运动,包括纵向伸长缩短及上下弯曲运动的情况。

基于贴片式结构,著者研制了贴片式纵-弯复合型超声压电驱动器,其结构如图 2-11 所示,主体包含压电陶瓷片和金属基体两部分。金属基体上设置有两个矩形槽、两个指数型变幅杆以及两个驱动足。矩形槽用于安放陶瓷片,避

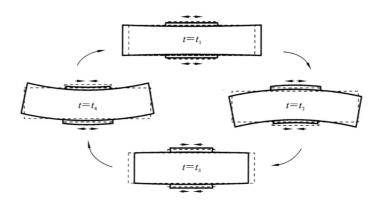

图 2-9　梁式的贴片式压电驱动器的周期振型变化示意图

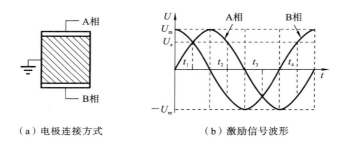

（a）电极连接方式　　　　　　（b）激励信号波形

图 2-10　梁式的贴片式压电驱动器的电极连接方式及信号波形

免底部陶瓷片与驱动动子相接触。金属梁两端仅上表面加工有指数型曲面,以形成变幅杆。变幅杆的作用是实现能量聚集,以放大金属梁末端驱动足处的振幅和振速;此外,还能够调节驱动器定子的纵-弯振动模态下的谐振频率。金属梁两端的驱动足底端采用半圆柱形状,以维持线接触优化驱动器的机械输出性能。金属基体两侧设置有夹持孔,用于机械驱动时驱动器定子的固定。

　　两个压电陶瓷片沿厚度方向均匀极化(各区域极化方向保持一致),且极化排布方向相反,如图 2-11 所示,即两个压电陶瓷片与金属基体相粘接的一侧均为负电极面。在两个压电陶瓷片的正电极面(即相对金属基体为外侧的电极面),其银层电极沿电极分隔线(即图 2-11 所示的虚线)分为两部分,两部分电极面电学断路,其目的是保证每个陶瓷片均分的两部分可单独受电压激励信号控制。

　　此外,著者规划了贴片式纵-弯复合型超声压电驱动器的激励方案,定子的电极连接方式如图 2-12 所示,A 相与 B 相电压为两相存在相位差的交流电压(图 2-12 所示两相电压相位差为 90°)。金属基体上侧陶瓷片的右半部分与下侧

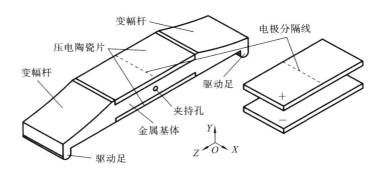

图 2-11 贴片式纵-弯复合型超声压电驱动器

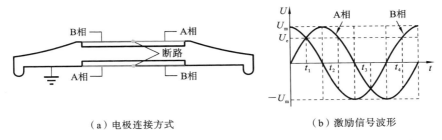

（a）电极连接方式 （b）激励信号波形

图 2-12 贴片式纵-弯复合型超声压电驱动器的电极连接方式及激励信号波形

陶瓷片的左半部分均与 A 相信号相连,上侧陶瓷片的左半部分与下侧陶瓷片的右半部分均与 B 相信号相连;金属基体接地,以确保与之相连的驱动器定子支撑结构不带电。

　　基于图 2-11 所示的压电陶瓷片极化排布和图 2-12 所示的电极连接方式,贴片式纵-弯复合型超声压电驱动器定子在一个致动周期内的振型变化如图 2-13 所示。当 $t=t_1$ 时,$U_A=U_B>0$,所有受电压激励的压电陶瓷片部分均伸长,进而使得驱动器定子整体伸长;当 $t=t_2$ 时,$U_A=-U_B>0$,A 相电压激励的压电陶瓷片部分伸长,B 相电压激励的压电陶瓷片部分缩短,进而使得驱动器定子整体弯曲;当 $t=t_3$ 时,$U_A=U_B<0$,所有受电压激励的压电陶瓷片部分均缩短,进而使得驱动器定子整体缩短;当 $t=t_4$ 时,$U_A=-U_B<0$,A 相电压激励的压电陶瓷片部分缩短,B 相电压激励的压电陶瓷片部分伸长,进而使得驱动器定子反向弯曲。贴片式纵-弯复合型超声压电驱动器定子纵振使得驱动足产生水平位移,弯振使得驱动足产生竖直位移;当两个振动模态被同时激励时,在驱动足处可叠加生成具有驱动作用的椭圆轨迹。当贴片式纵-弯复合型超声压电驱动器定子固定,且按照 t_1,t_2,t_3,t_4 四个时刻依次发生振型变化时,

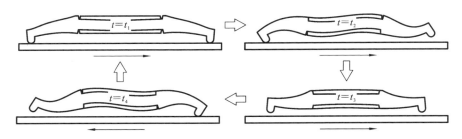

图 2-13　贴片式纵-弯复合型超声压电驱动器的周期振型变化示意图

可驱动直线导轨向右做直线运动。

　　除了梁式贴片结构,环形贴片式结构也是超声压电驱动器较早采用的一种结构形式,相应的工作模态为轴向弯振模态。与梁式贴片驱动器的结构相类似,环形贴片式驱动器一般是将圆环形压电陶瓷片与圆环形金属基体粘贴在一起而形成的,其基本结构如图 2-14 所示。通过给压电陶瓷片施加交流电压激励信号,可使该压电驱动器借助于压电陶瓷 d_{31} 模式实现弹性复合体轴向弯振

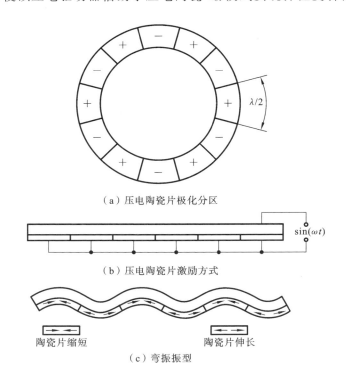

（a）压电陶瓷片极化分区

（b）压电陶瓷片激励方式

陶瓷片缩短　　　　　陶瓷片伸长

（c）弯振振型

图 2-14　一般环形贴片式超声压电驱动器压电陶瓷片布置方式及激励原理示意图

模态。图 2-14 和图 2-15 给出了两种圆环轴向弯振模态的激励方式。对于圆环B(0，n)阶轴向弯振模态,两种激励方式均需要将圆环形压电陶瓷片沿周向分为 $2n$ 个相等的扇区,每个扇区对应 $\lambda/2$(λ 为波长)。图 2-14 中,相邻扇区极化方向相反,而压电陶瓷片的激励电压方式如图(b)(周向展开图)所示,金属基体作为电源公共极使用;此时,在单向交流电压激励下,相邻扇区会产生相位相反的伸缩运动,从而在定子弹性复合体中激励出轴向弯振驻波(见图 2-14(c))。

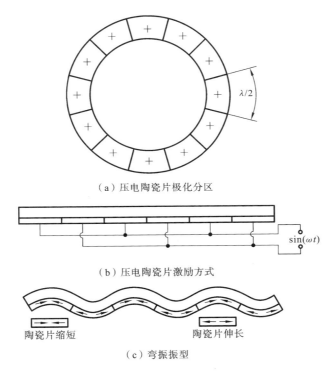

（a）压电陶瓷片极化分区

$\sin(\omega t)$

（b）压电陶瓷片激励方式

陶瓷片缩短　　　　　　　陶瓷片伸长

（c）弯振振型

图 2-15　著者提出的环形贴片式超声压电驱动器压电陶瓷布置方式及激励原理示意图

图 2-15 所示为著者所提出的环形贴片式超声压电驱动器压电陶瓷片布置方式及激励原理示意图。与图 2-14(b)所示压电陶瓷片激励方式相比,该激励方式的不同之处在于所有扇区极化方向均相同,相邻两个扇区分别与激励信号的两端连接[3],如图 2-15(b)所示;在单相交流电压信号激励下,相邻扇区同样会产生相位相反的伸缩运动,最终激励出圆环轴向弯振驻波。这种改进的激励方式不存在同一个压电陶瓷片反向极化的问题,可保证极化的均匀性;并且由于单向极化,不存在相邻两个扇区之间的应力集中问题,从而大大降低了压电

陶瓷片破损的可能性。基于图 2-14 和图 2-15 给出的激励方式可以研制相应的驻波驱动器,通过将驱动齿设置在波腹和波节之间,可实现驱动齿表面质点按倾斜轨迹运动的激励,从而可推动动子实现单向的旋转运动。

圆筒径向弯振振型和圆环轴向弯振振型沿周向展开后具有较好的相似性,因此,圆筒形贴片式结构也被研制出来。图 2-16(a)所示为著者所在团队李有光博士研制的圆筒形贴片式行波超声压电驱动器[4]。该超声压电驱动器定子圆筒外表面加工有 28 个大小相同的均布平面,28 个压电陶瓷片依次粘接在圆筒外表面的平面上。陶瓷极化方式按照＋,－,＋,－…的顺序依次循环,相邻的两个压电陶瓷片分别与一相激励信号连接,圆筒金属基体作为两相激励信号的公共极使用;压电陶瓷片采用 d_{31} 模式(沿圆筒周向的伸缩振动模式)工作,通过两相激励信号实现圆筒定子中两个具有 $\lambda/4$ 相位差的 B(0,7)阶径向弯振模态的激励,定子振型如图 2-16(b)所示。

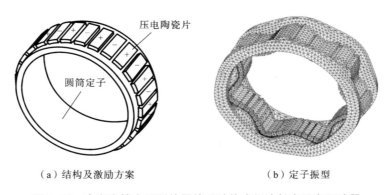

（a）结构及激励方案　　　　　　　　（b）定子振型

图 2-16　李有光博士研制的圆筒形贴片式行波超声压电驱动器

2.2.2　夹心式压电驱动器

夹心式压电驱动器的基本结构通常为两个金属端盖将压电陶瓷片夹持于中间,因形似三明治,故称这种结构为夹心式结构(sandwich structure)。典型夹心式纵-弯复合压型电驱动器采用梁式结构,如图 2-17 所示。其压电陶瓷片分为两组:两个整陶瓷片为纵振陶瓷片,其极化方向相反;四个半陶瓷片为弯振陶瓷片,沿梁轴线方向相邻的两个半陶瓷片极化方向相反,位于梁轴线同一位置上的两个半陶瓷片极化方向亦相反。所有压电陶瓷片均沿厚度方向极化,且每个陶瓷片上的各区域极化方向一致。传统夹心式纵-弯复合型压电驱动器的电极连接方式如图 2-18 所示:纵振陶瓷片连接 A 相交流电压信号,弯振陶瓷片连接 B 相交流电压信号,两相交流电压存在一定的相位差(此处相位差为 90°)。两组陶瓷片各自产生有规律的交替伸缩振动,实现压电金属梁的纵振和弯振的分别激励。

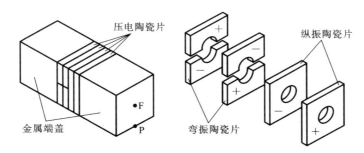

图 2-17　典型夹心式纵-弯复合型压电驱动器的结构示意图

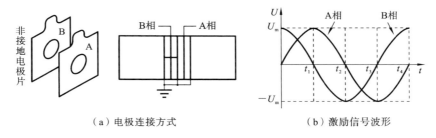

（a）电极连接方式　　　　　　　（b）激励信号波形

图 2-18　典型夹心式纵-弯复合型压电驱动器的电极连接方式及激励信号波形

图 2-19 所示为采用夹心式纵-弯激励方法的压电驱动器在一个激励周期内的振型变化。当 $t=t_1$ 时,$U_A=U_m$ 且 $U_B=0$,纵振陶瓷片受激励伸长,弯振陶瓷片未受激励无主动应变,所以压电驱动器整体伸长至纵振极限位置;当 $t=t_2$ 时,$U_A=0$ 且 $U_B=-U_m$,纵振陶瓷片未受激励无主动应变,弯振陶瓷片受激励,使得弯振中性面上侧陶瓷片伸长,下侧陶瓷片缩短,所以压电驱动器整体向下弯曲至弯振极限位置;当 $t=t_3$ 时,$U_A=-U_m$ 且 $U_B=0$,纵振陶瓷片受激励缩短,弯振陶瓷片未受激励无主动应变,所以压电驱动器整体缩短至纵振极限位置;当 $t=t_4$ 时,$U_A=0$ 且 $U_B=U_m$,纵振陶瓷片未受激励无主动应变,弯振陶瓷片受激励,使得弯振中性面上侧陶瓷片缩短,下侧陶瓷片伸长,所以压电驱动器整体向上弯曲至弯振极限位置。通过控制激励信号的时序,即可获得椭圆运动轨迹。

基于夹心式结构,著者研制了纵-弯复合型夹心式超声压电驱动器。如图 2-20 所示,该驱动器主体截面为正方形。主体包含三部分:法兰、压电陶瓷组和变幅杆。法兰位于中间,两个变幅杆位于梁的两端,两个压电陶瓷组分别由法

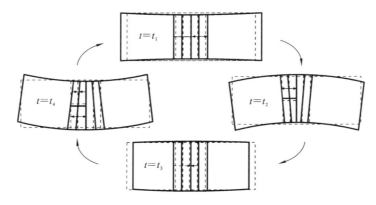

图 2-19 采用夹心式纵-弯激励方法的压电驱动器周期振型变化示意图

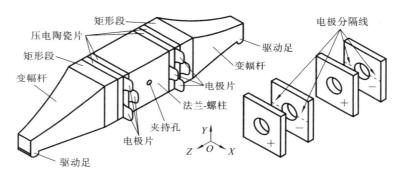

图 2-20 著者研制的纵-弯复合型夹心式超声压电驱动器

兰和变幅杆通过螺柱夹持,法兰和螺柱为一体件。驱动器共采用四个压电陶瓷片,均沿厚度方向极化,且各区域极化方向保持一致。四个压电陶瓷片的极化排布如图 2-20 所示,法兰同侧的两个陶瓷片极化方向相反,且紧邻法兰的两个陶瓷片极化方向亦相反。相邻的两个整压电陶瓷片之间的两电极面(压电陶瓷片上的银层)均沿弯振中性面有一电极分隔线,以确保弯振中性面两侧的陶瓷区域可分别单独激励。压电陶瓷片与法兰之间设置有接地电极片,相邻的两个压电陶瓷片之间设置有两个半电极片。压电陶瓷片和电极片的内孔与螺柱之间设置有绝缘套。变幅杆大端面与压电陶瓷片相邻,并设置有矩形段,以确保为压电陶瓷片施加均匀且充足的预紧力;除矩形段之外,变幅杆三个侧面均为指数型曲面,剩余一侧面为平面,并在其靠近小端面处设置有驱动足。该驱动器的驱动足设计为半圆柱状,使得驱动足与动子的接触形式为线接触,相应驱动点的椭圆轨迹较为一致,有助于改善驱动器的机械输出性能。法兰两个相对的侧面上设置有夹持孔,用于机械驱动时固定驱动器定子。

基于纵-弯复合型夹心式超声压电驱动器的结构和所选用的谐振模态,此类压电驱动器的电极连接方式如图 2-21(a)所示。此处,A 相与 B 相电压为两相存在相位差的交流电压(见图 2-21(b),相位差为 90°)。法兰右侧陶瓷组的上半部分与左侧陶瓷组的下半部分均受 A 相电压激励,左侧陶瓷组的上半部分与右侧陶瓷组的下半部分则均受 B 相电压激励;两陶瓷组的外侧电极面均接地,以确保超声压电驱动器定子的金属基体不带电。

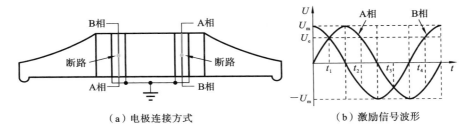

（a）电极连接方式　　　　　（b）激励信号波形

图 2-21　纵-弯复合型夹心式超声压电驱动器的电极连接方式及激励信号波形

按照图 2-20 所示压电陶瓷的极化排布方式和图 2-21 所示的电极连接方式:当 $t=t_1$ 或 $t=t_3$ 时,$U_A=U_B$,两组陶瓷片同时伸长($t=t_1$ 时)或者缩短($t=t_3$ 时),激励压电金属复合梁均纵振,使得驱动足产生沿水平方向的位移振动;当 $t=t_2$ 或 $t=t_4$ 时,$U_A=-U_B$,连接一相电压的部分陶瓷片伸长,同时连接另一相电压的部分陶瓷片缩短,激励压电金属复合梁弯振,使得驱动足产生沿竖直方向的位移振动。纵-弯复合型夹心式超声压电驱动器的驱动原理如图 2-22 所示。压电金属复合梁的纵振使得驱动足具有水平驱动作用,而弯振可调节驱动足与动子接触的预紧力;两种振动在驱动足处叠加,实现椭圆运动轨迹,且两足的椭圆运动轨迹旋向一致,进而驱动导轨做直线运动。由于采用一阶纵振和

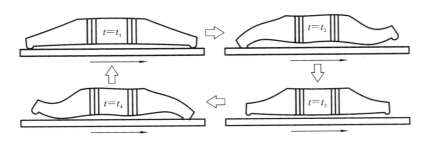

图 2-22　纵-弯复合型夹心式超声压电驱动器的驱动原理

偶数阶弯振模态叠加,因此定子梁两端的驱动足位移方向始终相反,从而使得两驱动足交替驱动直线导轨。图 2-22 所示超声压电驱动器定子固定,经由 t_1 →t_2→t_3→t_4 的振型周期变化,两驱动足均按逆时针椭圆轨迹振动,可驱动直线导轨向右运动。

采用梁式夹心结构的超声压电驱动器通常用于直线驱动。对于旋转运动,通常采用环形结构。著者提出了一种夹心式环形行波超声压电驱动器[5],其定子采用对称的环形结构,基于环形弹性体定子中弯曲行波的形成条件,使用 B(0,5)阶轴向弯振模态。四个压电陶瓷组均匀地嵌布于定子基体上,每个压电陶瓷组均由四个矩形压电陶瓷片组成,压电陶瓷片的布置方式和激励方式如图2-23所示。相邻两压电陶瓷组激励信号相位差为 90°,通过各压电陶瓷组激

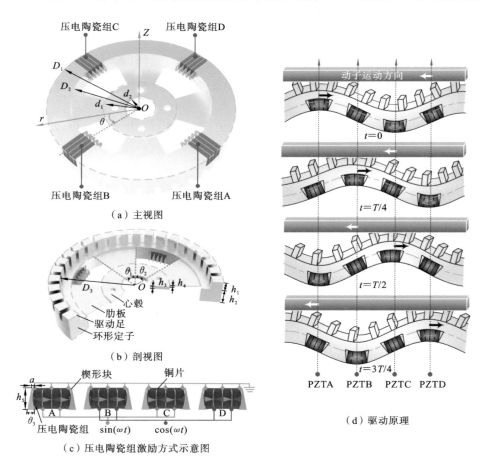

（a）主视图

（b）剖视图

（c）压电陶瓷组激励方式示意图

（d）驱动原理

图 2-23　著者提出的夹心式环形行波超声压电驱动器

励出的弯曲驻波振动合成环形结构的行波振动,用于驱动动子实现旋转运动输出。

2.3　压电驱动器的基本运动模式及激励方法

压电驱动器的基本运动模式包括纵向运动、弯曲运动和扭转运动三种,通过压电材料的 d_{33}、d_{31} 和 d_{15} 三种工作模式实现。下面将分别介绍不同运动模式的压电驱动器结构及其激励方法。

2.3.1　纵向运动

压电驱动器纵向运动可通过压电材料的 d_{31} 和 d_{33} 模式实现,具体结构及激励方案如图 2-24 所示。对于 d_{31} 模式下的纵向运动,压电陶瓷片通过横向伸长、缩短的基本变形方式实现运动输出。驱动器的结构和激励方案如图2-24(a)所示:沿厚度方向极化的一对压电陶瓷片对称布置在金属基体两侧,两个压电陶瓷片极化方向相反;两个压电陶瓷片在激励信号的作用下产生相同方向的横向变形,进而使驱动器实现纵向伸长和缩短运动。对于 d_{33} 模式下的纵向运动,压电陶瓷片通过沿厚度方向伸长和缩短的基本变形方式实现运动输出。驱动器的结构和激励方案如图 2-24(b)所示:沿厚度方向极化的压电陶瓷片与电极片交替排列,其中相邻两个压电陶瓷片极化方向相反;激励电极和接地电极分别标记"＋"和"－",所有压电陶瓷片在激励信号的作用下产生相同方向的纵向变形,进而实现纵向伸长和缩短运动。

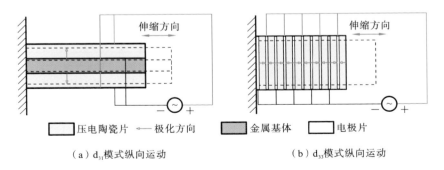

图 2-24　纵向运动压电驱动器及其激励方案

纵向运动是压电驱动器普遍采用的运动模式,尤其是工作在 d_{33} 模式下的压电叠堆纵向驱动器,其得到了广泛的研究和应用。此类压电驱动器通过多个

压电陶瓷片电学并联的方式,实现多压电陶瓷片纵向位移叠加输出,是商用化最成功的压电驱动器,本节不再对其进行详细介绍。

2.3.2 弯曲运动

压电驱动器弯曲运动也可通过压电材料的 d_{31} 和 d_{33} 模式实现,具体结构及激励方案如图 2-25 所示。以 d_{31} 模式工作的弯曲运动压电驱动器采用贴片式结构,驱动器的结构和激励方案如图 2-25(a)所示。压电陶瓷片通过横向伸长缩短的基本变形方式实现运动输出;沿厚度方向极化的一对压电陶瓷片对称布置在金属基体两侧,其极化方向相同,在同一相激励信号的作用下产生相反方向的横向变形,使驱动器上半区横向伸长、下半区缩短,进而实现弯曲运动。以 d_{33} 模式工作的弯曲运动压电驱动器采用夹心式结构,驱动器采用的结构和激励方案如图 2-25(b)所示。沿厚度方向极化的压电陶瓷片与电极片交替排列,其中同一压电陶瓷片上下两分区极化方向相反,相邻两压电陶瓷片极化方向相反;激励电极和接地电极与压电陶瓷片交替布置,所有压电陶瓷片的上半分区在激励信号的作用下产生方向相同的纵向变形,而所有压电陶瓷片的下半分区在激励信号的作用下产生与上半分区反方向的纵向变形,通过一半横向伸长和另一半横向缩短实现弯曲运动。

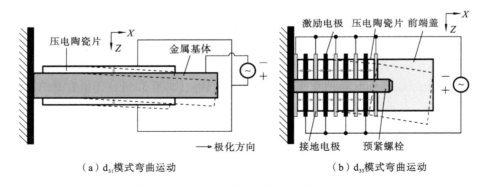

（a）d_{31} 模式弯曲运动　　　　　　　　（b）d_{33} 模式弯曲运动

图 2-25　弯曲运动压电驱动器及其激励方案

下面分别对著者研制的夹心式和贴片式弯曲运动压电驱动器进行介绍,主要包括压电驱动器的基本结构及等效静力学模型,相关内容可以为设计同类型的弯曲运动压电驱动器提供一定的理论和设计基础。

1. 夹心式压电驱动器的弯曲运动[6]

著者研制了一种弯曲复合型夹心式压电驱动器。该驱动器属于典型的夹心式压电驱动器,采用四分区环形压电陶瓷片叠加而成,工作时其底部基座与其他部件固接,若工作于非谐振准静态模式,则可将其简化为悬臂梁结构。该型驱动器的剖视图及其简化的静力学模型如图 2-26 所示。该型驱动器在正交的 X 和 Y 轴方向上具有结构对称性,因此,可将其沿着 X 轴和 Y 轴的弯曲运动模型简化为同一个静力学模型。该静力学模型可用于描述这类夹心式弯曲复合型压电驱动器的准静态位移响应。

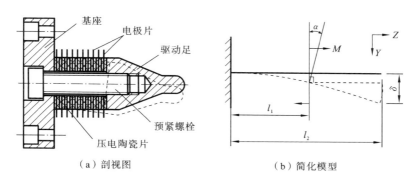

（a）剖视图　　　　　　　　　（b）简化模型

图 2-26　夹心式弯曲复合型压电驱动器及其静力学模型简化示意图

假设环形压电陶瓷片在电压信号激励下产生上部伸长、下部缩短的弯曲变形运动,则可根据压电方程和悬臂梁静力学模型的挠度及截面角位移公式,建立激励信号电压幅值、主要结构尺寸、材料参数和驱动足顶端横向位移之间的显式关系。

根据材料力学中悬臂梁在恒定弯矩负载作用下的挠度和截面角位移公式,驱动器驱动足底面的转角及顶端的横向位移分别表示为

$$\begin{cases} \alpha = -\dfrac{Ml_1}{EI} \\ \delta = -\dfrac{Ml_1}{EI}\left(l_2 - \dfrac{l_1}{2}\right) \end{cases} \tag{2-31}$$

式中:α——驱动足底面的角位移;

δ——驱动足顶端的横向位移;

EI——等效抗弯刚度;

M——压电陶瓷片上电后对驱动足底面形成的弯矩;

l_1——压电陶瓷片等效总厚度;

l_2——梁的等效总长度。

由压电方程可得压电陶瓷片局部微元应力、应变以及电场强度的关系为

$$T = cS - eE_j \tag{2-32}$$

式中：T——压电陶瓷片局部微元上的应力；

S——压电陶瓷片局部微元上的应变；

c——刚度系数；

e——应力系数；

E_j——厚度方向的电场强度。

该型驱动器通过中心的预紧螺栓对压电陶瓷片施加预紧力，压电陶瓷片在预紧力作用下将产生预变形，因此施加预紧力后的压电陶瓷片局部微元应力为

$$T = c\left(S' + \alpha \frac{y}{l_1}\right) - eE_j \tag{2-33}$$

式中：S'——压电陶瓷片局部微元在预紧力作用下的预应变；

y——局部微元到中性轴的距离。

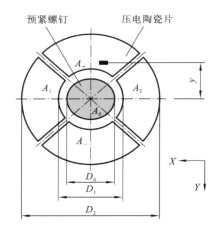

预紧螺钉　　　压电陶瓷片

图 2-27　夹心式弯曲复合型
压电驱动器横截面

该型驱动器的横截面如图 2-27 所示，驱动器所用压电陶瓷片可按图示位置分别记为上分区 A_+、下分区 A_-、左分区 A_1 和右分区 A_2。当驱动器在电压信号激励下产生图 2-26 所示的横向弯曲运动时，四分区压电陶瓷片的上分区 A_+ 区域伸长，下分区 A_- 缩短；上分区 A_+ 区域和下分区 A_- 区域在距中性轴相等距离处的微元所产生的应力大小相同、方向相反，二者在两个分区的合力形成一对力偶，力偶对中性轴的力矩作用即驱动器压电陶瓷片上下分区通电后形成的弯矩。

记压电陶瓷片局部微元受拉应力为正，受压应力为负。在压电陶瓷片两边的电极片上施加电压信号后，在压电陶瓷片上下分区厚度方向上将形成电场，且压电陶瓷片上下分区极化方向相反；当驱动器压电陶瓷片上下分区通电之后，上下分区中的微元应力分别合成轴力，进而对中性轴形成力偶作用，可等效为弯矩：

$$M = -\iint_{A_+} Ty\,\mathrm{d}A - \iint_{A_-} Ty\,\mathrm{d}A \tag{2-34}$$

式中:M——压电陶瓷片上下分区通电后形成的弯矩。

鉴于上分区 A_+ 区域和下分区 A_- 区域内微元的应力方向有所不同,考虑公式(2-33)中等号右边第二项的正负值,并代入公式(2-34),可得

$$M = -\iint\limits_{A_+} \left[c\left(S' + \alpha \frac{y}{l_1} \right) - eE_j \right] y\mathrm{d}A - \iint\limits_{A_-} \left[c\left(S' + \alpha \frac{y}{l_1} \right) + eE_j \right] y\mathrm{d}A$$

(2-35)

压电陶瓷片的左分区 A_1 和右分区 A_2 在上下分区通电时不施加电压信号,即左右未通电区域和驱动器中心的预紧螺栓横截面区域 A_0 共同抵抗压电陶瓷片变形引起的弯矩作用,由力矩平衡关系可得

$$\iint\limits_{A_1+A_2} y\sigma_{x12}\mathrm{d}A + \iint\limits_{A_0} y\sigma_{x0}\mathrm{d}A = M$$

(2-36)

式中:σ_{x12}——左右未通电分区局部微元上的正应力;

σ_{x0}——预紧螺栓横截面局部微元上的正应力。

根据悬臂梁纯梁弯曲时横截面上某点的正应力计算方法,可知

$$\begin{cases} \sigma_{x12} = \dfrac{E_{12}\,y}{\rho} \\[2mm] \sigma_{x0} = \dfrac{E_0\,y}{\rho} \end{cases}$$

(2-37)

式中:E_{12}——压电陶瓷在厚度方向上的弹性模量;

E_0——预紧螺栓的弹性模量。

将公式(2-37)代入公式(2-36),可得

$$\frac{1}{\rho} = \frac{M}{E_{12}I_{x12} + E_0 I_{x0}}$$

(2-38)

式中:I_{x12}——左右未通电分区对中性轴的惯性矩;

I_{x0}——预紧螺栓横截面对中性轴的惯性矩。

I_{x12} 和 I_{x0} 可分别按以下两式计算:

$$I_{x12} = \iint\limits_{A_1+A_2} y^2 \mathrm{d}A$$

(2-39)

$$I_{x0} = \iint\limits_{A_0} y^2 \mathrm{d}A$$

(2-40)

驱动器简化为悬臂梁模型后的等效抗弯刚度为

$$EI = E_{12}I_{x12} + E_0 I_{x0}$$

(2-41)

综合上面各式,可得等效悬臂梁驱动足顶端的横向位移为

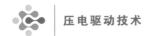

$$\delta = \frac{\frac{32\sqrt{2}}{3}eE_{\mathrm{j}}(D_2^3 - D_1^3)\left(\frac{1}{2}l_1^2 - l_1 l_2\right)}{(D_2^4 - D_1^4)\left[E_{12}(\pi - 2) - c(\pi + 2)\right] + \frac{1}{2}E_0\pi D_0^4} \qquad (2\text{-}42)$$

式中：D_0——预紧螺栓的直径；

D_1——环形压电陶瓷片的内径；

D_2——环形压电陶瓷片的外径。

压电陶瓷片上所形成电场的强度可表示为

$$E_{\mathrm{j}} = \frac{U}{h} \qquad (2\text{-}43)$$

式中：U——激励信号的电压幅值；

h——单个环形压电陶瓷片的厚度。

此外，压电陶瓷片等效总厚度和等效悬臂梁的总长度可进一步表示为

$$\begin{cases} l_1 = nh \\ l_2 = nh + H_1 + H_2 \end{cases} \qquad (2\text{-}44)$$

式中：n——环形压电陶瓷片的数量；

H_1——驱动足的高度；

H_2——电极片厚度补偿量。

将公式（2-43）和公式（2-44）代入公式（2-42），可得

$$\delta = \frac{\frac{32\sqrt{2}}{3}en(D_1^3 - D_2^3)\left(\frac{1}{2}nh + H_1 + H_2\right)}{(D_2^4 - D_1^4)\left[E_{12}(\pi - 2) - c(\pi + 2)\right] + \frac{1}{2}E_0\pi D_0^4}U \qquad (2\text{-}45)$$

由公式（2-45）可知：夹心式弯曲复合型驱动器驱动足顶端的横向位移与激励信号的电压幅值 U 成正比；驱动足顶端的横向位移受压电陶瓷片内径 D_1、外径 D_2、厚度 h、螺栓直径 D_0、驱动足高度 H_1 等关键参数的影响，更受到压电陶瓷和螺栓材料的影响。通过合理配置驱动器的结构参数、选择材料参数和激励电压，即可使驱动器在驱动足处产生期望的横向位移；对于非谐振状态的低频准静态工况，可使用式（2-45）对夹心式弯曲复合驱动器驱动足顶端的弯曲位移进行初步预估，以辅助该类驱动器的设计。

2. 贴片式压电驱动器的弯曲运动[7]

以实现压电驱动器的小型化和两自由度驱动为目标，著者对贴片式压电驱动器进行了构型规划，并确定了压电驱动器的基本运动模式及激励方法，提出了一种贴片式压电驱动器结构，如图 2-28 所示。该压电驱动器由一个基体和

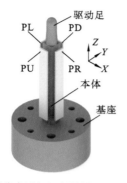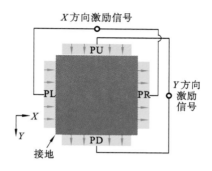

（a）贴片式压电驱动器结构示意图　　（b）压电陶瓷片布置与极化方式

图 2-28　著者提出的贴片式压电驱动器结构及激励方案

四个压电陶瓷片组成。为了更加直观方便地描述基体和压电陶瓷片，将基体从下至上分为基座、本体和驱动足；根据压电陶瓷片的位置，又将四个压电陶瓷片分别命名为 PR，PL，PU 和 PD。基座上设计有两种螺纹孔，用于将压电驱动器安装在精密光学平台上，以及将压电驱动器与其他零件连接，实现整体封装；为了使压电驱动器在相互正交的两个方向上产生弯曲运动，本体设计为完全对称的立方体结构；驱动足与动子直接接触，用于驱动动子在两个正交方向上做两自由度运动。压电驱动器的激励方法如图 2-28（b）所示，压电陶瓷片均沿厚度方向极化，图中阴影部分内的箭头方向表示压电陶瓷片的极化方向，对称的两压电陶瓷片施加相同的电压激励信号，压电陶瓷片则采用 d_{31} 模式工作。在 X 方向对 PR 和 PL 施加正电压激励信号，本体接地，则 PL 和 PR 分别沿 Z 方向缩短和伸长，压电驱动器将沿 $-X$ 方向产生弯曲运动。相反，当在 X 方向上将负电压激励信号作用于 PL 和 PR 时，压电驱动器可以沿 $+X$ 方向产生弯曲运动。同理，可以激励 PU 和 PD 沿 $+Y$ 和 $-Y$ 方向产生弯曲运动。值得注意的是，根据不同的负载（动子质量）需求，贴片式压电驱动器的结构尺寸可以改变，负载越小意味着对压电驱动器驱动力的需求越小，便可以将压电驱动器的各结构尺寸控制在很小的尺度范围内。因此，著者提出的贴片式压电驱动器可以实现小型化设计和用于不同动子的两自由度驱动。

　　通过对贴片式压电驱动器的静力学建模分析，可以获得贴片式压电驱动器各结构参数、激励电压与输出位移之间的关系。由于贴片式压电驱动器在 X 和 Y 两个正交方向上完全对称，因此以压电驱动器在 Y 方向上的弯曲变形进行理论建模分析。图 2-29（a）所示为贴片式压电驱动器平面图，可以将其分为四个部分,从左至右分别为基座、本体 OA 段、由四个压电陶瓷片和本体组成的组合梁 AB 段和驱动足 BC 段。基座安装在精密光学平台上。当沿 Y 方向对 PU 和 PD 施加正电压激励信号时,驱动器将沿 −Y 方向产生弯曲变形,由于 OA 段长度非常短,因此可以忽略 OA 段的输出位移。假设基座和 OA 段为完全固定端,同时考虑到 AC 段的长度远大于其宽度和厚度,根据欧拉-伯努利梁理论,压电驱动器可以等效为图 2-29(b)所示的简化的悬臂梁模型。

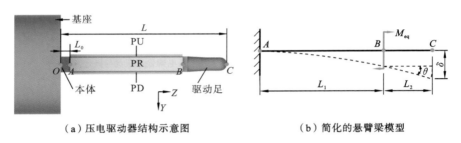

（a）压电驱动器结构示意图　　　　　（b）简化的悬臂梁模型

图 2-29　贴片式压电驱动器结构及简化模型

对于组合梁 AB 段,利用截面转换法将由压电陶瓷片和本体组成的组合梁等效转换为只由压电陶瓷片组成的单一梁。通过引入转换因子,即压电陶瓷和本体的弹性模量的比率,可以定义组合梁经转换后的弹性模量为压电陶瓷的弹性模量,转换因子为

$$n = \frac{E_{\mathrm{m}}}{E_{\mathrm{p}}} \tag{2-46}$$

式中:n——转换因子;

　　　E_{m}——本体的弹性模量;

　　　E_{p}——压电陶瓷的弹性模量。

由于组合梁 AB 为完全对称的结构,因此可以得出组合梁的中性轴位置和组合梁横截面关于中性轴的惯性矩。有

$$\begin{cases} y_{\mathrm{c}} = t_{\mathrm{p}} + \dfrac{t_{\mathrm{m}}}{2} \\ I_{\mathrm{c}} = \dfrac{w_{\mathrm{p}} t_{\mathrm{p}}^3}{12} + w_{\mathrm{p}} t_{\mathrm{p}} \left(y_{\mathrm{c}} - \dfrac{t_{\mathrm{p}}}{2} \right)^2 + \dfrac{E_{\mathrm{m}}}{E_{\mathrm{p}}} \dfrac{w_{\mathrm{m}} t_{\mathrm{m}}^3}{12} + \dfrac{w_{\mathrm{p}} t_{\mathrm{p}}^3}{12} \\ \quad + w_{\mathrm{p}} t_{\mathrm{p}} \left(t_{\mathrm{p}} + t_{\mathrm{m}} + \dfrac{t_{\mathrm{p}}}{2} - y_{\mathrm{c}} \right)^2 + 2 \left[\dfrac{w_{\mathrm{p}} t_{\mathrm{p}}^3}{12} + w_{\mathrm{p}} t_{\mathrm{p}} \left(\dfrac{t_{\mathrm{m}}}{2} + \dfrac{t_{\mathrm{p}}}{2} \right)^2 \right] \end{cases} \tag{2-47}$$

式中:y_{c}——中性轴到 X-Z 平面的距离;

I_c——组合梁横截面关于中性轴的惯性矩;

t_p——压电陶瓷片的厚度;

t_m——本体的厚度;

w_p——压电陶瓷片的宽度;

w_m——本体的宽度。

当电场作用施加到压电陶瓷片 PU 和 PD 上时,压电驱动器产生弯曲变形和等效弯矩,同时,根据压电方程和悬臂梁模型的挠度和角位移公式,可以得出组合梁 AB 段在 B 点处的曲率、角位移和线位移分别为

$$\kappa = \frac{M_{eq}}{E_p I_c} \tag{2-48}$$

$$\theta = \frac{M_{eq} L_1}{E_p I_c} \tag{2-49}$$

$$\delta_1 = \frac{M_{eq} L_1^2}{2 E_p I_c} \tag{2-50}$$

式中:κ——组合梁 AB 段在 B 点处的曲率;

θ——组合梁 AB 段在 B 点处的角位移;

δ_1——组合梁 AB 段在 B 点处的线位移;

$E_p I_c$——组合梁的等效抗弯刚度;

M_{eq}——压电陶瓷片通电后产生的等效弯矩;

L_1——组合梁 AB 段的长度。

组合梁 AB 段沿着 $-Y$ 方向的弯曲变形及其在 X-Y 平面内的横截面如图 2-30 所示。压电陶瓷片 PU 和 PD 在电场作用下发生弯曲变形,压电陶瓷片横截面的微元应力为

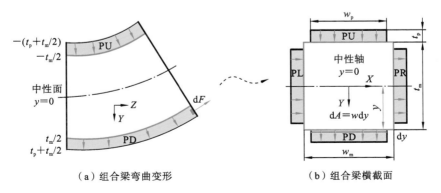

（a）组合梁弯曲变形　　　　（b）组合梁横截面

图 2-30　组合梁的弯曲变形及其截面示意图

$$T_p = E_p \kappa y \pm E_p d_{31} E \tag{2-51}$$

式中：T_p——受电场作用的压电陶瓷片横截面上的微元应力；

$\quad\quad y$——压电陶瓷片横截面上微元内力作用线与中性轴之间的距离；

$\quad\quad d_{31}$——压电常数；

$\quad\quad E$——施加在压电陶瓷片上的电场强度。

式(2-51)取"＋"号表示电场方向和压电陶瓷片极化方向相反；取"－"号表示电场方向和压电陶瓷片极化方向相同。

对于未施加电场的压电陶瓷片 PL 和 PR，压电陶瓷片横截面上的微元应力为[8]：

$$T_w = E_p \kappa y \tag{2-52}$$

式中：T_w——未施加电场的压电陶瓷片横截面上的微元应力。

组合梁本体横截面上的微元应力为

$$T_m = E_m \kappa y \tag{2-53}$$

式中：T_m——组合梁本体横截面上的微元应力。

通过对压电陶瓷片横截面和组合梁本体横截面上的微元应力进行计算，可以得出组合梁整个横截面上微元面内的微元内力为

$$dF = (T_p + T_w + T_m)dA = (T_p w_p + T_w t_p + T_m w_m)dy \tag{2-54}$$

式中：dF——横截面上微元面内的微元内力；

$\quad\quad dA$——横截面上微元面积；

$\quad\quad dy$——横截面上微元在 Y 方向上的长度。

分别将式(2-51)、式(2-52)和式(2-53)代入等式(2-54)，并对等式(2-54)进行积分计算，可以求解出组合梁 AB 段横截面上的内力为

$$
\begin{aligned}
F &= \int_{-\left(\frac{t_m}{2}+t_p\right)}^{-\frac{t_m}{2}} (E_p \kappa y - E_p d_{31} E) w_p dy + \int_{-t_m}^{t_m} E_m \kappa y w_m dy \\
&\quad + \int_{\frac{t_m}{2}}^{\frac{t_m}{2}+t_p} (E_p \kappa y + E_p d_{31} E) w_p dy + 2\int_{-\frac{w_p}{2}}^{\frac{w_p}{2}} E_p \kappa y t_p dy \\
&= 0
\end{aligned}
\tag{2-55}
$$

式中：F——组合梁 AB 段横截面上的内力。

压电陶瓷片 PU 的极化方向与电场方向一致，而 PD 的极化方向与电场方向相反，因此，施加电场后，压电陶瓷片 PU 和 PD 在 Z 方向上分别缩短和伸长，然后分别产生垂直于截面的向外和向内的大小相等、方向相反的轴力，轴力相互抵消，即产生的轴向合力为零；同时，剪力通常忽略不计。因此，组合梁 AB 段的弯曲变形可以视为纯弯曲。

由压电陶瓷片 PU 和 PD 弯曲变形引起的压电陶瓷片的轴力分量产生的微元弯矩可通过计算得到：

$$dM = ydF = (T_p w_p + T_w t_p + T_m w_m) y dy \tag{2-56}$$

式中：dM——由轴力分量产生的微元弯矩。

组合梁 AB 段产生纯弯曲，即组合梁的任意截面处的弯矩相等，将式（2-51）、式（2-52）和式（2-53）代入式（2-56），并对式（2-56）进行积分计算，可以得到组合梁 AB 段在任意截面 i 处的弯矩为

$$
\begin{aligned}
M_i =& \int_{-(\frac{t_m}{2}+t_p)}^{\frac{t_m}{2}} (E_p \kappa y - E_p d_{31} E) y w_p dy + \int_{t_m}^{\frac{t_m}{2}} E_m \kappa y^2 w_m dy \\
&+ \int_{\frac{t_m}{2}}^{\frac{t_m}{2}+t_p} (E_p \kappa y + E_p d_{31} E) y w_p dy + 2\int_{\frac{w_p}{2}}^{\frac{w_p}{2}} E_p \kappa y^2 t_p dy \\
=& E_p \kappa w_p \left(\frac{t_m^2 t_p}{2} + t_p^2 t_m + \frac{2 t_p^3}{3} \right) + \frac{E_m \kappa w_m t_m^3}{12} - E_p d_{31} E w_p (t_p t_m + t_p^2) + \frac{E_p \kappa t_p w_p^3}{6}
\end{aligned}
$$
$$\tag{2-57}$$

考虑到压电驱动器不受外力和外力矩的作用，根据力矩平衡条件可得

$$M_i = 0 \tag{2-58}$$

联立式（2-55）和式（2-56），在电场作用下，可以计算得到组合梁 AB 段的曲率：

$$\kappa = \frac{12 d_{31} E w_p (t_p t_m + t_p^2)}{2 w_p (3 t_m^2 t_p + 6 t_p^2 t_m + 4 t_p^3) + n w_m t_m^3 + 2 t_p w_p^3} \tag{2-59}$$

由此可以计算出组合梁 AB 段的等效弯矩为

$$M_{eq} = \frac{12 E_p I_c d_{31} E w_p (t_p t_m + t_p^2)}{2 w_p (3 t_m^2 t_p + 6 t_p^2 t_m + 4 t_p^3) + n w_m t_m^3 + 2 t_p w_p^3} \tag{2-60}$$

由于驱动足 BC 段是刚性的，因此驱动足 BC 段在 C 处的偏转位移仅是组合梁 AB 段在 B 处的输出位移的放大。此外，组合梁 AB 段的偏转角足够小，驱动足 BC 段在 C 处的偏转位移可以计算得出：

$$\delta_2 = L_2 \sin\theta = L_2 \theta \tag{2-61}$$

式中：δ_2——驱动足 BC 段在 C 处的偏转位移。

施加在压电陶瓷上的电场强度则为

$$E = \frac{U}{t_p} \tag{2-62}$$

式中：U——施加在压电陶瓷片上的激励信号电压。

因此，结合式（2-47）至式（2-51），可以得出驱动足的输出位移，即沿 Y 轴的横向位移为

$$\delta = \delta_1 + \delta_2 = \frac{3d_{31}(t_m + t_p)(L_1 + 2L_2)L_1 U}{(3t_m^2 t_p + 6t_p^2 t_m + 4t_p^3) + n\frac{w_m}{2w_p}t_m^3 + t_p w_p^2} \qquad (2\text{-}63)$$

由式（2-63）可以看出，压电驱动器的输出位移随着基体弹性模量的增加而减小，此外，输出位移还与激励信号电压成正比例关系。在贴片式压电驱动器的实际应用中，可以根据压电驱动器应用结构的整体尺寸和实际位移输出需求，通过式（2-63）对贴片式压电驱动器的结构尺寸和材料参数进行合理的优化配置。

2.3.3 扭转运动

压电驱动器的扭转运动可直接通过激励压电材料的 d_{15} 模式实现。如图2-31所示，压电陶瓷片沿轴向极化，相邻两陶瓷片的极化方向相反，沿周向施加电场。激励电极和接地电极分别标记为 $U+$ 和 $U-$，在电场的作用下相邻两压电陶瓷片发生同向的剪切变形。压电陶瓷片一端固定，另一端自由，通过多个压电陶瓷片剪切变形的叠加实现扭转运动输出。通过设计激励方案控制施加在压电陶瓷片上电场的方向，从而控制驱动器扭转运动的方向。

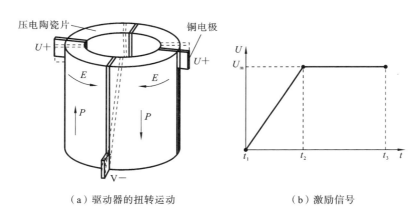

（a）驱动器的扭转运动　　　　（b）激励信号

图 2-31　d_{15} 工作模式下驱动器的扭转运动及其激励信号

此外，也可通过设计压电驱动器结构，将压电材料 d_{33} 模式和 d_{31} 模式下的纵向和横向运动转换为扭转运动。d_{33} 模式下压电驱动器的结构和激励方案如图2-32所示。一对纵向压电单元对称布置在输出平台两侧，它们同时伸长或缩短。驱动器基体固定，输出平台受到一对大小相等、方向相反的驱动力，实现扭转运动输出，如图 2-33 所示。

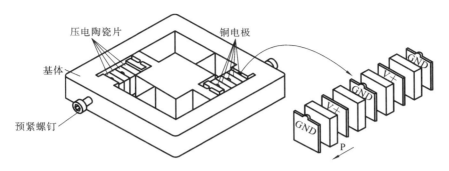

图 2-32　d_{33} 模式下驱动器结构及激励方案

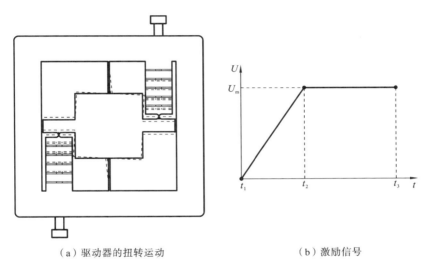

（a）驱动器的扭转运动　　　　　　　　　（b）激励信号

图 2-33　d_{33} 模式下驱动器的扭转运动及其激励信号

对于 d_{31} 模式下的旋转运动，驱动器的结构和激励方案如图 2-34 所示。两对弯曲压电单元对称布置在基体四周，另一端作为输出端连接在输出平台上，它们同时弯曲，平台受到两对大小相等、方向相反的驱动力，实现扭转运动输出（见图 2-35）。

压电驱动器的旋转运动输出主要通过驱动器的扭转实现。扭转型压电驱动器在工业领域中具有广泛的应用前景。不同工作模式下的扭转型压电驱动器具备不同的特点。由于压电陶瓷压电系数 d_{15} 最大，d_{33} 次之，d_{31} 最小，因此：在 d_{15} 模式下工作的压电驱动器工作效率最高，同等条件下输出位移最大；在 d_{33} 模式下工作的压电驱动器通常采用多个陶瓷片堆叠的夹心式结构，实现位移叠加

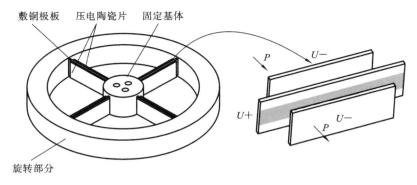

敷铜极板　压电陶瓷片　固定基体

旋转部分

图 2-34　d_{31} 模式下扭转型压电驱动器结构及激励方案

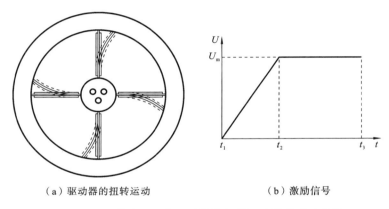

（a）驱动器的扭转运动　　　　　（b）激励信号

图 2-35　d_{31} 模式下压电驱动器的扭转运动及其激励信号

输出,驱动器结构刚度较大,输出力较大,易于实现较大的位移输出;在 d_{31} 模式下工作的驱动器通常采用贴片式结构,结构刚度和静态电容较小,易于以小尺寸结构实现较大的位移输出。著者也开展了大量关于旋转型压电驱动器的研究工作,涵盖了压电陶瓷的 d_{15},d_{33} 和 d_{31} 三种工作模式,相关研究详见第 4 章旋转型直驱压电驱动器的内容。

2.4　弹性体基本振动模态及激励方法

2.4.1　圆环轴向弯振

图 2-36 给出了单一金属圆环具有代表性的六个轴向自由弯振振型图(B(m,n)阶圆环轴向弯振模态中,m 表示振型所含节圆个数),n 表示节径个数。图 2-36

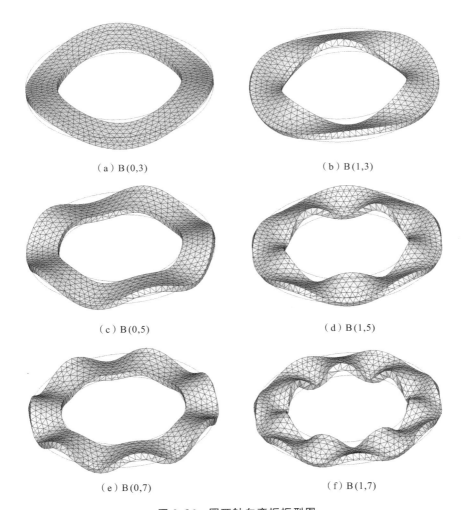

（a）B(0,3) 　　　　　　　　　　　（b）B(1,3)

（c）B(0,5) 　　　　　　　　　　　（d）B(1,5)

（e）B(0,7) 　　　　　　　　　　　（f）B(1,7)

图 2-36　圆环轴向弯振振型图

表明,圆环表面质点主振动方向为圆环轴线方向。针对上述单一金属圆环具有代表性的六个轴向弯振振型,设计对应的圆环式超声压电驱动器的结构及激励方案。

图 2-37 所示为贴片式环形行波超声压电驱动器结构及激励方案。扇形压电陶瓷粘贴在圆环金属基体的上下两个表面弯振波腹位置,其中同一表面相邻压电陶瓷片极化方向相反,相对两表面的压电陶瓷片极化方向相同。给所有压电陶瓷片施加同一相交流电压激励信号,金属基体作为电源公共极使用,此时,在单相交流电压的激励下,相邻分区会产生相位相反的伸缩运动,从而在定子弹性复合体中激励出图 2-36 所示的轴向弯振驻波。

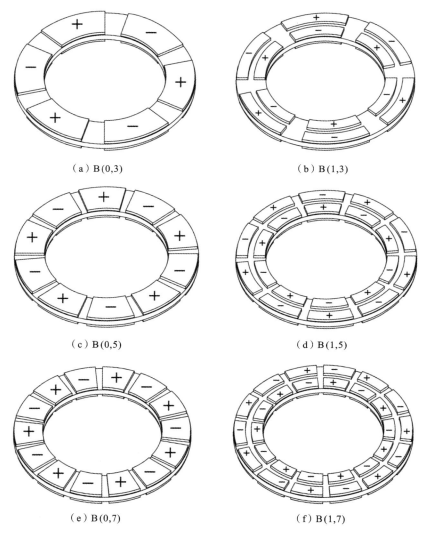

（a）B(0,3)　　　　　　　　　　　（b）B(1,3)

（c）B(0,5)　　　　　　　　　　　（d）B(1,5)

（e）B(0,7)　　　　　　　　　　　（f）B(1,7)

图2-37　贴片式环形行波超声压电驱动器结构及激励方案

　　图2-38所示为夹心式环形行波超声压电驱动器结构及激励方案（压电陶瓷片的极化方向用"＋"和"－"标记）。夹心式环形波超声压电驱动器与贴片式的致动原理类似。扇形压电陶瓷片镶嵌在金属基体周向槽中，一个槽中布置一对压电陶瓷片，它们的极化方向相反，相邻两个槽中布置的一对压电陶瓷片极化方向相反。给所有压电陶瓷片施加同一相交流电压激励信号，一个槽中布置的一对压电陶瓷片中间设置激励电极，金属基体作为电源公共极使用，此时，在

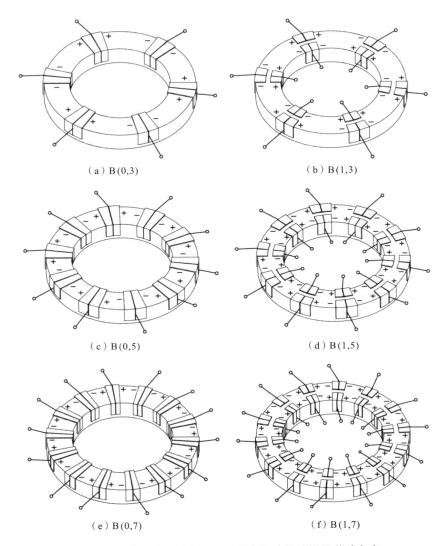

（a）B(0,3)　　　　　　　　　　　（b）B(1,3)

（c）B(0,5)　　　　　　　　　　　（d）B(1,5)

（e）B(0,7)　　　　　　　　　　　（f）B(1,7)

图 2-38　夹心式环形行波超声压电驱动器结构及激励方案

单相交流电压的激励下,相邻分区会产生相位相反的伸缩运动,从而在定子弹性复合体中激励出图 2-36 所示的轴向弯振驻波。

圆环轴向弯振模态是超声压电驱动器最早采用的一种振动模态。环形行波超声压电驱动器定子绝大多数工作在节圆个数为 0 的轴向弯振模态下,相关研究最为成熟,应用最广,故本节对环形行波超声压电驱动器 B(0,n)阶弯振模态进行详细分析。圆环上产生的振动可用以下方程描述:

$$w_1 = W_1 R(r) \sin(\omega_n t) \sin(n\theta) \qquad (2\text{-}64)$$

式中：w_1——圆环表面质点轴向位移；

$\quad\quad W_1$——由激励条件决定的振幅常数；

$\quad\quad R(r)$——沿圆环径向的振幅分布函数；

$\quad\quad \sin(n\theta)$——沿圆环周向的振幅分布函数；

$\quad\quad \theta$——圆环周向空间角度；

$\quad\quad \omega_n$——B$(0,n)$阶弯振模态特征频率；

$\quad\quad t$——时间。

图 2-36 所示振型图表明，对于 B$(0,n)$阶模态，沿圆环径向的振幅分布函数 $R(r)$相对质点径向位置 r 具备单调递增特性。选取圆环内径为 40 mm、外径为 60 mm、厚度为 4 mm，圆环材料为硬铝合金，提取 B$(0,7)$阶弯振振型中圆环表面波腹位置同一条径向直线上各个质点的振幅，得到沿圆环径向的振幅分布曲线，如图 2-39 所示（归一化振型中提取的各个质点振幅均无量纲）。

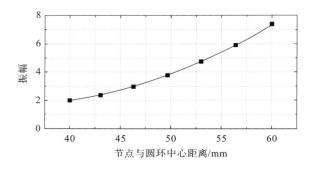

图 2-39 质点沿圆环径向的振幅分布曲线

图 2-39 表明：圆环 B$(0,n)$阶振型中，不同半径处的质点振幅存在明显的不一致性，由内至外质点振幅逐渐增大。这种振幅的不一致性，必然会引起采用该振动模态的超声压电驱动器定子中沿径向分布的各个质点的运动轨迹的不一致性。这种运动轨迹的不一致性所引发的最直接的后果是各质点对转子驱动作用存在差异，使得定子/转子之间接触力在整个接触区分布不均，最终导致输出力矩及效率降低。此外，由于接触力在整个接触区分布不均，定转子之间磨损严重，在摩擦过程中会产生大量的热量，导致驱动器温升快，从而在很大程度上降低驱动器的力学性能和使用寿命[8]。克服上述缺点的一个措施是减小定子与转子之间的径向接触尺寸，但是，接触面积小又会制约预紧力的进一步

增加,从而限制超声压电驱动器转矩的进一步增加。因此,需要针对实际应用需求开展驱动器的优化设计,以获得合适的结构。

2.4.2　圆筒径向弯振

图 2-40 给出了薄壁圆筒具有代表性的六个径向弯振振型图(B(m,n)阶圆筒径向弯振模态中,m 表示振型所含节圆个数,n 表示节径个数)。圆筒径向弯

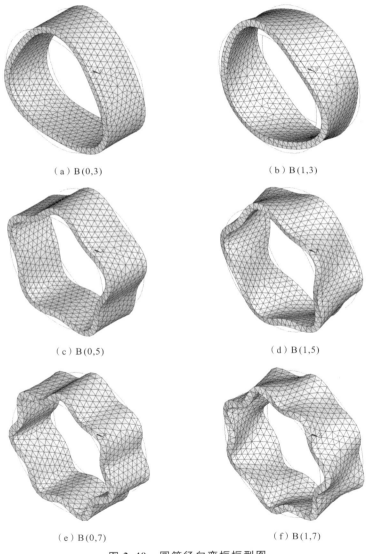

（a）B(0,3)　　　　　　　　　　（b）B(1,3)

（c）B(0,5)　　　　　　　　　　（d）B(1,5)

（e）B(0,7)　　　　　　　　　　（f）B(1,7)

图 2-40　圆筒径向弯振振型图

振振型图表明,表面质点主振动方向为圆筒径向。

　　针对图 2-40 所示薄壁圆筒的六个径向弯振振型,设计对应的圆筒式超声压电驱动器的结构及激励方案。

　　图 2-41 所示为贴片式圆筒形行波超声压电驱动器结构及激励方案。压电陶瓷片粘贴在圆筒金属基体的外表面,相邻压电陶瓷片极化方向相反。给所有压电陶瓷片施加同一相交流电压激励信号,金属基体作为电源公共极使用,此

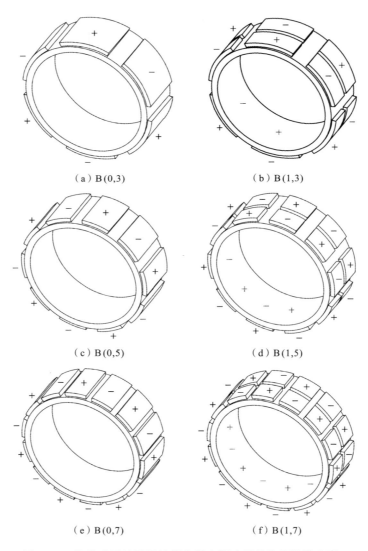

（a）B(0,3)　　　　　　　　　　　（b）B(1,3)

（c）B(0,5)　　　　　　　　　　　（d）B(1,5)

（e）B(0,7)　　　　　　　　　　　（f）B(1,7)

图 2-41　贴片式圆筒形行波超声压电驱动器结构及激励方案

时,在单相交流电压的激励下,相邻分区会产生相位相反的伸缩运动,从而在定
子弹性复合体中激励出图 2-40 所示的径向弯振驻波。

图 2-42 所示为夹心式圆筒形行波超声压电驱动器结构及激励方案。压电
陶瓷片的极化方向用"＋"和"－"标记。夹心式圆筒形行波超声压电驱动器与

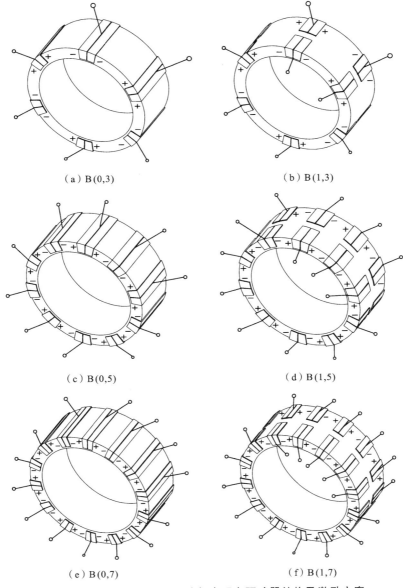

（a）B(0,3)

（b）B(1,3)

（c）B(0,5)

（d）B(1,5)

（e）B(0,7)

（f）B(1,7)

图 2-42　夹心式圆筒形行波超声压电驱动器结构及激励方案

贴片式的致动原理类似,压电陶瓷片镶嵌在金属基体周向槽中,一个槽中布置一对压电陶瓷片,它们的极化方向相反,相邻两个槽中布置的一对压电陶瓷片极化方向完全相反。给所有压电陶瓷片施加同一相交流电压激励信号,同一个槽中布置的一对压电陶瓷片中间设置激励电极,金属基体作为电源公共极使用。此时,在单相交流电压信号的激励下,相邻分区会产生相位相反的伸缩运动,从而在定子弹性复合体中激励出图2-40所示的径向弯振驻波。

对于有振动节圆的圆筒径向弯振模态,当采用内侧柱面进行驱动时,通过振型图可以发现:参与驱动的质点会产生轴向驱动力,容易引起转子的轴向窜动,使驱动器运转不平稳。因此,对于超声压电驱动器,应优先选用节圆数为0的振动模态。对于B(0,n)阶弯振模态,圆筒上的振动可用以下方程描述:

$$w_2 = W_2 A(a)\sin(\omega_n t)\sin(n\theta) \tag{2-65}$$

式中:w_2——圆筒表面质点径向位移;

$\quad W_2$——由激励条件决定的振幅常数;

$\quad A(a)$——沿圆筒轴向的振幅分布函数;

$\quad \sin(n\theta)$——沿圆筒周向的振幅分布函数。

选取圆筒内径为72 mm、外径为80 mm、高度为30 mm,圆筒材料为硬铝合金,提取B(0,7)阶弯振振型中圆筒外表面上位于波腹位置的一条母线上各个质点的振幅,得到沿圆筒轴向的振幅分布曲线,如图2-43所示。

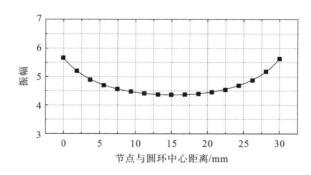

图2-43 质点沿圆筒轴向的振幅分布曲线

图2-43表明:B(0,n)阶圆筒弯振振型中,同一母线上的各个质点的径向振幅存在一定的不一致性,母线中点振幅最小,由中点到两侧端点的各质点振幅逐渐增大,中点两侧质点振幅具有很好的对称性。相对于圆环轴向弯振振型,圆筒径向弯振振型在质点径向振幅的一致性方面具有明显的优势。这种振幅

一致性的改善,会在很大程度上促使驱动区域质点运动轨迹的一致性改善,使
各个质点对转子驱动作用的差异减小,从而有利于改善超声压电驱动器的机械
输出特性。此外,振幅一致性的改善使得采用柱面驱动具备可行性,定子和转
子之间接触面积的增大也将大幅度提高驱动器的机械输出特性。

2.4.3　压电金属复合梁纵振

图 2-44 给出了均匀材料矩形等截面梁在两端均处于自由边界条件下时的
纵振模态前四阶的振型图。针对这四个有代表性的纵振振型,设计对应的复合
梁式超声压电驱动器的结构及激励方法。

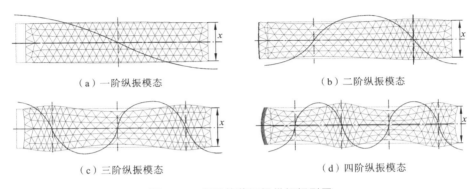

（a）一阶纵振模态　　　　　　　　　　（b）二阶纵振模态

（c）三阶纵振模态　　　　　　　　　　（d）四阶纵振模态

图 2-44　矩形等截面梁纵振振型图

图 2-45 所示为贴片式纵振超声压电驱动器结构及激励方案。矩形压电陶
瓷片粘贴在矩形截面金属梁基体上下表面应变最大的位置,基体上下表面上相
对的压电陶瓷片极化方向相反。对于多组压电陶瓷片激励的高阶振型,相邻压
电陶瓷片极化方向相反。给所有压电陶瓷片施加同一相交流电压激励信号,金
属基体作为电源公共极使用,在单相交流电压激励信号作用下,相邻分区会产
生相位相反的伸缩运动,上下表面相对压电陶瓷片产生相位相同的伸缩运动,
从而在定子弹性复合体中激励出图 2-44 所示的纵振驻波。

图 2-46 所示为夹心式纵振超声压电驱动器结构及激励方案。夹心式纵振
超声压电驱动器与贴片式的致动原理类似。矩形压电陶瓷片设置在矩形截面
金属基体纵振应变最大的位置,一处布置一对压电陶瓷片,它们的极化方向相
反,相邻两处布置的一对压电陶瓷片极化方向完全相反。给所有压电陶瓷片施
加同一相交流电压激励信号,在一对压电陶瓷片中间设置激励电极,金属基体
作为电源公共极使用。此时,在单相交流电压激励作用下,在定子弹性复合体

（a）一阶纵振陶瓷片布置及极化方向

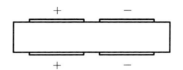

（b）二阶纵振陶瓷片布置及极化方向

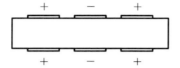

（c）三阶纵振陶瓷片布置及极化方向

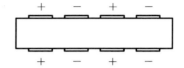

（d）四阶纵振陶瓷片布置及极化方向

图 2-45　贴片式纵振超声压电驱动器结构及激励方式

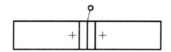

（a）一阶纵振陶瓷片布置及极化方向

（b）二阶纵振陶瓷片布置及极化方向

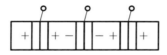

（c）三阶纵振陶瓷片布置及极化方向

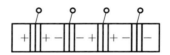

（d）四阶纵振陶瓷片布置及极化方向

图 2-46　夹心式纵振超声压电驱动器结构及激励方案

中激励出图 2-44 所示的纵振驻波。

取 X 方向为梁轴线方向，在两端均为自由端的边界条件下，均匀材料等截面梁的无阻尼自由纵振可以表示为如下形式：

$$d_1(x,t) = \sum_{n=1}^{\infty} [A_n\sin(\omega_n t) + B_n\cos(\omega_n t)]\phi_n(x) \tag{2-66}$$

式中：$d_1(x,t)$——纵向位移函数；

A_n, B_n——由初始条件决定的常数；

t——时间；

n——纵振阶数；

ω_n——梁的第 n 阶纵振特征频率；

$\phi_n(x)$——梁的第 n 阶纵振振型函数。

梁的第 n 阶纵振模态特征频率 ω_n 可以由下式得出：

$$\omega_n = \frac{n\pi}{l}\sqrt{\frac{E}{\rho}} \tag{2-67}$$

式中:l——梁长度;

  E——材料弹性模量;

  ρ——材料密度。

梁的第 n 阶纵振振型函数 $\phi_n(x)$ 可以由下式得出:

$$\phi_n(x)=\cos\frac{n\pi x}{l},\quad n=1,2,3,\cdots\cdots \tag{2-68}$$

当致动器工作在 n 阶纵振模态下时,其末端质点位移可以表示为

$$d_1(t)=D_1\sin(\omega_n t+\varphi) \tag{2-69}$$

式中:D_1——由激励条件决定的纵向振幅;

  φ——纵振初始相位。

2.4.4　压电金属复合梁弯振

图 2-47 给出了均匀材料矩形等截面梁在两端均处于自由边界条件下时的弯振模态前四阶振型图。针对这四个有代表性的振型,设计对应的复合梁式超声压电驱动器的结构及激励方法。

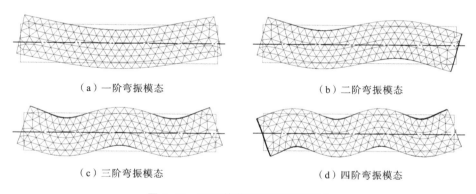

（a）一阶弯振模态   （b）二阶弯振模态

（c）三阶弯振模态   （d）四阶弯振模态

图 2-47　矩形等截面梁弯振振型图

图 2-48 所示为贴片式弯振超声压电驱动器结构及激励方案。矩形压电陶瓷片粘贴在矩形截面金属梁基体上下表面波腹的位置,上下表面相对压电陶瓷片极化方向相同。对于多个压电陶瓷组激励的高阶振型,相邻压电陶瓷片极化方向相反。给所有压电陶瓷片施加同一相交流电压激励信号,金属基体作为电源公共极使用,在单相交流电压激励下,上下表面相对压电陶瓷片产生相位相反的伸缩运动,同一表面相邻位置的压电陶瓷片会产生相位相反的伸缩运动,从而在定子弹性复合体中激励出图 2-47 所示的弯振驻波。

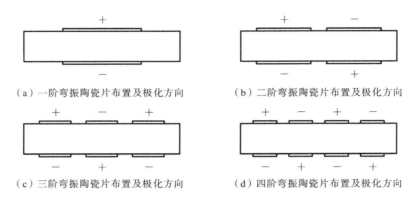

（a）一阶弯振陶瓷片布置及极化方向　　　　（b）二阶弯振陶瓷片布置及极化方向

（c）三阶弯振陶瓷片布置及极化方向　　　　（d）四阶弯振陶瓷片布置及极化方向

图 2-48　贴片式弯振超声压电驱动器结构及激励方案

　　图 2-49 所示为夹心式弯振超声压电驱动器结构及激励方案。夹心式弯振超声压电驱动器与贴片式的致动原理类似。矩形压电陶瓷片设置在矩形截面金属基体纵振应变最大的位置，一处布置一对压电陶瓷片，它们的极化方向相反，相邻两处布置的一对压电陶瓷片极化方向完全相反。给所有压电陶瓷片施加同一相交流电压激励信号，在一对压电陶瓷片中间设置激励电极，金属基体作为电源公共极使用。此时，在单相交流电压信号激励下，在定子弹性复合体中产生图 2-47 所示的弯振驻波。

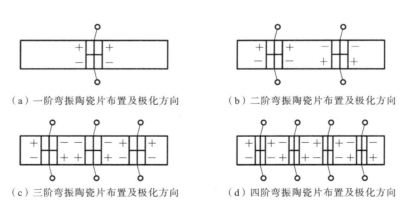

（a）一阶弯振陶瓷片布置及极化方向　　　　（b）二阶弯振陶瓷片布置及极化方向

（c）三阶弯振陶瓷片布置及极化方向　　　　（d）四阶弯振陶瓷片布置及极化方向

图 2-49　夹心式弯振超声压电驱动器结构及激励方案

　　取 X 方向为梁轴线方向，在两端均自由的边界条件下，均匀材料等截面梁的无阻尼自由弯振可以表示为如下形式[9]：

$$d_2(x,t) = \sum_{n=1}^{\infty} \left[A_n \sin(\omega_n t) + B_n \sin(\omega_n t) \right] \phi_n(x) \qquad (2\text{-}70)$$

式中:d_2——横向位移;

A_n,B_n——由初始条件决定的常数;

ω_n——梁的第 n 阶弯振特征频率;

$\phi_n(x)$——梁的第 n 阶弯振振型函数。

梁的第 n 阶弯振特征频率 ω_n 可以由下式得出:

$$\omega_n = \frac{X_n^2}{l^2} \sqrt{\frac{EI}{\rho S}} \qquad (2\text{-}71)$$

式中:l——梁长度;

I——梁截面对其中性轴的截面惯性矩;

S——横截面面积;

X_n——梁的特征方程 $1 - \cosh X \cos X = 0$ 的各阶解。

梁的第 n 阶弯振振型函数 $\phi_n(x)$ 可以由下式得出:

$$\phi_n(x) = F_n \left[\cos\frac{X_n}{l}x + \cosh\frac{X_n}{l}x - \frac{\sinh X_n + \sin X_n}{\cosh X_n + \cos X_n} \left(\sin\frac{X_n}{l}x + \sinh\frac{X_n}{l}x \right) \right]$$

$$(2\text{-}72)$$

式中:F_n——由边界条件决定的常数。

当压电金属复合梁工作在 n 阶弯振模态时,其末端质点横向位移可以表示为

$$d_2(t) = D_2 \sin(\omega_n t + \alpha) \qquad (2\text{-}73)$$

式中:D_2——由激励条件决定的横向振幅;

α——弯振初始相位。

本章参考文献

[1] 冯诺. 超声手册[M]. 南京:南京大学出版社,2001.

[2] 栾桂冬,张金铎,王仁乾. 压电换能器和换能器阵[M]. 北京:北京大学出版社,2005.

[3] 陈维山,蔡鹤皋,陈在礼. 行波超声马达压电振子的分区与极化工艺[J]. 电子工艺技术,1996(6):6-8.

[4] 李有光,陈在礼,陈维山,等. 柱面驱动新型行波超声电机的研究[J]. 西安交通大学学报,2008,42(11):1391-1393.

[5] MA X F，LIU J K，DENG J，et al. A rotary traveling wave ultrasonic motor with four groups of nested PZT ceramics：Design and performance evaluation[J]. IEEE Transactions on Ultrasonics，Ferroelectrics，and Frequency Control，2020，67(7)：1462-1469.

[6] ZHANG S J，LIU J K，DENG J，et al. Development of a novel two-DOF pointing mechanism using a bending-bending hybrid piezoelectric actuator [J]. IEEE Transactions on Industrial Electronics，2019，66（10）：7861-7872.

[7] GAO X，ZHANG S J，DENG J，et al. Development of a small two-dimensional robotic spherical joint using a bonded-type piezoelectric actuator [J]. IEEE Transactions on Industrial Electronics，2021，68(1)：724-733.

[8] MOAL P L，CUSIN P. Optimization of travelling wave ultrasonic motors using a three-dimensional analysis of the contact mechanism at the stator-rotor interface[J]. European Journal of Mechanics-A/Solids，1999，18(6)：1061-1084.

[9] 赵淳生. 超声电机技术与应用[M]. 北京：科学出版社，2007.

第3章
模态复合型超声压电驱动器

　　超声压电驱动器输出速度可达数米每秒、输出力可达上百牛顿，输出形式多样，适用于要求微米级精度和大工作范围输出的领域，得到了广泛的研究。超声压电驱动器可以分为驻波型、行波型和模态复合型。驻波型超声压电驱动器驱动足以斜线轨迹驱动动子运动，具有结构简单、激励信号简单的优点，但通常仅能实现单向致动。行波型超声压电驱动器驱动足以椭圆轨迹驱动动子运动，通常采用环形或圆筒形结构，可获得具备相同机械输出性能的双向运动，但结构和激励信号要求较高，一般用于驱动动子的旋转运动。模态复合型超声压电驱动器用于实现双向直线轨迹运动和旋转运动，其可在弹性体上激励出两个频率相同的独立振型，一个用于控制驱动足与动子之间的正压力，另一个用于驱动动子。相较于驻波型和行波型超声压电驱动器，它具有结构及输出形式多样、力/力矩大、功率大等优点，得到了广泛的研究和应用。

　　本章将详细介绍模态复合型超声压电驱动器的基本结构和致动原理。首先，对模态复合型压电驱动器振动模态的组合方式进行介绍，并对致动原理进行分析；然后，分别介绍著者研制的纵-纵复合型、纵-弯复合型、弯-弯复合型超声压电驱动器；最后，对不同类型的模态复合型超声压电驱动器进行综合分析。

3.1　基本振动模态组合方式

　　模态复合型超声压电驱动器基本振动模态组合方式主要包括纵-纵复合、纵-弯复合、弯-弯复合及纵-扭复合这几种组合方式。下面介绍针对这几种组合方式压电驱动器采用的结构及激励方案。

3.1.1　纵-纵模态组合

　　以两个具有一定夹角的纵振的组合为例进行分析[1]。两个压电金属复合梁纵振模态之间的组合问题，本质上即两个具有一定夹角的简谐振动的合成振动问题。设 $d_1(t)$ 和 $d_2(t)$ 为 X-Y 平面内由两个复合梁纵振产生的同频简谐振动,如图 3-1 所示,其中,θ 为两个压电金属复合梁轴线之间的夹角。

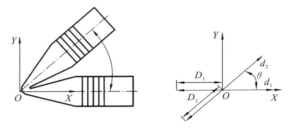

图 3-1 两个相交纵振合成原理示意图

根据基本振动原理,$d_1(t)$ 和 $d_2(t)$ 可以表示为

$$\begin{cases} d_1(t) = D_1\sin(\omega t + \alpha) \\ d_2(t) = D_2\sin(\omega t + \beta) \end{cases} \tag{3-1}$$

式中:D_1,D_2——两个简谐振动的振幅;

α,β——两个简谐振动的初始相位;

ω——复合梁纵振特征频率。

式(3-1)中,$d_2(t)$ 可以分解为分别沿 X 和 Y 方向的两个简谐振动:

$$\begin{cases} d_{2X}(t) = D_2\cos\theta\sin(\omega t + \beta) \\ d_{2Y}(t) = D_2\sin\theta\sin(\omega t + \beta) \end{cases} \tag{3-2}$$

则两个振动合成的结果可以表示为如下形式:

$$\begin{cases} d_X(t) = D_1\sin(\omega t + \alpha) + D_2\cos\theta\sin(\omega t + \beta) \\ d_Y(t) = D_2\sin\theta\sin(\omega t + \beta) \end{cases} \tag{3-3}$$

式中:d_X,d_Y——合成振动在 X 和 Y 方向上的分量。

式(3-3)中,$d_X(t)$ 可以简化成如下形式:

$$d_X(t) = D_X\sin(\omega t + \alpha_X) \tag{3-4}$$

式中:D_X——X 方向合成振动振幅;

α_X——X 方向合成振动初相位。

X 方向合成振动的振幅和初相位可分别由式(3-5)和式(3-6)得出:

$$D_X = \left[(D_1\cos\alpha + D_2\cos\theta\cos\beta)^2 + (D_1\sin\alpha + D_2\cos\theta\sin\beta)^2\right]^{1/2} \tag{3-5}$$

$$\alpha_X = \arctan\left(\frac{D_1\sin\alpha + D_2\cos\theta\sin\beta}{D_1\cos\alpha + D_2\cos\theta\cos\beta}\right) \tag{3-6}$$

同理可给出 $d_Y(t)$ 的简化形式,故有

$$\begin{cases} d_X(t) = D_X \sin(\omega t + \alpha_X) \\ d_Y(t) = D_Y \sin(\omega t + \beta) \end{cases} \qquad (3\text{-}7)$$

则合成振动的运动轨迹满足方程：

$$\left(\frac{d_X}{D_X}\right)^2 + \left(\frac{d_Y}{D_Y}\right)^2 - \frac{2d_X d_Y}{D_X D_Y}\cos(\alpha_X - \beta) = \sin^2(\alpha_X - \beta) \qquad (3\text{-}8)$$

式(3-8)表明,两个具有一定夹角的简谐振动合成后在 $X\text{-}Y$ 平面的运动轨迹为椭圆,椭圆主轴的方向取决于 $\alpha_X - \beta$ 的值。取 $D_1 = D_2 = 10\ \mu m$, $\alpha = 0°$,得出不同空间夹角 θ 和初始相位 β 下合成振动的运动轨迹,如图 3-2 所示。图 3-2 所示运动轨迹表明:通过两个具有一定夹角的复合梁纵振的组合可以实现结合部位椭圆轨迹运动的激励,椭圆轨迹的主轴方向和主轴长度取决于两个纵振的振幅、空间夹角以及相位差。

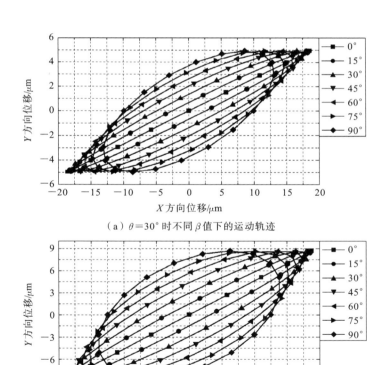

（a）$\theta = 30°$ 时不同 β 值下的运动轨迹

（b）$\theta = 60°$ 时不同 β 值下的运动轨迹

图 3-2　不同条件下合成振动的运动轨迹

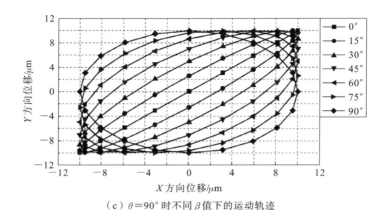

（c）$\theta = 90°$ 时不同 β 值下的运动轨迹

续图 3-2

当 $\beta - \alpha_X = 90°$，$\theta = 90°$ 时，式（3-8）可以简化为

$$\left(\frac{d_X}{D_1}\right)^2 + \left(\frac{d_Y}{D_2}\right)^2 = 1 \tag{3-9}$$

式（3-9）表明：对于两个在空间正交的纵振，当激励电压之间的相位差为 90°时，结合部位质点在 $X\text{-}Y$ 平面上的运动轨迹为椭圆，且椭圆主轴方向分别为 X 和 Y 方向。D_1 和 D_2 分别为椭圆主轴长度，可以通过调整激励电压幅值实现椭圆主轴长度的调整。

3.1.2 纵-弯模态组合

夹心式纵-弯复合型压电驱动器的简化复合梁结构如图 3-3 所示，两个压电陶瓷片位于两个金属端盖之间，通过螺柱夹紧[1]。两个压电陶瓷片均沿厚度方向极化，且每个陶瓷片上的各区域极化方向一致；相邻的两个陶瓷片极化方向

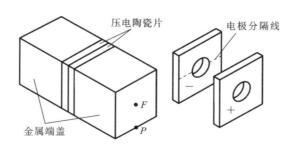

图 3-3 夹心式纵-弯复合型压电驱动器的简化结构

相反。另外,两整压电陶瓷片之间的两电极面(压电陶瓷片上的银层)均沿弯振中性面有一电极分隔线,以确保弯振中性面两侧的陶瓷区域可分别单独激励。夹心式纵-弯复合型压电驱动器的电极连接方式如图 3-4 所示。以电极分隔线为界,两个陶瓷片的上侧部分连接 A 相交流电压,下侧部分连接 B 相交流电压,两相交流电压存在一定的相位差(此处相位差为 $90°$)。当两相交流电压的激励频率与构型设计所需的模态特征频率相近时,两个陶瓷片的上下两区域依次产生有规律的交替伸缩振动,实现压电驱动器复合梁的纵-弯复合振动。

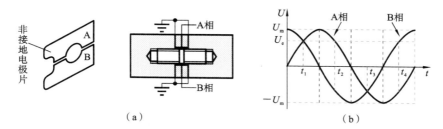

图 3-4　夹心式纵-弯复合型压电驱动器的电极连接方式与激励信号

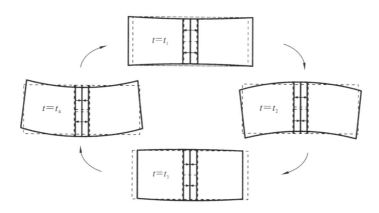

图 3-5　夹心式纵-弯复合型压电驱动器的周期振型变化示意图

图 3-5 所示为采用夹心式纵-弯复合型压电驱动器在一个激励周期内的振型变化示意图(仅针对特定振动类型,非针对特定振型阶数)。当 $t=t_1$ 时,$U_A=U_B>0$,弯振中性面两侧的陶瓷区域均伸长;当 $t=t_3$ 时,$U_A=U_B<0$,弯振中性面两侧的陶瓷区域均缩短。在这两种情况下压电驱动器整体均达到水平位移振动的极限位置。当 $t=t_2$ 时,$U_A=-U_B>0$,弯振中性面上侧的陶瓷区域伸长,下侧的陶瓷区域缩短;当 $t=t_4$ 时,$U_A=U_B<0$,弯振中性面上侧的陶瓷区域

缩短,下侧的陶瓷区域伸长。在这两种情况下压电驱动器整体均达到竖直位移振动的极限位置。在一个结构振型变化周期中,驱动器上大部分质点均做椭圆轨迹运动;与传统激励方法相同,驱动器两端面上的质点振幅最大,且仅弯振中性面上质点的运动轨迹为正椭圆。

从复合梁一端至靠近该端面的第一个弯振波节位置的部分梁简化为如图3-6所示的二维结构。该部分梁长度为 L,截面边长为 D。图3-6中,E_1E_2 代表梁的弯振波节面的初始位置(在无任何激励的情况下),E_5E_6 代表弯振波节面受复合激励后的位置,OF_2 代表简化梁在复合激励后的中轴线。为了便于分析,将振动激励分解为纵振和弯振,即弯振波节面从初始位置 E_1E_2 经纵振平移至 E_3E_4 位置,再经弯振旋转至 E_5E_6 位置。

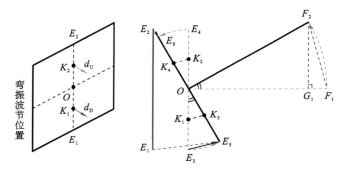

图3-6 夹心式纵-弯复合型压电驱动器(中轴线)的简化模型示意图

在复合梁的弯振波节面上,假设弯振中性面上下两部分的形心位移分别为

$$\begin{cases} d_U = A_U \sin(\omega t + \alpha) \\ d_D = A_D \sin(\omega t + \beta) \end{cases} \tag{3-10}$$

式中:d_U,d_D——弯振中性面上下两部分的形心位移;

$\qquad A_U$,A_D——弯振中性面上下两部分的形心位移振幅;

$\qquad \omega$——弯振中性面上下两部分的振动频率;

$\qquad \alpha$,β——弯振中性面上下两部分振动的初始相位。

由式(3-10)可得,复合振动分解后的纵振及弯振位移分别为

$$\begin{cases} d_L = \dfrac{d_U + d_D}{2} = \dfrac{A_U \sin(\omega t + \alpha) + A_D \sin(\omega t + \beta)}{2} \\ d_B = \dfrac{d_D - d_U}{2} = \dfrac{A_D \sin(\omega t + \beta) - A_U \sin(\omega t + \alpha)}{2} \end{cases} \tag{3-11}$$

则复合梁端面中心点的水平位移与竖直位移分别为

$$\begin{cases} x = \dfrac{d_U + d_D}{2} \\ y = \dfrac{4L}{D} \dfrac{d_D - d_U}{2} \end{cases}$$

即

$$\begin{cases} x - \dfrac{Dy}{4L} = A_U \sin(\omega t + \alpha) \\ x + \dfrac{Dy}{4L} = A_D \sin(\omega t + \beta) \end{cases} \tag{3-12}$$

假设弯振中性面上下两部分的形心位移振幅一致,即 $A_U = A_D = A$,那么,复合梁端面中心点的运动轨迹方程如下:

$$\left(x - \frac{Dy}{4L}\right)^2 + \left(x + \frac{Dy}{4L}\right)^2 - 2\left(x - \frac{Dy}{4L}\right)\left(x + \frac{Dy}{4L}\right)\cos(\alpha - \beta) = A^2 \sin^2(\alpha - \beta) \tag{3-13}$$

经整理得

$$2x^2 + \frac{D^2 y^2}{8L^2} - \left(2x^2 - \frac{D^2 y^2}{8L^2}\right)\cos(\alpha - \beta) = A^2 \sin^2(\alpha - \beta) \tag{3-14}$$

取 $L = D = 20$ mm,$A = 1$ μm,可得不同相位差的交流电压信号激励下复合梁的端面中心点运动轨迹如图 3-7 所示。

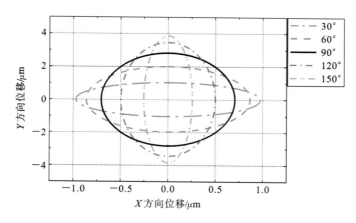

图 3-7　不同相位差的交流电压信号激励下复合梁的端面中心点运动轨迹

图 3-7 表明,在不同相位差的电压信号激励下,复合梁端面中心点的运动轨迹始终保持为正椭圆,且随着两相交流电压的相位差不断增大($0° < \alpha - \beta < 180°$),复合梁端面中心点的竖直位移振幅增大、水平位移振幅减小。

假设梁端面与底面相交线上质点的水平与竖直位移分别为 x_P 和 y_P,可得如下方程:

$$\begin{cases} x_P = \dfrac{d_U + d_D}{2} + 2\,\dfrac{d_D - d_U}{2} \\[2mm] y_P = \dfrac{4L}{D}\dfrac{d_D - d_U}{2} \end{cases}$$

故有

$$\begin{cases} x_P - \dfrac{3D y_P}{4L} = A_U \sin(\omega t + \alpha) \\[2mm] x_P - \dfrac{D y_P}{4L} = A_D \sin(\omega t + \beta) \end{cases} \tag{3-15}$$

假设弯振中性面上下两部分的形心位移振幅一致,即 $A_U = A_D = A$,可得端面底线上点的运动轨迹简化方程为

$$2x_P^2 - \frac{2D x_P y_P}{L} + \frac{5D^2 y_P^2}{8L^2} - 2\left(x^2 - \frac{D x_P y_P}{L} + \frac{3D^2 y_P^2}{16L^2}\right)\cos(\alpha - \beta) = A^2 \sin^2(\alpha - \beta) \tag{3-16}$$

依旧取 $L = D = 20\ \text{mm}$, $A = 1\ \mu\text{m}$,可得不同相位差的交流电压信号激励下复合梁的端面底线中点的运动轨迹,如图 3-8 所示。图 3-8 中椭圆轨迹均为斜椭圆,且倾斜方向一致;椭圆轨迹倾斜角度的改变可通过调整相位差来实现。同时,各椭圆轨迹的 X 与 Y 方向振幅随着交流电压相位差的增大($0° < \alpha - \beta < 180°$)而增大。

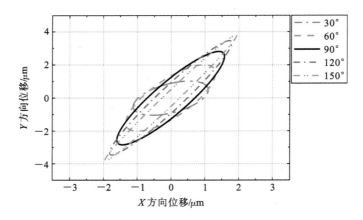

图 3-8　不同相位差的交流电压信号激励下复合梁的端面底线中点运动轨迹

3.1.3 弯-弯模态组合

图 3-9 所示为一体化设计压电驱动器的结构,其由 PZT 压电陶瓷组、法兰和驱动足等组成。以使用两分区压电陶瓷片的夹心式驱动器弯振组合为例分析弯-弯模态组合方式[2]。驱动器通过螺栓将压电陶瓷片夹紧,压电陶瓷片采用 d_{33} 模式。使用两分区压电陶瓷片进行弯振激励,激励方案如图 3-10 所示:左右分区的压电陶瓷片交替伸缩,激励水平方向的弯振;上下分区压电陶瓷片交替伸缩,激励竖直方向的弯振。通过控制电压信号的时序即可激励出驱动器的椭圆驱动轨迹。

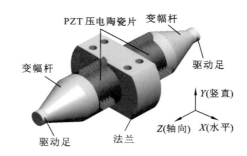

图 3-9 一体化设计的压电驱动器结构

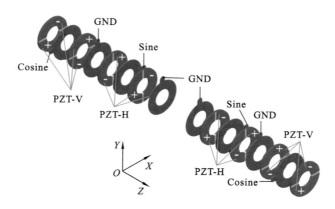

图 3-10 压电陶瓷片的弯振激励方案

综合驱动器工作条件,驱动器结构可简化为悬臂梁结构。利用悬臂梁的二阶弯振模态实现弯-弯模态复合振动方式。正交二阶弯振模态如图 3-11 所示,通过复合压电驱动器水平和竖直方向的弯振模态在驱动足处形成椭圆轨迹运

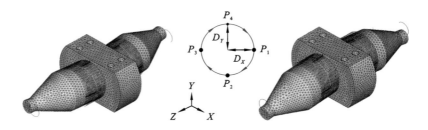

图 3-11　压电驱动器的弯振模态

动。其中,竖直方向的弯振模态用以产生竖直方向的位移,水平方向的弯振模态用以产生水平方向的位移。驱动足质点的横向位移可表示为

$$d_X = D_X \cos(2\pi f t + \gamma) \tag{3-17}$$

$$d_Y = D_Y \cos(2\pi f t + \delta) \tag{3-18}$$

式中:d_X——X 方向位移(m);

　　　D_X——由激励条件决定的 X 方向振幅(m);

　　　f——弯振特征频率(Hz);

　　　t——时间(s);

　　　γ——X 轴弯振初始相位(rad);

　　　d_Y——Y 方向位移(m);

　　　D_Y——由激励条件决定的 Y 方向振幅(m);

　　　δ——Y 轴弯振初始相位(rad)。

根据公式(3-17)和公式(3-18),驱动足振动轨迹可表示为

$$\left(\frac{d_X}{D_X}\right)^2 + \left(\frac{d_Y}{D_Y}\right)^2 - \frac{2\cos(\gamma-\delta)}{D_X D_Y} d_X d_Y = \sin^2(\gamma-\delta) \tag{3-19}$$

可见驱动足的运动轨迹为椭圆形,调整水平和竖直方向弯振模态的相位差 $\gamma-\delta$ 的值,可以改变椭圆的主轴方向。将公式(3-19)变形,得:

$$\left[\frac{d_X}{D_X \sin(\gamma-\delta)}\right]^2 + \left[\frac{d_Y}{D_Y \sin(\gamma-\delta)}\right]^2 - 2\cos(\gamma-\delta)\frac{d_X}{D_X \sin(\gamma-\delta)}\frac{d_Y}{D_Y \sin(\gamma-\delta)} = 1 \tag{3-20}$$

最终得到:

$$\left(\frac{d_Y}{D_Y}\right)^2 + \left[\frac{d_X}{D_X \sin(\gamma-\delta)} - \cos(\gamma-\delta)\frac{d_Y}{D_Y \sin(\gamma-\delta)}\right]^2 = 1 \tag{3-21}$$

从形式上看,公式(3-21)为圆的定义式,进一步定义如下:

$$\frac{d_Y}{D_Y} = \sin\varphi \tag{3-22}$$

$$\frac{d_X}{D_X\sin(\gamma-\delta)}-\cos(\gamma-\delta)\frac{d_Y}{D_Y\sin(\gamma-\delta)}=\cos\varphi \qquad (3\text{-}23)$$

将公式(3-22)和公式(3-23)变形,可求得

$$d_Y=D_Y\sin\varphi \qquad (3\text{-}24)$$

$$d_X=\left[\cos\varphi+\cos(\gamma-\delta)\frac{d_Y}{D_Y\sin(\gamma-\delta)}\right]D_X\sin(\gamma-\delta)$$

$$=D_X\sin(\gamma-\delta)\cos\varphi+\frac{d_Y D_X}{D_Y}\cos(\gamma-\delta)$$

$$=D_X[\sin(\gamma-\delta)\cos\varphi+\cos(\gamma-\delta)\sin\varphi]=D_X\sin(\gamma-\delta+\varphi) \qquad (3\text{-}25)$$

当 $\gamma-\delta=90°$ 时,驱动足的运动轨迹可表示为

$$\left(\frac{d_X}{D_X}\right)^2+\left(\frac{d_Y}{D_Y}\right)^2=1 \qquad (3\text{-}26)$$

即运动轨迹为主轴平行于 X 轴和 Y 轴的正椭圆。

假设 $D_x=9.5$,$D_y=16.6$,不同 $\gamma-\delta$ 值下驱动足的运动轨迹如图 3-12 所示。如果 $\gamma-\delta$ 的值在 $0°\sim180°$ 范围内,则运动轨迹沿逆时针方向;如果 $\gamma-\delta$ 的值在 $180°\sim360°$ 范围内,则运动轨迹沿顺时针方向。$\gamma-\delta=45°$ 与 $\gamma-\delta=225°$ 时的运动轨迹形状重合。同样,$\gamma-\delta=90°$ 与 $\gamma-\delta=270°$ 时的运动轨迹形状也重合,$\gamma-\delta=135°$ 与 $\gamma-\delta=315°$ 时的运动轨迹形状也重合。即相位差为 $180°$ 的两椭圆运动轨迹重合(但运动方向相反)。$\gamma-\delta$ 的值在 $0°\sim180°$ 范围内时,改变 $\gamma-\delta$ 的值,椭圆运动轨迹的主轴方向发生变化,运动方向不变。不论 $\gamma-\delta$ 的值如何变化,椭圆运动轨迹水平和竖直方向的振幅均不变,分别为 D_X 和 D_Y。水平和竖直方向的压电驱动器二阶弯振模态如图 3-11 所示。当水平和竖直方向弯振

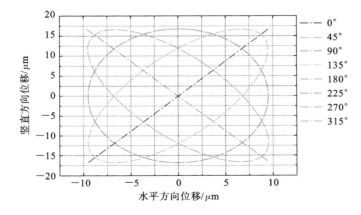

图 3-12　驱动足的理论计算运动轨迹

模态在时间上相差 $\pi/2$ 时,将在驱动足处形成正椭圆运动轨迹,以驱动导轨。

3.1.4 纵-扭模态组合

纵-扭复合型超声压电驱动器利用纵、扭两种振动使驱动面上的质点产生椭圆运动,从而实现对转子的驱动[3]。驱动器定子驱动端上各质点的椭圆运动轨迹是纵振和扭振的合成,在定子端面上取不在转动轴上的任意一点 P,如图3-13所示。当驱动器运行时,定子产生沿轴向的伸缩振动以及绕轴的扭振。因此,质点同时产生沿轴向的上、下伸缩振动以及绕轴的扭振。

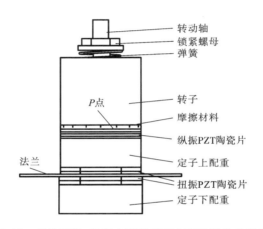

图 3-13　单转子纵-扭复合型超声压电驱动器结构示意图

假设 u_X 代表质点 P 沿轴向的扭振位移,u_Y 代表质点 P 沿轴向的纵振位移,则点的振动可以表示为

$$u_X = A_X \sin(\omega t + \varphi) \tag{3-27}$$

$$u_Y = A_Y \sin(\omega t) \tag{3-28}$$

式中:ω——激振频率;

　　φ——纵振和扭振的相位差;

　　A_X,A_Y——质点 P 纵振和扭振位移振幅。

对式(3-27)进行三角函数分解,可得

$$\frac{u_X}{A_X} = \sin(\omega t)\cos\varphi + \cos(\omega t)\sin\varphi \tag{3-29}$$

由式(3-28)可得

$$\frac{u_Y}{A_Y} = \sin(\omega t) \tag{3-30}$$

联立式(3-29)、式(3-30),可得

$$\left(\frac{u_X}{A_X}\right)^2 - 2\frac{u_X u_Y}{A_X u_Y}\cos\varphi + \left(\frac{u_Y}{A_Y}\right)^2 = \sin^2\varphi \tag{3-31}$$

从式(3-31)可以看出,质点 P 的纵振位移与扭振位移相位差为 φ 时,其运动轨迹为一椭圆。很显然,该椭圆的形状及运动的方向与 φ 的取值有关,对 φ 分别取不同的数值,就可以获得各种运动轨迹。

当 $\varphi = \pi/2$ 或 $\varphi = -\pi/2$ 时,质点 P 的运动轨迹方程可以简化为一标准的椭圆方程:

$$\left(\frac{u_X}{A_X}\right)^2 + \left(\frac{u_Y}{A_Y}\right)^2 = 1 \tag{3-32}$$

质点在 $\varphi = \pi/2$ 或 $\varphi = -\pi/2$ 这两种相位差下的运动方向是相反的。因此,只要改变 φ 值的大小就能达到改变驱动器运动方向的目的。

当 $\varphi = 0$ 时,质点 P 的运动轨迹方程为

$$u_Y = \frac{A_Y}{A_X} u_X \tag{3-33}$$

由此方程可以看出,此时定子驱动端顶点的运动轨迹为一条直线,无驱动效果。

由于纵-扭复合型超声压电驱动器驱动足所选质点在纵向和切向两个方向上的运动分量是相互独立、互不耦合的,那么对驱动器进行调节时,就可以分别对产生这两个方向上运动的激励信号参数进行单独的调整,改变相应振动的幅值而互不影响,如图 3-14 所示。

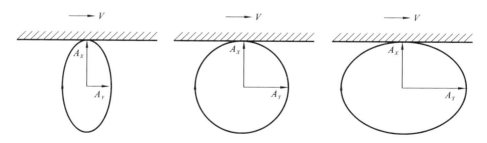

图 3-14 椭圆轨迹与纵-扭振振幅的关系

在纵-扭复合型超声压电驱动器的工作中改变纵振的幅值大小主要是为了控制定、转子之间摩擦力的大小,而产生切向运动的扭振的幅值大小则直接影响到驱动器的转速。然而分析纵-扭复合型超声压电驱动器的致动原理,可知其仅能实现旋转致动输出;此外,定子的扭振模态比较难以激励出来,导致纵振

和扭振模态简并比较困难。考虑到以上情况,著者没有展开纵-扭复合型超声压电驱动器的研究工作。

3.2 纵-纵复合型超声压电驱动器

3.2.1 T形单足直线型超声压电驱动器

T形单足直线型超声压电驱动器结构如图 3-15 所示。该驱动器包含一个竖直纵振换能器和一个水平纵振换能器[4];竖直换能器包含一个变幅杆,水平换能器包含两个变幅杆,三个变幅杆按 T 形布置,驱动足位于变幅杆小端面结合位置;变幅杆设计成指数型以实现振幅和振速的放大。通过带双螺柱的法兰实现换能器的各组件的紧固,每个法兰两侧均有一对压电陶瓷片,每一对压电陶瓷片中的两个压电陶瓷片极化方向相反。在变幅杆和压电陶瓷片之间、两个压电陶瓷片之间、压电陶瓷片与法兰之间分别固定有电极片,在压电陶瓷片、电极片和法兰螺柱之间均固定有绝缘套。法兰侧面中心位置加工有锥形定位孔,该锥形孔用于实现驱动器的夹持。

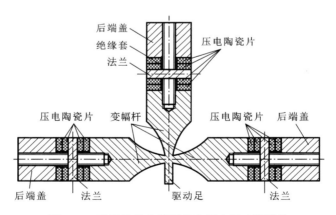

图 3-15　T形单足直线型超声压电驱动器结构

T形单足直线型超声压电驱动器的竖直换能器和水平换能器上的压电陶瓷片采用两相交流电压分别进行激励,以得到驱动器的两个基本振动模态。其中一个模态由竖直换能器的纵振激发,对应引起驱动足竖直方向的振动;另一个振动模态则由水平换能器纵振激发,对应引起驱动足水平方向的振动。当两个基本振动模态的固有频率相同时,两个正交振动的复合可在驱动足处激励出椭圆轨迹运动。动子和驱动足接触,在预紧力作用下,通过驱动足和动子之间的摩擦力实现动子直线运动。

图 3-16 显示了一个致动周期内驱动器的运动过程。该运动过程总共包括四个步骤(以第一个致动周期为例):

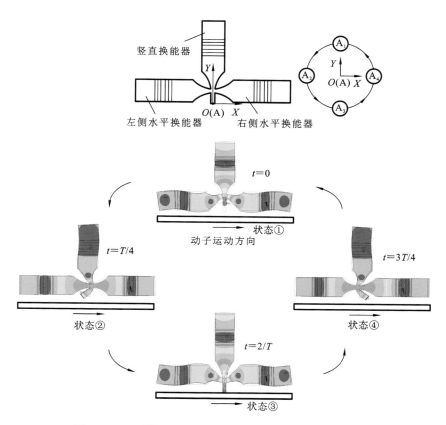

图 3-16　T 形单足直线型超声压电驱动器致动原理示意图

(1) 当 $t=0\sim T/4$ 时,驱动器振型由状态①逐渐变化到状态②。在此过程中,驱动足由最上端逆时针旋转到最左端位置。此阶段驱动足与动子脱离,驱动足对动子没有产生驱动作用。

(2) 当 $t=4/T\sim T/2$ 时,驱动器振型由状态②逐渐变化到状态③。在此过程中,驱动足由最左端逆时针旋转到最下端位置,并与动子接触,产生向右的驱动力,推动动子向右移动。

(3) 当 $t=T/2\sim 3T/4$ 时,驱动器振型由状态③逐渐变化到状态④。在此过程中,驱动足由最下端逆时针旋转到最右端位置,驱动器逐渐脱离与动子的接触。

(4) 当 $t = 3T/4 \sim T$ 时,驱动器振型由状态④逐渐变化到状态①。在此过程中,驱动足由最右端逆时针旋转到最上端位置。此阶段驱动足与动子脱离,驱动足对动子没有产生驱动作用。

通过改变驱动器两相激励信号的相位差,可以实现定子振型由状态④→状态③→状态②→状态①的变化,驱动足运动轨迹为顺时针椭圆,驱动器产生向左的推力,实现动子反向运动。

对 T 形单足直线型超声压电驱动器进行测定,设定两相激励信号频率为 25.32 kHz、电压有效值 U_{rms} 为 200 V、相位差为 $\pi/2$。图 3-17 所示为不同预紧力条件下 T 形单足直线型超声压电驱动器样机速度与输出力关系曲线。测试结果表明:驱动器的最大输出速度为 1160 mm/s,最大输出力为 30 N。

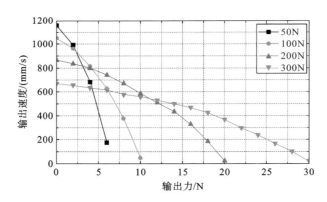

图 3-17　T 形单足直线型超声压电驱动器样机输出速度与输出力关系曲线

3.2.2　I 形双足直线型超声压电驱动器

通过分析 T 形单足直线型驱动器的两个基本振动模态可以发现,三个后端盖处的纵振能量均没有被合理利用,这是一种振动能量的闲置。这种振动能量的闲置使得通过压电元件的逆压电效应所获得的定子弹性体微观振动能无法完全进入摩擦耦合环节以实现对动子的致动作用,这会在一定程度上降低驱动器的输出效率。因此,如何避免振动能量的闲置,使定子弹性体的微观振动能充分进入摩擦耦合环节,是提高超声压电驱动器机械输出能力的一个关键问题。本节在 T 形单足直线型驱动器研究结果的基础上,提出一种 I 形双足直线型超声压电驱动器。该驱动器能充分利用水平换能器两端纵振产生的能量而实现四足直线驱动[5]。

I 形双足直线型超声压电驱动器如图 3-18(a)和(b)所示。该压电驱动器由两个竖直换能器和一个水平换能器组成。水平换能器包含一个带有双头螺柱的法兰,法兰将压电陶瓷片夹在两个端盖之间。每个竖直换能器包含两个驱动足,两个驱动足通过中间的双头螺杆相连,同时实现对八个压电陶瓷片的预紧。每两个相邻的压电陶瓷片之间装配一个铜质电极片。压电陶瓷片极化方向如图3-18(c)所示,两竖直换能器上压电陶瓷极化方向相反。驱动器激励方案如图3-18(d)所示,在水平换能器上施加正弦电压信号,竖直换能器上施加余弦电压信号。在驱动电压的作用下,上竖直换能器、水平换能器和下竖直换能器能同时激发相位差为 $0°,90°$ 和 $180°$ 的一阶纵振。两个竖直换能器的纵振可以带动

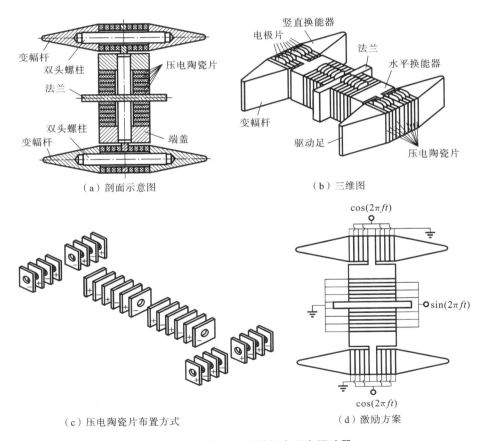

（a）剖面示意图　　　　　　　　（b）三维图

（c）压电陶瓷片布置方式　　　　（d）激励方案

图 3-18　I 形双足直线型超声压电驱动器

四个驱动足产生水平位移,而驱动足的垂直运动可以由水平换能器的纵振产生。当这三个换能器的一阶纵振具有相同的谐振频率时,两个正交振动复合可在驱动足处激励出椭圆轨迹运动。上部的驱动足可以产生顺时针椭圆运动轨迹,下部驱动足可以产生逆时针椭圆运动轨迹,通过改变激励电压方向可以改变驱动足运动方向。

通过模态分析得到驱动器的振型,结果如图 3-19 所示。水平和竖直方向的纵振模态频率分别为 31.386 kHz 和 31.381 kHz,二者大小趋于一致,可见 I 形双足直线型超声压电驱动器实现了模态简并。

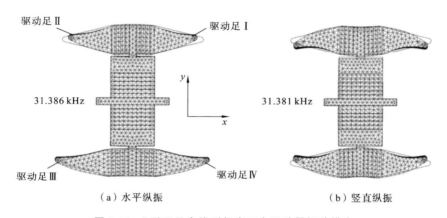

（a）水平纵振   （b）竖直纵振

图 3-19 I 形双足直线型超声压电驱动器振动模态

通过瞬态分析研究四个驱动足的运动轨迹。在分析过程中,对压电陶瓷片施加有效电压为 100 V、频率为 31.38 kHz 的正弦和余弦电压信号。通过瞬态分析,观察到三个换能器的纵振在驱动器中交替发生。在后处理中提取四个驱动足的水平和垂直位移,并绘制它们的运动轨迹曲线,如图 3-20 所示。

在图 3-20 中,轨迹曲线上的箭头表示运动的方向,P_1,P_2,P_3 和 P_4 表示循环的初始起点。可以看出,在驱动足 I 和驱动足 IV 上产生了逆时针椭圆运动,而在驱动足 II 和驱动足 III 上产生了顺时针椭圆运动,这说明四个驱动足可以同步产生向上的推力。但是,应该注意的是,由于四个驱动足的振动不一致,因此它们的推力之间肯定存在差异。这种不一致性包含振幅的不同和运动轨迹主轴斜角的不同。两个上部驱动足的水平和竖直振动振幅分别为 7.6 μm 和 16.1 μm,而两个下部驱动足的相应振幅分别为 9.1 μm 和 18.3 μm。下部两个驱动器的水平和竖直位移都比上部的两个驱动足大,这将使它

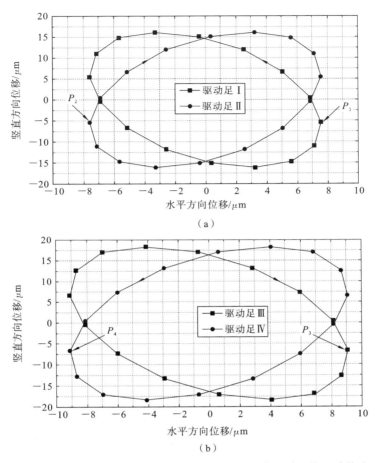

图 3-20 I 形双足直线型超声压电驱动器样机四个驱动足的运动轨迹

们产生更大的推力。

　　在样机制作完成后,使用激光测振仪测试其振动特性。测试结果如图 3-21 所示。在测试过程中,选择同侧两个驱动足的端面作为水平振动模态测试区域,选取竖直换能器的侧面作为竖直振动模态的测试区域。由图 3-21(a)所示的振型和振速图可以发现,两驱动足在 32.428 kHz 的谐振频率下可以同时向上和向下运动。这意味着当左侧驱动足达到最低点时,右侧驱动足可以变形至最高处。上述振型与仿真显示的振型能够相互吻合。图 3-21(b)所示的测试结果说明水平换能器的侧面振动为具有四个波节的弯振,其谐振频率为 32.336 kHz,该图也显示了水平换能器的运动是竖直模式下的第三阶弯振,这种弯振是因竖直换能器的纵振而产生的。

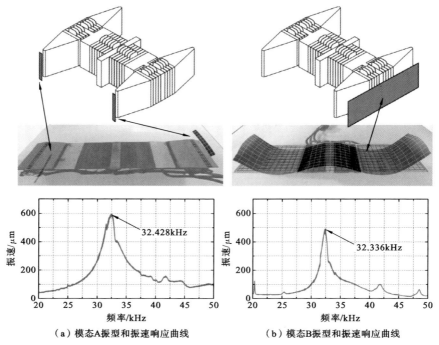

（a）模态A振型和振速响应曲线　　（b）模态B振型和振速响应曲线

图 3-21　Ⅰ形双足直线型超声压电驱动器样机振动测试结果

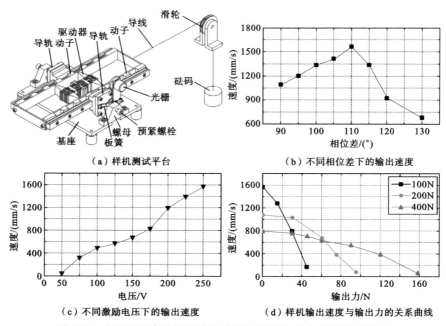

（a）样机测试平台　　　　　（b）不同相位差下的输出速度

（c）不同激励电压下的输出速度　　（d）样机输出速度与输出力的关系曲线

图 3-22　Ⅰ形双足直线型超声压电驱动器样机输出特性测试结果

　　最后对压电驱动器样机的输出特性进行测试。在测试过程中,动子两侧分别与四个驱动足的末端相接触以增大输出力,动子的运动速度通过光栅进行测量,通过在动子末端连接砝码的方式对其输出力进行了测试,实验测试装置如图 3-22 所示。首先在 100 N 的预紧力下对空载条件下的样机输出速度进行测试,可以发现样机在 33.15 kHz 的驱动频率下获得了最大的输出速度。激励信号频率数值略高于激光测振仪获得的谐振频率,这是因为预紧力的施加增大了纵振的谐振频率。接下来,对压电陶瓷片施加两路频率为 33.15 kHz、幅值为 250 V 的电压激励信号,通过调整两相激励电压的相位差来调整空载驱动速度,如图 3-22(b)所示,可以发现在相位差为 110°时,驱动器达到最大驱动速度 1563 mm/s。随后,对不同电压大小的激励信号作用下的空载输出速度进行测试,结果如图 3-22(c)所示,可知驱动器输出速度与激励电压间近似成线性正相关关系。在幅值为 250 V 的激励信号作用下对压电驱动器样机输出力特性进行测试,结果如图 3-22(d)所示,可知在 400 N 的预紧力下,驱动器输出力可达 158.2 N。

3.3　纵-弯复合型超声压电驱动器

　　纵-弯复合型超声压电驱动器的结构激励方案如图 3-23 所示[6]。该压电驱动器由驱动足、变幅杆、端盖、法兰、薄壁梁和压电陶瓷片等组成,驱动足位于超声压电驱动器的正中部;压电陶瓷片被端盖通过螺柱夹持在驱动足与变幅杆的一体件上,在装配时可调节端盖施加在压电陶瓷片上的预紧力。变幅杆用以实现压电陶瓷片振动的放大,并带动驱动足振动;端盖与法兰通过薄壁梁连接,以减少端盖传递到法兰上的振动,同时也降低法兰的约束条件对超声压电驱动器的影响。

　　压电陶瓷片分为两组:四个弯振压电陶瓷片为一组,四个纵弯复用压电陶瓷片为一组,弯振陶瓷片采用反向极化的两个半片组合成一个整片;纵弯复用压电陶瓷片被分割成左右两个独立的半区,且两个半区的极化方向是一致的。图 3-23 表示了各压电陶瓷片的排布方式,弯振压电陶瓷片布置在驱动器奇数阶弯振振型的波幅位置,而纵弯复用压电陶瓷片布置在靠近驱动器偶数阶纵振振型的波节位置。图 3-23 中的“＋”与“－”表示所布置压电陶瓷片的极化方向,驱动足两侧对称位置的弯振压电陶瓷片极化方向布置相反,用以激励出驱动器的奇数阶弯振(以五阶弯振为例);驱动足两侧对称位置纵弯复用压电陶瓷片的极化方向相同,当其所有分区接入同一相激励信号时可激励出梁的偶数阶纵振(以二阶纵振为例),当中心孔两侧分区接入相反的激励信号时可激励出梁的奇

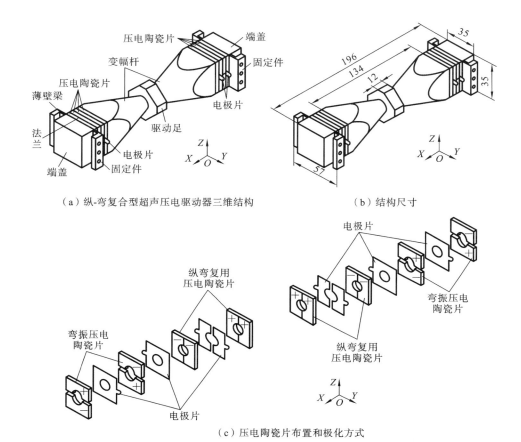

（a）纵-弯复合型超声压电驱动器三维结构　　　　（b）结构尺寸

（c）压电陶瓷片布置和极化方式

图 3-23　纵-弯复合超声压电驱动器的结构和激励方案

数阶弯振（以五阶弯振为例）。纵弯复用压电陶瓷片的采用不仅有效地减少了压电陶瓷片的数量，而且极大地简化了超声压电驱动器的结构。

　　图 3-23 所示的纵-弯复合超声压电驱动器采用两个正交弯振模态的复合以及一个纵振模态和一个弯振模态的复合，可以分别激励出驱动足在两个垂直平面上的椭圆轨迹振动，进而实现两自由度驱动。按照纵-弯复合型超声压电驱动器中压电陶瓷片的极化方式与布置，所有弯振压电陶瓷片在两种模态复合方式下都用于激励出超声压电驱动器的 Z 向弯振。可用单相激励信号进行激励。若使驱动器在纵-弯模态复合的方式下工作，为激励出超声压电驱动器的纵振模态，所有纵弯复用压电陶瓷片均接入单相激励信号；若使驱动器在弯-弯模态复合的方式下工作，为激励出超声压电驱动器的 Y 向弯振模态，同一纵弯复用

压电陶瓷片的两个电极区需要两个相位
相反的激励信号。因此,为激励出超声压
电驱动器的三个工作模态,需采用三相激
励信号,如图 3-24 所示:激励信号 3 与激
励信号 1 相位相差 90°,而激励信号 2 与
激励信号 1 相位相反。以超声压电驱动
器的奇数阶弯振是五阶弯振和偶数阶纵
振是二阶纵振的情形为例,对超声压电驱
动器的致动原理进行分析。

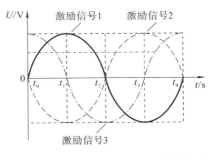

图 3-24 超声压电驱动器所用激励信号

当弯振压电陶瓷片接入激励信号 2,纵弯复用压电陶瓷片只接入激励信号
3 时(见图 3-25(a)),超声压电驱动器的 Z 向弯振与 X 向纵振将会被分别激励
出,并且由于两种振动的激励信号相位相差 90°,两种振动叠加会使驱动足产生
X-Z 平面内的椭圆轨迹振动。如图 3-25(b)所示:在一个周期内,当 $t=t_1$ 或者 $t=t_4$ 时,激励信号 3 达到电压最大值 $|U_m|$,激励信号 2 的电压为 0,此时超声压
电驱动器的振型为图 3-25(b)中 t_4 时刻所对应的振型;随着时间由 t_0 变化到 t_1,
激励信号 3 的电压减小,激励信号 2 的电压增大,使驱动足因驱动器纵振而产
生的 X 向位移减小,而因驱动器弯振而产生的 Z 向位移增大,当 $t=t_1$ 时达到图

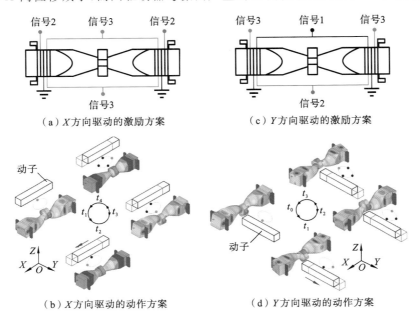

（a）X 方向驱动的激励方案   （c）Y 方向驱动的激励方案

（b）X 方向驱动的动作方案   （d）Y 方向驱动的动作方案

图 3-25 超声压电驱动器弯振复合致动原理图

3-25（b）中 t_1 时刻所对应的振型；其他两个振型将会在一个周期内的 $t=t_2$ 和 $t=t_3$ 时刻分别达到，即超声压电驱动器的驱动足在 X-Z 平面内按椭圆轨迹进行振动。

当弯振压电陶瓷片接入激励信号 3，纵弯复用压电陶瓷片按照前面所述方式同时接入激励信号 1 和激励信号 2 时（见图 3-25（c）），超声压电驱动器两个方向的弯振将都会被分别激励出来，并且由于两种振动的相位相差 90°，二者叠加会使驱动足产生 Y-Z 平面内的椭圆振动轨迹。如图 3-25（d）所示：在一个周期内，当 $t=t_0$ 或者 $t=t_4$ 时，激励信号 3 达到电压最大值 $|U_m|$，激励信号 1 和激励信号 2 的电压为 0，使驱动足因驱动器 Z 向弯振而产生的 Z 向位移达到最大值，而因驱动器 Y 向弯振而产生的 Y 向位移为零，此时超声压电驱动器的振型为图 3-25 中 $t=t_4$ 时刻所对应的振型；随着时间由 t_0 变化到 t_1，激励信号 3 的电压减小，激励信号 1 与激励信号 2 电压的差值不断变大，使驱动足因驱动器 Z 向弯振而产生的 Z 向位移减小，而因驱动器 Y 方向弯振所引起的 Y 方向位移增大，达到 $t=t_1$ 时刻所对应的振型；其他两个振型将会在一个周期内的 $t=t_2$ 和 $t=t_3$ 时刻分别达到，即驱动足在 Y-Z 平面内按照椭圆轨迹振动，但两个椭圆轨迹的振幅存在差异。驱动足在 Z 方向上的振动依旧用于克服施加在驱动器上的预紧力，而在 Y 方向上的振动用于驱动动子进行旋转运动，即在 Y-Z 平面内形成椭圆振动轨迹的驱动足可驱动动子进行旋转运动。

当激励信号 2 与激励信号 1 间的相位差在 0°～180°之间时，纵弯复用压电陶瓷激励超声压电驱动器的振动将是纵振和 Y 向弯振叠加而形成的复合振动，也就是该振动中同时包含纵振和 Y 向弯振的分量，激励信号相位差的大小决定了两种振动分量的比例关系。当激励信号 3 与激励信号 1 的相位差为 90°时，弯振压电陶瓷激励超声压电驱动器的 Z 向弯振，三个振动模态的叠加将使驱动足产生在空间内的椭圆振动轨迹，驱动足可驱动动子进行螺旋运动。

在进行模态求解前，需要对超声压电驱动器模型进行约束条件设定，其中电极区域的电压为 0，而在法兰外侧表面上施加固定约束。由于该超声压电驱动器的主体（除法兰和薄壁梁之外）在 Y 和 Z 两个方向上的尺寸相同，因此在调整结构参数的过程中两个方向上的弯振频率几乎一致。

超声压电驱动器初步有限元模型的 X 向总长度为 200 mm，其端盖在 Y，Z 方向上的尺寸都为 30 mm，此时超声压电驱动器二阶与四阶纵振的谐振频率分别为 22.171 kHz 和 37.492 kHz，超声压电驱动器在 Y 方向上的三阶、五阶和七阶弯振的谐振频率分别为 11.633 kHz，21.432 kHz 和 33.466 kHz，在 Z 方向上的三阶、五阶和七阶弯振的谐振频率分别为 11.263 kHz,21.326 kHz 和 33.063 kHz。可以得到,在给定的超声压电驱动器初步尺寸下,超声压电驱动器偶数阶纵振中的二阶纵振谐振频率与奇数阶弯振中的五阶弯振谐振频率最为接近。因此,在超声压电驱动器初步有限元模型的临近尺寸范围内,简并其二阶纵振与两个五阶弯振的谐振频率,与简并其他方式模态组合的谐振频率相比更为可行。因此,超声压电驱动器的模态组合方案确定为一个二阶纵振与两个五阶弯振间的组合。接下来的工作是通过调整超声压电驱动器的结构参数,使得其二阶纵振与五阶弯振的谐振频率一致或者相近。

频率简并中主要可调整的结构参数及参数间的约束:压电陶瓷片的边长与厚度,其中弯振压电陶瓷片与纵弯复用压电陶瓷片的厚度相同,前者面积为后者的一半;驱动足的 X 向厚度,其 Y 向与 Z 向长度与压电陶瓷片边长相同,以使其在粘贴任意厚度的摩擦材料后能与动子接触;变幅杆的长度,包含锥面长度及平面长度两部分,其大端直径等于纵弯复用压电陶瓷片的对角线长度,小端圆截面应包含在驱动足 Y-Z 横截面内;后端盖的厚度;法兰与薄壁梁的宽度和厚度,两者长度与纵弯复用压电陶瓷片边长相同。

在调整过程中可发现,超声压电驱动器纵振的谐振频率对其长度尺寸敏感,对截面尺寸不敏感,而弯振的谐振频率对其长度和截面尺寸都敏感。因此,先通过调整其截面尺寸实现对弯振谐振频率的宽范围调整,而纵振的谐振频率变化不大,然后再细化调整各个结构参数,直至所选三个模态的谐振频率几乎一致,获得最终的结构及其主要参数。利用确定的参数展开模态分析,X 向二阶纵振、Y 向五阶弯振和 Z 向五阶弯振的频率分别为 22.619 kHz,22.544 kHz 和 22.630 kHz,其所对应的振型分别如图 3-26(a)~(c)所示。除法兰和薄壁梁之外,超声压电驱动器在 Y 和 Z 两个方向上的尺寸相等,但是两个方向上仍存在约 0.09 kHz 的频率差异,其主要原因是法兰与薄壁梁的存在,使得超声压电驱动器在 Z 方向上的刚度比在 Y 方向上的刚度大,进而使 Z 方向上的弯振频率更大。

利用瞬态分析分别对驱动器两自由度的驱动能力进行验证,包含验证其驱动足是否沿椭圆轨迹振动,以及观察该轨迹振幅的大小。瞬态分析所采用的超声压电驱动器模型与模态分析中的模型相同,激励信号电压有效值为 100 V,三相信号相位分别相差 90°,而激励信号的频率设置为 22.619 kHz。由图 3-27 可以看出,驱动足在两个方向上的振幅不同,在 X 方向上的振幅较在 Z 方向上的振幅大,在达到稳态后两个方向上的振幅分别为 3.8 μm 和 1.6 μm。提取驱动

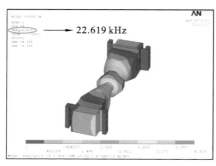

（a）X 向二阶纵振

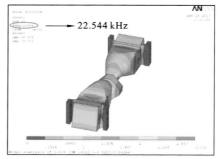

（b）Y 向五阶弯振

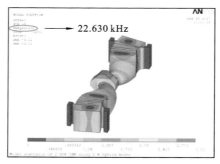

（c）Z 向五阶弯振

图 3-26　超声压电驱动器所用振型及频率

足表面中心点在最后一个周期内的位移，绘制驱动足在 X-Z 平面上的运动轨迹，如图 3-27 所示。

同理，对超声压电驱动器在两个正交弯振模态复合工作方式下的致动原理进行验证，将三种激励信号施加在对应电极上，其他仿真条件与纵-弯模态复合的仿真条件相同。提取超声压电驱动器的驱动足表面中心点在 Y,Z 方向上的位移，并根据最后一个周期内的位移数据绘制其在 Y-Z 平面上的运动轨迹，如图 3-28 所示。驱动足在 Y 方向上的振幅大于其在 Z 方向上的振幅，前者为 3.2 μm，后者为 1.6 μm。

通过对两种模态复合方式进行瞬态分析可知，超声压电驱动器的驱动足在达到稳态后是按照椭圆轨迹进行振动的，即符合致动原理。也可以发现在两种模态复合方式下，驱动足在 Z 方向上的振幅低于在 X 方向上和 Y 方向上的振幅，这是因为超声压电驱动器的空间有限，无法同时将两组压电陶瓷片置于最佳激励位置，而激励 Z 向弯振的压电陶瓷片距离 Y 向五阶弯振模态的波腹较远，这样，即使弯振压电陶瓷片与纵弯复用压电陶瓷片在激励两个方向上的五阶

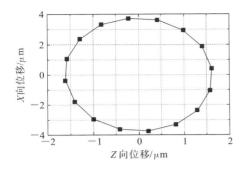

图 3-27 驱动足表面中心点在
X-Z 平面的运动轨迹

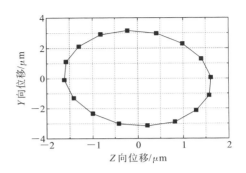

图 3-28 驱动足表面中心点在
Y-Z 平面的运动轨迹

弯振时具有相近的能量输入,Y 向五阶弯振的振幅相对于 Z 向五阶弯振的振幅依旧较大。在超声压电驱动器应用于空间伸展机构时,其驱动足在 Z 方向上的振动用来克服施加在超声压电驱动器上的预紧力,此振幅大小与所能克服的预紧力成正相关关系,且一般而言所承受的预紧力越大,其所能输出的力也就越大;其驱动足在 Y 方向和 X 方向上的振动分别用来实现套筒的旋转与平移运动,这两个方向上的振幅大小与超声压电驱动器在两个方向上的驱动速度成正相关关系;考虑到空间无重力条件,伸展机构对超声压电驱动器驱动力的需求相对于驱动速度的需求较弱,因而设计了此种压电陶瓷布置方式。

建立两个实验平台来测试所提出的超声驱动器的机械输出性能,如图 3-29 所示。

图 3-29(a)所示实验平台用于测试驱动器沿 X 方向的机械输出性能,而图

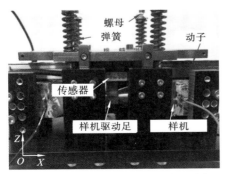

（a）X 方向的机械输出性能测试实验平台

（b）Y 方向的机械输出性能测试实验平台

图 3-29 两自由度超声驱动器机械输出性能测试实验平台

3-29(b)用于测试驱动器沿 Y 方向的机械输出性能。在测试过程中,驱动足和动子之间的预紧力由弹簧调整,使用专用超声电源提供交流激励信号,并使用磁栅传感器(型号为 MSK 200/1-8885,德国生产)测量输出位移。激励信号的电压峰峰值为 250 V,预紧力为 100 N,机械载荷为 0。测试结果表明,当频率为 22.35 kHz 时 X 方向的输出速度最大,当频率为 22.30 kHz 时,Y 方向的输出速度最大,如图 3-30 所示。在 22.35 kHz 频率下,X 方向的速度比在 22.30 kHz 频率下的大 89 mm/s。此外,在 22.35 kHz 频率下,Y 方向上的速度比在 22.30 kHz 频率下的小 30 mm/s。因此,在以下实验中,将用于两自由度驱动(X 方向和 Y 方向)的驱动器的最佳工作频率设置为 22.35 kHz。

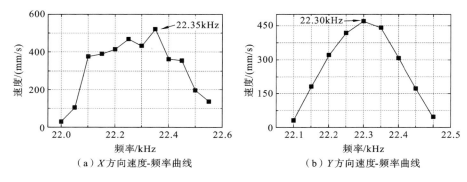

（a）X 方向速度-频率曲线   （b）Y 方向速度-频率曲线

图 3-30   驱动器不同方向速度-频率特性曲线

在预紧力为 100 N 的条件下开展实验,测试不同电压下的速度输出特性,结果如图 3-31 所示。实验结果表明,随着电压的升高,输出速度明显增大,X、

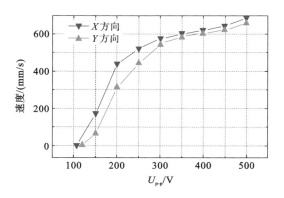

图 3-31   驱动器不同方向速度-电压特性曲线

Y 方向的速度曲线变化趋势一致。当电压峰峰值大于 300 V 时,速度的增长速度变慢,在峰峰值为 500 V 的电压下,X 和 Y 方向的最大空载速度分别为 685 mm/s 和 657 mm/s;而当电压峰峰值小于 107 V 时,动子无法输出 X 方向的运动,这主要是由预紧力造成的摩擦阻力引起的。

采用滑轮悬挂系统对驱动器在 X 和 Y 方向的负载特性进行测试。施加激励信号的电压峰峰值为 300 V,相应的测试结果如图 3-32 所示。驱动器的输出速度随着输出力的增加而降低。当预紧力为 100 N 时,X 和 Y 方向的最大空载速度分别为 572 mm/s 和 543 mm/s;当预紧力为 200 N 时,X 和 Y 方向的最大输出力分别为 24 N 和 22 N。

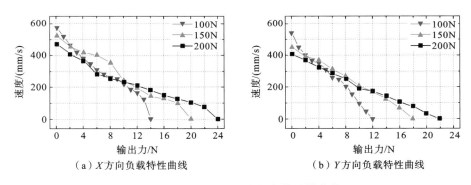

（a）X 方向负载特性曲线　　　　　　（b）Y 方向负载特性曲线

图 3-32　驱动器不同方向负载特性曲线

3.4　弯-弯复合型超声压电驱动器

3.4.1　同阶弯振复合

为了提高超声压电驱动器位移分辨力,著者设计了一种单足直线型压电驱动器[7]。该压电驱动器在亚微米位移分辨力下具有高速、大推力的特点。此外,它结构简单,易于制造。这些优点使得所提出的压电驱动器在精密加工、机械臂线性关节和光学仪器等领域具有巨大的应用潜力。图 3-33 所示为著者设计的同阶弯振复合单足直线型压电驱动器。该压电驱动器为夹心式结构,主要由后端盖、弯振陶瓷片、前端盖三部分组成,采用圆形整片四分区式压电陶瓷片,陶瓷片工作在 d_{33} 模式。

图 3-34 所示为同阶弯振复合单足直线型压电驱动器的致动原理示意图。

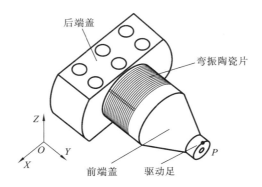

图 3-33　著者设计的同阶弯振复合单足直线型压电驱动器

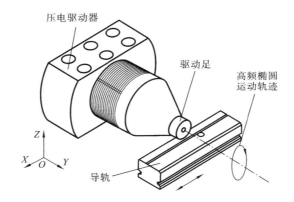

图 3-34　同阶弯振复合单足直线型压电驱动器致动原理示意图

利用压电驱动器对导轨进行驱动,通过控制压电驱动器的电压激励信号,使压电驱动器的驱动足在 X-Z 平面内形成椭圆运动轨迹。压电驱动器的驱动足在预紧力的作用下与导轨接触,通过驱动足与导轨间的摩擦力,实现导轨的直线运动。控制压电驱动器 A、B 相激励电压(分别为水平方向和竖直方向弯振激励信号)的时序或相位,可以控制驱动足的运动轨迹方向,进而控制导轨的运动方向。

　　当压电驱动器工作在高频谐振模式下时,分别给压电驱动器的 A、B 相压电陶瓷片施加相位差为 90°的两路正弦电压信号,信号的频率为压电驱动器固有频率,两个分区的压电陶瓷片对应激励出两个同阶的弯振模态。为了进一步提高位移分辨力,提出高频步进式激励方法:对压电驱动器的 A 相和 B 相压电陶瓷片分别施加间歇的谐振频率下的正弦电压激励信号,激励信号的相位差为 90°。激励电压时序如图 3-35 所示,其中图(a)为正向驱动激励电压时序,图(b)

为反向驱动激励电压时序。图(a)中 A 相脉冲激励信号与 B 相脉冲激励信号相位相差 90°。图(b)中两相脉冲激励信号的相位相差-90°。

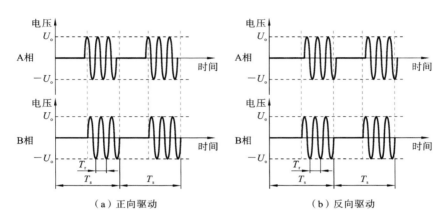

（a）正向驱动　　　　　　　　（b）反向驱动

图 3-35　高频步进式激励电压时序

图 3-35 中，T_s 为步进周期，T_r 为高频信号周期，每步激励脉冲数为 N。另外，定义步进频率为 f_s，振荡频率为 f_r，且 $f_s = 1/T_s$，$f_r = 1/T_r$。在每个步进周期内，施加 N 个频率为压电驱动器二阶谐振频率的正弦信号之后停止激励，等待进入下一个步进周期。由于激励信号的频率等于压电驱动器的二阶弯振频率，因此同样可激励出两个正交弯振模态。由于激励信号是间歇的，压电驱动器在振动过程中还没有达到稳定，因此驱动足的运动轨迹是瞬态变化的椭圆。利用压电驱动器在短时间内的谐振瞬态响应来实现驱动，通过控制每个步进周期内施加的激励脉冲数 N，可以控制驱动足的振动响应特性，进而实现微小尺度的步进式驱动。通过控制两相激励电压的时序，可以实现驱动足端运动轨迹的反向，进而控制导轨反向运动。

以下进行同阶弯振复合单足直线型压电驱动器的结构尺寸确定及特性分析。该压电驱动器的主要结构参数如图 3-36 所示。圆锥形变幅杆可以实现振幅和振速的聚敛和放大，其选用材质较轻的硬铝合金 2A12 制成；带螺柱的后端盖用于装配固定，采用密度较大、刚度较高的 45 钢加工而成。压电陶瓷片为能量转换元件，选用了 PZT-4 材料。

根据图 3-36 所列的主要结构参数，开展模态分析和瞬态分析，调整压电驱动器的结构参数大小，使其谐振频率在超声频段和两弯曲振动频率简并的致动要求，最终确定的压电驱动器的结构参数值如表 3-1 所示。

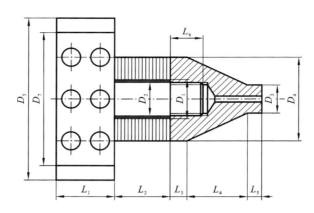

图 3-36 同阶弯振复合单足直线型压电驱动器的主要结构参数

表 3-1 压电驱动器的结构参数值　　　　　（单位：mm）

L_1	L_2	L_3	L_4	L_5	L_6	L_7	D_1	D_2	D_3	D_4	D_5
20	16	10	20	5	15	48	14	12	10	30	58

　　基于确定的结构及其参数对压电驱动器进行模态分析，得到二阶弯振振型，如图 3-37 所示。由图 3-37 可知，压电驱动器的二阶水平弯振和二阶竖直弯振的谐振频率分别为 25.005 kHz 和 24.352 kHz，两者存在一定的差值，此差值主要是由边界条件的不对称引起的。

　　按照图 3-35 所示的信号波形给压电驱动器施加 A、B 相电压激励信号，设置激励信号的步进频率为 100 Hz，每步激励脉冲数为 20，振荡频率为 24.352 kHz，电压峰峰值为 300 V，开展压电驱动器的瞬态分析，从分析结果中提取

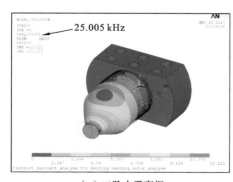

（a）二阶水平弯振

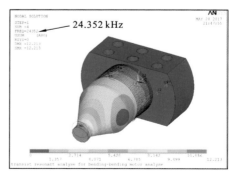

（b）二阶竖直弯振

图 3-37 压电驱动器模态分析的二阶振型仿真结果

驱动足在水平方向及竖直方向上的位移,绘制驱动足的位移-时间响应曲线,如图 3-38 所示。由图 3-38 可知,在高频步进式激励下,压电驱动器驱动足沿水平和竖直方向做间歇式往复运动,在有正弦信号作用的时间段内,驱动足的振幅逐渐增加,一个步进周期的正弦信号结束后,在阻尼的作用下驱动足的振动幅度逐渐减小,经过大约 6 ms 后驱动足达到稳定状态。驱动足在水平方向和竖直方向上的单边最大振幅分别为 16.37 μm 和 15.27 μm。

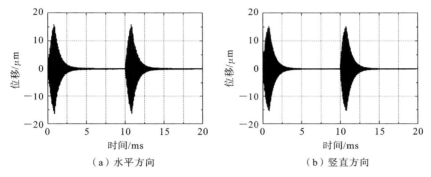

（a）水平方向   （b）竖直方向

图 3-38　高频步进式激励下驱动足位移-时间响应曲线

压电驱动器样机装配完成后,利用多普勒激光测振仪对压电驱动器的振动模态进行测试,以获得各个压电驱动器的特征频率及该频率下对应的振型。图 3-39 所示为压电驱动器样机振动测试结果。图 3-39 表明:压电驱动器样机的

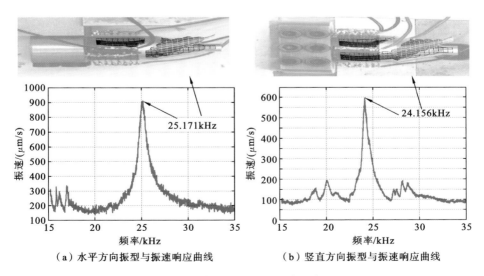

（a）水平方向振型与振速响应曲线   （b）竖直方向振型与振速响应曲线

图 3-39　压电驱动器样机振动测试结果

水平二阶弯振模态和竖直二阶弯振模态的谐振频率分别为 25.171 kHz 和 24.156 kHz。利用有限元分析得到的水平和竖直方向的谐振频率分别为 25.005 kHz 和 24.352 kHz,测试结果与仿真结果吻合得较好。

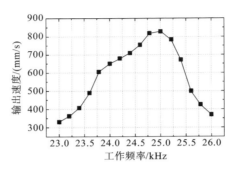

图 3-40　高频谐振激励下压电驱动器样机输出速度-工作频率关系曲线

为了确定压电驱动器样机在高频谐振式激励方法下的最佳工作频率,测试样机的输出速度与工作频率之间的关系。对压电驱动器样机的 A、B 相陶瓷片分别施加电压峰峰值为 400 V、相位差为 90°的方波信号,信号的频率在 23～26 kHz 之间调节,压电驱动器样机与导轨之间的预紧力为 150 N,测得的实验结果如图 3-40 所示。由实验结果可知,随着工作频率的增加,压电驱动器样机的输出速度先增大后减小;当工作频率为 25 kHz 时,输出速度达到最大值,为 827.5 mm/s。实验结果表明,25 kHz 为该压电驱动器样机的最佳工作频率,该值与激光测振仪得到的水平二阶弯振谐振频率值一致。

图 3-41 所示为高频谐振激励下压电驱动器样机输出速度与激励电压之间的关系曲线,两相激励信号的频率均为 25 kHz、相位差为 90°,预紧力设置为 150 N。由图 3-41 可知,样机的输出速度随激励电压值的增大而增大。对压电驱动器样机施加两相电压峰峰值为 400 V、频率为 25 kHz、相位相差 90°的激励信号,使其工作在谐振状态。分别测试在 75 N,150 N 及 225 N 预紧力下压电驱动器样机的机械输出特性,获得高频谐振激励方法下样机的输出速度与推力之间的关系曲线,如图 3-42 所示。实验结果表明:驱动足与导轨间的预紧力影响压电驱动器样机的输出性能,预紧力越大,样机的空载输出速度越小,最大输出力越大。最终确定著者所研制的同阶弯振复合单足直线型压电驱动器的最大输出速度为 1104 mm/s,最大输出力为 48 N。

对压电驱动器样机施加两相间歇的激励信号,信号波形与图 3-38 中的波形一致,在高频谐振激励下对样机的输出性能进行测试。

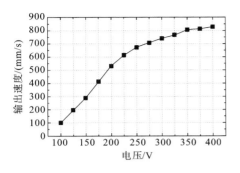

图 3-41　高频谐振激励下样机的输出
速度与电压关系曲线

图 3-42　高频谐振激励下样机的输出
速度与输出力关系曲线

首先,设置驱动信号的电压峰峰值 U_{pp} 为 300 V,振荡频率 f_r 为 25 kHz,每步脉冲个数 N 为 25,步进频率 f_s 在 10～50 Hz 范围内调节,测试不同步进频率下的输出响应,测得结果如图 3-43 所示。图 3-43(a)所示为压电驱动器样机输出速度与步进频率的关系曲线,由图可知样机的输出速度与步进频率成正比,说明不同步进频率下驱动足的步距相等;图 3-43(b)所示为不同步进频率下位移与时间的关系曲线,该图进一步描述了每一步的运动细节,从实验结果可得,压电驱动器样机在五种步进频率下的步距均为 10 μm。

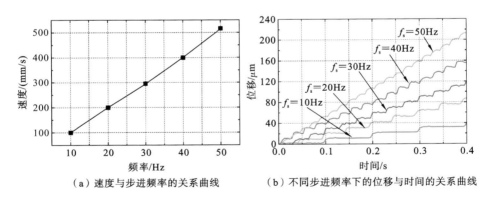

（a）速度与步进频率的关系曲线

（b）不同步进频率下的位移与时间的关系曲线

图 3-43　受高频谐振激励时样机在不同步进频率下的输出响应

其次,测试高频步进激励下输出步距与每步脉冲个数 N 之间的关系。两路激励信号参数为 $U_{pp}=300$ V, $f_r=25$ kHz, $f_s=20$ Hz;实验结果如图3-44 所示。实验结果表明:随着每步脉冲个数的增加,步距增加,且增加的速度越来越快。这是驱动足在振动过程中还未达到稳态,运动振幅一直增加所导致的结果。在 $N=12$ 时,步距为 4 μm,说明该压电驱动器样机的位移分辨力优于

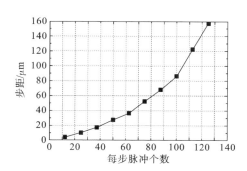

图 3-44　高频步进激励下样机输出步距
与每步脉冲个数关系曲线

4 μm。

　　测试不同电压下压电驱动器样机的输出速度。设置两相激励信号的参数如下:相位差为 90°,$f_r = 25$ kHz,$f_s = 10$ Hz,$N = 25$。实验过程中对两相激励信号的电压同时进行调节,得到高频步进模式下样机的输出步距与电压之间的关系曲线,如图 3-45 所示。实验结果表明:随着电压增加,步距增加;当电压峰峰值为 50 V 时,输出步距为 0.21 μm。这表明压电驱动器样机在高频步进式激励下的位移分辨力可以达到 0.21 μm。

　　对压电驱动器样机施加 $U_{pp} = 300$ V,$f_r = 25$ kHz,$N = 75$,$f_s = 20$ Hz 的电压激励信号,测试其在不同推力下的输出速度,测试结果如图 3-46 所示。由实验结果可知,在该激励信号作用下,压电驱动器样机的最大输出速度为 1040 mm/s,最大输出力为 27 N。

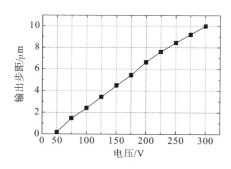

图 3-45　高频步进激励下样机的输出
步距与电压的关系曲线

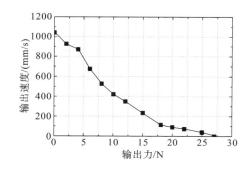

图 3-46　高频步进激励下样机的输出
速度与输出力的关系曲线

3.4.2　异阶弯振复合

　　为了拓宽压电驱动器在小型机电系统中的应用范围,著者提出了小型异阶模态复合压电驱动器[8]。图 3-47 为所提出的压电驱动器的三维模型。该驱动器由阶梯形铝合金梁和六个压电陶瓷片组成。阶梯梁的中间部分比两端粗,梁中间位置粘贴一组一阶弯振 PZT 压电陶瓷片,两端对称位置分别粘贴一组二阶弯振 PZT 压电陶瓷片。所有压电陶瓷片皆沿厚度方向极化：两个一阶弯振 PZT 压电陶瓷片具有相同的极化方向，同侧二阶弯曲 PZT 压电陶瓷片极化方向相同，左右两侧的二阶弯曲 PZT 压电陶瓷片极化方向相反，如图 3-47（b）所示。驱动器的两端作为驱动足，两个驱动足端的椭圆运动由一阶和二阶弯振叠加产生。一、二阶振型如图 3-48 所示。图 3-48（a）表明：一阶弯振使两个驱动足产生沿 Y 方向的位移，这种振动可以通过在两个一阶弯振 PZT 上施加频率与一阶弯振频率相同的正弦信号激发；在二阶弯振 PZT 压电陶瓷片上施加频率与二阶弯振频率相同的余弦信号可以激发二阶弯振，使两个驱动足产生 Z 方向的位移，如图 3-48（b）所示。因此，当第一和第二阶弯振以相同的频率被激发出来时，两个驱动足端将产生椭圆运动。

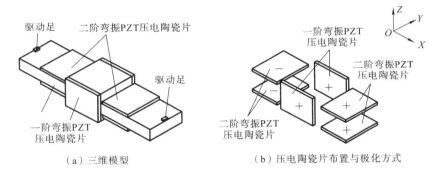

（a）三维模型　　　　　　　　　（b）压电陶瓷片布置与极化方式

图 3-47　小型异阶模态复合压电驱动器结构及激励方案

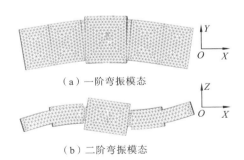

（a）一阶弯振模态

（b）二阶弯振模态

图 3-48　小型异阶模态复合压电驱动器弯振模态

所提出的小型异阶弯振复合压电驱动器的致动原理如图 3-49 所示。在一阶和二阶弯振 PZT 压电陶瓷片上分别施加正弦和余弦电压激励信号，其振动时序为（1）→（2）→（3）→（4）。这个动作顺序清楚地表明，两个驱动足以椭圆轨迹振动。

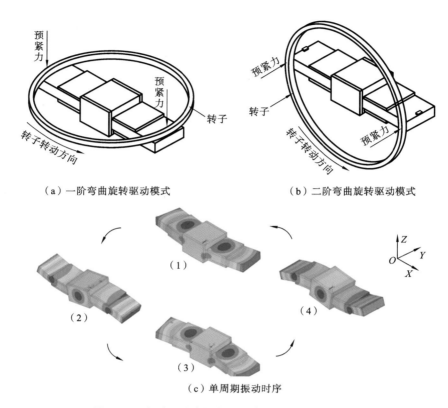

（a）一阶弯曲旋转驱动模式　　　　　　（b）二阶弯曲旋转驱动模式

（1）

（2）

（3）

（4）

（c）单周期振动时序

图 3-49　小型异阶弯振复合压电驱动器的致动原理

综上所述,所提出的驱动器可以通过以下两种驱动模式驱动转子旋转。

第一种旋转驱动模式的原理如图 3-49（a）所示,其中一个环形转子与两个驱动足的上表面接触,沿 Z 方向施加预紧力。

在这种模式下,一阶弯振通过摩擦力驱动转子运动,二阶弯振用于克服预紧力。

第二种旋转驱动模式的原理如图 3-49（b）所示。在这种模式下,转子与两个驱动足的侧面接触,并施加沿 Y 方向的预紧力;驱动器的一阶弯振用于克服预紧力,二阶弯振用于驱动转子旋转。

通过以上两种模式可以驱动转子实现不同自由度的旋转运动输出。

对不同结构尺寸下的一阶和二阶弯振的谐振频率进行模态分析。图 3-50给出了压电驱动器的主要结构参数,其中 PZT 压电陶瓷片厚度为 1 mm,初始结构参数设置为:$L_1 = 13$ mm,$L_2 = 20$ mm,$L_3 = 10$ mm,$A = 10$ mm,$B = 12$

mm，A_1＝4 mm。根据这六个参数，计算出一阶弯振模态和二阶弯振的谐振频率分别为 20.228 kHz 和 21.119 kHz。然后分别对这六个参数进行调整，得到六个参数在两个弯振频率上的灵敏度，通过驱动器的频率简并确定最终参数。

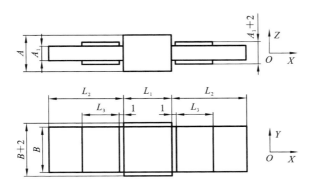

图 3-50　驱动器主要结构参数（单位：mm）

为了验证两个驱动足的运动轨迹，进行瞬态分析。在计算过程中，在一阶和二阶弯振 PZT 压电陶瓷片上分别施加频率为 21.132 kHz 和电压峰峰值为 100 V 的正弦和余弦信号，选择驱动足两端上部点、侧面点，提取它们的运动轨迹并绘制曲线，如图 3-51 所示。边界上所有点运动轨迹都是重叠的椭圆轨迹，Y 和 Z 方向上的最大位移分别为 4.8 μm 和 17.0 μm。与一阶弯振相比，二阶弯振使驱动足产生了较大的位移，因此在二阶弯曲模式下驱动器可以驱动动子旋转得更快。

所提出的小型异阶弯振复合压电驱动器样机如图 3-52 所示。首先用激光多普勒测振仪（PSV-400-M2）测量其振动模态和谐振频率。在驱动足侧面测量一阶弯振，而在上表面测量二阶弯振。实验得到的振型和振速响应曲线如图 3-53 所示，在上表面测试出带有两个波节的一阶弯振，其谐振频率为 21.344 kHz，如图 3-53（a）（b）所示。在侧面上测试出一个二阶弯振，谐振频率为 21.437 kHz，如图 3-53（c）（d）所示。测试的第一、二阶弯振的谐振频率与有限元计算谐振频率差值分别为 0.223 kHz 和 0.294 kHz，误差主要是由加工和装配引起。在激振频率为 21.344 kHz、激励电压有效值为 100 V 的条件下，一阶弯振驱动端最大位移约为 3.58 μm；在激振频率为 21.437 kHz、激励电压有效值为 100 V 的条件下，二阶弯振驱动端最大位移为 11.14 μm。

在转速和转矩实验中，测量了压电驱动器样机的机械输出性能。将样机固

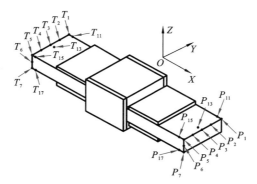

（a）样机及选取位置点

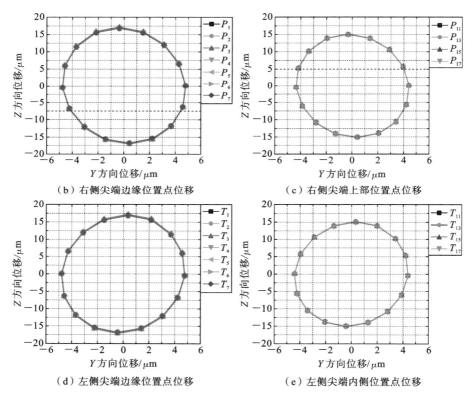

（b）右侧尖端边缘位置点位移

（c）右侧尖端上部位置点位移

（d）左侧尖端边缘位置点位移

（e）左侧尖端内侧位置点位移

图 3-51　驱动足端面上不同点的运动轨迹

定在底座上，将外径为 53 mm 的圆盘形转子压在样机上。输出转矩通过在转子上绕线后挂砝码施加，并使用转速计来测量速度。通过改变样机的夹紧方式，分别按图 3-49（a）和（b）所示的两种驱动模式进行测试。首先，施加电压有

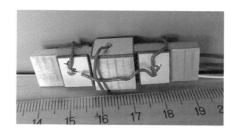

图 3-52　小型异阶弯振复合压电驱动器样机（单位：cm）

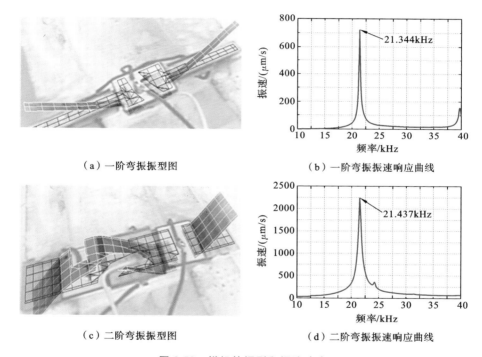

（a）一阶弯振振型图

（b）一阶弯振振速响应曲线

（c）二阶弯振振型图

（d）二阶弯振振速响应曲线

图 3-53　样机的振型和振速响应

效值为 100 V 的正弦和余弦激励信号，测量不同激励频率下的空载输出转速，如图 3-54（a）所示。压电驱动器以样机第一种驱动模式驱动转子，最大空载转速为 53 r/min，该模式下的最佳激励频率为 21.4 kHz。当以第二种驱动模式驱动转子时，在 21.5 kHz 的频率下，测得最大空载转速为 158 r/min。当激振频率远离最优激振频率时，输出转速下降缓慢，以测试出的两种最优激励频率测量不同机械输出负载下的输出转速。转速与转矩的关系曲线如图 3-54（b）所

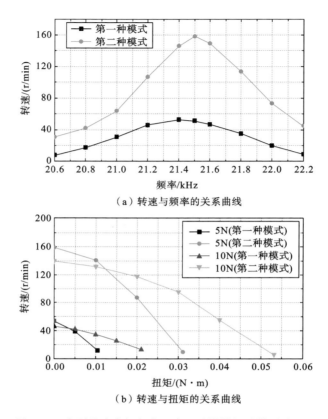

（a）转速与频率的关系曲线

（b）转速与扭矩的关系曲线

图 3-54 小型异阶弯振复合压电驱动器样机特性测试结果

示，在两种驱动模式下的最大转矩分别为 0.021 N·m 和 0.053 N·m。该驱动器在第二种驱动模式下实现了更高的输出速度和更大的转矩。实验结果表明，驱动端最大竖直位移约为驱动端最大水平位移的 3.1 倍。在第二种驱动模式下获得的最大输出速度是第一种驱动模式下的 3 倍左右，最大输出力矩约为第一种模式下的 2.5 倍。

可以看出，同阶弯振复合超声压电驱动器采用对称式结构，设计过程中不需要进行模态简并，这大大简化了设计流程；异阶弯振复合超声压电驱动器结构比较灵活，但是设计过程与其他类型模态复合型超声压电驱动器一样，需要进行结构设计、参数灵敏度分析、模态简并等工作，流程较为复杂。综合而言，同阶弯振复合超声压电驱动器在设计和加工方面有着极大的优势，是未来研究和应用的重点。

3.5 模态复合型超声压电驱动器特点简析

综合比较各种模态复合型超声压电驱动器,总结出不同模态复合型超声压电驱动器的基本特点(由于弯-扭复合型超声压电驱动器构型比较难实现,因此在此不做讨论),如表 3-2 所示。纵-纵复合型超声压电驱动器可以实现直线和旋转致动,因为需要两个正交的纵振致动器,故其整体尺寸较大。纵-弯复合型超声压电驱动器采用两种不同的振动模态,需要开展频率简并,设计过程较复杂,整体结构不够紧凑。由于只能激励出驱动面上质点的椭圆运动,纵-扭复合型超声压电驱动器仅能实现旋转致动,因采用两种不同的振动模态,故其结构较为复杂。相对而言,弯-弯复合型超声压电驱动器具有无须频率简并、结构简单、可用于直线和旋转致动的优点,综合特性最优,应用前景最好。

表 3-2 模态复合型超声压电驱动器特点对比

类　　型	结构形式	频率简并	输出运动形式	结构紧凑性	结构简单性
纵-纵复合	交叉梁	需要	直线/旋转	★	★★
纵-弯复合	直梁	需要	直线/旋转	★★	★★
纵-扭复合	直梁	需要	旋转	★★	★
弯-弯复合	直梁	不需要	直线/旋转	★★	★★★

注:★越多,特性越优。

本章参考文献

[1] 杨小辉. 纵弯复合型超声电机激励方法与实验研究[D]. 哈尔滨:哈尔滨工业大学,2016.

[2] 徐冬梅. 弯曲压电驱动器谐振与非谐振一体化设计与致动方式研究[D]. 哈尔滨:哈尔滨工业大学,2017.

[3] 杨淋. 纵扭复合型超声电机的研究[D]. 南京:南京航空航天大学,2010.

[4] 陈维山,刘英想,石胜君. 纵弯模态压电金属复合梁式超声电机[M]. 哈尔滨:哈尔滨工业大学出版社,2011.

[5] LIU Y X,YAN J P,XU D M,et al. An I-shape linear piezoelectric actuator using resonant type longitudinal vibration transducers[J]. Mechatronics,2016,40:87-95.

［6］LIU Y X，YAN J P，WANG L，et al. A two-DOF ultrasonic motor using a longitudinal-bending hybrid sandwich transducer［J］. IEEE Transactions on Industrial Electronics，2019，66(4)：3041-3050.

［7］LIU J K，LIU Y X，ZHAO L L，et al. Design and experiments of a single-foot linear piezoelectric actuator operated in stepping mode［J］. IEEE Transactions on Industrial Electronics，2018，65(10)：8063-8071.

［8］LIU Y X，YANG X H，CHEN W S，et al. A bonded-type piezoelectric actuator using the first and second bending vibration modes［J］. IEEE Transactions on Industrial Electronics，2016，63(3)：1676-1683.

第 4 章
旋转型直驱压电驱动器

直驱压电驱动器采用压电材料的机械变形直接实现位移输出,无须通过摩擦耦合驱动动子,具有结构简单紧凑、输出位移线性度好等突出优点,得到了广泛的研究和应用。其中具有代表性的叠堆型直驱压电驱动器是商用化最成功的一类压电驱动器,在各类超精领域都得到了应用,相关研究已经十分成熟;但是,其主要用于实现直线驱动,而用于旋转驱动的直驱压电驱动器研究较少。本章将开展用于旋转致动的直驱压电驱动器的相关研究。

旋转型压电驱动器通过其输出轴绕轴线形成的小角度相对扭转实现旋转运动输出。本章将介绍用于旋转运动的旋转型直驱压电驱动器,首先对压电驱动器旋转致动原理进行分析并基于压电陶瓷的三种工作模式对其进行分类。之后分别介绍著者研制的基于压电陶瓷三种基本工作模式的旋转型直驱压电驱动器,并介绍针对它们的构型规划、致动原理设计、静力学建模及分析、实验特性开展的测试研究工作。最后,针对所研制基于压电陶瓷的三种工作模式的旋转型直驱压电驱动器行程小的共性缺点,提出行程拓展方案,以期实现大行程输出,拓宽应用领域。

4.1 旋转型压电驱动技术简析

4.1.1 旋转致动原理分析

从力学的角度来看,旋转运动需要在力矩的作用下才能产生。对于旋转型压电驱动器,旋转力矩通常有以下两种生成方式:

(1)利用 d_{15} 模式的压电陶瓷的切应力耦合产生旋转力矩。d_{15} 模式的压电陶瓷在电场的作用下,由于逆压电效应其内部会产生切应力 τ,材料内部切应力能够使压电陶瓷发生剪切变形,通过合理布置 d_{15} 模式的压电陶瓷即可利用材料内部剪应力耦合形成旋转力矩,从而输出旋转运动。图 4-1(a)所示的是利用

d_{15} 模式压电陶瓷输出旋转运动的原理示意图,图中 P,E,D 分别表示极化方向、电场方向和变形方向。

(2)利用非 d_{15} 模式的单个或多个压电陶瓷元件向驱动器的输出端施加切向力来形成旋转力矩。如图 4-1(b)所示,通过将压电元件产生的驱动力 F 作用于输出端的侧面可以耦合出旋转力矩 T,进而输出旋转运动。与利用切应力耦合形成力矩的驱动原理不同,这种方法是使用外置压电元件向结构施加切向力来形成旋转力矩的。

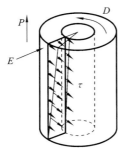 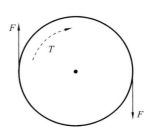

(a)d_{15}模式下利用剪切应力驱动　　　　(b)压电元件外部施加扭矩驱动

图 4-1　旋转致动原理

4.1.2　旋转型压电驱动器分类

旋转型压电驱动器可利用压电陶瓷的剪切模式实现小转角旋转运动,也可通过机械结构耦合出小转角旋转运动,最终实现旋转致动。综合考虑致动原理和结构,将旋转型压电驱动器分为以下三类。

1. 基于压电陶瓷 d_{15} 模式的旋转型压电驱动器

如图 4-2(a)所示,基于压电陶瓷 d_{15} 模式的旋转型压电驱动器主要由 d_{15} 模式的压电陶瓷块和电极片两部分构成,其中压电陶瓷块分别按照 $+Z$ 和 $-Z$ 向极化的方式交替沿圆周排布,压电陶瓷的两侧分别与电极片粘接,形成圆环体形状。图 4-2(b)所示的是 d_{15} 模式压电陶瓷块,其中 P 表示其极化方向,E 表示外部施加的电场方向,当压电陶瓷块的切向受到电场作用时,其内会产生沿圆周的切向切应力 τ,从而发生扭转变形。因此通过激励圆周阵列的工作于 d_{15} 模式的压电陶瓷块,可以耦合形成旋转运动。此外,通过改变施加在压电陶瓷块上的电压信号,可以改变压电陶瓷块的变形方向,因此利用 d_{15} 模式的压电陶瓷构成的旋转型压电驱动器可方便地实现双向旋转。

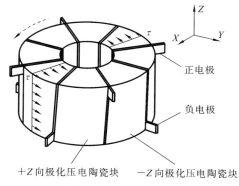 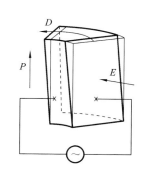

（a）基于压电陶瓷 d_{15} 模式的旋转型压电驱动器结构示意图　（b） d_{15} 模式压电陶瓷块变形示意图

图 4-2　基于压电陶瓷 d_{15} 模式的旋转型压电驱动器

2. 基于 d_{33} 模式的旋转型压电驱动器

图 4-3 所示为基于柔性机构和压电叠堆的旋转型压电驱动器的结构示意图。驱动器主要由用于实现运动转换和放大功能的柔性机构以及用于产生直线运动和切向力的压电叠堆构成，采用了 d_{33} 模式的压电陶瓷。这类驱动器可以使用多个沿圆周等间距布置的压电叠堆或者单个压电叠堆来提供切向力 F。采用多个压电叠堆的旋转型压电驱动器在输出端的中心位置耦合形成旋转力矩 T，最终推动输出端发生旋转运动，如图 4-3(a) 所示；采用单个压电叠堆的旋转型压电驱动器会在输出端中心形成一个旋转力矩 T 和一个驱动力 F，如图 4-3(b) 所示。但与前一种布局不同的是，利用单侧单个切向力驱动会导致驱动器的输出端在沿切向力 F 的方向存在平移的运动耦合问题，并且这一问题是驱动原理层面的，不能够完全消除，因而会对旋转运动的精度产生一定的影响。另外需要注意，由于对压电叠堆只能施加正电压，因此这类旋转型精密驱动器

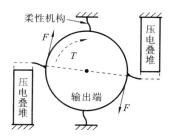 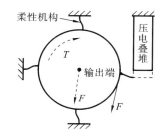

（a）使用多个压电叠堆的典型结构　　　　（b）使用单个压电叠堆的典型结构

图 4-3　基于柔性机构和压电叠堆的旋转型压电驱动器

通常只能实现单向旋转。

3. 基于 d_{31} 模式的旋转型压电驱动器

图 4-4(a)所示的是基于弯曲压电梁的旋转型压电驱动器的结构示意图。该压电驱动器主要由内框、外框和压电双晶梁三部分构成,工作在压电陶瓷的 d_{31} 模式下。

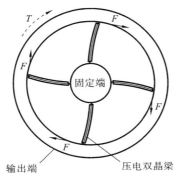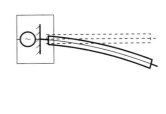

（a）基于弯曲压电梁的旋转型压电驱动器结构　　　（b）单个压电双晶梁的挠曲变形示意图

图 4-4　基于弯曲压电梁的旋转型压电驱动器

图 4-4(b)所示的是单个压电双晶梁的挠曲变形示意图,在激励电压的作用下,压电双晶梁会向一侧挠曲,调节电压可以改变双晶梁的挠曲方向,因而采用压电双晶梁的旋转型压电驱动器可以更方便地实现双向旋转。通过等距圆周阵列多个可以产生挠曲变形的压电双晶梁,向输出端提供切向力 F,就可以在驱动器的输出端上耦合形成旋转力矩 T,从而驱动输出端产生旋转运动。

4.2　基于压电陶瓷 d_{15} 模式的旋转型直驱压电驱动器

著者基于压电陶瓷 d_{15} 模式提出一种通用化的元件级旋转型压电驱动器[1]:将多个压电陶瓷片沿圆周方向布置,各压电陶瓷片的极化方向沿轴向,而激励电压的方向沿周向。压电陶瓷片在激励电压的作用下发生剪切变形从而向外界输出精密旋转运动。

4.2.1　压电驱动器结构与致动原理

图 4-5 所示为所提出压电驱动器的结构外形和激励方案,整个驱动器仅包含两种组件:由 PZT-4 制成的压电陶瓷片(16 个)和由铜片制成的电极片(16

个）。这些压电陶瓷片按照极化方向的不同间隔排布，电极片也按照激励信号
的不同间隔排布。所有压电陶瓷片在激励信号的作用下产生相同方向的剪切
变形，进而使压电驱动器上下两个平面之间产生相对转动。

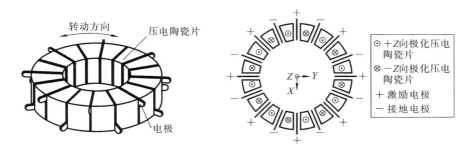

图 4-5　基于 d_{15} 模式的驱动器结构外形及激励方案

　　计算得到压电驱动器上下两个平面之间的平均相对转角 Δ_1 为

$$\Delta_1 = \frac{1}{R_2 - R_1}\int_{R_1}^{R_2}\delta\mathrm{d}r = \frac{Wd_{15}U}{\beta R_1 R_2} \tag{4-1}$$

式中：U——施加在电极上的激励电压；

　　　　r——微元到压电驱动器中心的极距；

　　　　W——压电陶瓷片厚度；

　　　　β——单个压电陶瓷片的弧度，$\beta = 2\pi/n$，n 是压电陶瓷片的数量；

　　　　R_1,R_2——驱动器内、外半径。

　　由此可知，压电驱动器的输出角位移与激励电压之间成线性关系，这有利
于输出运动的精准控制。可以计算得到压电驱动器在外加转矩作用下的相对
转角 Δ_2 为

$$\Delta_2 = \frac{Ws_{44}T}{I_p} = \frac{2Ws_{44}T}{\pi(R_2^4 - R_1^4)} \tag{4-2}$$

式中：T——施加在压电驱动器上的扭矩；

　　　　I_p——压电驱动器横截面相对于 Z 轴的极惯性矩。

则压电驱动器的旋转柔度系数为

$$c_s = \frac{2Ws_{44}}{\pi(R_2^4 - R_1^4)} \tag{4-3}$$

　　综合压电驱动器的空载特性和零输入特性，可以得到压电驱动器的综合静
态输出角位移为

$$\Delta = \frac{Wd_{15}}{\beta R_1 R_2}U + \left[\frac{2Ws_{44}}{\pi(R_2^4 - R_1^4)} + c_f\right]T \tag{4-4}$$

式中：c_f——压电驱动器固定装置的旋转柔度系数。

根据式(4-4)以及实际应用中的行程和负载需求，便可对驱动器的结构尺寸参数进行设计。

为了验证该压电驱动器的运动原理，根据所选材料的性能参数和制造工艺设计压电驱动器的结构尺寸，如表 4-1 所示。按照设计的结构参数建立有限元模型并进行仿真分析，得到该压电驱动器的静态电场分布和变形模式，分别如图 4-6 和图 4-7 所示。根据仿真分析结果，该压电驱动器内部电场沿周向均匀分布，与建立解析模型时的电场假设完全一致，这证明了假设的合理性。而静态变形仿真结果表明，该压电驱动器的上下平面之间产生了相对转动，这说明驱动器可以实现旋转运动输出。

表 4-1　压电驱动器阶跃响应性能参数

驱动器内半径 R_1	驱动器外半径 R_2	驱动器厚度 W	电极厚度 h
22mm	42 mm	10 mm	0.3 mm

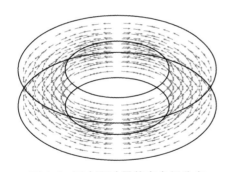

图 4-6　压电驱动器静态电场分布

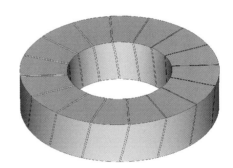

图 4-7　压电驱动器静态变形

图 4-8 所示为对所提出压电驱动器进行谐响应仿真分析所得到的频率响应

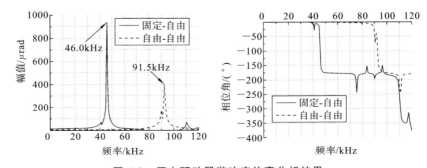

图 4-8　压电驱动器谐响应仿真分析结果

规律。分别设置一端固定一端自由和两端自由两种边界条件对其进行分析,结果表明,驱动器的一阶谐振频率分别为 46.0 kHz 和 91.5 kHz,驱动器表现出很高的旋转刚度和运动带宽,适合大负载高动态的应用场合。

4.2.2　实验研究

按照设计选择材料加工装配所提出的基于压电陶瓷 d_{15} 模式的旋转直驱压电驱动器样机,并搭建压电驱动器实验测试系统(见图 4-9),以此来研究所提出压电驱动器的运动性能。

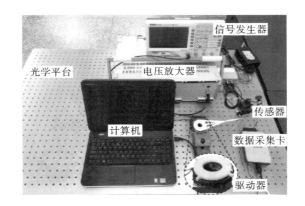

图 4-9　压电驱动器实验测试系统实物

首先考察该压电驱动器样机在不同电压下的静态角位移,以此来评估样机的运动行程和重复性精度。设定电压变化范围为 ±300 V,每一电压值重复测量 100 次,实验结果图 4-10 所示,得到压电驱动器样机的运动行程为 -13.25～13.33 μrad,最大重复性误差不超过 0.04 μrad,实验结果与仿真分析结果之间的偏差不超过 6%,这表明了仿真分析的有效性与合理性。对实验测得的电压-角位移关系进行线性拟合,得到线性度高达 0.99981,拟合曲线的斜率为 0.044 μrad/V。实验结果表明,样机输出角位移与激励电压之间有良好的线性关系,且样机输出角位移具有很高的重复性精度。

图 4-11 所示为压电驱动器样机的分辨力实验测试结果以及相应的高斯分布概率密度统计值。统计结果表明,样机在 0.5 V 激励电压增量下的稳定运动分辨力高于 0.022 μrad,这个数值相较于已有研究成果具有显著优势,说明该压电驱动器样机具有极佳的连续运动能力,有用于输出精密旋转运动的潜力。

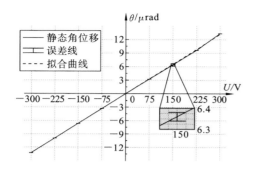

图 4-10　不同电压下的静态角位移

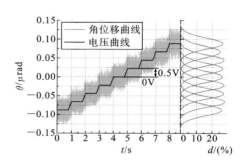

图 4-11　运动分辨力特性

该压电驱动器是一种输出旋转运动的通用型压电元件,对其迟滞非线性特性加以评估是必要的。实验测得样机在 0.125 Hz 正弦电压激励信号下的迟滞回线如图 4-12 所示。利用 Backslash 迟滞模型对实验数据进行拟合,得到拟合曲线表达式为

$$\frac{\mathrm{d}\theta}{\mathrm{d}t} = \alpha \left| \frac{\mathrm{d}U}{\mathrm{d}t} \right| (cU - \theta) + B_1 \frac{\mathrm{d}U}{\mathrm{d}t} \qquad (4\text{-}5)$$

式中,$\alpha = 6.89 \times 10^{-4}$,$c = 0.0479$,$B_1 = 0.0413$,测得最大迟滞系数为 1.85%,远远小于商用直线压电叠堆的典型迟滞系数 15%,这说明该压电驱动器对于迟滞有良好抑制效果,具有较好的线性输出特性。

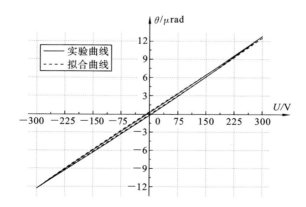

图 4-12　压电驱动器样机运动迟滞回线

图 4-13 所示为压电驱动器样机在不同激励电压下的负载刚度实验测试结果。实验结果表明,样机的输出角位移与外加负载之间具有良好的线性关系,

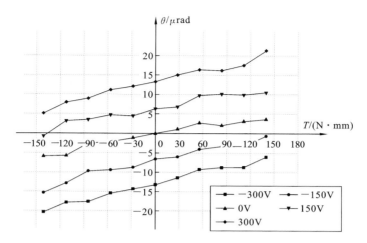

图 4-13　基于压电陶瓷 d_{15} 模式的旋转型直驱压电驱动器样机负载刚度特性曲线

计算得到样机旋转刚度约为 $0.044\ \mu rad/(N \cdot mm)$。这种压电驱动器的旋转刚度远远大于基于压电双晶梁的旋转型压电驱动器的旋转刚度,因此更适合用于大负载的应用场合。

　　相对压电驱动器的静态运动特性而言,动态特性是对压电驱动器进行高效控制的基础。利用多普勒激光测振仪测得压电驱动器样机的频率响应以及辨识的系统模型拟合曲线如图 4-14 所示。在实验中,样机的边界条件设置为两端自由,一阶谐振频率为 87.5 kHz,与谐响应仿真结果吻合得较好。

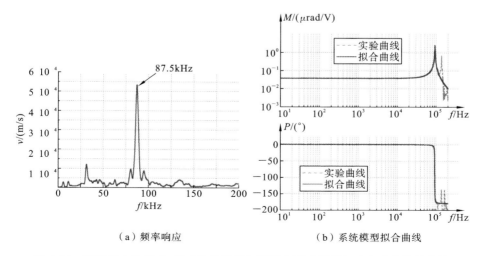

（a）频率响应　　　　　　　　　　　（b）系统模型拟合曲线

图 4-14　基于压电陶瓷 d_{15} 模式的旋转型直驱压电驱动器样机动态响应特性曲线

利用二阶系统模型对实验结果进行拟合，得到输出角位移 Θ 与激励电压 U 之间的传递函数：

$$\frac{\Theta}{U} = \frac{1.266 \times 10^{10}}{s^2 + 8780s + 3.388 \times 10^{11}} \tag{4-6}$$

较高的谐振频率和通频带反映压电驱动器具备良好的快速响应能力，并具有快速精准定位的应用潜力。

4.3　基于压电陶瓷 d_{33} 模式的旋转型直驱压电驱动器

4.3.1　压电驱动器结构与致动原理

据前文可知，基于压电叠堆的旋转型压电驱动器无法实现大行程输出，因此，著者考虑采用压电陶瓷 d_{33} 模式的压电叠堆配合柔性机构的方式来实现行程的放大，著者在这里提出一种基于空间螺旋柔性机构和压电叠堆的旋转型压电驱动器，如图 4-15 所示。

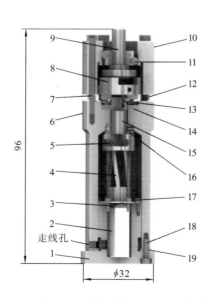

编号	名称	数量
1	下端盖	1
2	压电叠堆	1
3	球触头	1
4	转换元件	1
5	紧定螺钉M3	4
6	基座	1
7	内六角螺栓M2.5	4
8	定子	1
9	动子	1
10	上端盖	1
11	调心球轴承	1
12	弹簧	4
13	内六角螺栓M1.6	3
14	推力球轴承	1
15	传动轴	1
16	推力球轴承	1
17	内六角螺栓M1.4	6
18	内六角螺栓M2	6
19	金属垫片	—

图 4-15　基于空间螺旋柔性机构和压电叠堆的旋转型压电驱动器结构示意图

图 4-16 所示是该旋转型压电驱动器结构的简化示意图。其主要由下端盖、压电叠堆、球形接触块、空间螺旋柔性机构、传动轴、基体和输出端组成。空

间螺旋机构的顶部通过一个推力球轴承约束其沿 Z 轴的平移自由度,底部通过六个圆周分布的螺钉与下端盖相连,约束其绕 Z 轴的旋转自由度。

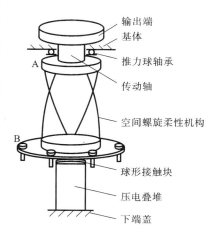

按照功能可以将驱动器中的空间螺旋柔性机构分为图 4-17(a)所示的上部厚圆环体、螺旋杆组、下部厚圆柱体以及薄圆环板四个部分。其中,薄圆环板用于限制该机构底部绕 Z 轴的旋转自由度,以确保旋转变形可以从其顶部输出;厚圆柱体用于将压电叠堆的变形均匀地分配给各螺旋杆;螺旋杆组中沿圆周分布的各根螺旋杆在受到压缩后会产生图 4-17(b)所示的挠曲变形(Δx_{21});厚圆环体则用于将各螺旋杆顶部输出的切向变形耦合为扭转变形

图 4-16 **基于空间螺旋柔性机构和压电叠堆的旋转型压电驱动器结构简化示意图**

($\Delta\theta$),如图 4-17(c)所示。当受到电压信号的激励后,压电叠堆将会沿其轴向伸长 Δx_1,从而压缩空间螺旋柔性机构,通过该柔性机构将压电叠堆的正应力转换为切应力,最终可在该机构的顶部耦合形成旋转变形。据上述分析可知,驱动器仅采用一个置于空间螺旋柔性机构轴线上的压电叠堆驱动,因此可以避免单偏心驱动力以及多压电元件差异性导致的各种问题,提高驱动器所输出的旋转运动的精度。

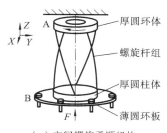
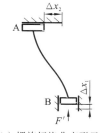
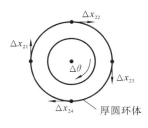

(a)空间螺旋柔顺机构　(b)螺旋杆挠曲变形示意图　(c)切向变形耦合为扭转变形

图 4-17 **空间螺旋柔性机构及其变形示意图**

为了进一步明确驱动原理,指导驱动器的结构设计,下面对驱动器进行静力学分析和建模。

据上述变形原理可知,空间柔性机构上下两侧零部件的纵向刚度对驱动器的输出性能有较大影响,因此应选取推力球轴承、转换元件、压电叠堆和下端盖固定螺钉作为关键元件来构成静力学系统进行研究。为了便于开展分析,假设转换元件的受压变形是小变形,并且其螺旋杆具有大的螺旋角与螺旋线长比。基于上述假设,将单根螺旋杆等效成沿其螺旋线的起点和终点扫掠的横截面为等腰梯形的倾斜直杆,并以等效后的螺旋杆为研究对象,受力与变形分析如图4-18所示。螺旋杆在水平面内的切向位移 y_{disp} 可表示为

$$y_{disp} = y_2 \sin\alpha - y_1 \cos\alpha \tag{4-7}$$

式中:y_{disp}——螺旋杆上端输出的切向位移;

$\quad\quad y_1$——沿螺旋杆轴线方向的压缩变形量;

$\quad\quad y_2$——垂直于螺旋杆轴线方向的挠曲变形量;

$\quad\quad \alpha$——螺旋杆的螺旋角。

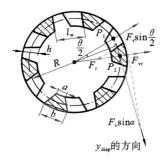 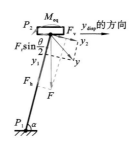 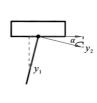

(a)转换元件螺旋杆组剖视图　　(b)单根螺旋杆受力分析　(c)单根螺旋杆沿 y_{disp} 方向的位移

图 4-18　转换元件中等效螺旋杆的力与位移分析

图 4-18(a)(b)中的点 P_1 和 P_2 分别为螺旋杆的起点和终点,单根螺旋杆受力分析(见图 4-18(b))是在图 4-18(a)所示垂直于转换元件底面且沿 y_{disp} 方向的平面上进行的。据上述分析可得如下关系:

$$F_r = F_v \sin\alpha \sin\frac{\theta}{2} \tag{4-8}$$

$$\theta \approx \frac{l\cos\alpha}{R} \tag{4-9}$$

$$F_h = F \sin\alpha \tag{4-10}$$

$$F_v = F \cos\alpha \tag{4-11}$$

式中:F_r——转换元件的圆环体作用在螺旋杆上的径向力;

θ——螺旋杆在俯视平面上所对应的圆心角；

l——螺旋杆长；

R——螺旋杆螺旋线的基圆半径；

F_h——沿螺旋杆轴线方向的驱动力分力；

F_v——垂直于螺旋杆轴线方向的驱动力分力；

F——单根螺旋杆受到的总驱动力。

另外，螺旋杆的 P_2 点受其上方圆环体的结构限制，该处的挠曲角度近似为 $0°$，故 P_2 点处还存在一个等效力矩 M_{eq}。有

$$\theta_{P_2} = \frac{M_{eq}l}{EI} - \frac{\left(F_v - F_v \sin^2 \frac{\theta}{2} \sin^2 \alpha\right)l^2}{2EI} = 0 \qquad (4-12)$$

$$M_{eq} = \frac{F_v l}{2}\left(1 - \sin^2 \frac{\theta}{2} \sin^2 \alpha\right) \qquad (4-13)$$

$$A = 0.5(a+b)h \qquad (4-14)$$

$$I = h(a+b)(a^2+b^2)/48 = A(a^2+b^2)/24 \qquad (4-15)$$

式中：θ_{P_2}——螺旋杆上端 P_2 处的旋转角；

M_{eq}——螺旋杆上端 P_2 处的等效力矩；

E——转换元件的杨氏模量；

A——螺旋杆横截面的面积；

I——螺旋杆横截面的惯性矩。

求解可得沿螺旋杆轴线方向的压缩变形量 y_1 以及垂直于螺旋杆轴线方向的挠曲变形量 y_2：

$$y_1 = \frac{\left(F_h + F_r \sin \frac{\theta}{2} \cos\alpha\right)l}{EA} \qquad (4-16)$$

$$y_2 = \frac{\left(1 - \sin^2 \frac{\theta}{2} \sin^2 \alpha\right)F_v l^3}{3EI} - \frac{M_{eq}l^2}{2EI} = \frac{\left(1 - \sin^2 \frac{\theta}{2} \sin^2 \alpha\right)F_v l^3}{12EI} \qquad (4-17)$$

图 4-19 所示的是驱动器的力传递过程，由此图可得如下关系式：

$$F_{stack} = F_{ring} + F_c \qquad (4-18)$$

$$F_c = k_c x_c = NF \qquad (4-19)$$

$$F_{stack} = k_{stack} x_{stack\_cps} = (k_c + k_{ring})x_c \qquad (4-20)$$

$$x_{stack\_max} = x_{stack\_cps} + x_c \qquad (4-21)$$

式中：F——空间螺旋柔性机构的单根螺旋杆所受的驱动力；

F_{stack}——压电叠堆的输出力；

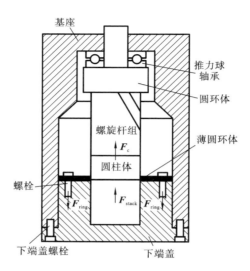

图 4-19 驱动器中压电叠堆输出力传递分析

F_{ring}——经过转换元件薄圆环体消耗掉的压电叠堆的输出力；

F_c——传递给螺旋杆组的纵向力；

N——螺旋杆数量；

k_{stack}——压电叠堆的纵向刚度；

x_{stack_cps}——压电叠堆的纵向压缩量；

k_c——转换元件圆环体、转换元件圆柱体、转换元件螺旋杆组、推力球轴承以及下端盖螺栓组的等效纵向刚度；

k_{ring}——转换元件薄圆环体的纵向刚度；

x_{stack_max}——压电叠堆的空载最大输出位移；

x_c——转换元件圆环体、转换元件圆柱体、转换元件螺旋杆组、推力球轴承以及下端盖螺栓组的等效纵向变形量。

本设计采用的压电叠堆最大激励电压 U_{max} 为 150 V,最大输出力 F_{stack_max} 为 1960 N,空载最大输出位移 x_{stack_max} 为 21 μm,故压电叠堆的纵向刚度 k_{stack} 为 9.333×10^4 MPa。通过联立式(4-19)、式(4-20)以及式(4-21)即可解得单根螺旋杆所受的驱动力 F:

$$F = \frac{k_{stack} x_{stack\_max}}{N[1 + k_c^{-1}(k_{ring} + k_{stack})]} \tag{4-22}$$

空间螺旋柔性机构的圆环体、圆柱体、螺旋杆组和推力球轴承以及下端盖螺栓

组的等效纵向刚度 k_c 可表示为

$$k_c = (k_1^{-1} + k_2^{-1} + k_p^{-1} + k_b^{-1} + k_s^{-1})^{-1} \tag{4-23}$$

式中：k_1——转换元件圆环体的纵向刚度；

  k_2——转换元件圆柱体的纵向刚度；

  k_p——转换元件螺旋杆组的纵向刚度；

  k_b——推力球轴承的纵向刚度；

  k_s——下端盖螺栓组的纵向刚度。

转换元件薄圆环体的纵向刚度表达式为

$$k_{ring} = \frac{4Et_3^3 \pi r_3 (r_3^2 - r_4^2)}{3(r_4 - r_3)(1 - \mu^2)\left\{(r_3^2 - r_4^2)\left[r_3^2\left(2\ln\frac{r_3}{r_4} - 1\right) + r_4^2\right] + 2r_3^2 \ln\frac{r_3}{r_4}\left[r_4^2\left(2\ln\frac{r_3}{r_4} + 1\right) - r_3^2\right]\right\}} \tag{4-24}$$

式中：r_4——薄圆环体上螺栓孔分布半径；

  r_3——圆柱体外半径；

  t_3——薄圆环体厚度。

转换元件圆环体的纵向刚度表达式为

$$k_1 = \frac{\pi(r_2^2 - r_1^2)}{t_1}E \tag{4-25}$$

式中：t_1——圆环体的厚度；

  r_1——圆环体内半径；

  r_2——圆环体外半径。

转换元件圆柱体的纵向刚度表达式为

$$k_2 = \frac{16\pi\left[12\mu(1 - \mu^2) + Et_2^3\right]}{12(1 - \mu^2)\left\{2R^2(1 - \ln R)\left[1 + \frac{12\mu(1 - \mu^2)}{Et_2^3}\right] + R^2(1 + \mu)(2\ln r_3 - 1)\right\}} \tag{4-26}$$

式中：μ——转换元件材料的泊松比；

  t_2——圆柱体厚度。

转换元件螺旋杆组的纵向刚度表达式为

$$k_p = \frac{NE(a + b)h}{2\left(1 + \cos^2\alpha\sin^2\frac{l\cos\alpha}{2R}\right)l\sin^2\alpha + 4\left(1 - \sin^2\alpha\sin^2\frac{l\cos\alpha}{2R}\right)\frac{l^3\cos^2\alpha}{a^2 + b^2}} \tag{4-27}$$

推力球轴承的纵向刚度表达式为

$$k_b = \frac{D_g^{1/3} Z^{2/3}(\sin\beta)^{5/3} F_a^{1/3}}{0.0024} \tag{4-28}$$

式中：F_a——推力球轴承所受轴向力；

D_g——球滚子直径；

Z——滚子数量；

β——压力角。

螺钉的纵向刚度表达式为

$$k_{sc} = \frac{A_t E_{sc}}{l_t} = h_m + \frac{d}{2} \tag{4-29}$$

式中：A_t——螺钉有效受拉面积；

E_{sc}——螺钉的杨氏模量；

l_t——有效螺纹部分长度；

h_m——被连接件厚度；

d——螺钉公称直径。

被连接件的纵向刚度表达式为

$$k_m = \frac{\pi E_m d \tan\lambda}{\ln \dfrac{(2\tan\lambda + D - d)(D + d)}{(2\tan\lambda + D + d)(D - d)}} \tag{4-30}$$

式中：E_m——被连接件的杨氏模量；

D——螺钉头公称直径；

λ——Rotscher 压力锥角（通常取 $\lambda = 30°$）。

下端螺栓组的纵向刚度表达式为

$$k_s = \frac{n k_{sc} k_m}{k_{sc} + k_m} \tag{4-31}$$

式中：n——螺钉的数量。

联立式（4-11）至式（4-17）、式（4-22）以及式（4-23）可以建立如下所示的驱动器静力学模型：

$$y_{out} = \frac{4 k_{stack} x_{stack\_max} \left[\left(1 - \sin^2\alpha \sin^2 \dfrac{l\cos\alpha}{2R}\right) l^3 - \dfrac{a^2 + b^2}{2} \left(1 + \cos^2\alpha \sin^2 \dfrac{l\cos\alpha}{2R}\right) l \right]}{NREh(a+b)(a^2+b^2)\left[1 + (k_{ring} + k_{stack})(k_1^{-1} + k_2^{-1} + k_p^{-1} + k_b^{-1} + k_s^{-1})\right]}$$
$$\cdot \sin\alpha\cos\alpha \tag{4-32}$$

式中：y_{out}——驱动器的输出角位移。

由式（4-32）可知，利用空间螺旋柔性机构将压电叠堆的纵向直线运动转换为水平面内的旋转运动是可行的。在开展该驱动器的设计时，采用自上而下的思路，首先限定驱动器的最大外部尺寸为 $\phi32$ mm × 96 mm，以满足小型化的需求。为了便于加工、控制成本，选用杨氏模量 $E = 209$ GPa、泊松比 $\nu = 0.269$ 的调质 45 钢作为空间螺旋柔性机构的材料。随后利用式(4-32)来确定空间螺旋柔性机构的各主要参数,使空间螺旋柔性机构在有限的空间内具有足够大的纵旋转换比。

根据图 4-18(a),可以将螺旋杆短边长 a 以及长边长 b 分别表示为

$$a \approx \frac{2\pi r_{p1}}{N} - 2r_{p1}\arcsin\frac{l_w}{2r_{p1}} \tag{4-33}$$

$$b \approx \frac{2\pi r_{p2}}{N} - 2r_{p2}\arcsin\frac{l_w}{2r_{p2}} \tag{4-34}$$

式中:l_w——加工螺旋杆所需切削的螺旋槽宽;

r_{p1}——螺旋杆组的内半径,$r_{p1} = R - h/2$;

r_{p2}——螺旋杆组的外半径,$r_{p2} = R + h/2$。

通过式(4-33)可知,螺旋杆横截面短边长 a、螺旋杆横截面长边长 b、螺旋杆横截面高 h 和螺旋杆分布半径 R 均与驱动器的输出角位移 y_{out} 成反比,且这四个变量中前两个变量对 y_{out} 的影响比后两个变量对 y_{out} 的影响更大。因此,首先基于小型化和便于加工的原则选取螺旋杆横截面高 $h = 1.5$ mm、螺旋杆分布半径 $R = 4.5$ mm。接下来,对 a,b 分别关于螺旋杆数量 N 和螺旋槽宽 l_w 求导,得到如图 4-20(a)(b)所示的导数曲线。

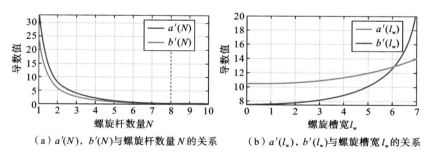

(a) $a'(N)$,$b'(N)$ 与螺旋杆数量 N 的关系　　(b) $a'(l_w)$,$b'(l_w)$ 与螺旋槽宽 l_w 的关系

图 4-20　a,b 关于螺旋杆数量 N 和螺旋槽宽 l_w 的导数曲线

由图 4-20(a)可知,在 $N > 6$ 以后,a,b 关于 N 的导数值变化幅度显著变小,再通过增大 N 的方式无法显著提高 y_{out},且会使柔性机构的加工难度和成本增高。综上,选取 $N = 6$,即采用六根螺旋杆来构成空间螺旋柔性机构。由图 4-20(b)可知,a,b 关于 l_w 的导数值的变化幅度随着 l_w 的增加而不断增大,因此 l_w 越大越能够使 a,b 的值快速减小,并提高 y_{out} 的值。所以,l_w 的值应该尽可能大,但应当确保螺旋杆横截面短边长 $a > 0$,否则螺旋杆横截面的高 h 将会受到

影响。当 $a=0$ 时,由式(4-33)解得,$l_w=3.75$ mm。预留部分余量,最终选取 $l_w=3.715$ mm,此时 $a=0.04$ mm,$b=1.69$ mm。

随后确定螺旋杆长 l,根据式(4-32)和式(4-27)可知,驱动器的输出角位移 y_{out} 与螺旋杆长度 l 显著正相关。综合大行程与小型化的需求,选取螺旋杆长度 $l=15$ mm。

对于空间螺旋柔性机构上侧的圆环体,由于其还肩负传递旋转运动和力矩的任务,因此该部分需预留四个 M3 螺纹孔用于安装紧定螺钉,以连接空间螺旋柔性机构与传动轴。为了确保连接可靠,将空间螺旋柔性机构圆环体的外半径 r_2 由与螺旋杆组的外半径 r_{p2} 相等扩展至 7 mm,圆环体内半径 r_1 则与螺旋杆组的外半径 r_{p1} 大小保持一致(取为 3.75 mm),以便于机械加工;圆环体的厚度 t_1 对其纵向刚度的影响可以通过图 4-21(a)来确定。由该图可知,随着圆环体厚度 t_1 的增大,圆环体的纵向刚度 k_1 逐渐减小,t_1 对圆环体的纵向刚度具有一定的影响。但为了确保连接的强度并便于后续螺纹孔的加工,圆环体的厚度 t_1 应满足 M3 螺纹孔的加工以及传动需求,故最终选择 $t_1=7$ mm。

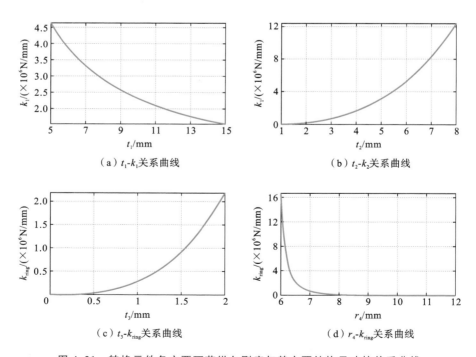

（a）t_1-k_1关系曲线　（b）t_2-k_2关系曲线　（c）t_3-k_{ring}关系曲线　（d）r_4-k_{ring}关系曲线

图 4-21　转换元件各主要环节纵向刚度与其主要结构尺寸的关系曲线

对于空间螺旋柔性机构中的圆柱体,主要有圆柱体外半径 r_3 和厚度 t_2 两个参数需要确定。为了便于加工,使圆柱体外半径 r_3 与转换元件螺旋杆组部分的外半径 r_{p2} 大小保持一致,使 $r_3 = r_{p2} = 5.25$ mm。圆柱体的厚度 t_2 通过图 4-21(b)所示的圆柱体纵向刚度 k_2 与厚度 t_2 的关系来确定。由该图可知,随着厚度 t_2 的逐渐增大,圆柱体的纵向刚度 k_2 不断增大且增速逐渐变快。当 $t_2 = 6.5$ mm 时,$k_2 = 6.626$ N/mm,大于圆环体的纵向刚度 k_1,此时再继续增加 t_2 对于提高空间螺旋柔性机构整体的纵向刚度已无显著帮助,故取 $t_2 = 6.5$ mm。

对于空间螺旋柔性机构底部的薄圆环体,主要有薄圆环体的厚度 t_3、螺栓孔分布半径 r_4 以及薄圆环体外半径 r_5 三个参数需要确定。薄圆环体厚度 t_3 与薄圆环体纵向刚度 k_{ring} 之间的关系如图 4-21(c)所示。由该图可知,薄圆环体厚度 t_3 与纵向刚度 k_{ring} 成正比,由于薄圆环体会分走压电叠堆的部分纵向输出力,因此应在加工条件合适和旋转刚度足够的情况下尽量减小其厚度,最终取薄圆环体厚度 $t_3 = 0.5$ mm;螺栓孔分布半径 r_4 与薄圆环体纵向刚度 k_{ring} 之间的关系如图 4-21(d)所示。由该图可知,当 $r_4 > 8.5$ mm 时,纵向刚度 k_{ring} 的值已足够小,故在综合低纵向刚度与小型化原则后,选取 $r_4 = 8.5$ mm。通过权衡连接刚度、加工难易程度以及小型化三方面因素,选择采用六个圆周均布的 M1.4 螺钉来固定转换元件。由于转换元件薄圆环体上存在六个沿半径为 r_4 的圆均布的 $\phi 1.5$ mm 通孔,因此为了便于加工和确保连接强度,在 r_4 基础上将薄圆环体外半径 r_5 向外延伸 1.25 mm,确定薄圆环体外半径 $r_5 = 9.75$ mm。

最后确定螺旋杆的螺旋角 α。由于其他结构参数已经确定,因此可直接通过 α-y_{out} 关系曲线得到理论最优的螺旋角与输出角位移。由图 4-22 可知:螺旋角 α 与驱动器的输出角位移 y_{out} 之间呈现单峰曲线

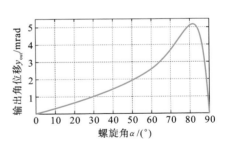

图 4-22 α-y_{out} 关系曲线

关系;随着螺旋角的增大,输出角位移先增大后减小。根据静力学模型的计算,当激励电压为 100 V、螺旋角为 81.6°时,驱动器的输出角位移最高可达 5.181 mrad。最后,为了便于加工,将螺旋角近似取为 81.5°。

综上,最终可得表 4-2 所示优化后的空间螺旋柔性机构尺寸。

为了检验建立的静力学模型的准确性,确保压电驱动器具有良好的静、动态特性,基于表 4-2 得到的优化参数,通过有限元分析软件 ANSYS 建立如图

表 4-2　优化后的空间螺旋柔性机构尺寸

符　号	含　义	值
a	螺旋杆横截面短边长	0.04 mm
b	螺旋杆横截面长边长	1.69 mm
h	螺旋杆横截面高	1.5 mm
l	螺旋杆长度	15 mm
α	螺旋杆螺旋角	81.5°
N	螺旋杆数量	6
E	空间螺旋柔性机构材料杨氏模量	209 GPa
r_1	圆环体内半径	3.75 mm
r_2	圆环体外半径	7 mm
t_1	圆环体厚度	7 mm
r_{p1}	螺旋杆组内半径	3.75 mm
r_{p2}	螺旋杆组外半径	5.25 mm
r_3	圆柱体外半径	5.25 mm
t_2	圆柱体厚度	6.5 mm
r_4	薄圆环体上螺栓孔分布半径	8.5 mm
r_5	薄圆环体外半径	9.75 mm
t_3	薄圆环体厚度	0.5 mm

4-23(a)所示的压电驱动器有限元仿真模型。首先利用该模型进行静力学仿真,对等效压电叠堆施加 100 V 的电压后得到图 4-23(b)所示的旋转线位移仿真云图。对图中绕 Z 轴的旋转线位移进行换算后可知,驱动器在 100 V 时的输出角位移为 4.859 mrad,与由静力学理论模型计算得到的结果存在 6.197% 的相对偏差。此外,由图 4-23(b)右侧的仿真云图可知,空间螺旋柔性机构的变形符合预期,证明了纵旋转换致动的可行性。同时,该仿真结果还体现出了理论模型的准确性,表明所设计的压电驱动器具有良好的纵旋转换性能。

随后,开展了模态分析以检验压电驱动器的动态响应特性。获取的前六阶模态的频率与振型如图 4-24 所示。由该图可知,驱动器的一阶谐振频率为1362.8 Hz,其以驱动器下端盖底部为中心沿 X 方向弯振。仿真结果表明,所设计的压电驱动器具有良好的动态响应特性。

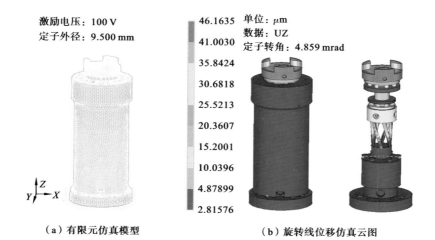

（a）有限元仿真模型　　　　　（b）旋转线位移仿真云图

图 4-23　压电驱动器有限元仿真模型与旋转线位移仿真云图

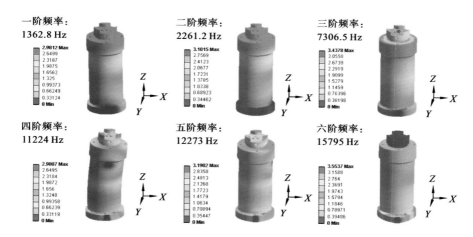

图 4-24　压电驱动器前六阶模态的频率与振型图

4.3.2　实验研究

据前述的分析与设计加工压电驱动器样机，并搭建如图 4-25 所示的开环实验系统，开展所研制压电驱动器的机械输出特性研究。

首先测试压电驱动器样机在空载状态下的静态角位移特性。采用图 4-26（a）所示的频率为 1 Hz、电压幅值为 U_{Target} 的梯形信号激励样机；实验中每组电压重复测量 100 次，重复两组取平均值作为最终的测量结果，绘制出样机的空载静态角位移特性曲线，如图 4-26（b）所示。

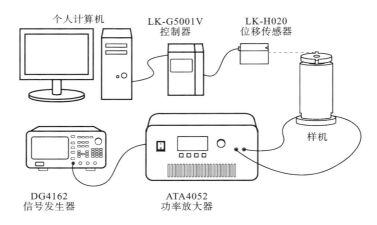

图 4-25 开环实验系统示意图

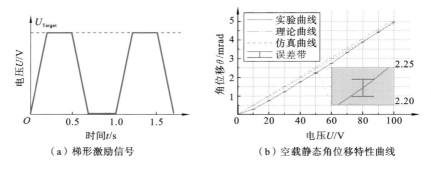

（a）梯形激励信号

（b）空载静态角位移特性曲线

图 4-26 梯形激励信号及样机空载静态角位移特性测试结果

由图 4-26 可知,压电驱动器样机在 100 V 激励电压下的角位移可达 4.935 mrad,该结果与由理论模型计算得到的角位移(5.180 mrad)以及由静力学仿真计算得到的角位移(4.859 mrad)分别存在 4.730% 和 1.564% 的相对偏差。随着激励电压下降至 10 V,实验结果与理论结果、仿真结果的相对偏差分别增大至 46.728% 和 43.198%。压电驱动器的样机输出角位移与激励电压之间存在非线性关系,而由理论模型和仿真模型得到的静态角位移与电压成线性关系。这种差异主要是理论模型和仿真模型未考虑压电叠堆的输出非线性特性、推力球轴承和球触头的非线性纵向刚度等非线性因素所导致的。该结果表明,在高激励电压下,由理论模型和仿真模型能够很好地预测压电驱动器的实际输出角位移,而在低电压下的偏差较大。

接下来,利用图 4-27(a)所示的定滑轮机构配合标准砝码向压电驱动器样机施加负载力矩,测定其在最大激励电压为 100 V 时的静态角位移特性。实验结果以及拟合直线绘制于图 4-27(b)中。该结果表明,压电驱动器样机空载静态角位移为 4.935mrad,在施加 66.5 N·mm 的负载力矩后,其输出的静态角位移下降至 3.694 mrad;利用最小二乘法进行线性拟合,估算样机的旋转刚度为 0.059 N·mm/μrad,这表明其具有足够的旋转刚度。

（a）带载静态角位移特性实验设备

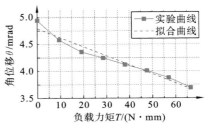

（b）带载静态角位移特性曲线

图 4-27　带载静态角位移特性实验设备及测试结果

分辨力是衡量精密压电驱动器机械输出性能的关键指标之一。为了提高测量的准确性,采用具有 1 nm 直线位移分辨力的精密电容位移传感器 D-E20.050 代替激光位移传感器测量角位移。测试时传感器带宽设置为 10.2 Hz,以提高信噪比、降低高频噪声对测量的影响。采用以 5 mV 为增量、从 0 mV 递增到 35 mV 电压信号来测定驱动器的分辨力。实验结果绘制于图 4-28 中。通过对实验曲线反映的各步增量求平均值,算得压电驱动器的角位移分辨力为 46 nrad,这表明该压电驱动器具备纳弧度级的分辨能力。

为了获得压电驱动器的动态特性,对样机施加幅值为 6 V、频率范围为 100～2500 Hz 的正弦扫频信号进行频率响应特性测试,并利用二阶系统对其频率响应特性进行拟合。拟合得到的传递函数为

$$G_{\mathrm{d}}(s) = \frac{\Theta(s)}{U(s)} = \frac{2.298 \times 10^9}{s^2 + 8.273 \times 10^2 s + 8.265 \times 10^7} \tag{4-35}$$

式中:$\Theta(s)$——频域内的角位移函数;

$U(s)$——频域内的电压函数。

实测以及拟合得到的频率响应特性曲线如图 4-29 所示。由该图可知,压电驱动器样机的一阶谐振频率为 1361.537 Hz,这与之前通过模态分析得到的 1362.8 Hz 的结果吻合得较好。该压电驱动器的 -3 dB 通频带为[0 Hz,2040.114 Hz],这表明其具有较大的带宽。

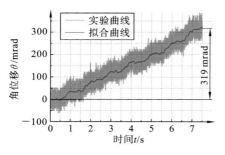

图 4-28　压电驱动器样机分辨力
特性测试结果

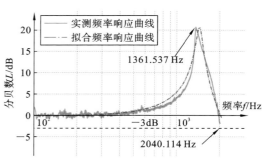

图 4-29　压电驱动器样机频率
响应特性曲线

4.4　基于压电陶瓷 d_{31} 模式的旋转型直驱压电驱动器

要实现压电驱动器的精密旋转运动,一般有两种思路,一种是将压电元件输出的直线运动转换为旋转运动,另一种就是利用压电元件的剪切变形直接输出旋转运动。目前大多数的旋转型压电驱动器都是由压电叠堆配合柔性机构实现直线运动向旋转运动的转换的,但是压电叠堆这种元件抗拉强度低、价格高昂、需要高装配精度,这就导致这种类型的旋转型压电驱动器结构复杂、尺寸较大、成本较高、重量较小,而且零件过多也会使驱动器的运动分辨力降低,这些不足限制了这种类型的旋转型驱动器的发展和应用。为了解决上述问题,提高驱动器的旋转运动分辨力、简化结构、减小体积和重量、降低成本,著者采用 d_{31} 模式压电陶瓷的压电双晶梁构建了一种轻量化的旋转型压电驱动器。

4.4.1　压电驱动器结构与致动原理

图 4-30 所示为采用 d_{31} 模式压电陶瓷的双晶梁式压电驱动器的基本结构与激励方案[2]:三个压电双晶梁沿驱动器的径向布置,它们的变形沿驱动器的周向。为了对压电双晶梁加以约束,将它们的变形输出转换为旋转运动。压电驱动器包含一个内框和一个外框,这两个框架由光敏树脂通过 3D 打印制成,压电双晶梁中的压电陶瓷片材料为 PZT-4,金属薄梁由不锈钢切割而成。整个驱动器以环氧树脂粘接的方式进行装配,以此来节省结构空间。多个压电双晶梁之间在力学和电学上均为并联的关系,在激励电压的作用下,它们沿相同的方向变形,从而推动驱动器的内框和外框之间产生相对运动。如果将内框固定,

那么外框将对外界输出旋转运动。由于整个结构无间隙、无摩擦,所有的阻尼均来自材料的内摩擦,因此可以达到很高的旋转运动分辨力。

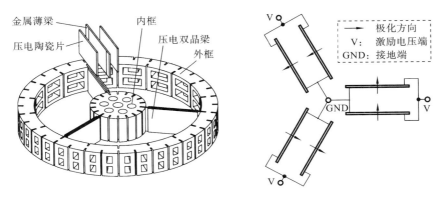

（a）驱动器的基本结构　　　　　　（b）压电陶瓷片的极化方向与激励电压

图 4-30　驱动器的基本结构及激励方案

为了对这种驱动器的致动原理进行进一步的分析,有必要对压电双晶梁的运动特性加以介绍。每一个压电双晶梁包含两个压电陶瓷片,在激励电压的作用下两个压电陶瓷片的变形方向相反,一个伸长,另一个便缩短。由于两个压电陶瓷片的接触面固连,整个结构就会发生翘曲而产生弯曲变形,从而将压电材料的精密变形加以放大并输出。压电双晶梁的关键参数如图 4-31 所示。在一端固定一端自由的边界条件下,压电双晶梁的静态输出位移 δ 和静态输出力 F_{bl} 分别为[3]

$$\delta = \frac{3L^2}{2t} \cdot \frac{(B+1)(2B+1)}{AB^3 + 3B^2 + 3B + 1} \cdot d_{31} E_3 \qquad (4-36)$$

$$F_{bl} = \frac{3wt^2 E_p}{8L} \cdot \frac{2B+1}{(B+1)^2} \cdot d_{31} E_3 \qquad (4-37)$$

式中:E_p——压电陶瓷的弹性模量;

$\quad$ w——压电双晶梁的宽度;

$\quad$ L——压电双晶梁的长度;

$\quad$ d_{31}——压电陶瓷的压电系数;

$\quad$ E_3——施加在压电陶瓷片上的电场强度。

此外有

$$A = \frac{E_m}{E_p}, \quad B = \frac{t_m}{2t_p}, \quad t = t_m + 2t_p \qquad (4-38)$$

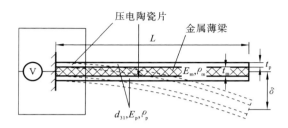

图 4-31　压电双晶梁的关键参数

式中：E_m——金属薄梁材料的弹性模量；

t_p，t_m——压电陶瓷片和金属薄梁的厚度。

一般而言，电场强度 E_3 与施加在压电陶瓷片上的激励电压 U 之间的关系如下：

$$E_3 = \frac{U}{t_p} \qquad (4-39)$$

根据压电双晶梁的输出位移和输出力，其运动方向的刚度为

$$k_b = \frac{F_{bl}}{\delta} = \frac{wt^3 E_p}{4L^3} \cdot \frac{AB^3 + 3B^2 + 3B + 1}{(B+1)^3} \qquad (4-40)$$

压电双晶梁在一阶谐振频率附近的动态输出位移[4]

$$\Delta = \frac{3d_{31}U\sin(\Omega L)\sinh(\Omega L)}{4t_p^2 \Omega^2 \left[1 + \cos(\Omega L)\cosh(\Omega L)\right]} \qquad (4-41)$$

式中：Ω——归一化频率，

$$\Omega = \sqrt{\frac{\omega}{a}} \qquad (4-42)$$

ω 为压电双晶梁的响应频率；a 为压电双晶梁等效弯曲刚度与等效长度密度的比值。

压电双晶梁效弯曲刚度与等效长度密度的比值 a 可以表示为

$$a = \sqrt{\frac{EI_{eff}}{\rho A_{eff}}} \qquad (4-43)$$

式中：I_{eff}——压电双晶梁的等效惯性矩；

A_{eff}——压电双晶梁的等效截面积。

压电双晶梁的等效惯性 I_{eff} 的计算式为

$$I_{eff} = 2I_p + I_m \qquad (4-44)$$

式中：I_p——压电陶瓷的惯性矩，

$$I_p = \frac{1}{12}wt_p^3 + wt_p \left(\frac{t_p}{2} - \bar{y}\right)^2 \qquad (4-45)$$

其中 $\bar{y}$ 为压电双晶梁的几何中心位置。

I_m——金属薄梁惯性矩,

$$I_\mathrm{m} = \frac{1}{12} \frac{E_\mathrm{m}}{E_\mathrm{p}} w t_\mathrm{m}^3 \tag{4-46}$$

式(4-43)中 A_eff 可按下式计算:

$$\rho A_\mathrm{eff} = 2w\rho_\mathrm{p} t_\mathrm{p} + w\rho_\mathrm{m} t_\mathrm{m} \tag{4-47}$$

式中:ρ_p,ρ_m——压电陶瓷和金属薄梁的密度。

了解压电双晶梁的变形模式之后,就可以对驱动器整体的运动输出加以预测。压电驱动器的旋转变形如图 4-32 所示。由于光敏树脂和环氧树脂的刚度和质量非常小,因此它们对于压电双晶梁的变形影响极小,驱动器的空载静态角位移 θ^L 可表示为

$$\theta^\mathrm{L} = \frac{\delta}{R} \tag{4-48}$$

式中:δ——压电双晶梁的端部位移;

R——端部与旋转中心之间的距离。

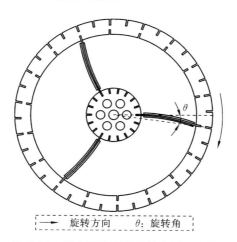

图 4-32 压电驱动器的旋转变形示意图

更进一步,驱动器在外加转矩下的零输出角位移 θ^I 可表示为

$$\theta^\mathrm{I} = \frac{M}{nk_\mathrm{b} R^2} + \frac{M}{k_\mathrm{f}} \tag{4-49}$$

式中:M——外加转矩;

n——压电双晶梁的个数;

k_f——驱动器的固定刚度。

因此可以得出,在激励电压和外加转矩的共同作用下,压电驱动器静态角位移 θ 为

$$\theta = \theta^{\mathrm{L}} + \theta^{\mathrm{I}} \tag{4-50}$$

由此,即可根据实际需求对驱动器的结构尺寸进行设计和计算。

根据上述分析,压电驱动器的空载静态角位移计算式可简化为

$$\theta^{\mathrm{L}} = \frac{3L^2}{2Rt_{\mathrm{p}}t} \cdot \frac{(B+1)(2B+1)}{AB^3 + 3B^2 + 3B + 1} \cdot d_{31}U \tag{4-51}$$

压电驱动器的静态旋转刚度可简化为

$$k = \frac{nk_{\mathrm{b}}}{R^2} = \frac{nwt^3 E_{\mathrm{p}}}{4L^3 R^2} \cdot \frac{AB^3 + 3B^2 + 3B + 1}{(B+1)^3} \tag{4-52}$$

当压电驱动器的结构和材料选定后,影响压电驱动器运动行程的最主要的设计参数就是压电双晶梁的长度 L 和压电陶瓷片的厚度 t_{p};根据运动行程和加工装配要求确定 t_{p} 之后,影响压电驱动器旋转刚度的最主要的设计参数就是压电双晶梁的长度 L 和宽度 w,这些设计参数对驱动器运动行程和旋转刚度的影响如图 4-33 所示。由此,便可根据实际的运动行程需求和负载能力需求对压电双晶梁的关键尺寸进行设计。这里将 L 设计为 $18\ \mathrm{mm}$,t_{p} 设计为 $0.5\ \mathrm{mm}$,w 设计为 $10\ \mathrm{mm}$。为避免压电陶瓷发生退极化现象,将激励电压限制在 $\pm150\ \mathrm{V}$ 的范围内,此时计算得压电驱动器的运动行程为 $158.4''$。

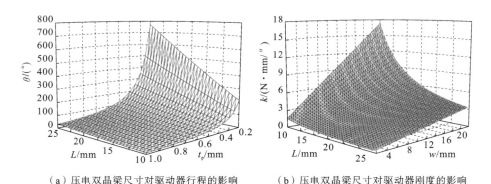

（a）压电双晶梁尺寸对驱动器行程的影响　　（b）压电双晶梁尺寸对驱动器刚度的影响

图 4-33　压电双晶梁尺寸对驱动器输出性能的影响

由于压电驱动器的动态特性较为复杂,难以建立准确的解析模型,因此采用有限元法对其进行分析。在施加 $50\ \mathrm{V}$ 的阶跃电压激励信号时,压电驱动器的输出角位移如图4-34所示。压电驱动器阶跃响应的上升时间为 $1.4\ \mathrm{ms}$,体现了驱动器良好的快速性,只要通过合适的控制方法抑制超调和振荡,就可将该

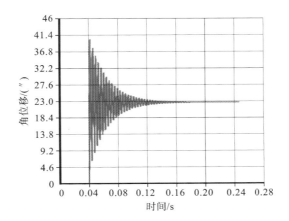

图 4-34　压电驱动器的阶跃响应有限元分析结果

驱动器应用于快速精密旋转定位领域。

4.4.2　实验研究

　　根据设计的结构参数和材料加工装配压电驱动器样机,测量得到样机的质量约为 20.5 g,并搭建实验测试系统,如图 4-35 所示。

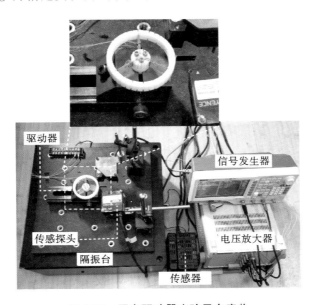

图 4-35　压电驱动器实验平台实物

利用实验测试系统可以测得压电驱动器样机在不同电压下的静态角位移以及同一电压下的重复性误差,如图 4-36 所示。当激励电压在 ±150 V 之间变化时,压电驱动器样机的运动行程可达 160.3″(约为 0.777 mrad),平均重复性误差约为 0.180″,样机静态角位移位移与激励电压之间的关系可表示为

$$\theta/U = 0.528''/V \tag{4-53}$$

二者之间的线性度误差不超过 2.18%。这些实验结果与解析模型的计算值基本吻合,反映了解析模型的正确性,这也说明该压电驱动器样机具备初步的精密旋转运动能力。

图 4-37 所示为压电驱动器样机在 50 V 阶跃电压下的静态角位移特性。实验结果与仿真分析结果非常接近,证明了仿真分析的正确性。总结该压电驱动器样机阶跃响应的实验结果,部分瞬态性能参数总结如表 4-3 所示。据此可知,该压电驱动器样机具有较好的快速响应能力,但是其运动阻尼较小,导致超调和振荡严重,这是在实际应用中需要利用合适的控制方法加以校正的一个问题。

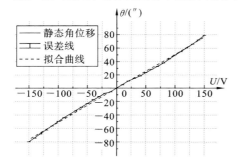

图 4-36　样机在不同电压下的静态角位移

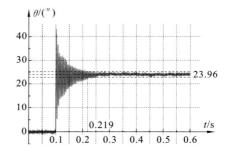

图 4-37　样机阶跃响应实验曲线

表 4-3　压电驱动器样机阶跃响应性能参数

稳态角位移	最大超调量	上 升 时 间	峰 值 时 间	调 整 时 间	振 荡 次 数
23.96″	80.05%	1.4 ms	2.4 ms	119 ms	23

为了进一步评估该压电驱动器样机的动态特性,对其施加谐波扫频信号,通过实验可以测得其频率响应特性如图 4-38 所示。测得样机的一阶谐振频率为 176 Hz,−3 dB 通频带为 252 Hz。

对于压电驱动器,对运动精度起决定性作用的特性参数就是运动分辨力,在激励电压增量为 50 mV 的情况下,测得压电驱动器样机的旋转运动分辨力特性曲线如图 4-39 所示。按照高斯分布对实验结果进行统计[5],计算得出样机的

旋转运动平均分辨力为0.0252″(约为 0.122 μrad),这说明所研制的压电驱动器具备实现精密旋转运动输出的能力。

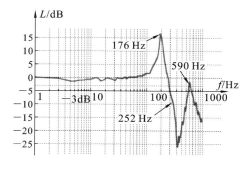

图 4-38 样机频率响应特性曲线 　　 图 4-39 样机旋转运动分辨力特性曲线

最后,对压电驱动器样机在负载作用下的角位移进行实验测试,以此来评估驱动器运动方向刚度和负载能力,实验结果如图 4-40 所示。根据该压电驱动器样机在不同电压下的角位移特性可以计算出其旋转刚度为 10.15(″)/(N·mm),角位移与负载之间有较好的线性关系。

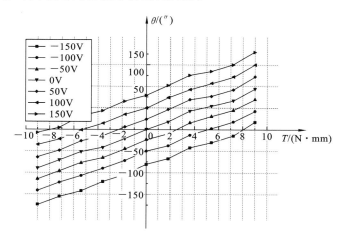

图 4-40 压电驱动器样机在不同电压下的负载-角位移特性曲线

4.5 关于紧凑旋转型压电驱动器的拓展思考

上述基于压电双晶梁的旋转型压电驱动器成本低廉、结构简单,但是旋转运动方向刚度低、响应速度并不快,因此适合应用于低频轻载场合;而基于 d_{15} 模式压电陶瓷的旋转型压电驱动器外形规则、便于集成、响应速度快、运动方向刚度高,适合应用于高频重载的旋转定位场合或者应用在超声旋转换能器中。但是,这两种旋转型压电驱动器有一个共同的缺点,即运动行程较小,难以满足一些大行程精密旋转运动的需求。采用 d_{33} 模式压电陶瓷的压电叠堆配合柔性机构的方式虽然实现了行程的数倍放大,在一定程度上缓解了行程有限的问题,但是,行程还是没有得到跨数量级的放大。当然,将这几种驱动器加以扩展来进行惯性致动、行走致动甚至超声致动,可以实现行程的无限扩展,但是这样无疑会大大增加驱动系统的复杂度,而且也会导致输出的旋转运动精度降低。因此如何利用紧密的结构实现驱动器行程的扩展是一个需要解决的问题。

类比于商用直线型压电叠堆,利用层叠式结构实现旋转位移叠加来扩展运动行程是一种可行的方案。对于压电双晶梁旋转型压电驱动器,沿驱动器的径向设置多层结构,将多层旋转运动累加输出便可大大提高驱动器的运动行程。与此同时,还可以沿驱动器的周向布置更多的压电双晶梁,从而增大驱动器的旋转刚度,以适应更大的运动负载。对应的扩展形式如图 4-41 所示。

基于 d_{15} 模式压电陶瓷的旋转型压电驱动器与之类似,其扩展形式如图 4-42 所示。沿驱动器的轴向布置多层结构,就可以将多层旋转运动累加输出,从而实现运动行程的扩展。

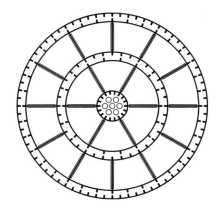

图 4-41　压电双晶梁旋转型压电驱动器的扩展形式

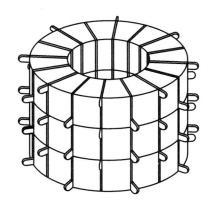

图 4-42　基于 d_{15} 模式的旋转型压电驱动器的扩展形式

4.6　本章小结

本章介绍了用于旋转运动的直驱压电驱动器,给出了著者研制的基于压电陶瓷三种基本工作模式的旋转型直驱压电驱动器,样机实验结果表明:基于压电陶瓷 d_{15} 模式的旋转型直驱压电驱动器在 ± 300 V 激励电压下的静态角位移最高可达 26.58 μrad、分辨力可达 0.022 μrad、一阶谐振频率为 87.5 kHz;基于压电陶瓷 d_{33} 模式的旋转型直驱压电驱动器在 100 V 激励电压下的静态角位移最高可达 4.935 mrad、分辨力可达 46 nrad、一阶谐振频率为 1361.537 Hz;基于压电陶瓷 d_{31} 模式的旋转型直驱压电驱动器在 ± 150 V 激励电压下运动行程可达 0.777 mrad、分辨力可达 0.122 μrad、一阶谐振频率为 176 Hz。针对所研制三种基本工作模式的旋转型直驱压电驱动器行程小的共性缺点,提出了行程拓展方案,以期实现大行程输出,从而拓宽这几种压电驱动器的应用领域。

本章参考文献

[1] YU H P, LIU Y X, DENG J, et al. A novel piezoelectric stack for rotary motion by d_{15} working mode: principle, modeling, simulation, and experiments[J]. IEEE/ASME Transactions on Mechatronics, 2020, 25(2): 491-501.

[2] YU H P, LIU Y X, TIAN X Q, et al. A precise rotary positioner driven by piezoelectric bimorphs: Design, analysis and experimental evaluation [J]. Sensors and Actuators A: Physical, 2020:112197.

[3] WANG Q M, CROSS L E. Performance analysis of piezoelectric cantilever bending actuators[J]. Ferroelectrics, 1998, 215(1-4): 187-213.

[4] WU T, RO P I. Dynamic peak amplitude analysis and bonding layer effects of piezoelectric bimorph cantilevers[J]. Smart Materials and Structures, 2004, 13(1): 203-210.

[5] FLEMING A J. Measuring and predicting resolution in nanopositioning systems[J]. Mechatronics, 2014, 24(6): 605-618.

第5章
尺蠖型压电驱动器

尺蠖型压电驱动器基于仿生学原理模仿自然界中生物的蠕动动作实现步进运动输出,将每个运动周期内的微小位移累积起来获得大输出行程,具备行程大、位移分辨力高和输出力大等优点,得到了广泛的研究和应用。本章将首先对尺蠖型压电驱动技术加以简析,然后介绍著者研制的四足和双足尺蠖型压电驱动器,给出它们的结构设计、致动原理、仿真分析及实验测试结果。此外,针对尺蠖型压电驱动技术面临的箝位单元与驱动单元动作耦合问题,将给出通过增加连接单元结构刚度来大大降低步态耦合位移的方案。最后,介绍著者针对尺蠖型压电结构体积较大的问题,所设计的一种紧凑型大推力尺蠖压电驱动器。

5.1　尺蠖型精密压电驱动技术简析

尺蠖型压电驱动器利用静摩擦力驱动,通过小步距累积实现大行程运动输出,具有摩擦磨损较小、可实现亚纳米级分辨力、步距重复性好等优点,适用于要求亚微米级精度、微米到毫米级工作范围的场合。基于仿生学原理,尺蠖型压电驱动器利用"箝位-进给"的致动原理实现步进运动输出,致动过程中的动作类似软体动物的爬行运动[1],如图5-1所示。

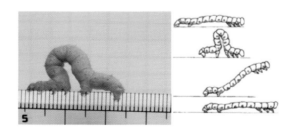

图 5-1　尺蠖型压电驱动器仿生致动原理

尺蠖型压电驱动器基本结构包括用于完成箝位、进给等动作的多组压电单

元。如图 5-2 所示,该类型压电驱动器的致动动作步骤如下[2]:

(1) 箝位单元 1 伸长并箝紧导向机构,完成箝位动作;

(2) 驱动单元完成伸长动作;

(3) 箝位单元 2 伸长并箝紧导向机构,完成箝位动作;

(4) 箝位单元 1 缩短并远离导向机构,完成释放动作;

(5) 驱动单元完成收缩动作,驱动器向前运动一个微步距;

(6) 箝位单元 1 伸长并箝紧导向机构,完成箝位动作;

(7) 箝位单元 2 缩短并远离导向机构,完成释放动作。

通过重复步骤(2)至步骤(7),驱动器可实现周期性步进运动。

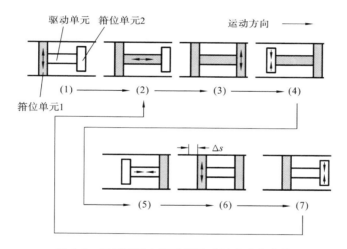

图 5-2　尺蠖型压电驱动器致动原理动作步骤

分析尺蠖型压电驱动器的致动原理,可以看出,不同尺蠖型压电驱动器的区别在于箝位单元和驱动单元的数量。为了便于区分,从结构外形出发,按照驱动足的数量将尺蠖型压电驱动器分为四足型、三足型和双足型。下面对著者研制的几种有代表性的尺蠖型压电驱动器进行介绍。

5.2　四足尺蠖型压电驱动器

四足构型是研究最多的一种尺蠖型压电驱动器构型,具有结构对称、输出步态稳定等特点,得到了广泛的研究。下面对著者研制的四足尺蠖型压电驱动器进行介绍[3]。

5.2.1　压电驱动器结构与致动原理

四足尺蠖型压电驱动器的箍位方向和驱动方向垂直,将其设计为四足对称式结构,主要由驱动单元、箍位单元、法兰、锁紧螺母和驱动足组成,如图 5-3 所示。水平金属梁连接压电叠堆构成压电驱动器的箍位单元,竖直金属梁连接压电叠堆构成压电驱动器的驱动单元,法兰和锁紧螺母起固定和锁紧作用,使得压电叠堆工作在预紧状态下。

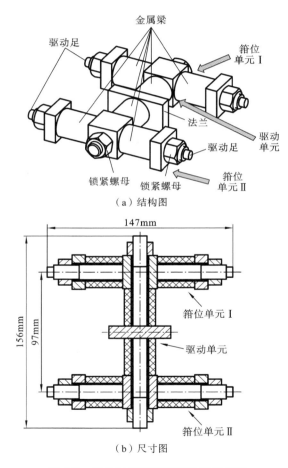

（a）结构图

（b）尺寸图

图 5-3　四足尺蠖型压电驱动器三维图

四足尺蠖型压电驱动器每个运动周期分为六个步骤,如图 5-4 所示,具体动作如下:

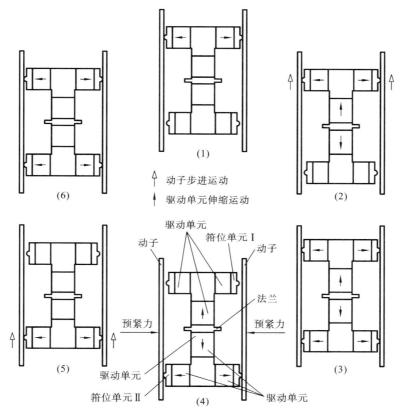

图 5-4　四足尺蠖型压电驱动器致动原理

（1）保持箝位单元Ⅱ和驱动单元断电状态不变，箝位单元Ⅰ通电。由压电叠堆性质可知，箝位单元Ⅰ通电伸长，对应驱动足与动子之间的摩擦力变大，从而箝紧动子。

（2）保持箝位单元Ⅰ通电状态不变，箝位单元Ⅱ断电状态不变，驱动单元通电，推动箝位单元Ⅰ向上运动，驱动动子随箝位单元Ⅰ向上运动一步。

（3）保持箝位单元Ⅰ和驱动单元通电状态不变，箝位单元Ⅱ通电，对应驱动足与动子之间的摩擦力变大，从而箝紧动子。

（4）保持箝位单元Ⅱ和驱动单元通电状态不变，箝位单元Ⅰ断电，使对应驱动足与动子之间处于放松状态。

（5）保持箝位单元Ⅰ断电状态不变，箝位单元Ⅱ通电状态不变，驱动单元断电缩短，拉动箝位单元Ⅱ向上运动。由于箝位单元Ⅱ处于通电状态，驱动足对动子处于箝位状态，因此动子随箝位单元Ⅱ向上运动一步。

（6）保持箝位单元Ⅱ通电状态不变，驱动单元断电状态不变，箝位单元Ⅰ通电，驱动足与动子之间的摩擦力变大，箝位单元Ⅰ和Ⅱ共同箝紧动子。

此后驱动器又回复到第（1）步的初始状态，如此周期性循环动作，实现步进运动输出。

根据上述致动原理规划驱动器激励方案，激励信号如图 5-5 所示，激励信号每个周期可以分成六个部分，对应一个周期的六步。六个压电叠堆分为三组，同一组压电叠堆动作和激励信号相同，因此总共需要三相信号来控制压电驱动器，其中第一组压电叠堆（压电叠堆 1 和 2）对应时序 1、第二组压电叠堆（压电叠堆 3 和 4）对应时序 2、第三组压电叠堆（压电叠堆 5 和 6）对应时序 3。对于反向运动的激励方案，改变三组压电叠堆的动作时序即可实现。因此，可通过改变激励信号的时序对驱动器运动方向进行控制。

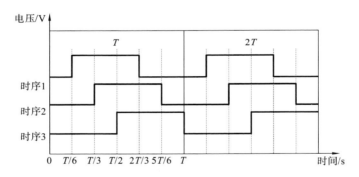

图 5-5　四足尺蠖型压电驱动器激励信号时序

5.2.2　仿真分析

开展压电驱动器的仿真分析以验证设计结构和激励方案的可行性。仿真分析主要包含驱动器结构模态分析和瞬态动力学分析。根据压电叠堆尺寸及前期研究经验初步确定竖直金属梁的长度为 156 mm，水平金属梁的长度为 147 mm，压电驱动器的结构材料选用 45 钢，压电陶瓷选用 PZT-5。通过致动原理可知，四足尺蠖型压电驱动器工作在非谐振状态，工作频率一般为几十赫兹，为了保证驱动过程中的稳定性，使压电驱动器工作频率应尽量远离其自身的谐振频率。由模态仿真得到压电驱动器的低阶谐振频率，结果如图 5-6 所示。压电驱动器的箝位结构和驱动结构的谐振频率分别为 13.1 kHz 和 8.1 kHz，远远超过四足尺蠖型压电驱动器的工作频率，满足结构设计要求。此外，四足尺蠖型压电驱动器需要完成箝位和驱动动作,这就要求驱动足具备足够大的响应位移。为了验证四足尺蠖型压电驱动器在动态响应下的运动特性,开展瞬态运动仿真分析,选取压电驱动器驱动足中点的质点为研究对象,结果如图 5-7 所示。单个周期的瞬态运动轨迹为矩形运动轨迹,可满足致动方案的要求,同时仿真结果还表明在 200 V 情况下箝位位移(X 方向位移)为 1.95 μm,驱动位移(Z 方向位移)为 2.08 μm,两者出现微小差别的原因是竖直金属梁和水平金属梁的长度有所不同,基本满足驱动足箝位和驱动的要求。

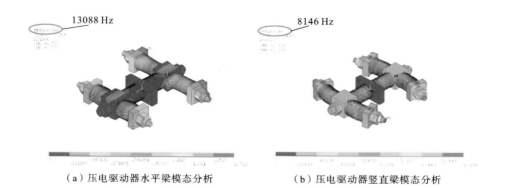

（a）压电驱动器水平梁模态分析　　　　（b）压电驱动器竖直梁模态分析

图 5-6　四足尺蠖型压电驱动器的模态分析

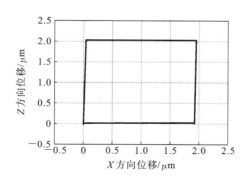

图 5-7　四足尺蠖型压电驱动器瞬态仿真结果

5.2.3　实验研究

基于仿真分析结果制作四足尺蠖型压电驱动器样机并设计实验测试平台,如图 5-8 所示。平台主要由压电驱动器、夹紧装置、驱动器运动导轨、预紧装置等组成。夹紧装置的作用是固定压电驱动器;驱动器运动导轨为压电驱动器直线运动提供导向作用;预紧装置的主要作用是提供预紧力,使驱动足与导轨之间有一定的摩擦力,从而具备自锁功能。

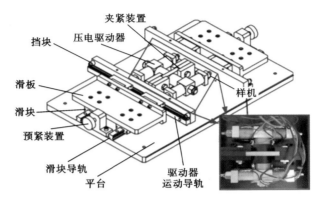

图 5-8　四足尺蠖型压电驱动器样机及其测试平台

　　首先测试步态重复性。测量在空载状态下、十个周期内压电驱动器样机沿驱动方向和箝位方向的步态重复性(频率为 10 Hz,电压为 200 V),如图 5-9 所示。对每个周期的步距进行统计,得到在十个周期内压电驱动器样机沿驱动方向步距的平均值为 2.09 μm,周期之间步距偏差为 0.01 μm。考虑压电叠堆自

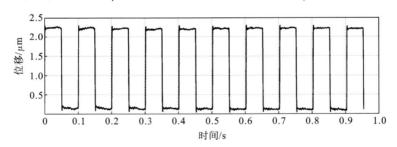

（a）压电驱动器驱动方向位移响应

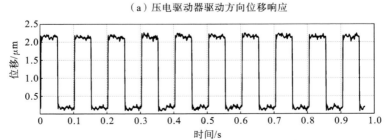

（b）压电驱动器箝位方向位移响应

图 5-9　压电驱动器样机步态重复性实验结果

身迟滞和蠕动效应,虽然每次步距存在的一定偏差,但是其最大偏差仅为 0.04 μm,这说明压电驱动器驱动方向步态误差较小,重复性较好。

然后测量四足尺蠖型压电驱动器实验平台的位移响应。平台在 20 Hz 和 200 V 激励信号下的位移响应曲线如图 5-10(a)所示,输出曲线显示压电驱动器样机驱动动子实现了步进运动,步距为 2 μm 左右。由此图可以看出位移响应在运动过程中存在一定的波动,尤其在箝位单元伸长和缩短的过程中波动较大,这导致压电驱动器样机输出速度有所降低。这主要是因为压电驱动器实验平台工作在微米级,对实验平台加工精度和装配精度要求较高,此外,导轨安装刚度不够,箝位足在伸长和缩短过程中对其有冲击,从而导致了耦合振动。

接着测量在 20 Hz 下实验平台输出速度随着驱动电压变化的情况,如图 5-10(b)所示。实验平台在低电压(40 V 以下)下输出速度较低且呈非线性变化。这主要是因为压电驱动器样机箝位方向位移较小,无法产生足够大的箝位力。当驱动电压高于 50 V 时,实验平台输出速度随着电压升高且几乎呈线性增加。在 50 V,100 V,150 V 和 200 V 的不同驱动电压下,压电驱动器实验平台的输出速度分别为 15.1 μm/s,36.5 μm/s,59 μm/s 和 74.1 μm/s,对应步距

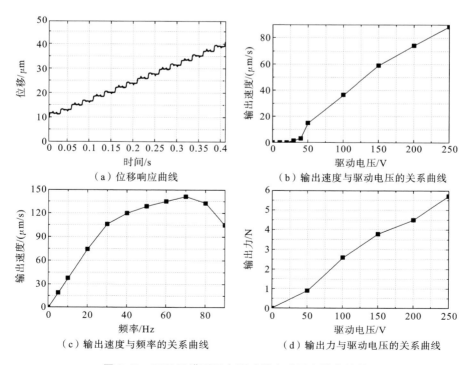

(a)位移响应曲线　　　　　　　(b)输出速度与驱动电压的关系曲线

(c)输出速度与频率的关系曲线　　　(d)输出力与驱动电压的关系曲线

图 5-10　四足尺蠖型压电驱动器实验平台输出特性

大小分别为 $0.38\ \mu\mathrm{m}$，$0.91\ \mu\mathrm{m}$，$1.48\ \mu\mathrm{m}$ 和 $1.85\ \mu\mathrm{m}$，可见该压电驱动器实现了亚微米级步距输出。

再测量在 200 V 驱动电压下实验平台输出速度与频率之间的关系，如图 5-10(c)所示。当频率在 30 Hz 以内时，实验平台输出速度随着频率的增大几乎呈线性增加。这是因为在低频状态下，压电驱动器驱动单元与箝位单元能够协调工作。通过测量空载状态下的位移响应可知，压电驱动器每个动作达到稳定的时间为 6 ms 左右，一个周期驱动器完成六个动作，因此压电驱动器的稳定输出频率在 27.7 Hz 以内，数值与测量结果相吻合。当压电驱动器工作频率高于 30 Hz 时，输出速度增加变缓。这是因为压电驱动器箝位动作没有达到稳定状态，压电驱动器对平台导轨箝位处于振荡状态，其协调性变差，影响其步距输出。但随着频率继续增加，压电驱动整体速度继续增加，但是增速变缓。当压电驱动器工作频率达到 70 Hz 时，输出速度达到最大值，之后迅速减小。这是因为压电驱动器驱动方向最快响应时间为 2.2 ms 左右，一个周期的最快响应频率为 75.8 Hz；当压电驱动器工作频率高于 75.8 Hz 时，驱动器所用压电叠堆无法达到其最大伸长量，这使得压电驱动器无法正常工作，压电驱动器速度因而迅速下降。

最后，测量平台在不同箝位单元驱动电压下的输出力特性，如图 5-10(d)所示，在 250 V 的箝位单元激励电压下输出力达到最大值，为 5.7 N。

5.3　双足尺蠖型压电驱动器

双足尺蠖型压电驱动器的致动原理[4]与四足尺蠖型压电驱动器的类似，即采用"箝位-驱动"周期性方式致动，通过对步进运动产生的位移进行积累。相较于四足尺蠖型压电驱动器，双足型仅使用四个压电叠堆，利用双足交替驱动动子，简化了驱动器的结构，便于安装和更换零件，也容易实现压电叠堆的整体封装，起到防护作用，有利于在不同工况下的应用。

5.3.1　压电驱动器结构与致动原理

双足尺蠖型压电驱动器结构如图 5-11 所示。该驱动器主要由四个压电叠堆封装组成。按驱动器各部分功能的不同，可将四个压电叠堆封装分为箝位单元与驱动单元，并将其分别编号为 a,b,c,d。其中，箝位单元 a,d 各自为一个独立的压电叠堆封装，其位移输出轴称为箝位足 1,2；驱动单元 b,c 的外壳为一整体，位移输出轴为驱动轴 1,2。箝位单元 a 和箝位单元 d 后端分别与驱动单元

b,c 两端的驱动轴刚性连接,实现箝位单元在驱动单元通、断电时在其轴向的移动。箝位单元 a,d 前端的箝位足与动子进行接触,压电叠堆通电时伸长,实现箝位。

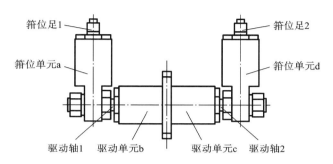

图 5-11　双足尺蠖型压电驱动器结构示意图

　　双足尺蠖型压电驱动器结构中包含 a,b,c,d 四个压电叠堆,它们作为致动元件,分别用于实现箝位或驱动功能。双足尺蠖型压电驱动器的具体致动原理如图 5-12 所示。图中:实心直线箭头表示压电叠堆通电伸长;压电叠堆旁无箭头表示压电叠堆未通电,保持或恢复原长;空心直线箭头表示导轨的一个步进位移。驱动器每个工作循环分为六个步骤,一个工作循环内可以实现两个步进

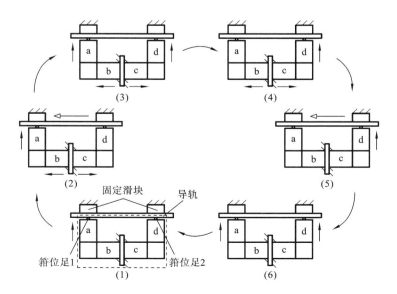

图 5-12　双足尺蠖型压电驱动器致动原理示意图

位移驱动,各步骤动作时序如下:

(1)压电叠堆 a 通电,压电叠堆 b,c,d 断电。通电伸长后的压电叠堆 a 推动箝位足 1 伸长,使箝位足 1 与导轨之间的摩擦力 f_1 增大。由于压电叠堆 d 断电,因此箝位足 2 无位移变化,箝位足 2 与导轨间的摩擦力 f_2 等于驱动器安装时预紧力引起的 f_{02}。由于箝位足 1,2 安装时预紧力引起的摩擦力 f_{01},f_{02} 大致相等,可认为 $f_{01}=f_{02}=f_0$,因此两箝位足间存在着摩擦力差,即 $f_1>f_2$。

(2)压电叠堆 a,d 分别保持通、断电状态不变,压电叠堆 b,c 通电。压电叠堆 b,c 的伸长会带动 a,d 各自沿 b,c 下实心直线箭头所示的两个方向运动,因为 f_1 与 f_2 间摩擦力差的存在,则压电叠堆 a 的运动会带动导轨实现一个步进位移,如空心直线箭头所示。

(3)压电叠堆 a,b,c 通电状态保持不变,压电叠堆 d 通电。箝位足 1,2 均伸长实现箝位,为切换到步骤 4 做准备。

(4)压电叠堆 b,c,d 通电状态保持不变,压电叠堆 a 断电。由于压电叠堆 a 断电,则箝位足 1 在弹性变形的作用下回缩,使箝位足 1 与导轨之间的摩擦力减小为 f_0,因此两箝位足间存在着摩擦力差,即 $f_2>f_1$。

(5)压电叠堆 a,d 分别保持通、断电状态不变,压电叠堆 b,c 断电。压电叠堆 b,c 断电后压电叠堆 a,d 会在弹性变形的作用下回缩,因为 f_1 与 f_2 间摩擦力差的存在,则压电叠堆 d 的运动会带动导轨实现另一个步进位移,如空心箭头所示。

(6)压电叠堆 b,c,d 分别保持通、断电状态不变,压电叠堆 a 通电。箝位足 1,2 均伸长,实现箝位,为切换到下一个循环的步骤 1 做准备。

在步骤(2),(5)中,导轨均依靠摩擦力差 $|f_1-f_2|$ 实现驱动,此摩擦力差即为驱动力。重复步骤(1)至步骤(6),则可以对单周期内的位移进行积累,实现对动子的持续步进驱动,每个动作周期内,动子被推动两次。为保证驱动器的准确稳定驱动,各运动步骤应相互独立,以上各个步骤之间应无重叠部分,即当单个步骤完成并稳定后,才开始下一个步骤,这样可以保证驱动器致动的准确性与稳定性。

根据双足尺蠖型压电驱动器运行步骤的分析可知,实现该压电驱动器的有效驱动需要精确的驱动信号,因为只有精确的驱动信号才能使驱动器内部的压电叠堆协调地工作。根据上面的驱动器运行步骤,规划出驱动信号时序如图 5-13 所示。驱动信号共有四相,分别对 a,b,c,d 四个压电叠堆进行控制。四相信号均为矩形波,电压在 0 与 U 之间进行切换,其中 U 为驱动器的驱动电压。第一相驱动信号占空比为 2/3；第二相与第三相驱动信号完全相同，占空比为 1/2，相位滞后第一相 120°；第四相驱动信号占空比为 1/3，相位滞后第一相 180°。

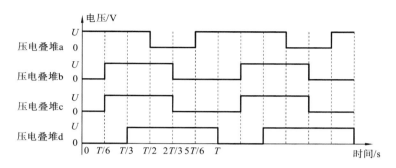

图 5-13　驱动信号时序

在运动循环中，若交换压电叠堆 a 与 d 的驱动信号，则可实现动子的反向驱动。同时根据压电叠堆输出位移与电压的关系，通过调整电压的大小可实现驱动器步距的变化，从而实现驱动器大步距驱动与小步距驱动之间的切换。驱动器单位时间内动作的次数直接影响输出位移的大小，因此改变驱动信号频率与电压大小均可使驱动器的驱动速度发生变化。

压电叠堆无法承受剪切力，这导致其在工作过程中受到侧向力时易损坏，并且装配方式不灵活，通常为粘贴固定。为减小双足尺蠖型压电驱动器工作时压电叠堆受到的侧向力并提高驱动器装配的灵活性，可对压电叠堆进行封装设计，利用封装结构承受驱动器工作时受到的侧向力，使压电叠堆处于安全有效的工作状态。所设计的压电叠堆封装结构如图 5-14 所示。压电叠堆封装由压电叠堆、绝缘套、定位预紧块、定位销、位移输出轴、端盖及外壳组成，其中位移输出轴与端盖之间、端盖与外壳之间均采用螺纹连接。压电叠堆为致动元件，提供推动力；定位预紧块用于对压电叠堆进行定位，实现压电叠堆预紧力的均布；位移输出轴用于施加压电叠堆预紧力与实现压电叠堆封装的位移输出；定位销用于实现预紧力施加时定位预紧块的止动，

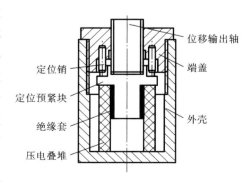

图 5-14　压电叠堆封装结构示意图

防止压电叠堆上产生转矩;端盖上有两处螺纹,用于连接位移输出轴与外壳,并将位移输出轴承受的侧向力传递给外壳;外壳用于侧向承载,提高封装抗弯刚度。

为得到驱动力较大的驱动器,选择苏州攀特电陶科技股份有限公司的PTH2502515301型压电叠堆。该型号压电叠堆的相关参数如表5-1所示。

表 5-1　PTH2502515301 型压电叠堆相关参数

压电叠堆型号	外形尺寸 (外径×内径×高度) /(mm×mm×mm)	额定电压 /V	标称位移 /μm	零位移推力 /N	刚度/ (N/μm)
PTH2502515301	25×15×30	250	30±10%	9000	300

压电叠堆选定后,根据其尺寸设计封装结构。对压电叠堆进行封装是为了使压电叠堆处于良好的工作条件,即封装在满足对压电叠堆的预紧力施加的同时,减小其受到的侧向力。综合上述分析确定驱动器最终尺寸,如图5-15所示。

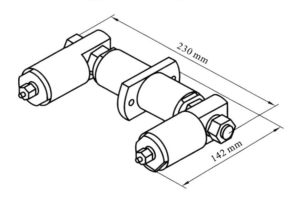

图 5-15　双足尺蠖型压电驱动器最终尺寸

5.3.2　实验研究

根据确定的双足尺蠖型压电驱动器详细尺寸,制作出样机;为了测试双足尺蠖型压电驱动器的输出特性,搭建测试平台,如图5-16所示。测试平台主要由双足尺蠖型压电驱动器样机、驱动器夹块、预紧装置、导轨、滑块、滑块固定架及底板等组成。驱动器夹块实现对样机的夹紧,及预紧力施加后的驱动器固定;预紧装置通过螺钉实现样机与导轨间接触预紧力的施加;导轨作为动子,实现在一定方向上的直线运动。

图 5-16　双足尺蠖型压电驱动器测试平台实物

　　压电驱动器样机输出位移的重复性直接反映了驱动器工作的稳定性,较好的重复性可以保证驱动器运动的精度,并简化定位控制方法设计。在电压为 200 V、频率为 2 Hz 的矩形波驱动下,压电叠堆 d 封装的输出位移测量结果如图 5-17 所示。使用相同驱动信号,对剩余三个压电叠堆封装的输出位移进行重复性测试。实验时,选取每个压电叠堆封装的位移输出轴的端面作为位移输出测量点进行测量,重复测量 10 次。样机各单元的平均输出位移分别是6.17 μm,5.33 μm,4.79 μm 和 6.81 μm。压电叠堆 a 封装的输出位移具有最小的偏差,为 0.02 μm;压电叠堆 b,c,d 封装的输出位移偏差相同,均为 0.03 μm。四个压电叠堆均具有较小的输出位移偏差,均具有较好的重复性。

　　为获得双足尺蠖型压电驱动器在满足致动原理时的最高运行频率,需要测试周期内各步骤的动作时间。单个周期时间越短,则驱动器的运行频率越高。六个步骤的动作均反映为压电叠堆封装的输出位移的增大或减小,因此通过对压电叠堆施加一定电压与频率的矩形波信号,可测得压电叠堆封装输出位移的上升与下降时间,从而计算出在一定电压下驱动器的最高运行频率。对驱动器进行矩形波响应测试,获得其输出位移曲线。图 5-18 所示为压电叠堆 d 封装在电压为 200 V、频率为 2 Hz 的矩形波信号下的输出位移曲线。取上升时间 T_r 为输出位移从一种稳定状态切换到另一种稳定状态时,输出位移曲线持续上升的时间;取下降时间 T_f 为输出位移从一种稳定状态切换到另一种稳定状态时,输出位移持续下降的时间。

　　从图 5-18 中可以看出,当压电驱动器样机输出位移达到稳态后,还存在着一定的波动。这种小范围的波动主要是驱动电源的输出电压存在一定的纹波造成的。此外,环境的不稳定以及传感器测试过程中的噪声也会引起输出位移不规律的波动。样机各单元输出位移在不同电压下的上升时间如表 5-2 所示，下降时间如表 5-3 所示。

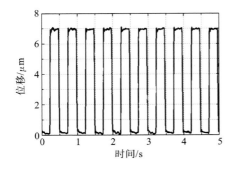 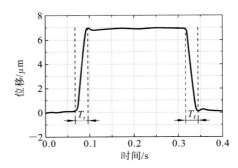

图 5-17　压电叠堆 d 封装的输出位移测量结果　　图 5-18　压电叠堆 d 的输出位移曲线

表 5-2　输出位移上升时间　　　　　　　　　　（单位：ms）

电　压	a	b	c	d
50 V	20.0	20.0	19.2	19.6
100 V	21.8	21.0	21.4	21.4
150 V	25.2	24.2	24.2	24.8
200 V	29.6	27.6	29.6	27.2

表 5-3　输出位移下降时间　　　　　　　　　　（单位：ms）

电　压	a	b	c	d
50 V	19.2	19.6	19.4	20.2
100 V	21.6	21.8	21.6	22.0
150 V	25.2	25.6	25.2	25.4
200 V	29.8	28.2	28.6	27.4

　　由表 5-2 和表 5-3 可知，随着电压的增大，上升时间与下降时间也随之逐渐增加；当电压达到 200 V 时，驱动器的上升与下降时间最长。虽然每个压电叠堆封装输出位移在相同电压下的上升时间与下降时间略有不同，但它们都大致相等。当电压为 200 V 时，可将致动周期内六个单步的时间均取为 30 ms。因此，若压电驱动器按致动原理的动作时序严格地运动，一个运动周期内需要完成六次驱动信号的切换动作，则当电压为 200 V 时，驱动器的最高工作频率约为 5.6 Hz。

当驱动信号频率为 1 Hz、电压为 200 V 时,测量得到的位移曲线如图 5-19 所示。时间 T 表示双足尺蠖型压电驱动器的一个运动周期,其中第 1～6 个时间段分别对应图 5-12 所示的六个步骤。每个运动周期完成后,导轨产生一定步距的位移。在单个周期内,驱动器六个步骤间的转换均会造成导轨在运动方向上的位移变化。由于在驱动信号周期内位移具有较大的变化,因此在运动控制系统设计时,使位置检测程序与激励信号输出程序间隔运行,不在激励信号周期内进行位置检测。根据双足尺蠖型压电驱动器的致动原理,导轨应该只在步骤(2)与步骤(5)产生位移,但实际上在步骤(1)(3)(4)(6)导轨均会产生位移。这是因为在上述四个步骤中,当箝位单元对导轨进行箝位时箝位力的反作用力会引起驱动单元的弯曲,进而造成箝位单元的转动,而此时处于箝位状态,箝位足会带动导轨在运动方向上产生耦合位移。但因为一个周期内两个箝位单元均会完成一次箝位与取消箝位的动作,所以一个周期驱动完成后,箝位对导轨造成的实际有效位移为 0 μm,即箝位动作不会影响导轨的平均运动速度。从图 5-19 还可以发现,驱动单元在时间段 2 与时间段 5 对导轨实现驱动,驱动位移分别约为 1.95 μm 与 3.32 μm,低于压电叠堆 b,c 空载下的输出位移。这是因为当箝位单元箝位时,箝位力的反作用力使得驱动单元中压电叠堆的输出力主要作用在螺纹远靠驱动足的一侧,使得位移输出轴在伸长的同时产生旋转,因此驱动单元输出位移沿箝位单元轴向产生逐渐减小的趋势,故箝位足端点推动导轨的步距位移小于驱动单元的输出位移。由于存在驱动器零件制造误差与驱动器装配误差,因此位移沿箝位单元呈现减小的趋势是不同的。

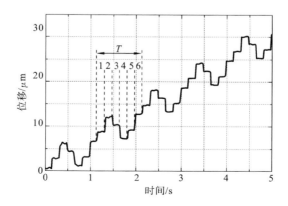

图 5-19　直线运动平台的运动曲线

在频率为 5 Hz、箝位单元电压为 200 V 的条件下,对驱动单元施加不同大小的电压,获得平均速度与驱动电压的关系,如图 5-20 所示。随着驱动单元电压的增大,动子的平均速度也近似线性增大。当电压小于 100 V 时,平均速度与电压之间关系的线性度较差,当电压大于 100 V 时,两者的关系具有较好的线性度,测量点相对于最小二乘法所得拟合直线的最大偏差仅为 0.43 μm/s。通过速度与步距间的关系可知,当电压在25~200 V 范围内时,动子的步距变化范围为 0.49~6.08 μm,达到了亚微米级的最小输出步距。

在 200 V 电压下测量在不同频率下平台运动的平均速度,结果如图 5-21 所示。由该图可以看出,平均速度随着频率的提高首先逐渐增加,在 12 Hz 时平均速度达到最大值 47.6 μm/s,而后平均速度随着频率的增大迅速减小。对平均速度与频率的关系做进一步分析还可以发现,当频率小于 6 Hz 时,两者关系具有较好的线性度;当频率在 6~12 Hz 范围内时,平均速度虽然会因为频率的增大而上升,但上升斜率相对于频率在 1~6 Hz 范围内时有明显的减小趋势。通过压电驱动器输出位移矩形波响应实验得出:样机在 200 V 电压下,按致动原理能够运行的最大频率为 5.6 Hz,因此在 1~6 Hz 范围内平均速度与频率之间具有较好的线性关系。当频率在 6~12 Hz 范围内时,压电驱动器样机无法严格按照致动原理运动,各运动步骤之间存在着部分重叠,并且随着频率的增大,重叠部分逐渐增加,以至于输出步距逐渐减小。当步距减小使平均速度降低的程度大于频率使平均速度提升的程度时,平均速度就会减小。

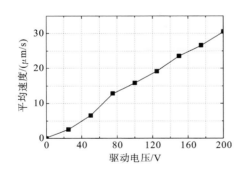

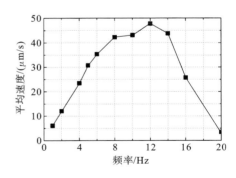

图 5-20　平台平均速度与驱动电压的关系曲线　　图 5-21　平台平均速度与频率的关系曲线

5.4　尺蠖型压电驱动器的运动解耦

从前面四足和双足尺蠖型压电驱动器的位移响应曲线图中可以发现,其输出位移响应不够平稳,甚至存在回退问题,这就给实际应用带来了一定的影响,尤其是在精密加工和生命科学领域。分析对应步骤的致动原理可知,此问题是由箍位单元与驱动单元之间的运动耦合导致的。箍位单元对导轨进行箍位时箍位力的反作用力会引起驱动单元的弯曲,进而造成箍位单元的转动,由于此时驱动器处于箍位状态,箍位足会驱动导轨在运动方向上产生耦合位移。

5.4.1　压电驱动器结构与致动原理

针对箍位单元与驱动单元之间的运动耦合问题,著者基于前期研制的双足尺蠖型压电驱动器提出了一种改进型双足尺蠖压电驱动器——U 形尺蠖型压电驱动器,用于实现无耦合运动输出[5]。该驱动器由四个压电驱动单元组成,如图 5-22 所示,这些单元集成为 U 形,按其功能也分为驱动单元和箍位单元。两个驱动单元沿 X 方向同轴固定在基座上,与驱动单元连接的箍位单元沿 Y 方向设置并固定在支架的滑块上,箍位装置的两个输出端为一对驱动足。与前期研制的双足尺蠖型压电驱动器相比,此 U 形驱动器由于采用滑块和支架,箍位装置沿 Y 方向的线性刚度和沿 Z 方向的转动刚度较高。这种结构将有力地抑制箍位单元与驱动单元之间的运动耦合,使动子产生平稳的位移输出。此外,当驱动足箍紧动子时,这种结构会使箍位力增加。

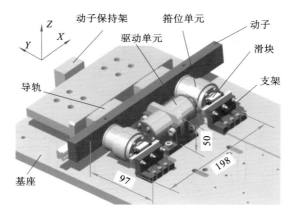

图 5-22　U 形尺蠖型压电驱动器的结构和尺寸(单位:mm)

尽管箍位单元与驱动单元在形状和尺寸上存在一定的差异,但它们的基本结构完全相同。如图 5-23(a)所示,套筒和隔膜将压电叠堆和输出块夹在中间,其中将产生一定的预紧力,可以保证压电叠堆安全有效地工作。半球形输出块将环形压电叠堆的位移汇聚到隔膜中心的输出端。这种结构不仅能保证压电叠堆通电时输出端产生较大的纵向位移,而且能保护压电叠堆不受横向剪切力的影响。箝位单元的隔膜也用于连接箝位单元与驱动单元,如图 5-23(b)所示。箝位单元与驱动单元的隔膜结构和尺寸相同。

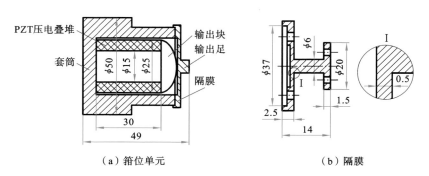

（a）箝位单元　　　　　　　　　（b）隔膜

图 5-23　箝位单元和隔膜的结构和尺寸（单位：mm）

所提出的 U 形尺蠖型压电驱动器的致动原理如图 5-24 所示。将压电叠堆驱动单元命名为 PAU,为便于识别,驱动器对应的四个单元分别命名为 PAU-

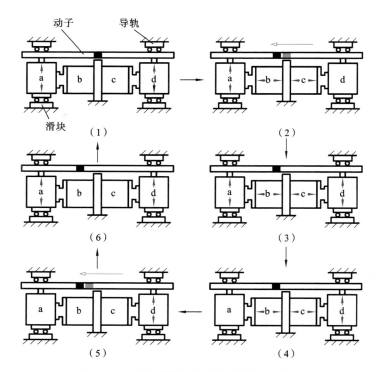

图 5-24　U 形尺蠖型压电驱动器的致动原理

a,PAU-b,PAU-c 和 PAU-d。同样,单个周期包含以下六个步骤:

（1）PAU-a 伸长并箝紧动子,同时 PAU-b,PAU-c 和 PAU-d 保持其初始长度。

（2）PAU-b 和 PAU-c 伸长,而 PAU-a 和 PAU-d 保持上一步的状态,左驱动足驱动动子向左运动一步。

（3）PAU-d 伸长,PAU-a,PAU-b,PAU-c 保持上一步的状态,PAU-a 和 PAU-d 共同箝紧动子。

（4）PAU-a 缩短并释放动子,而 PAU-b,PAU-c 和 PAU-d 保持上一步的状态,PAU-d 单独箝紧动子,动子保持静止。

（5）PAU-b 和 PAU-c 缩短,而 PAU-a 和 PAU-d 保持上一步的状态,右驱动足驱动动子向左运动一步。

（6）PAU-a 伸长,而 PAU-b,PAU-c,PAU-d 的状态与上一步相同。

驱动器在每个周期中的步骤（2）和步骤（5）分别驱动动子一次。施加在压电叠堆上的激励信号波形如图 5-25 所示,其中 T 表示启动循环的周期,四相信号分别标记为 U_a,U_b,U_c 和 U_d。通过多周期循环累积微小步距,驱动器可以实现大行程运动输出;通过交换施加在 PAU-a 和 PAU-d 上的信号,可以实现反向致动。

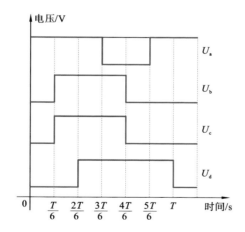

图 5-25　施加在压电叠堆上的激励信号波形

5.4.2　仿真分析

为了研究各元件对压电驱动器箝位力和步距的关系,采用集总参数法建立等效弹簧模型,将压电驱动器的各元件等效为弹簧,利用有限元法得到各等效弹簧的刚度,从而得到压电驱动器的步距和箝位力的解析表达式。首先计算压电驱动器的步距,由于压电驱动器的步距由驱动单元的输出位移决定,因此,采用图 5-26(a)所示的静力学模型计算单个 PAU 的输出位移。PAU 的所有部件都被视为等效弹簧。k_1,k_2,k_3 和 k_4 分别是压电叠堆、半球输出块、隔膜和套筒的等效刚度系数。为了进一步简化模型,将 k_1 和 k_2 等效为 K_1,k_3 和 k_4 等效为 K_2。PAU 的输出位移可通过以下公式计算:

$$d = \frac{DK_1}{K_1 + K_2} \tag{5-1}$$

$$K_1 = \frac{k_1 k_2}{k_1 + k_2} \tag{5-2}$$

$$K_2 = \frac{k_3 k_4}{k_3 + k_4} \tag{5-3}$$

式中:d 和 D 分别为在自由边界条件下相同电压下 PAU 和 PZT 压电叠堆的输出位移。在 200 V 直流电压下,供应商提供的 D 的平均值为 32.6 μm。

开展静力学分析,得到半球输出块、隔膜和套筒的刚度系数,这些部件的材料均为不锈钢,弹性模量为 228 GPa,泊松比为 0.3。在分析过程中,对这些零件施加 1000 N 的轴向力,由静态分析得出轴向位移,如图 5-26(b)所示。套筒、半球

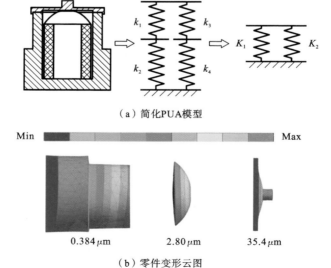

(a)简化PUA模型

Min   Max

0.384 μm   2.80 μm   35.4 μm

(b)零件变形云图

图 5-26　PAU 的等效弹簧模型

输出块和隔膜的位移分别约为 $0.384~\mu m, 2.80~\mu m, 35.4~\mu m$。根据胡克定律, $k_2 = 357.1~N/\mu m, k_3 = 28.24~N/\mu m, k_4 = 2871~N/\mu m, k_1 = 300~N/\mu m$, 这些数据由压电叠堆供应商提供。因此, 通过式(5-1)至式(5-3)计算出 $d = 27.8~\mu m, K_1 = 163~N/\mu m, K_2 = 28.0~N/\mu m$。

采用相同的方法建立另一个用于计算箍位力的静力学模型, 如图 5-27(a)所示。K_3, K_4 和 K_5 分别是连接件、支架和动子保持架的等效刚度系数。驱动器的箍位力 F_q 可通过下式计算:

$$F_q = \frac{DK_1(K_3 + K_4)K_5}{(K_1 + K_2)(K_3 + K_4 + K_5) + (K_3 + K_4)K_5} \tag{5-4}$$

等效刚度系数通过静态分析获得, 如图 5-27(b)所示。动子保持架由钢制成, 弹性模量为 206 GPa, 泊松比为 0.3。支架和连接件的材料为不锈钢, 与套筒的材料相同。在 1000 N 的静力载荷下, 连接件、支架和动子保持架的位移分别为 $511~\mu m, 5.03~\mu m$ 和 $6.32~\mu m$。根据胡克定律, K_3, K_4 和 K_5 分别为 $1.96~N/\mu m, 198~N/\mu m$ 和 $158~N/\mu m$, 由此可计算出箍位力为 1680 N。因此, 当驱动足与动子之间的摩擦系数为 0.12 时, 驱动器的输出力为 202 N。

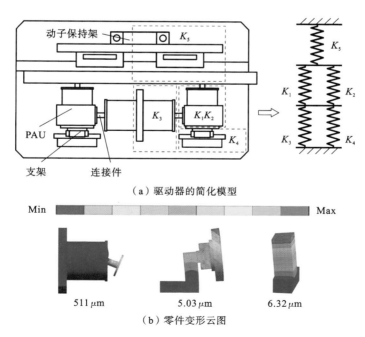

（a）驱动器的简化模型

Min Max

511 μm 　　 5.03 μm 　　 6.32 μm

（b）零件变形云图

图 5-27　驱动器的等效弹簧模型

由式(5-4)可知,支架的支撑对箍位力有显著影响,当 K_4 为零时,从驱动器结构中移除支架,箍位力急剧减小,仅为 53 N。通过图 5-28 所示的静态模型对移除支架后驱动器的运动耦合进行研究。假定 PAU 为刚性的,当在垂直于动子方向施加 1000 N 的静力载荷时,连接件的角位移为 1.21×10^{-2} rad,等效角刚度 K_θ 为 8.24×10^{-4} N/rad。当箍位单元在没有支架支撑的情况下通电时,计算得动子的位移为 25.2 μm。鉴于支架的刚度远远大于连接件的刚度,驱动器与支架的运动耦合可以忽略不计。因此,采用的滑块和支架支撑结构在抑制运动耦合方面起着核心作用。

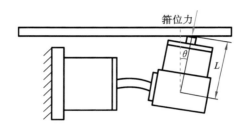

图 5-28　运动耦合的静态模型（$L = 39$ mm）

上述静力学分析清楚地展示了各部件刚度对压电驱动器步距和箍位力的贡献。分析结果表明,隔膜刚度 k_3 对增加步距和箍位力有着最重要的影响。减小隔膜厚度有利于增加箍位力和步距,但同时也会削弱隔膜的强度,造成结构损伤。因此,为了平衡隔膜的强度和刚度,将隔膜的厚度设计为 0.5 mm。

为了进一步研究 U 形尺蠖型压电驱动器的特性并验证上述静力学分析,利用 ANSYS 软件开展有限元分析,仿真研究驱动单元和箍位单元对输出位移的影响。分别对驱动单元和箍位单元施加 200 V 的直流电压,整个压电驱动器的形变云图如图 5-29 所示。驱动单元和箍位单元动作导致的动子位移分别为 29.17 μm 和 1.83 μm,耦合比仅为 6%。由左驱动单元接触区域的反作用力求出箍位力为 1626.9 N,如图 5-30 所示。这表明由有限元模型与静力学模型计算位移和箍位力所得到的结果均相差不到 5%,验证了所建立的静力学模型的有效性。

5.4.3　实验研究

制作 U 形尺蠖型压电驱动器样机,并对其机械输出特性进行测试。

首先,通过电容传感器(D-E20.200,PI 公司生产)测量各 PAU 及采用的 PZT 压电叠堆(PTH2502515301,苏州攀特电陶科技股份有限公司生产)的机

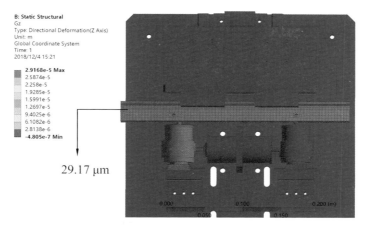

（a）左驱动单元导致的形变

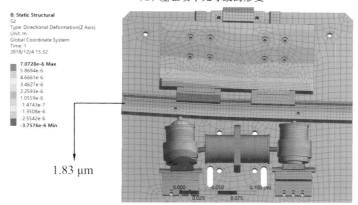

（b）左箝位单元导致的形变

图 5-29　U 形尺蠖型压电驱动器的形变

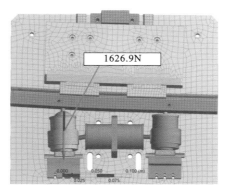

图 5-30　左箝位单元通电时压电驱动器的箝位力

械输出特性,如图 5-31 所示。PZT 压电叠堆的内径、外径、高度分别为 15 mm,
25 mm,30 mm。最大工作电压为 250 V,刚度系数为 300 N/μm。在最大工作
电压下,其标称输出位移和输出力分别为 30 μm 和 9000 N。施加电压为 200
V、频率为 1 Hz、占空比为 50% 的方波信号,分别测量各 PZT 压电叠堆和 PAU
的位移响应参数,包括最大输出位移、上升时间和下降时间,结果列于表 5-4 中。
上升时间和下降时间定义为位移响应达到稳定值的 95% 时所经历的时间。图
5-32 展示了 PAU-d 的位移响应曲线,并给出了上升时间和下降时间。

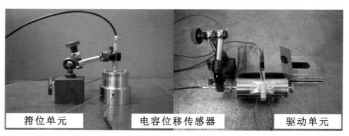

(a)箝位单元测试装置　　　　　　　(b)驱动单元测试装置

图 5-31　实验测试装置

表 5-4　压电叠堆响应特性

名　　称	最大输出位移/μm	上升时间/ms	下降时间/ms
压电叠堆-a	32.09	27.9	28.4
压电叠堆-b	33.01	29.9	30.2
压电叠堆-c	32.96	29.7	29.9
压电叠堆-d	32.51	28.1	28.4
PAU-a	27.37	27.8	28.0
PAU-b	28.14	29.7	30.1
PAU-c	28.11	29.7	29.5
PAU-d	27.75	27.8	28.0
压电叠堆平均值	32.64	28.9	29.2
压电叠堆偏差范围	0.92	2.0	1.8
压电叠堆偏差率	3%	7%	6%
PAU 平均值	27.84	28.8	28.9
PAU 偏差范围	0.77	1.9	2.1
PAU 偏差率	3%	7%	7%

注:平均值、偏差范围和偏差率分别记为响应位移的平均值、偏差范围、偏差范围与平均值的百
分比。

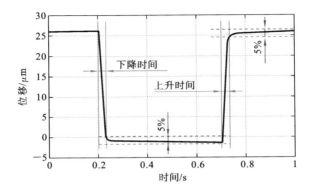

图 5-32　PAU-d 的位移响应曲线

　　从表 5-4 可以看出，各压电叠堆和 PAU 的最大位移偏差率为 3％左右，上升时间和下降时间的波动在 7％左右。PZT 压电叠堆的特性直接影响到 PAU 的性能；各 PAU 的响应特性几乎相同，最大输出位移平均值为 27.84 μm，上升时间平均值为 28.8 ms，下降时间平均值为 28.9 ms。此外，各 PAU 最大输出位移的平均值与所建立的静力学模型计算值基本吻合。值得一提的是，压电叠堆作为容性负载，其驱动的 PAU 位移响应的上升时间和下降时间主要受电源功率的限制（实验用电源峰值功率约为 30 W）。

　　然后，测试压电驱动器样机的机械特性，实验装置如图 5-33 所示。在一定的预紧力作用下，样机被箍在动子上，预紧力可以通过改变支架的固定位置来调节。用测力仪（HP-500，艾德堡）测量动子与驱动足之间的摩擦力；采用电容

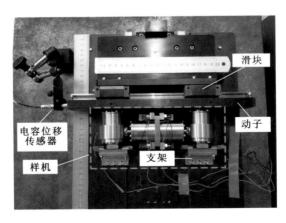

图 5-33　实验装置（单位：cm）

传感器(D-E20.200,德国 PI 公司生产)、信号处理器(E-E01.001,德国 PI 公司生产)和数据采集系统(NI-9215,美国 NI 公司生产)测量和处理动子的输出位移。接下来测量压电驱动器样机的输出力,测量方法如下:首先,使得在一对箝位装置上施加的电压均为 0 V,测量两驱动足与动子之间的摩擦力 F_0;然后,使施加在左、右箝位装置上的电压分别为给定直流电压和 0 V,得到摩擦力 F_1;接着,使施加在左、右夹紧单元上的电压分别为 0 V 和给定直流电压,获得摩擦力 F_2。因此,左、右驱动足的输出力分别为 $F_L=F_1-F_0$ 和 $F_R=F_2-F_0$。两个驱动足在相同电压下的输出力几乎相同,如图 5-34 所示,输出力随着电压的增加而增加。左驱动足和右驱动足的最大输出力分别为 189.7 N 和 194.6 N。左、右驱动足的最大输出力的细微差别主要是由箝位装置的加工误差和安装误差造成的。测试结果表明,由静力学模型计算得到的最大输出力与实测结果接近。

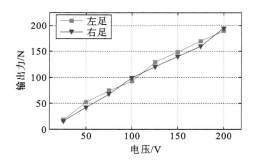

图 5-34 输出力和电压的关系曲线

其次,研究箝位单元所引起的运动耦合。分别测量箝位单元和驱动单元动作造成的动子输出位移。当在左箝位单元上施加 200 V 的阶跃激励信号并且将其他 PAU 的激励电压设置为 0 V 时,实验测试的结果如图 5-35(a)所示,箝位单元造成的动子的输出位移为 1.06 μm。在左驱动单元上施加电压为 200 V 的阶跃激励信号并且将其他 PAU 的激励电压设置为 0 V 时,实验测试的结果如图 5-35(b)所示,可以看出驱动单元产生的输出位移为 27.54 μm。因此,计算出的运动耦合比约为 4%。这意味着箝位单元对输出位移的影响与驱动单元对输出位移的影响相比可以忽略不计。

接下来测试驱动器动子在不同周期的激励信号下的位移响应。施加规划的激励信号,设置激励信号电压幅值为 200 V,测量结果如图 5-36 所示。可以清楚地看到,在一个周期里,压电驱动器分别在步骤(2)和步骤(5)中驱动动子

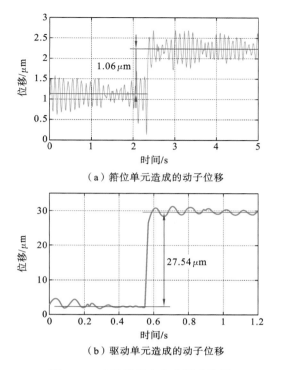

（a）箝位单元造成的动子位移

（b）驱动单元造成的动子位移

图 5-35　动子的耦合位移测试结果

一次,验证了所提出的致动原理。从图 5-36 中还可以看到,位移响应曲线的波动十分小,当驱动器箝位单元箝紧或松开动子时,非期望的耦合运动非常小。在 $T=1$ s,$T=2$ s 和 $T=2.5$ s 时,步距的平均值均为 27.6 μm,与驱动单元的位移响应大致相同。驱动器在正向和反向运动时,位移响应曲线具有良好的一致性,两个运动方向的平均步距之差小于 3%。

从致动原理上看,激励信号的电压和频率直接决定了样机的输出速度。在 2 Hz 频率下测试在驱动单元上施加不同电压时压电驱动器样机的输出速度,其中施加在箝位单元上的电压保持在 200 V,以便驱动器能够箝紧动子,测试结果如图5-37 所示。可以看出,输出速度几乎与电压成线性关系。在 3 V 激励电压下,最小输出步距为 50 nm,最小输出速度为 0.2 μm/s;当电压为 200 V、频率为 2 Hz 时,输出速度可达 112.4 μm/s。

将施加在 PAU 上的电压均设定为 200 V,研究激励频率对输出速度的影响。如图 5-38 所示,在 0.05~5 Hz 的范围内,输出速度随频率近似呈线性增长,然后在 5~6.25 Hz 的范围内略有增加,最后在 6.25~12.5 Hz 的范围内减

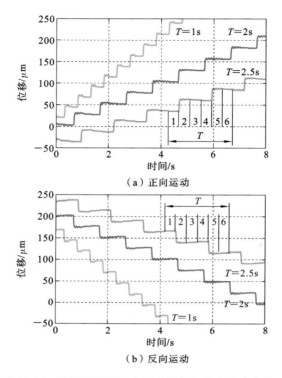

（a）正向运动

（b）反向运动

图 5-36　U 形尺蠖型压电驱动器样机位移响应曲线

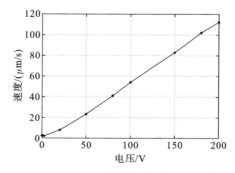

图 5-37　U 形尺蠖型压电驱动器样机输出速度和电压的关系曲线

小。在 6.25 Hz 的频率下,输出速度达到峰值——273.4 μm/s。这主要是由压电叠堆的上升时间和下降时间引起的。根据该驱动器的致动原理,在一个驱动循环中,每个步骤经历的时间应大于上升和下降时间,以使驱动器能够稳定工作。上升和下降时间约为 28.8 ms,考虑到每个驱动循环有六个步骤,将最大稳定工作频率设置为 5.8 Hz。当压电驱动器工作频率高于 5.8 Hz 时,各步骤之间会出现重叠。步骤之间的重叠使夹紧单元的夹紧力和推动单元的输出位移减小,从而使驱动器的步距缩小。作为一种步进式压电驱动器,该驱动器的输出速度由其步距和工作频率决定。在工作频率小于 5.8 Hz 时,步距保持不变,输出速度随频率的增加而线性增加;当工作频率超过 5.8 Hz 时,输出速度既有正效应,也有负效应。正效应是,高工作频率导致步频较快的步进运动;负效应是,高工作频率导致较小的步距。工作频率超过 5.8 Hz 时的输出速度取决于这两种效应的相对强度。在 5.8～6.25 Hz 的频率范围内,正效应较负效应显著;当工作频率超过 6.25 Hz 时,负效应大于正效应。因此,在工作频率为 6.25 Hz 时,该压电驱动器达到最高速度。

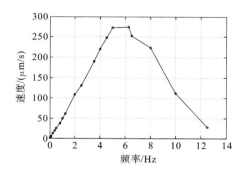

图 5-38   U 形尺蠖型压电驱动器样机输出速度与频率的关系曲线

5.5   紧凑尺蠖型压电驱动器

尺蠖型压电驱动器采用多足、多压电单元致动,这导致其结构比较复杂、体积大。采用小体积的压电单元及配套零部件虽然可实现尺蠖型压电驱动器体积的缩小,但也会导致其输出力变小。这些问题在一定程度上影响了尺蠖型压电驱动器应用范围,因此,研究具备大输出力的紧凑尺蠖型压电驱动器对于拓宽其应用范围是十分必要的。

5.5.1   压电驱动器结构与致动原理

针对紧凑结构的特性要求设计尺蠖型压电驱动器,其结构如图 5-39 所示。其由一个驱动单元与两个箝位单元组成,驱动单元内有一个环形压电叠堆,每个箝位单元内有三个方形压电叠堆,采用三角放大箝位机构来增大压电叠堆的

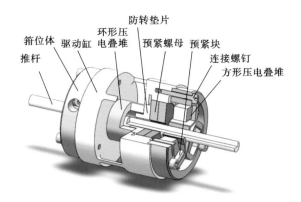

箍位体　驱动缸　环形压电叠堆　防转垫片　预紧螺母　预紧块　连接螺钉　方形压电叠堆　推杆

图 5-39　压电驱动器的三维图

输出位移。压电驱动器整体对称,结构紧凑性得到了大大提高,箍位单元采用三个压电叠堆来驱动,以保证足够大的输出力。

　　工作时将一个箍位单元固定在 V 形块上。当环形压电叠堆通电伸长时,驱动单元在压电叠堆的推动下产生拉伸变形;当环形压电叠堆断电收缩时,驱动单元在自身弹力的作用下恢复原长。当方形压电叠堆通电伸长时,箍位足在微位移放大机构的作用下脱离推杆;当方形压电叠堆断电时,箍位足在自身弹力的作用下恢复对推杆的箍位,其箍位力由箍位足与推杆之间的预紧力提供,因此压电驱动器在断电时可以实现无源自锁。通过驱动单元与箍位单元的交替运动,驱动器可以实现对推杆的大行程驱动,其具体的致动原理如图 5-40 所示。

　　(1)断电自锁:两箍位单元与驱动单元均处于断电状态,箍位单元在预紧力的作用下对推杆箍位。

　　(2)箍位单元 1 松开:箍位单元 2 和驱动单元保持断电,箍位单元 1 通电,菱形放大机构在竖直方向上收缩,箍位足松开推杆。

　　(3)驱动单元伸长:箍位单元 2 保持断电箍位,箍位单元 1 通电松开,驱动单元通电伸长,在箍位单元 2 的箍位下,箍位足拉动推杆右移。

　　(4)箍位单元 2 箍位:箍位单元 1 断电箍位,驱动单元保持通电伸长,箍位单元 2 断电箍位。

　　(5)箍位单元 2 松开:驱动单元通电伸长,箍位单元 1 断电箍位,箍位单元 2 通电松开。

　　(6)驱动单元收缩:箍位单元 2 通电松开,箍位单元 1 断电箍位,驱动单元断电收缩,为切换到下一循环做准备。

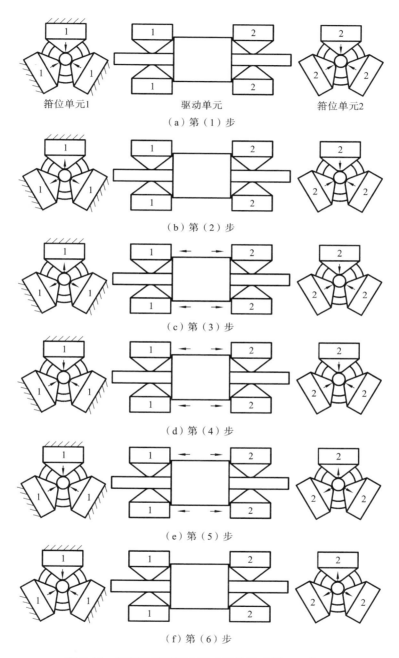

（a）第（1）步

（b）第（2）步

（c）第（3）步

（d）第（4）步

（e）第（5）步

（f）第（6）步

图 5-40　紧凑尺蠖型压电驱动器的致动原理示意图

完成步骤(1)~(6)之后,压电驱动器就完成了一个致动周期,驱动推杆在一个周期内向右移动一步。此后驱动器将回复到断电自锁状态。

根据上述压电驱动器的驱动原理规划出其驱动信号的时序,如图 5-41 所示。驱动信号共计七路,其中箝位单元 1 中的三相驱动信号完全相同,箝位单元 2 中的三相驱动信号完全相同。通过将驱动信号周期性地施加给压电叠堆,理论上可以实现推杆在一个方向上的无限行程。若要压电驱动器实现与原方向相反的运动,则将原来的驱动信号通电顺序颠倒即可。已知压电叠堆的位移与驱动信号的电压成正比,可以通过改变驱动单元压电叠堆的驱动电压大小来实现对驱动器单步步距的控制,从而实现对压电驱动器的精密控制。在单位时间内,施加的驱动信号的次数决定了推杆的输出位移,因此可以通过改变驱动信号的频率来控制推杆的速度。

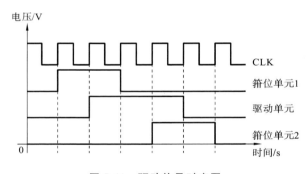

图 5-41　驱动信号时序图

5.5.2　仿真分析

为了保证大输出力,首先对箝位单元进行静力学仿真分析,验证其箝位力大小。在箝位足端面施加 100 N 的压力,仿真得到的箝位足的输出位移大小如图 5-42 所示,为 16.491 μm,计算得到箝位足在输出位移方向的等效刚度为 6.06×10^6 N/m。当对箝位单元的压电叠堆施加 150 V 的电压信号时,箝位足端面在压电叠堆的作用下输出位移,箝位单元的形变如图 5-43(a)所示,其端面输出位移为 11.762 μm,此时箝位单元的应力分布如图 5-43(b)所示,其最大应力为 171.99 MPa。因此,箝位足在断电的情况下,理论上对推杆能产生的最大箝位力为 71.3 N,取摩擦系数为 0.17,单个箝位单元能够提供 36 N 的静态箝位摩擦力,符合大输出力特性对箝位单元静态箝位摩擦力的要求。

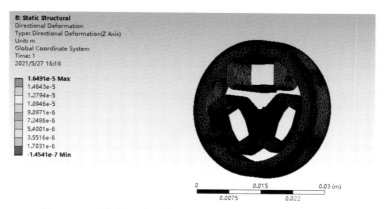

图 5-42　对箍位足端面施加正压力时箍位单元的仿真结果

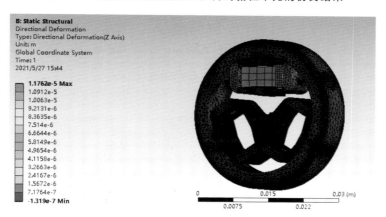

（a）箍位单元形变

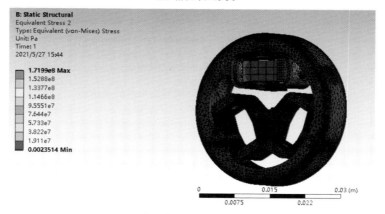

（b）箍位单元应力分布

图 5-43　压电叠堆通电时箍位单元仿真结果

利用仿真分析方法研究驱动单元的动作。通过静力学分析得到压电叠堆通电时压电驱动器的位移与应力分布。给驱动单元的压电叠堆施加 200 V 的电压激励信号,仿真结果如图 5-44 所示。

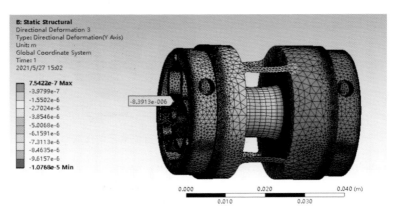

（a）驱动单元形变

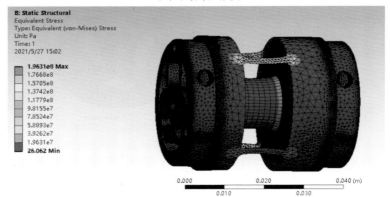

（b）驱动单元应力分布

图 5-44　压电叠堆通电时驱动单元仿真结果

压电驱动器驱动单元的形变如图 5-44（a）所示,驱动单元端面位移为 8.3913 μm,此时驱动单元的应力分布如图 5-44（b）所示,最大应力为 196.31 MPa。选用的位移放大器材料为 65 Mn,其屈服强度为 430 MPa,因此该方案能够在减小轴向刚度的同时保证驱动缸能在安全应力的范围内工作。

5.5.3　实验研究

加工出紧凑尺蠖型压电驱动器的各个零件并进行装配。采用哈尔滨芯明天科技有限公司生产的 NAC2124-H08 压电叠堆作为驱动单元的致动源。其外径为 15 mm，内径为 9 mm，高度为 8 mm，刚度为 480 N/μm，最大输出力为 4750 N，200 V 驱动电压下的最大位移为 9.9 μm。装配后得到的压电驱动器样机如图 5-45 所示。测量得到压电驱动器样机的外径为 34 mm，长度为 40 mm，质量为 220 g，实现了结构紧凑的设计。

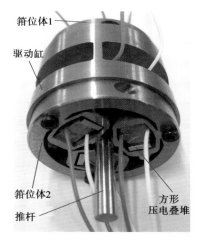

图 5-45　紧凑尺蠖型压电驱动器样机

为压电驱动器样机施加频率为 1 Hz 的激励信号，测试样机连续运动时的输出位移，得到的位移响应特性曲线如图 5-46（a）所示。根据位移响应特性曲线可知，压电驱动器样机在一个周期内可进行一次较明显的步进，输出位移为 4.39 μm。由该图可以发现，在第 1 步和第 4 步出现了反向位移输出，影响了压电驱动器的输出步距。该现象是由箝位单元和驱动单元的位移耦合导致的，可通过提高连接刚度来改善。由压电驱动器的驱动原理以及驱动单元输出位移与驱动电压的关系可知，通过控制驱动电压的大小可以改变压电驱动器的步距。选择电压为 150 V、频率为 1 Hz、占空比为 33.3% 的箝位信号，施加幅值大小不同、频率为 1 Hz、占空比为 50% 的驱动信号，测量在不同驱动电压下的压电驱动器样机步距，绘制的步距响应特性曲线如图 5-46（b）所示。

根据致动原理可知，可以通过控制驱动信号频率来控制压电驱动器样机的

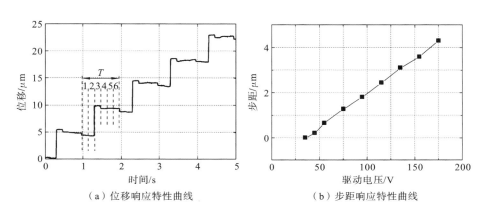

（a）位移响应特性曲线　　　　　　　（b）步距响应特性曲线

图 5-46　紧凑尺蠖型压电驱动器样机位移响应特性曲线与步距响应特性曲线

输出速度。为了探究压电驱动器样机平均输出速度与工作频率之间的关系,保持驱动信号电压大小不变,改变压电驱动器样机的工作频率,测量其输出位移,统计不同频率下的输出速度。根据实验数据,绘制压电驱动器样机输出速度与频率的关系曲线,如图 5-47(a)所示。根据输出速度与频率的关系曲线可知,在 0～40 Hz 范围内,输出速度随着频率的增大而增大,二者近似成线性关系;当工作频率为 40 Hz 时,压电驱动器样机的输出速度达到最大,为 155.5 μm/s。但是当工作频率达到 40 Hz 后,随着频率的增加,输出速度反而迅速减小。为了探究产生这一现象的原因,根据步距实验数据绘制压电驱动器样机步距与频率的关系曲线,如图 5-47(b)所示。可以发现,当频率大于 40 Hz 时,步距迅速减小,最终导致输出速度减小。因此,压电驱动器样机在 40 Hz 的工作频率下获得了最大输出速度。

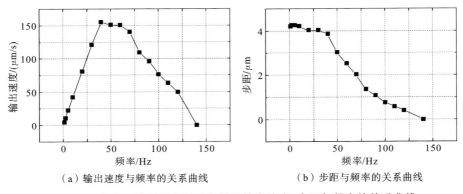

（a）输出速度与频率的关系曲线　　　　（b）步距与频率的关系曲线

图 5-47　紧凑尺蠖型压电驱动器样机输出速度、步距与频率的关系曲线

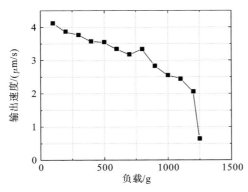

图 5-48　紧凑尺蠖型压电驱动器样机
输出速度与负载的关系曲线

为了测试压电驱动器的负载特性,开展样机的负载特性测试实验,为样机施加频率为 1 Hz、箝位电压信号幅值为 150 V、驱动电压信号幅值为 200 V 的驱动信号,逐渐增加砝码质量直至样机的输出位移为零。利用激光位移传感器测量压电直线平台的输出速度,绘制出输出速度与负载的关系曲线,如图 5-48 所示。由该特性曲线可知,随着负载的增大,样机的输出

速度逐渐减小,当负载达到 12.25 N 时,样机的重复性变差。因此,此压电驱动器样机的输出力为 12.25 N,实现了大输出力特性。

5.6　本章小结

本章分析了尺蠖型压电驱动器的致动原理。首先介绍了著者研制的四足和双足尺蠖型压电驱动器,样机实验结果表明:四足尺蠖型压电驱动器在频率为 20 Hz 和电压为 200 V 的激励信号下获得 74.1 $\mu m/s$ 的最大输出速度,实验所测最大输出力为 5.7 N;双足尺蠖型压电驱动器在频率为 12 Hz 和电压为 200 V 的激励信号下获得 47.6 $\mu m/s$ 的最大输出速度。相较于四足尺蠖型压电驱动器,双足尺蠖型压电驱动器仅使用四个压电叠堆,简化了结构。但无论是四足还是双足尺蠖型压电驱动器,箝位单元与驱动单元之间均存在着运动耦合,导致输出位移不平稳甚至回退。然后,提出了运动解耦的双足尺蠖型压电驱动器,通过增大连接刚度及耦合刚度来解决运动耦合这一问题。通过实验测量得到,压电驱动器样机箝位单元输出位移对驱动单元输出位移的运动耦合比约为 4%,几乎实现了箝位单元与驱动单元之间的运动解耦。最后,针对尺蠖型压电驱动器结构复杂、体积大的问题,设计了一种紧凑尺蠖型压电驱动器,采用三角放大机构嵌入压电叠堆的结构,实现了结构紧凑性设计。压电驱动器的外径为 34 mm,长度为 40 mm,质量为 220 g,在频率为 40 Hz 和电压为 150 V 的激励信号下的最大输出速度为 155.5 $\mu m/s$,实验所测最大输出力为 12.25 N。

本章参考文献

[1] KOH J S, CHO K J. Omegabot:Biomimetic inchworm robot using SMA coil actuator and smart composite microstructures(SCM)[C]//IEEE. Proceedings of the 2009 International Conference on Robotics and Biomimetics (ROBIO),2009:1154-1159.

[2] 潘雷,王寅,黄卫清,等. 多足箝位式压电直线电机的研究[J]. 中国机械工程,2013,24(8):1080-1084.

[3] LIU Y X, CHEN W S, SHI D D, et al. Development of a four-feet driving type linear piezoelectric actuator using bolt-clamped transducers[J]. IEEE Access,2017,5:27162-27171.

[4] CHEN W S, LIU Y Y, LIU Y X, et al. Design and experimental evalua-

tion of a novel stepping linear piezoelectric actuator[J]. Sensors and Actuators A：Physical，2018，276：259-266.

[5] TIAN X Q，ZHANG B R，LIU Y X，et al. A novel U-shaped stepping linear piezoelectric actuator with two driving feet and low motion coupling：Design，modeling and experiments[J]. Mechanical Systems and Signal Processing，2019，124：679-695.

第6章
惯性致动型压电驱动器

惯性致动型压电驱动器通过"粘-滑"致动原理工作,实现大尺度步进输出,相较于尺蠖型压电驱动器,其一个自由度仅需一个致动单元来实现,结构和激励信号简单,得到了广泛的研究和应用。本章将首先对惯性精密压电驱动技术加以简析,介绍惯性冲击式和惯性摩擦式致动原理;然后介绍著者所研制的两种惯性致动型压电驱动器,给出它们的结构设计、致动原理、仿真分析及实验测试结果,最后针对惯性压电驱动技术面临的固有位移回退问题给出解决方案。

6.1 惯性精密压电驱动技术简析

惯性致动型压电驱动器利用压电材料快速响应的特点,基于惯性原理实现驱动效果。惯性致动型压电驱动器结构简单、紧凑,输出速度可达每秒数毫米,位移分辨力可以达到微米级,输出力可达数牛顿,输出形式多样化,适用于要求微米级精度、毫米级工作范围的领域。现有惯性致动型压电驱动器可分为惯性冲击式和惯性摩擦式两种,接下来针对这两种惯性致动型压电驱动器展开分析。

6.1.1 惯性冲击式致动原理分析

惯性冲击式的定子(压电单元)与动子(移动单元)为一个整体。当压电单元缓慢伸长时,驱动器整体保持静止;而当压电单元快速缩短时,利用其惯性实现驱动器的整体移动。惯性冲击式压电驱动器选用如图 6-1(a)所示的锯齿波激励信号实现驱动,其一个致动周期内的动作如图 6-1(b)所示。单个致动周期包括三个阶段,具体如下。

(1)初始阶段:在 $t=t_a$ 时刻,无激励信号施加到压电驱动器上,压电单元不发生伸缩变形,移动单元和惯性单元均不产生运动,压电驱动器保持在初始状态。

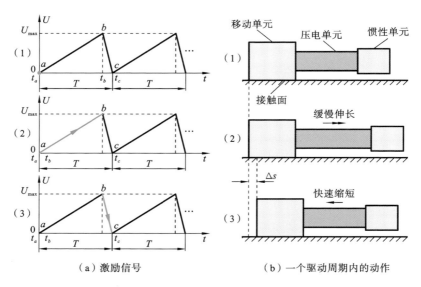

（a）激励信号　　　　　　（b）一个驱动周期内的动作

图 6-1　惯性冲击式压电驱动器致动原理

（2）缓慢伸长阶段：在 $t=t_a \sim t_b$ 期间，压电驱动器的激励电压从零缓慢增加到最大值，压电单元缓慢伸长至输出位移达到最大值。该阶段惯性单元的惯性力小于移动单元与地面之间的最大静摩擦力，惯性单元随压电单元的伸长而产生相同的位移，移动单元不发生位移变化，压电驱动器整体相对于接触面依然处于初始位置。

（3）快速缩短阶段：在 $t=t_b \sim t_c$ 期间，激励电压从最大值快速减小到零，压电单元快速缩短到初始位置。在运动过程中，惯性单元的惯性力大于移动单元与地面之间的最大静摩擦力，移动单元产生一个位移 Δs。

上述三个阶段为惯性冲击式压电驱动器的单个致动周期的工作过程。移动单元经一个周期激励后产生一个位移，即压电驱动器发生一次冲击运动。因此，通过施加连续多个周期的激励信号，即可实现压电驱动器的连续驱动。通过改变激励信号每个周期中电压上升阶段和下降阶段的占比，即可改变锯齿波激励信号的对称度，从而交换缓慢伸长阶段和快速缩短阶段的运动过程，实现压电驱动器的反向连续驱动。此外，通过改变施加到压电驱动器上的信号方向，也可实现压电驱动器的反向连续驱动。

6.1.2　惯性摩擦式致动原理分析

惯性摩擦式压电驱动器的定子与动子为分离状态，对于该类压电驱动器，一般将惯性单元视为定子(压电单元),将移动单元视为动子(移动单元)。当驱动器压电单元缓慢动作时,其移动单元跟随压电单元移动;当驱动器压电单元快速动作时,其移动单元由于惯性保持静止。通过对惯性摩擦式压电驱动器施加如图 6-2(a)所示的锯齿波激励信号,利用压电单元的"慢-快"周期性动作,即可驱动移动单元实现连续的"粘-滑"步进运动,其中单个致动周期的驱动过程如图 6-2(b)所示。该压电驱动器一个致动周期也包括三个阶段,具体如下。

(1)初始阶段:在 $t=t_a$ 时刻,无激励电压施加到压电驱动器上,压电单元不产生伸缩变形,接触单元和移动单元均不产生运动,压电驱动器保持在初始状态。

(2)"粘"运动阶段:在 $t=t_a \sim t_b$ 期间,施加到压电驱动器上的激励电压从零缓慢增加到最大值,压电单元缓慢伸长至输出位移达到最大值。该阶段移动单元的惯性力小于其与接触单元之间的最大静摩擦力,移动单元粘附在接触单元上并以相同速度一起运动,移动单元的位移将达到最大值 s_1。该阶段可被认为是"粘"运动。

(3)"滑"运动阶段:在 $t=t_b \sim t_c$ 期间,激励电压从最大值快速减小到零,压电单元快速缩短到初始位置。在运动过程中,移动单元的惯性力大于其与接触单元之间的最大静摩擦力,移动单元与接触单元之间产生相对滑动。同时,由于惯性致动回退现象的存在,移动单元将产生一定的位移回退量(s_2),轻微地偏

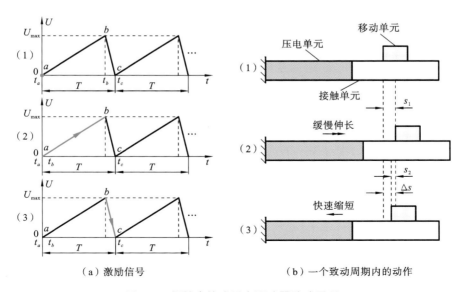

(a)激励信号　　　　(b)一个致动周期内的动作

图 6-2　惯性摩擦式压电驱动器致动原理

离最大位移处。因此,移动单元产生一个位移 $\Delta s = s_1 - s_2$,可认为该阶段是"滑"运动阶段。

上述三个阶段为惯性摩擦式压电驱动器的一个周期的工作过程。移动单元经一个周期锯齿波信号激励后产生一个位移,即压电驱动器发生一次"粘-滑"步进运动。因此,通过施加连续多个周期的激励信号,即可实现压电驱动器的连续驱动。此外,通过改变激励信号每个周期中电压上升阶段与下降阶段的占比,通过改变施加到压电驱动器上的电压方向,均可实现压电驱动器的反向连续驱动。

6.2 弯曲型惯性摩擦式压电驱动器

传统的惯性致动型压电驱动器采用压电叠堆结合柔性铰链实现惯性致动,将压电叠堆的纵向运动转换为切向运动,这导致压电叠堆受到横向力,会使其使用寿命受到一定的影响。针对此问题,著者利用研制的弯曲复合型压电驱动器设计了惯性致动型压电驱动器[1]。该驱动器可承受各种侧向力,产生的弯曲运动直接用于驱动动子,缓解了使用压电叠堆不能长时间承受切向力的问题。

6.2.1 压电驱动器结构与致动原理

所提出的弯曲型惯性摩擦式压电驱动器的结构如图 6-3(a)所示:PZT 压电陶瓷通过螺栓固定在后端盖上,驱动器在预紧力下压紧动子,通过其驱动足与动子接触。压电陶瓷单元和陶瓷片的布置方式如图 6-3(c)和(d)所示,分为两组弯曲压电陶瓷单元,记为弯曲压电陶瓷单元 PZT-Ⅰ 和弯曲压电陶瓷单元 PZT-Ⅱ,总共使用 16 个四分区压电陶瓷片,所有陶瓷片沿厚度方向极化,相邻两个陶瓷片的排列如图 6-3(d)所示。当 PZT-Ⅱ 的两个区域中的一个区域缩短,另一个区域伸长时,驱动器将产生水平弯曲。因此,通过两组正交的弯曲压电单元,驱动器可以实现两个方向上的弯曲运动。本驱动器选用弯曲压电陶瓷单元 PZT-Ⅱ 驱动动子来实现水平方向的直线运动。

该压电驱动器的致动原理如图 6-4 所示。驱动器可在水平方向(X 方向)上周期性弯曲,动子可由驱动足与自身之间的摩擦力驱动。驱动过程在一个周期中包括两个阶段:缓慢弯曲阶段和快速弯曲阶段。具体而言,实现沿 $+X$ 方向运动一个周期的致动原理如下。

(1)缓慢弯曲阶段:在时间段 t_1 内,在 PZT-Ⅱ 上施加电压缓慢增加的激励信号,如图 6-4(a)所示,驱动器沿着 $+X$ 方向缓慢弯曲至其右端,如图 6-4(b)

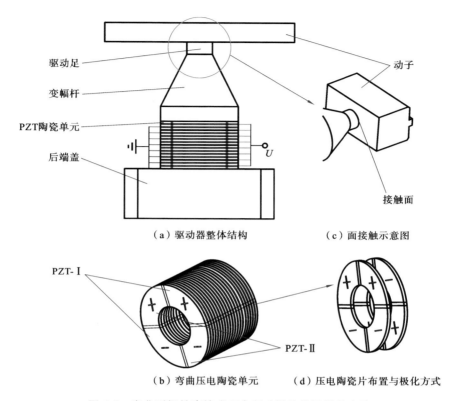

（a）驱动器整体结构　　　　　（c）面接触示意图

（b）弯曲压电陶瓷单元　　　（d）压电陶瓷片布置与极化方式

图 6-3　弯曲型惯性摩擦式压电驱动器结构及激励方案

所示,在摩擦力的作用下,动子向右移动一步。

（2）快速弯曲阶段:施加在 PZT-Ⅱ上的激励信号在 t_2 时间段内迅速减小,如图 6-4（c）所示,驱动器沿着－X 方向快速弯曲到其左端,动子由于惯性作用可保持静止。

一个周期的两步完成后,动子沿＋X 方向向右移动一步;反之,可通过将激励信号改为反向电压信号来实现沿－X 方向的运动。

6.2.2　仿真分析

针对实际应用需求,确定驱动器结构应满足的两个要求:① 机械刚度应足够高,以获得较高的谐振频率,从而获得良好的动态响应特性;② 驱动足的响应位移应设计得足够大,以满足惯性致动的要求。采用有限元法仿真得到驱动器的最终尺寸,以满足以上两个要求。通过静力学和模态分析确定驱动器的最终

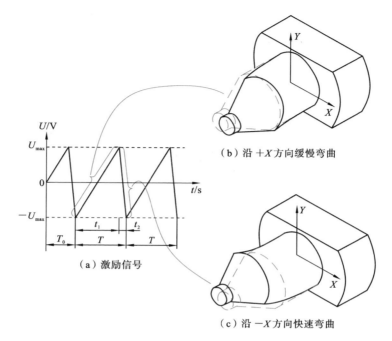

（b）沿 +X 方向缓慢弯曲

（a）激励信号

（c）沿 −X 方向快速弯曲

图 6-4 弯曲型惯性摩擦式压电驱动器致动原理

尺寸参数,分析结果如图 6-5 所示。驱动足材料为铝合金,后端盖材料为 45
钢,陶瓷材料选用 PZT-41。驱动足的长度为 5 mm,直径为 10 mm,变幅杆底部
上、下面的直径分别为 10 mm 和 30 mm,底部高度为 20 mm,压电陶瓷片的内
径、外径和厚度分别为 14 mm,30 mm 和 1 mm。

　　基于上述尺寸和材料进行静力学分析所得到的结果如图 6-5(a)所示:在驱

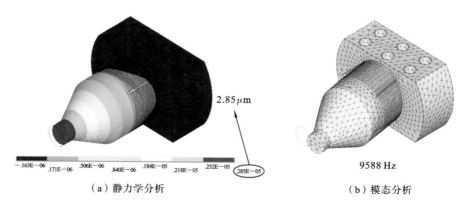

2.85 μm

−.163E−06　.171E−06　.506E−06　.840E−06　.184E−05　.218E−05　.252E−05　.285E−05

（a）静力学分析

9588 Hz

（b）模态分析

图 6-5 弯曲型惯性摩擦式压电驱动器仿真分析结果

动器上施加 210 V 的直流电压信号，对端盖应用固定的边界条件，计算出驱动端沿水平方向的响应位移约为 2.85 μm。模态分析结果如图 6-5(b)所示：对端盖应用固定的边界条件，得到一阶弯曲频率为 9588 Hz。

6.2.3 实验研究

加工制作弯曲惯性摩擦式压电驱动器样机，测量其水平弯振模态及谐振频率。采用激光多普勒测振仪测试振动速度响应，结果如图 6-6 所示。一阶弯振模态频率为 12720 Hz，实测一阶弯振模态频率略大于仿真结果。这是装配误差、边界条件差异以及有限元分析中采用的材料参数与实际不符等原因导致的。综合而言，该压电驱动器结构具备了高谐振频率，这表明该压电驱动器能够以良好的动态特性运行。

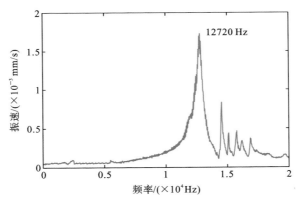

图 6-6　振速测量曲线

搭建实验平台以测试压电驱动器的输出性能。首先对样机进行了空载性能测试，施加的锯齿波激励信号的频率为 1 Hz，电压峰峰值为 420 V。压电驱动器样机的位移响应如图 6-7 所示。

由图 6-7 可以看出，在缓慢弯曲阶段，驱动端的响应位移为 5.26 μm，与仿真结果相近，满足了驱动器结构关于响应位移的要求。

接下来测试压电驱动器的输出特性。将驱动足和动子之间的预紧力设定为 21 N。动子在电压峰峰值为 420 V，频率分别为 2 Hz，15 Hz 和 40 Hz 的激励信号作用下的响应位移如图 6-8 所示，可以发现动子在 15 Hz 的频率下获得最大输出速度。然而，在快速弯曲阶段会出现回退现象，这是在惯性致动模式

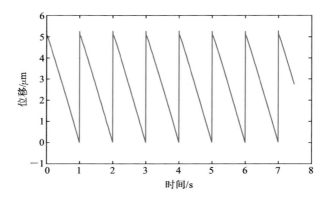

图 6-7　压电驱动器样机位移响应曲线

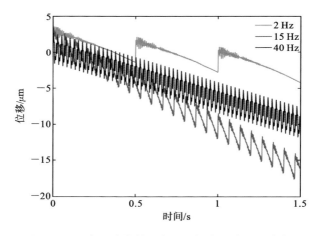

图 6-8　压电驱动器样机在不同频率下的位移响应

下压电驱动器的固有问题。造成该问题的原因是：在快速弯曲阶段，摩擦力的方向是沿着动子运动的反方向的，动子会在摩擦力作用下向后移动。

　　压电驱动器样机在不同工作频率下步距的可重复性实验测试结果如图 6-9 所示。随机选择五个步距，取其平均值绘制步距-频率曲线图，重复性误差在图中用误差棒表示。可以看出，在 35 Hz 频率下，重复性误差最大，为 79.5 nm，这表明压电该驱动器的输出步距具有良好的重复性。

　　在频率为 15 Hz 的不同电压大小的电压激励信号以及 21 N 的预紧力作用下，测量动子的输出速度。输出速度与电压峰峰值之间的关系如图 6-10 所示。可以看出，当电压峰峰值低于 210 V 时，存在一个速度死区。这主要是因为电

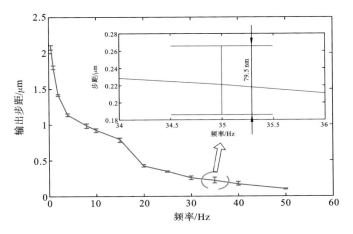

图 6-9　不同频率下压电驱动器样机的输出步距

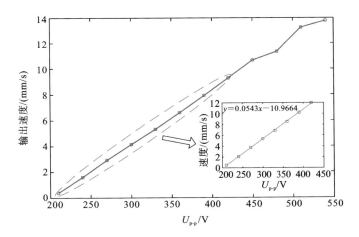

图 6-10　不同电压下压电驱动器样机的输出速度

压峰峰值低于 210 V 时驱动端的响应位移不够大,快弯和慢弯阶段都没有发生滑移运动,输出步距变为 0 μm。

　　图 6-11 示出了预紧力为 21 N 时,压电驱动器样机在峰峰值为 420 V 的电压下的输出速度与频率之间的关系。结果表明,随着频率的增加,输出速度先增大后减小。造成这种现象的原因有两个。其一,快速弯曲阶段与缓慢弯曲阶段的滑移差决定了有效输出步距。当电压信号频率增大时,缓慢弯曲阶段的时间变短,此时响应位移变小,步距变小。其二,在缓慢弯曲阶段,电压信号斜率

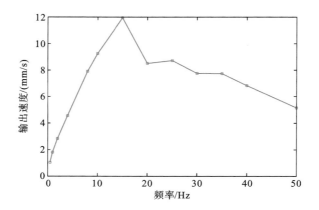

图 6-11　不同频率下压电驱动器样机的输出速度

随频率的增加而增大，响应位移的波动更为剧烈，从而导致位移回退现象发生。结果表明，最大输出速度发生在频率为 15 Hz 时，最大输出速度为 11.95 $\mu m/s$。基于以上分析，可调整激励信号的电压值和输入频率，以改变输出速度，从而满足不同的特性要求。

在电压峰峰值为 420 V、频率为 15 Hz 的激励信号下测试压电驱动器的输出机械特性。不同预紧力下压电驱动器样机的输出速度与输出力的关系曲线如图 6-12 所示。可以看出，在 25 N 的预紧力下输出速度达到最大值 14.44 $\mu m/s$，在 28 N 的预紧力下输出力达到最大值 1.67 N，并且随着预紧力的增加，最大输出速度先增大后减小。这是因为较小的预紧力将导致较小的摩擦，使缓慢弯曲和快速弯曲阶段的滑移量增加，滑移差变小，然后步距变小。同样，预紧力越大，

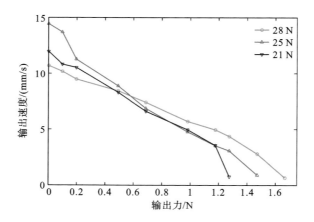

图 6-12　不同预紧力下压电驱动器样机的输出速度与输出力的关系曲线

两个阶段的滑移量越小,滑移差越小,速度也越小。因此,我们可以在工作时选择 25 N 的预紧力来获得高输出速度,选择 28 N 的预紧力来获得大输出力。

6.3 弯曲型惯性冲击式压电驱动器

惯性摩擦式压电驱动器的最大输出力由驱动足与动子之间最大静摩擦力决定,为了满足致动原理,最大静摩擦力又不能设计得过大,这就又限制了输出力的大小。为了提高输出力,著者研制了一种弯曲型惯性冲击式压电驱动器,其输出力由驱动足与动子之间的冲击力决定,通过控制调整冲击速度即可控制冲击力,从而提高输出力[2]。

6.3.1 压电驱动器结构与致动原理

所研制的弯曲型惯性冲击式压电驱动器的结构如图 6-13 所示,其主要由弯曲压电陶瓷组、法兰和驱动足组成。该压电驱动器采用夹心式结构,利用正交的悬臂弯振。压电陶瓷组中的陶瓷片为整片压电陶瓷两分区极化的结构,分为水平压电陶瓷组 PZT-H 和竖直压电陶瓷组 PZT-V,分别激励水平和竖直方向的弯振。当给水平压电陶瓷组 PZT-H 施加正电压激励信号时,驱动足向左侧(−X 方向)弯曲,给水平压电陶瓷组 PZT-H 施加负电压激励信号时,驱动足向右侧(+X 方向)弯曲;当给竖直压电陶瓷组 PZT-V 施加正电压激励信号时,驱动足向上侧(+Y 方向)弯曲,给竖直压电陶瓷组 PZT-V 施加负电压激励信号时,驱动足向下侧(−Y 方向)弯曲。

压电驱动器利用斜线轨迹实现惯性冲击致动,致动原理如图 6-14 所示:给水平和竖直压电陶瓷组同时施加正电压激励信号时,驱动足向左上角(图示 B 点)弯曲;当给水平和竖直压电陶瓷组同时施加负电压激励信号时,驱动足向右下角(图示 A 点)弯曲。因此,当给水平和竖直压电陶瓷组施加同相的矩形波激励电压激励信号时,驱动足的运动将为一条倾斜的直线,如图 6-14 中实线双向箭头所示。同理,给水平和竖直压电陶瓷组分别施加正向和负向电压激励信号时,驱动足向左下角(图示 C 点)弯曲;当给水平和竖直压电陶瓷组分别施加负向和正向电压激励信号时,驱动足向右上角(图示 D 点)弯曲。因此,当给水平和竖直压电陶瓷组施加相位差为 $180°$ 的矩形波电压激励信号时,导轨向后(−X 方向)运动,运动方向改变。图 6-14 所示的虚线为压电驱动器反向驱动时的运动轨迹。

以图 6-14 中驱动足在 A、B 点间的运动为例,驱动足在一个工作周期 T

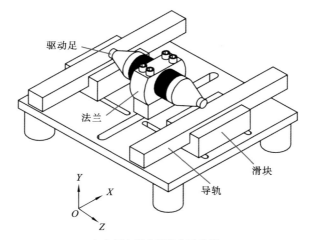

（a）压电驱动器结构示意图

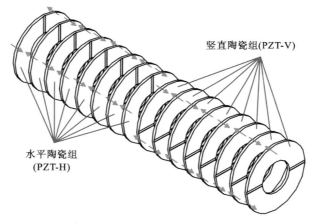

（b）压电陶瓷片布置与极化方向

图 6-13　著者研制的弯曲型惯性冲击式压电驱动器的结构及激励方案

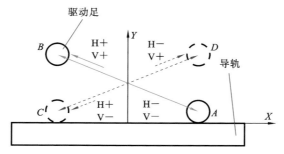

图 6-14　压电驱动器致动原理示意图

内,有 $T/2$ 的时间位于 B 点处,另外 $T/2$ 的时间位于 A 点处。当驱动足从 B 点往 A 点运动时,驱动导轨向前(＋X 方向)运动;驱动足从 A 点往 B 点运动时,不起驱动作用。

6.3.2 仿真分析

对压电驱动器进行静态分析。压电陶瓷片的直径为 30 mm、厚度为 1 mm,单侧陶瓷片数量为 16,变幅杆长度为 25 mm,驱动足长度为 5 mm,压电驱动器的总体长度为 128 mm。给压电驱动器的水平和竖直压电陶瓷组施加直流电压信号,压电驱动器的驱动足将产生水平和竖直方向的弯曲位移。给水平和竖直压电陶瓷组分别施加－250 V 和＋250 V 的直流电压信号时,驱动足水平和竖直方向的弯曲位移如图 6-15 所示,水平方向的弯曲位移为 2.70 μm,竖直方向

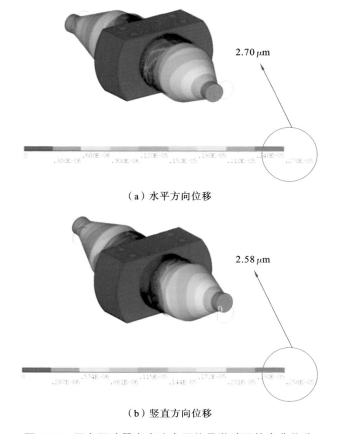

（a）水平方向位移

（b）竖直方向位移

图 6-15 压电驱动器在直流电压信号激励下的弯曲位移

的弯曲位移为 2.58 μm。

给压电驱动器的水平和竖直压电陶瓷组分别施加如图 6-16 所示的两相相位差为 0°、电压峰峰值为 500 V 的矩形波激励信号。进行静态分析,得到压电驱动器驱动足的运动轨迹,如图 6-17 中实线所示,该运动轨迹为一条倾斜的直线,驱动足的停留位置位于斜线的两端。当激励电压的电平高低变化时,驱动足从斜线一端运动到斜线另一端,在两端之间往复运动;斜线两个端点的水平距离为 5.40 μm。当给压电驱动器的水平和竖直压电陶瓷组分别施加如图6-18所示的两相相位差为 180°的矩形波激励电压时,压电驱动器驱动足的运动轨迹如图 6-17 中虚线所示,为一条倾斜的直线,该直线的倾斜方向与前述实线的倾斜方向相反;驱动足的停留位置也位于这条斜线的两端,驱动足在两端之间往复运动;斜线两个端点的水平距离同样为 5.40 μm。压电驱动器在矩形波电压激励信号作用下的静态分析结果从仿真角度验证了其按斜线轨迹运动。

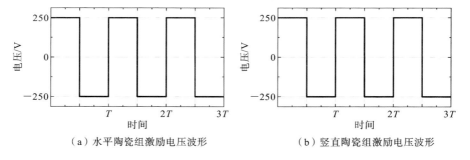

（a）水平陶瓷组激励电压波形　　　　　　（b）竖直陶瓷组激励电压波形

图 6-16　相位差为 0°的矩形波

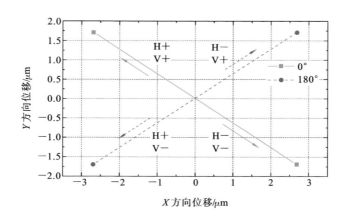

图 6-17　静态分析下驱动足的轨迹运动

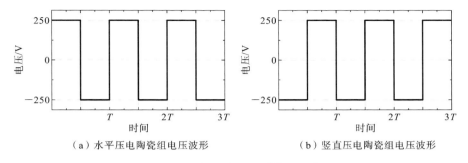

（a）水平压电陶瓷组电压波形　　　　　（b）竖直压电陶瓷组电压波形

图 6-18　相位差为 $180°$ 的矩形波

对压电驱动器进行瞬态分析，设置矩形波电压激励信号的周期 T 为 $0.1\ s$，压电驱动器驱动足水平和竖直方向的瞬态位移响应曲线如图 6-19 所示。压电驱动器驱动足的位移在电压保持阶段保持一定的稳态值不变；电压电平高低转

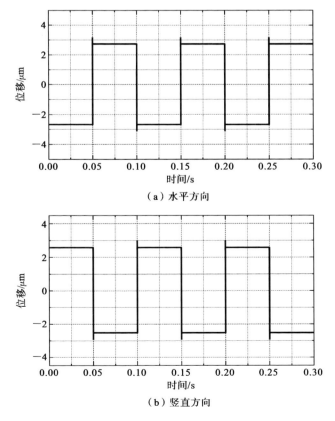

（a）水平方向

（b）竖直方向

图 6-19　压电驱动器瞬态位移响应曲线

换时，驱动足的响应位移存在一定的振荡。驱动足水平和竖直方向的单侧稳态位移分别为 2.70 μm 和 2.58 μm，与静态分析结果吻合。

进行瞬态分析得到的压电驱动器的运动轨迹如图 6-20 所示。此时驱动足的运动轨迹也为倾斜的直线。与静态分析的斜线运动轨迹相比，由瞬态计算得到的斜线的两个端点处存在一定的位移振荡。

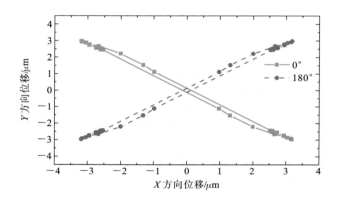

图 6-20　由瞬态分析得到的驱动足的运动轨迹

6.3.3　实验研究

搭建实验测试装置，测试压电驱动器在基于斜线轨迹运动的致动方式下的机械输出特性。压电驱动器的水平和竖直压电陶瓷组的激励信号电压峰峰值均为 500 V，激励信号周期为 0.1 s(10 Hz)。在矩形波电压激励信号作用下导

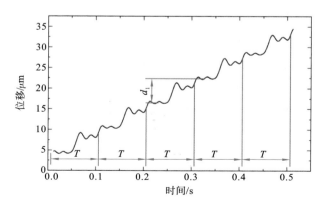

图 6-21　0°相位差电压激励信号作用下导轨的位移曲线

轨的位移曲线如图6-21 所示,导轨做台阶状步进运动;一个时间周期导轨前进一步,驱动步距 d_1 为5.96 μm;在 $T/2$ 时刻产生驱动作用。希望导轨反向运动时,给压电驱动器施加如图 6-18 所示的相位差为 180°的矩形波电压激励信号,导轨的运动位移曲线如图 6-22 所示,导轨做反向步进运动,一个时间周期内的驱动步距 d_2 为 5.10 μm。正向驱动步距 d_1 和反向驱动步距 d_2 存在一定的差别,这主要是由加工和装配时的误差导致的。

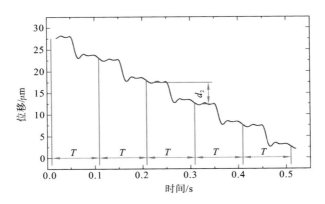

图 6-22　180°相位差矩形波电压激励信号作用下导轨的位移曲线

同时,当矩形波激励信号的电压峰峰值为 500 V、频率为 10 Hz 时,导轨的运动速度为 59.64 $\mu m/s$。由图 6-21 和图 6-22 还可见,在一个驱动周期的起始时刻和 $T/2$ 时刻,导轨的位移存在一定的振荡,振荡的主要原因是激励电压高低转换时驱动足存在一定的位移振荡。

改变水平和竖直压电陶瓷组矩形波的激励电压,同时水平和竖直压电陶瓷组激励电压的幅值保持相等,导轨在不同激励电压下的驱动步距如图 6-23 所示,随着激励电压幅值的增大,输出步距增大。在电压峰峰值分别为 200 V,300 V 和 400 V 的激励信号作用下,压电驱动器的输出步距依次为 0.98 μm,2.69 μm 和 4.18 μm。激励电压峰峰值在 100 V 及以下时导轨做往复运动,未能前进。激励电压峰峰值大于 100 V 且小于 200 V 时,步距的范围为几十到一百纳米。改变水平压电陶瓷组激励电压的幅值,保持竖直压电陶瓷组的激励电压峰峰值为 500 V 不变,不同水平激励电压下压电驱动器的输出步距如图 6-24 所示:随着水平压电陶瓷组激励电压的增大,驱动器的输出步距增大;在激励电压峰峰值为 20 V 时,压电驱动器的输出步距为0.99 μm。

独立调节一对正交激励电压信号,保持较大的竖直激励电压,即使水平激

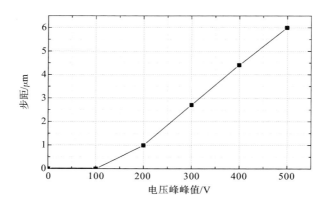

图 6-23　水平和竖直压电陶瓷组激励电压联调时驱动器的步距与电压关系曲线

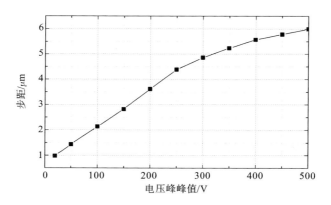

图 6-24　独立调节激励电压时驱动器的步距与电压关系曲线

励电压较小,压电驱动器也能驱动导轨做步进运动,同时可显著减小非谐振式压电驱动器的死区电压。竖直方向激励电压决定了压电驱动器竖直方向的位移大小。保持较高的竖直激励电压,使得压电驱动器驱动足能够有效与导轨脱离,在此情况下,驱动足水平方向即使产生较小的位移也能够驱动导轨运动。

　　水平和竖直压电陶瓷组的激励电压峰峰值均设置为 500 V,改变激励电压的频率,相应的输出速度与频率的关系曲线如图 6-25 所示:随着激励频率的增大,输出速度近似呈线性增大;在激励频率为 400 Hz 时,压电驱动器的输出速度为 3.12 mm/s。改变压电驱动器激励信号的电压和频率均可改变压电驱动器的输出速度;改变激励电压幅值,可改变一个致动周期内的输出步距;改变激励频率,可改变单位驱动时间内的驱动次数。设置水平和竖直压电陶瓷组的矩形波激励电压的峰峰值为 500 V,激励频率为 10 Hz,相位差为 0°。在此激励信号作用下,压电驱动器的输出速度与输出力的关系曲线如图 6-26 所示:随着负载的增大,输出速度减小;空载速度为 59.64 μm/s,最大输出力为 30 N。

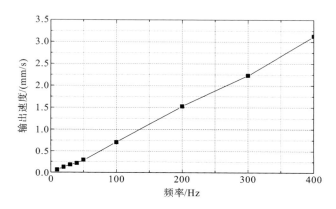

图 6-25　压电驱动器采用斜线运动轨迹时输出速度与频率的关系曲线

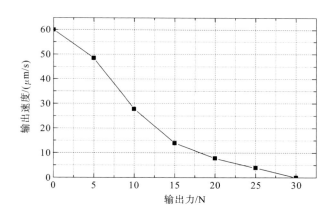

图 6-26　压电驱动器采用斜线运动轨迹时输出速度与输出力的关系曲线

6.4　惯性致动型压电驱动器的位移回退抑制方法

无论是惯性摩擦式还是惯性冲击式压电驱动器,它们都存在位移回退问题,输出位移的线性度无法得到保证,这导致惯性致动型压电驱动器在一些超精领域的应用受到了限制。为了缓解惯性致动型压电驱动器固有的位移回退问题,可通过动态调整正压力的方法来控制驱动足与动子之间的摩擦力,驱动足与动子进入"滑"阶段时,正压力被调整得尽可能小,对应的驱动力也减小,从而实现位移回退抑制。

6.4.1　压电驱动器结构与致动原理

著者研制了用于抑制惯性致动型压电驱动器位移回退的压电驱动器结构,如图6-27(a)所示[3]。该驱动器主要由一组压电陶瓷元件和一个带有驱动足的前端盖组成,压电陶瓷组采用四分区压电陶瓷片,陶瓷片布置与极化方式如图 6-27(b)所示。压电陶瓷片沿厚度方向极化,相互处于对角方向的两个区域的极化方向相反,这两对对角区域中的陶瓷组分别称为水平压电陶瓷组和竖直压电陶瓷组。利用水平压电陶瓷组激励驱动器沿水平方向的弯曲运动,利用

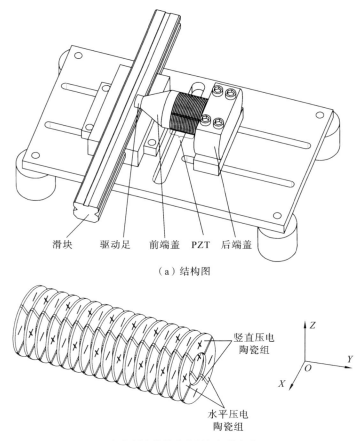

滑块　驱动足　前端盖　PZT　后端盖

（a）结构图

竖直压电
陶瓷组

水平压电
陶瓷组

（b）压电陶瓷片布置与极化方式

图 6-27　用于抑制位移回退的压电驱动器结构及激励方案

惯性致动原理驱动滑块实现直线运动;竖直压电陶瓷组在驱动过程中产生沿竖直方向的弯曲运动,动态调整驱动足与动子之间的正压力。

驱动器基于"粘-滑"运动原理致动,选择梯形波电压信号作为输入信号以实现惯性致动,选择方波信号来改变法向力,如图 6-28(a)所示。通过在水平和竖直压电陶瓷组上分别施加梯形波和方波电压信号,使滑块沿水平方向逐步移动。总的来说,该驱动器可以在一个周期中分两个阶段运行:

(1)缓慢弯曲阶段:在竖直压电陶瓷组上施加正直流电压信号,使驱动足移动到最低点,然后驱动端紧紧地压在滑块上;接下来,在 t_1 时间段中将电压缓慢增大的信号施加到水平压电陶瓷组上,驱动器沿着水平方向缓慢地弯曲到其正极限,如图 6-28(b)所示,滑块在静摩擦力的作用下移动一步。

(2)快速弯曲阶段:在竖直压电陶瓷组上施加负直流电压信号,驱动足移动到最上端并离开滑块;接着,水平压电陶瓷组的激励电压在 t_2 时间段中迅速减小,如图 6-28(c)所示,驱动器沿着一 X 方向快速弯曲至其负极限,滑块保持静止。

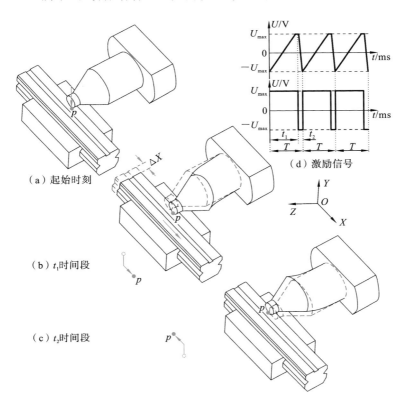

（a）起始时刻

（b）t_1时间段

（c）t_2时间段

（d）激励信号

图 6-28　压电驱动器致动原理与激励方案

在水平和竖直压电陶瓷组上施加周期性激励信号时,滑块可以沿着＋X方向逐步移动。相反,通过交换一个周期内两时间段的激励信号,滑块可以沿－X方向移动。

压电驱动器使用惯性致动激励,要求驱动足与滑块之间的摩擦力远小于快速弯曲阶段的惯性力,大于缓慢弯曲阶段的惯性力。压电驱动器的响应时间为毫秒级,驱动足的水平弯曲位移应为微米级,以保证快速弯曲阶段的大惯性力。此外,竖直压电陶瓷组用于改变法向力,驱动足的竖直位移越大,摩擦力越小。综合考虑,将驱动足的最小水平和竖直位移设计为微米级。

6.4.2 仿真分析

通过静力学分析确定驱动器关键参数与驱动足输出位移之间的关系,可知驱动器弯曲位移随驱动器长度的增大而增大,刚度随驱动器直径的增大而增大。为了满足惯性致动原理的要求,保证驱动器的结构紧凑,确定最终尺寸参数如图 6-29 所示。在竖直和水平压电陶瓷组上施加 200 V 的直流电压激励信号,结果如图 6-30 所示,驱动足的水平位移和竖直位移分别为 2.48 μm 和 2.55 μm;当方波激励电压峰峰值为 400 V 时,则驱动足的水平位移和竖直位移分别可达到 4.96 μm 和 5.10 μm。仿真结果表明,驱动足处水平和竖直位移均在微米量级,能满足致动要求。

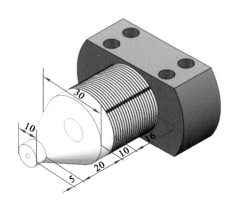

图 6-29 压电驱动器结构尺寸(单位:mm)

开展瞬态分析,按照规划的激励方案施加激励信号,激励信号的电压峰峰值为 400 V,频率为 10 Hz,驱动足水平和竖直方向的瞬态位移响应结果分别如图 6-31(a)(b)所示。可以看出,水平和竖直位移响应曲线与电压激励信号曲线

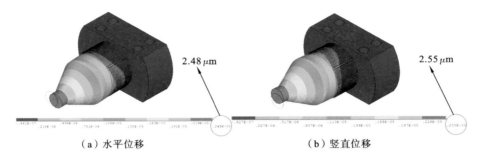

（a）水平位移 （b）竖直位移

图 6-30　压电驱动器静力学仿真分析结果

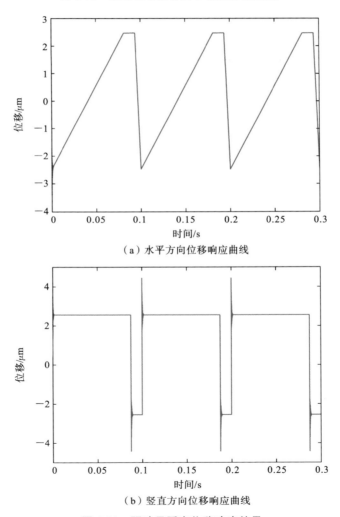

（a）水平方向位移响应曲线

（b）竖直方向位移响应曲线

图 6-31　驱动足瞬态位移响应结果

相似,分别为梯形和矩形波,可满足致动动作时序要求。

此外,提取压电驱动器驱动足在一个周期的运动轨迹,结果如图 6-32 所示,图中两点之间的时间间隔是相同的,箭头方向表示一个周期的动作时序。可以看出,沿水平方向的点比沿竖直方向的点之间的距离近得多,快速弯曲阶段的点比缓慢弯曲阶段的点之间距离远得多,这符合驱动器沿水平方向缓慢和快速弯曲的致动原理。另外,在缓慢弯曲阶段,驱动足沿水平正方向的运动轨迹为直线,通过摩擦耦合,驱动足可驱动滑块在水平方向上平滑运动;沿竖直方向的运动轨迹也为直线,但是存在一定的超调,这是由施加的矩形波激励信号导致的,也仍然符合所设计的致动原理要求。

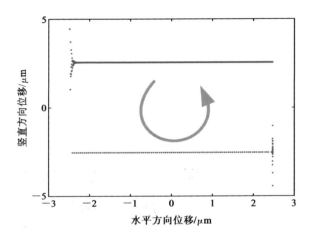

图 6-32   压电驱动器驱动足单周期运动轨迹

6.4.3 实验研究

制作所研制的能抑制位移回退的压电驱动器样机并搭建实验测试装置。首先在空载条件下对压电驱动器样机进行性能测试。在水平和竖直压电元件上分别施加与瞬态分析时相同的激励信号,测量结果如图 6-33 所示。

压电驱动器样机两个方向上的位移响应分别如图 6-33(a)(b)所示;图 6-33(c)展示了致动过程中单周期驱动足的运动轨迹,稳态水平位移和竖直位移分别为4.22 μm 和 4.38 μm,驱动足产生微米级的有效响应位移。此外,响应位移的运动时序与仿真结果吻合得较好。空载测试结果表明,该压电驱动器的特性满足所规划的致动要求,可以驱动滑块实现直线运动。然而,测量的水平和竖

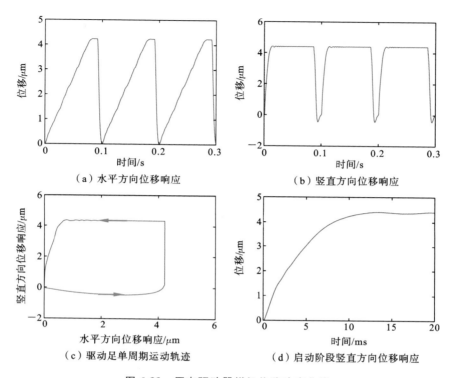

（a）水平方向位移响应

（b）竖直方向位移响应

（c）驱动足单周期运动轨迹

（d）启动阶段竖直方向位移响应

图 6-33   压电驱动器样机位移响应曲线

直位移响应比仿真结果要小，这主要是因为压电陶瓷制造商提供的压电参数与实际压电参数之间存在一定的差距，不能保证多个压电陶瓷片在四分区的压电系数完全一致。另外，在仿真过程中没有考虑 PZT 元件电容特性，没有考虑其充放电时间，导致实际测量的驱动足运动轨迹与仿真结果之间存在一定的差异。

接着，测量压电驱动器样机在不同电压激励信号下的位移响应。在水平和竖直压电陶瓷单元上分别施加不同的电压激励信号，将驱动足和滑块之间的预紧力设置为 9 N。在电压峰峰值为 400 V、频率分别为 1 Hz，10 Hz，20 Hz 和 40 Hz 的激励信号作用下，驱动器的位移测量结果如图 6-34 所示，对应的步距分别为 3.94 μm，3.92 μm，3.33 μm 和 2.95 μm，回退位移得到了良好的抑制。可以发现，随着频率的增加，步距逐渐减小，这是因为随着频率的增加，缓慢弯曲阶段的时间变得越来越短，并且竖直响应位移的上升时间保持在毫秒级。因此，驱动器竖直弯曲并压紧滑块后，水平位移响应时间随着激励信号的频率上升而

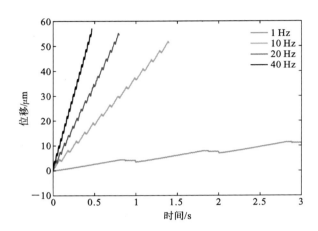

图 6-34　压电驱动器样机在不同频率下的位移响应曲线

逐渐缩短,导致输出步距减小。

在频率为 10 Hz、预紧力为 9 N 的条件下,测量不同电压激励信号下压电驱动器样机的输出步距。输出步距与水平和竖直压电陶瓷组激励电压峰峰值之间的关系如图 6-35 所示。可以看出,输出步距与水平陶瓷组激励电压成线性关系;当水平和竖直压电陶瓷组激励电压中的任意一个增大时,输出步距均增加。水平陶瓷组激励电压对步距的影响比竖直陶瓷组激励电压对步距的影响更大。这是因为步距的大小由水平弯曲位移直接决定,而竖直弯曲位移主要用于减小

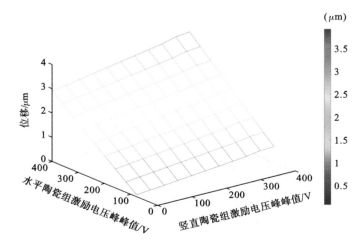

图 6-35　压电驱动器样机在不同电压激励下的输出步距

回退位移。此外,竖直陶瓷组激励电压峰峰值为 400 V 时,改变水平陶瓷组激励电压大小,测量动子输出位移,位移增量约为 $0.1\ \mu m/V$。由于输出步距与水平陶瓷组激励电压成线性关系,因此通过施加电压峰峰值增量为 1 V 的水平直流电压信号,可以获得 $0.1\ \mu m$ 的输出位移。

在水平压电陶瓷组激励电压峰峰值为 80 V,竖直压电陶瓷组激励电压峰峰值为 0 V 和 400 V 时,压电驱动器样机位移响应曲线如图 6-36 所示,步距分别为 $0.08\ \mu m$ 和 $0.64\ \mu m$。可以清楚地看到,增大竖直方向的位移可以大大增加驱动器的输出步距,即提出的改变驱动足与滑块之间正压力的方法来抑制位移回退的方法是有效的,可以增加输出步距。

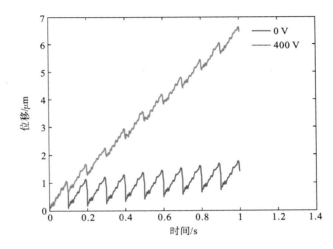

图 6-36   在竖直压电陶瓷组上施加不同大小的激励电压时压电驱动器样机的位移响应曲线

将电压峰峰值为 400 V 的激励信号分别施加在水平及竖直压电陶瓷组上,预紧力设置为 9 N,测试压电驱动器输出速度和激励信号频率之间的关系,结果如图 6-37 所示。可以看出,输出速度随着激励信号频率的增加而增加,在 250 Hz 的频率下,最大输出速度约为 $350\ \mu m/s$。

最后,将电压峰峰值为 400 V 的电压激励信号分别施加在水平及竖直压电陶瓷组上,激励信号频率设置为 10 Hz,测试压电驱动器的机械输出特性。图 6-38 展示了不同预紧力下样机的输出速度与输出力关系曲线。在 63 N 的预紧力作用下,最大输出力为 5.88 N;在空载条件下,最大输出速度出现在预紧力为 9 N 时。因此,我们可以选择 9 N 的预紧力来获得高速输出,或者选择 63 N 的预紧力来获得较大的推力输出。

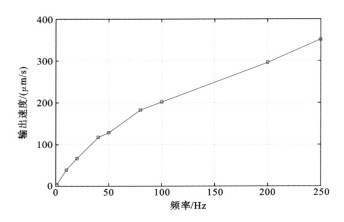

图 6-37　压电驱动器样机输出速度与激励信号频率的关系曲线

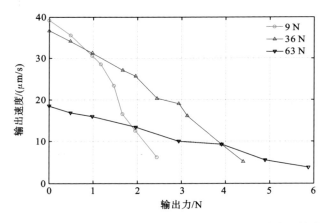

图 6-38　压电驱动器样机在不同预紧力下的输出速度与输出力的关系曲线

6.5　本章小结

　　本章论述了惯性致动型压电驱动器的致动原理,介绍了著者研究的弯曲型惯性摩擦式和弯曲型惯性冲击式压电驱动器。对于弯曲型惯性摩擦式压电驱动器,施加电压峰峰值为 420 V 和频率为 15 Hz 激励信号,在 25 N 的预紧力下获得了 14.44 μm/s 的最大输出速度,在 28 N 的预紧力下获得了 1.67 N 的最大输出力;对于弯曲型惯性冲击式压电驱动器,在电压峰峰值为 500 V 和频率为 400 Hz 的激励信号下获得了 3.12 mm/s 的最大输出速度,在电压峰峰值为

500 V、频率为 10 Hz 的激励信号下获得了 30 N 的最大输出力。可以看出,所设计的惯性冲击式压电驱动器的输出特性要优于惯性摩擦式压电驱动器。其中的一个原因在于所设计的惯性摩擦式压电驱动器采用端面驱动,输出位移回退较大;另一个原因是惯性冲击式压电驱动器采用的惯性冲击力远大于惯性摩擦式压电驱动器采用的静摩擦力,驱动效果更好。但是,无论是惯性摩擦式还是惯性冲击式压电驱动器,由于致动原理的限制,都存在着固有的位移回退问题。针对在这一问题,著者提出了通过动态调整正压力来控制驱动足与动子之间的摩擦力的方法。在驱动足与动子经过"滑"阶段后,正压力被调整得尽可能小,使得驱动足在返回初始位置期间摩擦驱动力尽可能小,从而使位移回退得到了抑制。实验结果表明,压电驱动器的位移回退几乎被完全抑制。施加电压峰峰值为 400 V 和频率为 250 Hz 的激励信号,在 9 N 的预紧力下获得了 350 μm/s 的最大输出速度;施加电压峰峰值为 400 V 和频率为 10 Hz 的激励信号,在 63 N 的预紧力下获得了 5.88 N 的最大输出力。

本章参考文献

[1] DENG J,CHEN W S,LI K,et al. A sandwich piezoelectric actuator with long stroke and nanometer resolution by the hybrid of two actuation modes[J]. Sensors and Actuators A:Physical,2019,296:121-131.

[2] XU D M,LIU Y X,SHI S J,et al. Development of a nonresonant piezoelectric motor with nanometer resolution driving ability[J]. IEEE/ASME Transactions on Mechatronics,2018,23(1):444-451.

[3] DENG J,LIU Y X,CHEN W S,et al. Development and experiment evaluation of an inertial piezoelectric actuator using bending-bending hybrid modes[J]. Sensors and Actuators A:Physical,2018,275:11-18.

第 7 章
行走型压电驱动器

行走型压电驱动器采用多足协调步进致动方式,通过驱动足交替驱动动子实现步进运动,获得大行程运动输出。因其利用静摩擦力驱动,摩擦磨损较小,输出力大,易于实现高位移分辨力,步距重复性好,行走型压电驱动器得到了广泛的研究。本章将首先介绍多足协调步进致动原理,然后介绍著者所研制的四足行走直线型和四足行走旋转型压电驱动器,给出它们的结构设计、致动原理、仿真分析及实验测试结果。

7.1 多足协调步进致动原理

类似于多足动物的行走运动,行走型压电驱动器通过多个驱动足协调配合实现周期性步进运动。以四足协调致动原理为例,其实现沿 $+X$ 方向的直线行走运动原理如图 7-1(a)所示。四个驱动足分为两对(驱动足 Ⅰ 和足 Ⅳ,驱动足 Ⅱ 和足 Ⅲ),皆完成空间椭圆运动,如图 7-1(b)所示,基于驱动足与动子之间的摩擦力驱动动子沿切向做步进运动;两对驱动足的激励信号相位差为 180°,当一对驱动足箍紧动子并沿 $+X$ 方向驱动动子时,另一对反向运动,离开动子并沿 $-X$ 方向运动,动子在一个周期里运动两步;通过施加周期性激励信号,两对驱动足交替驱动动子,实现沿 $+X$ 方向的直线运动。

对于反向运动,调整各驱动足的激励信号使得驱动足的椭圆运动反向,动子受到反向的驱动力,实现反向运动。此外,行走型压电驱动器也可采用其他闭合轨迹(矩形(见图 7-1(c))、三角形轨迹等)或者更多对驱动足完成周期性致动,致动原理与采用椭圆轨迹时相似。下面介绍著者研究的用于直线和旋转运动输出的行走型四足压电驱动器,驱动足基于空间矩形轨迹实现致动效果。

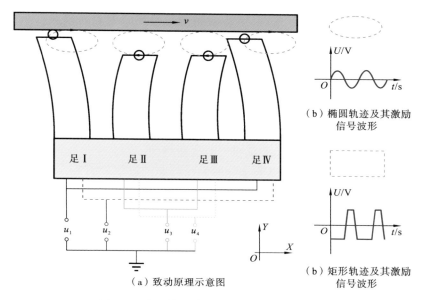

（b）椭圆轨迹及其激励
信号波形

足Ⅰ 足Ⅱ 足Ⅲ 足Ⅳ

（b）矩形轨迹及其激励
信号波形

（a）致动原理示意图

图 7-1 多足协调步进致动原理及激励方案

7.2 四足行走直线型压电驱动器

著者研制的四足行走直线型压电驱动器的结构如图 7-2 所示。该驱动器主要包含两个结构相同的压电换能器（换能器Ⅰ和换能器Ⅱ）、两根导轨、两个

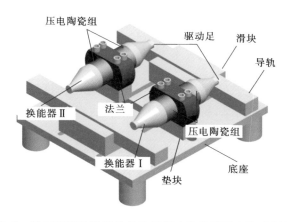

图 7-2 基于矩形轨迹运动的四足行走直线型压电驱动器结构

滑块和一个安装底座[1]。换能器采用夹心式结构,两个换能器对称分布在两根导轨之间;两根导轨平行布置,换能器的驱动足与导轨上表面接触。当给左右分区的水平压电陶瓷组施加正电压信号时,左侧陶瓷片沿厚度方向缩短,右侧陶瓷片沿厚度方向伸长,驱动足沿水平方向向左侧弯曲;同理,当给水平压电陶瓷组施加负电压信号时,驱动足沿水平方向向右侧弯曲。当给上下分区的竖直压电陶瓷组施加正电压信号时,上侧陶瓷片沿厚度方向缩短,下侧陶瓷片沿厚度方向伸长,因此驱动足沿竖直方向向上侧弯曲;同理,当给竖直压电陶瓷组施加负电压信号时,驱动足产生竖直向下的弯曲运动。

基于矩形轨迹运动的压电驱动器驱动足的驱动过程如图 7-3 所示。

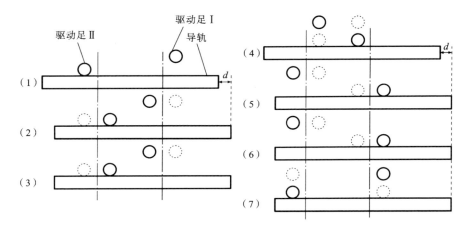

图 7-3 基于矩形轨迹运动的四足行走直线型压电驱动器致动原理示意图

(1) 驱动足Ⅱ在水平和竖直方向作用力下位于左下位置(相对换能器轴线而言),下压导轨;驱动足Ⅰ在水平和竖直方向作用力下位于右上位置,脱离导轨。

(2) 驱动足Ⅱ从左下位置运动到右下位置,在运动过程中一直接触导轨,驱动导轨向右前进一步;同时,驱动足Ⅰ从右上位置运动到左上位置,在运动过程中一直脱离导轨。

(3) 驱动足Ⅰ和驱动足Ⅱ分别保持在左上位置和右下位置。

(4) 驱动足Ⅱ从右下位置运动到右上位置,脱离导轨,导轨不发生水平方向运动;同时,驱动足Ⅰ从左上位置运动到左下位置,下压导轨,导轨不发生水平方向运动。

（5）驱动足Ⅱ从右上位置运动到左上位置，在运动过程中一直脱离导轨；驱动足Ⅰ从左下位置运动到右下位置，在运动过程中一直下压导轨，驱动导轨向右前进一步。

（6）驱动足Ⅰ和驱动足Ⅱ分别保持在右下位置和左上位置。

（7）驱动足Ⅱ从左上位置运动到左下位置，下压导轨，导轨不发生水平方向运动；驱动足Ⅰ从右下位置运动到右上位置，脱离导轨，导轨不发生水平方向运动。

步骤（7）中两个驱动足最后所处的位置和步骤（1）中的初始位置相同，即步骤（1）→（2）→（3）→（4）→（5）→（6）形成一个完整的驱动周期。在一个驱动周期内导轨被驱动两次，驱动足Ⅰ和Ⅱ交替驱动导轨前进，把一个驱动周期分成六个阶段。由图 7-3 可知，在时间点 $t=T/6$ 时，驱动足Ⅱ驱动导轨前进；在时间点 $t=2T/3$ 时，驱动足Ⅰ再次驱动导轨前进。

压电驱动器的每个驱动足在驱动周期的各个阶段，在水平（或竖直）方向上的位置保持不变，在竖直（或水平）方向上发生运动，不同时沿水平和竖直方向运动。驱动足Ⅰ和驱动足Ⅱ的运动轨迹是矩形，并且驱动足Ⅰ和驱动足Ⅱ总是处于矩形的对角位置，当驱动足Ⅰ位于矩形的左下角时，驱动足Ⅱ位于矩形的右上角。假设给水平压电陶瓷组通直流电压 U_x 时驱动足沿水平方向产生位移 D_x，给竖直压电陶瓷组通直流电压 U_y 时驱动足沿竖直方向产生位移 D_y，则压电驱动器驱动足的理想运动轨迹如图 7-4 所示。

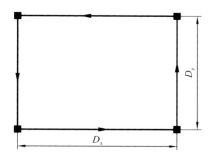

图 7-4　驱动足的理想运动轨迹

换能器Ⅰ需要两路激励信号，换能器Ⅱ也需要两路激励信号，依据压电驱动器的致动原理和压电驱动器驱动足的运动顺序，设计图 7-5 所示的四相矩形波激励信号。换能器Ⅰ的水平压电陶瓷组和换能器Ⅱ的水平压电陶瓷组上的电压激励信号的相位差为 180°，使得压电驱动器的两个驱动足在水平方向上的运动相反；换能器Ⅰ的竖直压电陶瓷组和换能器Ⅱ的竖直压电陶瓷组的激励电压的相位差为 180°，使得压电驱动器两个驱动足沿竖直方向抬压的运动相反；施加到换能器竖直和水平压电陶瓷组上的电压激励信号的相位差为 60°，使得驱动足压在导轨上，当其沿水平方向从左向右运动时，驱动导轨运动。

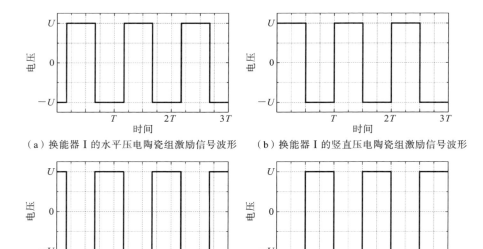

（a）换能器 I 的水平压电陶瓷组激励信号波形　　（b）换能器 I 的竖直压电陶瓷组激励信号波形

（c）换能器 II 的水平压电陶瓷组激励信号波形　　（d）换能器 II 的竖直压电陶瓷组激励信号波形

图 7-5　施加在换能器压电陶瓷组上的矩形波电压激励信号波形

7.2.1　矩形波电压激励信号下压电驱动器特性

基于压电驱动器的致动原理与运动规划，以提出的四相矩形波电压信号为激励信号，对压电驱动器驱动足的运动特性进行仿真，进一步验证其驱动原理的有效性。

1. 驱动器运动特性仿真分析

提取左右两侧驱动足上均匀分布的节点的计算结果，节点的分布如图 7-6 所示。左侧的四个节点分别为 P_1，P_2，P_3 和 P_4，右侧的四个节点分别为 T_1，T_2，T_3 和 T_4。

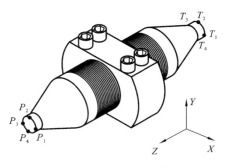

图 7-6　驱动足节点选择

对单个换能器进行静力学和瞬态分析。压电陶瓷片的直径为 30 mm、厚度为 1 mm，单侧陶瓷片数量为 16，变幅杆长度为 25 mm，驱动足长度为 5 mm。所加电压激励信号波形如图 7-5 所示，电压峰峰值设置为 200 V，驱动足八个

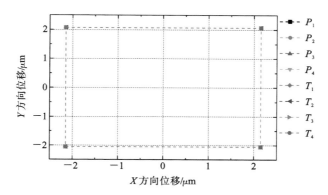

图 7-7 八个节点的静态分析运动轨迹

注:P_1 点的轨迹覆盖了其余点的轨迹。

节点相应的静态分析运动轨迹如图 7-7 所示,轨迹完全重合。经静力学分析知驱动足的运动轨迹为矩形轨迹,与理论分析吻合。驱动足水平方向单侧位移为 2.15 μm,竖直方向单侧位移为 2.05 μm。驱动足上的 P_1,P_2,P_3,P_4,T_1,T_2,T_3 和 T_4 八个节点的位移一致,下面采用节点 P_1 的位移对驱动足位移进行描述。

对单个换能器进行瞬态分析。竖直压电陶瓷组不施加电压信号,水平压电陶瓷组施加电压峰峰值为 200 V 的阶跃信号,驱动足在阻尼作用下振荡衰减并达到稳态,稳态位移为 2.15 μm,与静态分析得到的水平方向位移一致。图 7-8 所示为驱动足静力学和瞬态分析运动轨迹,实线表示静力学分析运动轨迹,虚线表示瞬态分析运动轨迹。可见,瞬态分析运动轨迹也为矩形,矩形的四个角处存在位移振荡。

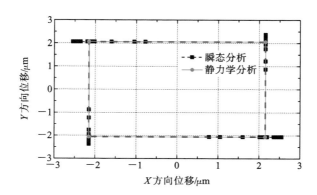

图 7-8 驱动足静力学和瞬态分析运动轨迹

2. 实验特性测试

给压电驱动器施加设计的矩形波电压激励信号,激励信号的频率设置为 1 Hz,不同电压大小的激励信号作用下导轨的位移如图 7-9 所示。在电压峰峰值分别为 200 V,300 V 和 400 V 的激励信号的作用下,导轨能够实现步进运动;一个周期内步进两次,一次发生在 $T/6$ 时刻,另一次发生在 $2T/3$ 时刻,与理论分析一致,验证了驱动器致动原理的正确性。激励电压峰峰值为 100 V 或小于 100 V 时,导轨未能被驱动。不同激励电压下,压电驱动器一个驱动周期的步距如图 7-10 所示。在电压峰峰值分别为 100 V,200 V,300 V 及 400 V 的激励信号作用下,压电驱动器的输出步距相应为 0 μm,0.16 μm,2.34 μm 和 4.45 μm。

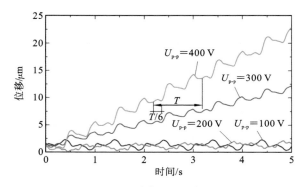

图 7-9　不同激励电压下导轨位移曲线

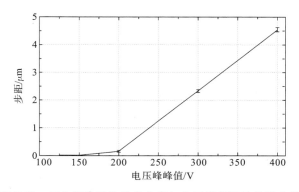

图 7-10　压电驱动器的输出步距与电压峰峰值的关系曲线

当激励电压峰峰值为 400 V 时,改变激励信号的频率,使其从 1 Hz 变化到 200 Hz,不同激励频率下压电驱动器的输出速度如图 7-11 所示。随着激励信号频率的增大,压电驱动器的输出速度近似呈线性增大。激励频率为 1 Hz 时,压电驱动器的输出速度为 4.45 μm/s;激励频率为 200 Hz 时,压电驱动器的输出速度为 0.90 mm/s。因此,可以通过改变压电驱动器的激励信号电压和频率的大小来改变导轨的运动速度。调整激励电压大小,改变一个周期内输出步距的大小;调整激励频率大小,改变单位时间内的驱动次数。图 7-12 所示为激励电压峰峰值为 400 V、激励频率为 1 Hz 时,压电驱动器的输出速度与输出力的关系曲线:随着负载的增加,输出速度减小;空载时,最大输出速度为 4.45 μm/s;最大输出力为 12 N。

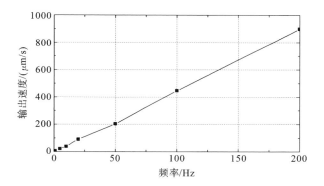

图 7-11　压电驱动器的输出速度与频率的关系曲线

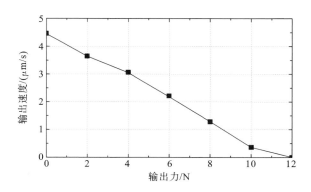

图 7-12　压电驱动器的输出速度与输出力的关系曲线

7.2.2　梯形波电压激励信号下压电驱动器特性

矩形波激励信号电压高低转换时驱动足位移存在一定的振荡,为了减小驱动足位移的振荡将矩形波电压激励信号改进成梯形波电压激励信号,如图 7-13 所示。此时驱动足的位移响应由阶跃响应转为斜坡响应,有利于减小位移超调和振荡。下面开展不同梯形波电压激励信号下驱动器特性的研究。

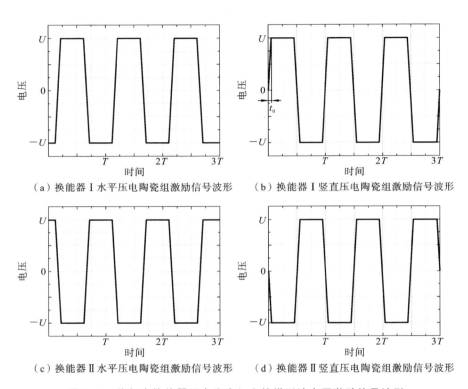

(a) 换能器 I 水平压电陶瓷组激励信号波形　　(b) 换能器 I 竖直压电陶瓷组激励信号波形

(c) 换能器 II 水平压电陶瓷组激励信号波形　　(d) 换能器 II 竖直压电陶瓷组激励信号波形

图 7-13　施加在换能器压电陶瓷组上的梯形波电压激励信号波形

将梯形波电压激励信号斜坡上升时间 t_0 设置为 1 ms,四相电压激励信号的相位差与前述四相矩形波电压激励信号的相位差相同,开展瞬态仿真分析。电压峰峰值设置为 200 V,周期 T 设置为 1 s,瞬态分析结果如图 7-14 所示:在梯形波电压激励信号作用下驱动足的瞬态运动为矩形轨迹运动,驱动足的稳态位移为 2.15 μm。可以发现,相对矩形波电压激励信号作用下的位移响应,梯形波电压激励信号作用下驱动足位移振荡的超调量显著减小,且其矩形运动轨迹四个角处的位移振荡明显减小。

对于梯形波电压激励信号,斜坡上升时间 t_0 分别设置为 1 ms 和 1.5 ms,激励电压设置为 400 V,信号频率设置为 1 Hz。图 7-15 所示为导轨在梯形波电压激励信号作用下的位移响应曲线。导轨被压电驱动器的双足交替驱动而产生

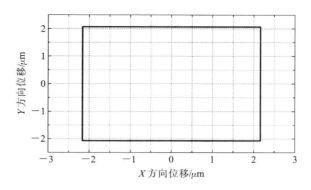

图 7-14   梯形波电压激励信号作用下驱动足瞬态分析运动轨迹

步进位移;当斜坡上升时间 t_0 分别为 1 ms 和 1.5 ms 时,一个时间周期内的运动步距依次为 6.78 μm 和 8.23 μm。另外,由图 7-15 中所示的位移响应曲线可以观察到一个现象:在一个周期内的两次步进运动中,两步步距存在一定差异。针对此现象分别测试驱动足 Ⅰ 和驱动足 Ⅱ 水平方向的位移,得到其大小分别为 3.88 μm 和 4.38 μm。经分析可知,是换能器的驱动性能不完全一致导致了一个周期内的两步步距不一致。

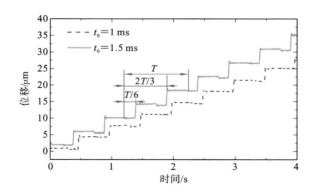

图 7-15   梯形波电压激励信号作用下压电驱动器的位移响应曲线

压电驱动器在不同波形激励电压下的输出步距与电压峰峰值的关系曲线如图7-16 所示。激励电压峰峰值大于 100 V 时,随着激励电压的增大,输出步距增大。在梯形波电压激励信号作用下:当激励电压峰峰值为 100 V 时,一个时间周期的输出步距为 0 μm;当激励电压峰峰值为 400 V 时,输出步距为 8.23 μm。

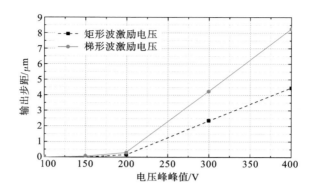

图 7-16　压电驱动器在不同波形激励电压下的输出步距与电压峰峰值的关系曲线

压电驱动器的输出速度与频率的关系曲线如图 7-17 所示。随着激励信号频率的增大,压电驱动器的输出速度增大。在矩形波电压激励信号作用下:激励信号的频率为 1 Hz 时,压电驱动器的输出速度为 8.23 μm/s;激励信号的频率为 200 Hz 时,压电驱动器的输出速度为 1.65 mm/s。压电驱动器的输出速度与输出力的关系曲线如图 7-18 所示。由该图可知,当激励信号频率为 1 Hz 时,在梯形波电压激励信号作用下,压电驱动器的最大空载速度为 8.23 μm/s,最大输出力为 12 N。

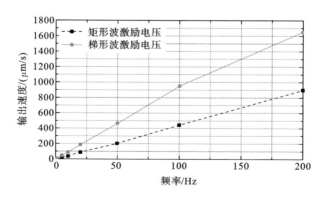

图 7-17　压电驱动器的输出速度与频率的关系曲线

为了进一步测试压电驱动器的输出特性,对压电驱动器的水平压电陶瓷组分别施加 5～250 V 的直流电压信号,导轨相应的位移如图 7-19 所示。

导轨位移和激励电压近似成线性关系,相关系数为 0.9987;在 5 V 直流电

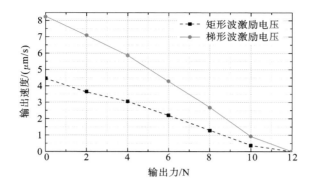

图 7-18　压电驱动器的输出速度与输出力的关系曲线

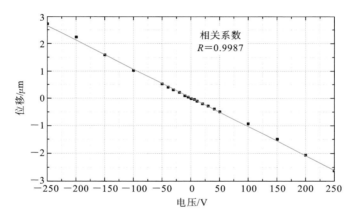

图 7-19　导轨在直流电压激励信号作用下的位移

压下,导轨的位移为 50 nm。由实验可知,导轨位移和激励电压间关系的线性度较高,便于进行控制。理论上,随着激励电压的进一步细分,导轨的位移将进一步减小,受电源的影响,能够测试到的位移分辨力为 50 nm。

7.3　四足行走旋转型压电驱动器

著者研制的四足行走旋转型压电驱动器的结构如图 7-20 所示。它由四个压电陶瓷金属复合悬臂梁构成,利用梁末端的驱动足驱动一个圆盘形转子,四个悬臂梁协调变形,通过两对驱动足的协调动作实现箝位-驱动-箝位动作,可完成对转子的步进驱动[2]。

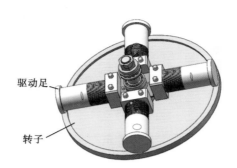

驱动足

转子

图 7-20　著者研制的四足行走旋转型压电驱动器结构

7.3.1　致动原理及构型设计

驱动器的驱动足轨迹设计为矩形,驱动足沿竖直方向运动实现箝位动作,驱动足沿水平方向运动实现驱动动作。图 7-21 所示为驱动足步态规划沿圆周方向的展开示意图,四个换能器所施加的激励信号波形如图 7-22 所示。以第一个驱动周期为例,具体驱动过程如下。

(1) 在 $0\sim1/6T$ 时间段内((a)~(b)),换能器Ⅰ,Ⅲ向下弯曲,驱动足Ⅰ,Ⅲ下移脱离转子,驱动足Ⅱ,Ⅳ保持箝位。

(2) 在 $1/6T\sim1/3T$ 时间段内((b)~(c)),驱动足Ⅰ,Ⅲ右移,驱动足Ⅱ,Ⅳ左移,通过驱动足与转子之间的摩擦力驱动转子左移一步。

(3) 在 $1/3T\sim1/2T$ 时间段内((c)~(d)),驱动足Ⅰ,Ⅲ上移,驱动足Ⅱ,Ⅳ保持箝位。

(4) 在 $1/2T\sim2/3T$ 时间段内((d)~(e)):驱动足Ⅰ,Ⅲ保持箝位,驱动足Ⅱ,Ⅳ下移脱离转子。

(5) 在 $2/3T\sim5/6T$ 时间段内((e)~(f)):驱动足Ⅰ,Ⅲ左移,通过驱动足与转子之间的摩擦力驱动转子再次左移一步,驱动足Ⅱ,Ⅳ右移。

(6)在 $5/6T\sim T$ 时间段内((f)~(g)):驱动足Ⅰ,Ⅲ保持箝位,驱动足Ⅱ,Ⅳ上移。

如此周期循环,即可实现转子的步进式旋转运动。改变各驱动足的动作方向,将左右移动的动作互换,改变驱动足与转子之间的摩擦力的方向,即可实现反向驱动效果。

驱动器总体结构如图 7-23(a)所示。该驱动器主要由定子、转子和输出轴

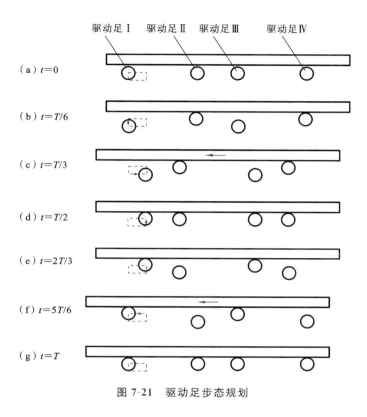

图 7-21　驱动足步态规划

组成,而定子主要由四个换能器与基座组成。基座采用箱体结构,可提高支承刚度,同时箱体内部空间可用来容纳止推轴承及螺母、碟簧。螺母与碟簧用于实现驱动足与转子之间预紧力的施加。换能器与基座利用螺钉固定,每个换能器都有箝位与驱动功能,驱动足侧面与转子接触并驱动转子运动。因此转子的运动行程理论上是无限的,即转子可实现大行程的运动目标。综合考虑驱动足与转子的接触、陶瓷片的安装、驱动器的安装等,将定子中四个换能器的尺寸和结构设计为一致,每个换能器由一个前端盖、两个 PZT 压电陶瓷组和一个带螺杆的后端盖组成,压电陶瓷组被夹持在两端盖之间(见图 7-23(b))。选择直径为 30 mm、厚度为 1 mm 的圆形压电陶瓷片并分成两组,用以产生水平和垂直方向弯曲变形;压电陶瓷片间夹有铍青铜片作为电极。在电极和螺杆之间有一个绝缘环实现电极之间的隔离。前端盖采用等截面形式,末端圆形凸台是驱动足,加工方便。前端盖选用较轻的金属材料——硬铝合金 2A12;后端盖应采用密度较大的金属材料,这里选用的是 45 钢。

通过有限元仿真分析验证致动原理的可行性并对换能器结构参数进行设

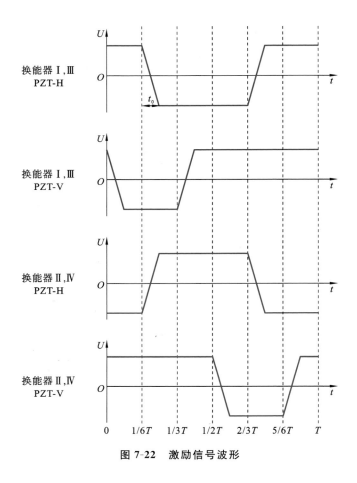

图 7-22　激励信号波形

计。对换能器进行静力学分析,依据经验设定尺寸参数初始值,其中前端盖的长度和压电陶瓷片的数量是主要影响驱动足位移的两个参数。当压电陶瓷片数量一定时,改变前端盖长度,观察其末端驱动足中心点处在一定电压下的位移。当电压为 200 V、压电陶瓷片数量为 20 时,不同前端盖长度下的驱动足位移曲线如图 7-24 所示。

由静力学分析可以看出,增加压电陶瓷片数量及增加前端盖长度均可实现驱动足位移的增大,而综合考虑成本问题以及压电陶瓷片过多会导致驱动器功率过大,对电源特性要求过高的问题,主要还是采用改变前端盖长度的方法来实现驱动足位移的改变。为保证驱动足有较大位移输出(3 μm 以上),保证足够的驱动能力,最后选择压电陶瓷片个数为 20,换能器总长为 80 mm,主要结构尺寸如图 7-25 所示。

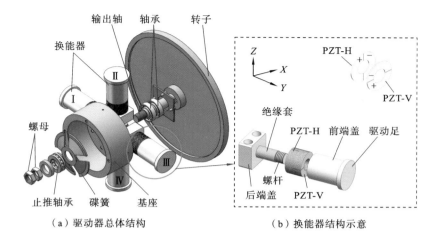

（a）驱动器总体结构　　　　　（b）换能器结构示意

图 7-23　驱动器结构示意图

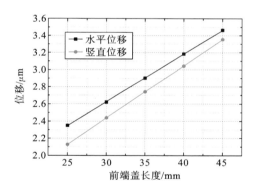

图 7-24　不同前端盖长度下的驱动足位移

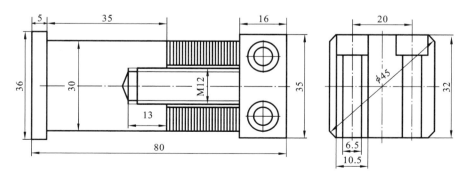

图 7-25　换能器结构尺寸（单位：mm）

7.3.2　四足行走旋转型压电驱动器特性实验研究

基于以上设计参数,完成所研制四足行走旋转型压电驱动器样机的加工与装配,所得样机如图 7-26 所示。将四个换能器与基座连接,利用高度游标卡尺(分度值为 0.02 mm)及百分表(分度值为 0.01 mm)测定每个驱动足的高度,然后通过在后端盖与基座接触面之间垫上不同厚度的铜片来实现驱动足高度的调整,使四个驱动足处在同一水平面上,之后通过超精密磨床对四个驱动足进行磨削,以保证四个驱动足在初始时刻均能与转子紧密接触。

图 7-26　四足行走旋转型压电驱动器样机

在四个驱动足处于自由状态的情况下,对换能器的两个压电陶瓷组分别施加两相梯形波激励信号(见图 7-22),其电压峰峰值为 400 V、频率为 1 Hz、上升时间为 7 ms。分别测量驱动足在水平方向和竖直方向上的运动情况,其中驱动足Ⅳ的输出位移如图 7-27 所示。由该图可以看出,驱动足步距的重复性较好,

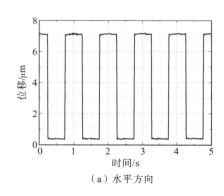

（a）水平方向

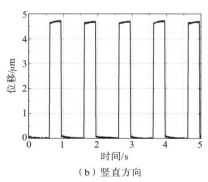

（b）竖直方向

图 7-27　驱动足Ⅳ输出位移

将其合成为驱动足运动轨迹,如图 7-28 所示。可以看出,驱动足实现了矩形轨迹运动,这就证明了压电驱动器驱动原理的可行性。

将转子及输出轴轴系部件安装完成后,在转子边缘安装一小型铝块用于压电驱动器输出线位移的检测,如图 7-29 所示。由测量所得直线位移除以检测半径(转子的半径),即可得到压电驱动器的输出角位移。

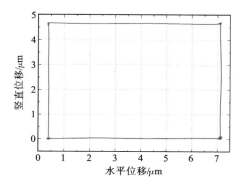

图 7-28　驱动足单周期运动轨迹　　　　图 7-29　压电驱动器位移检测装置

接下来,对压电驱动器的输出特性进行测试。首先保持箝位电压峰峰值为 400 V 不变,转子与驱动足间的预紧力设置为 12 N,改变驱动电压大小,得到该压电驱动器样机的输出位移与时间的关系,如图 7-30 所示。由此图可以看出,著者所研制的四足行走驱动器可以实现稳定的步进运动。

在以上实验条件下,该压电驱动器样机的位移分辨力即能够检测到的最小步距为 10.5 nm(0.095 μrad),对应的驱动电压的峰峰值为 3 V。

固定驱动电压及箝位电压的峰峰值 400 V 不变,改变其频率,得到压电驱动器样机的输出转速与激励信号频率的关系曲线,如图 7-31 所示。由该图可知:当频率小于 10 Hz 时,压电驱动器样机输出转速与激励信号频率成正比;当频率大于 10 Hz 时,输出转速虽然还在随着频率的增加而增加,但增加的幅度有所减小;当频率为 45 Hz 时,压电驱动器样机的输出转速达到最大,为 4588.51 μrad/s(线速度为 504.736 μm/s);当频率大于 45 Hz 时,压电驱动器的输出速度开始迅速减小。根据压电驱动器的运动原理,输出速度应与激励信号频率成正比关系,但由于采用的激励信号为固定上升时间(7 ms)的信号,因此在频率高于 11.9 Hz 时,激励信号波形会紊乱,不再符合设定的波形,故频率较高时该压电驱动器输出速度与频率不再成正比。

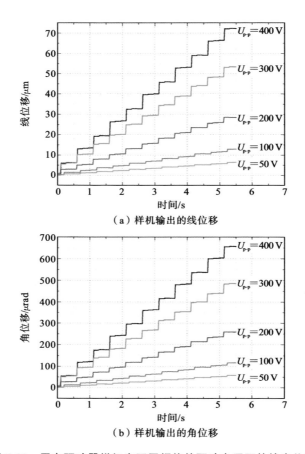

（a）样机输出的线位移

（b）样机输出的角位移

图 7-30　压电驱动器样机在不同幅值的驱动电压下的输出位移

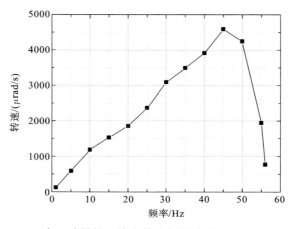

图 7-31　压电驱动器样机输出转速与激励信号频率的关系曲线

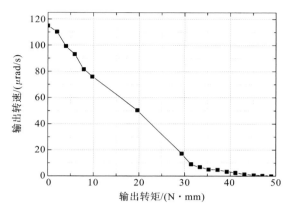

图 7-32 压电驱动器样机的输出转速与输出转矩的关系曲线

最后,在具有固定幅值与频率的驱动电压及箝位电压信号($U_{\mathrm{pp}}=400$ V,$f=1$ Hz)作用下,预紧力为 12 N 时,测试压电驱动器样机的输出转速与输出转矩之间的关系,得到该压电驱动器样机的输出转速与输出转矩的关系曲线,如图 7-32 所示。在此实验条件下的压电驱动器样机空载转速为 114.91 μrad/s,最大输出转矩为 49 N·mm。

7.4 本章小结

本章论述了行走致动型压电驱动器的多足协调步进致动原理,介绍了著者基于该致动原理研制的用于直线和旋转运动输出的四足行走型压电驱动器。对于四足行走直线型压电驱动器,首先研究了矩形波激励电压下驱动足的位移响应,实验发现存在较大的振荡;为了减小振荡的超调量,研究了梯形波电压激励信号对压电驱动器运动特性的影响,梯形波电压激励信号作用下矩形运动轨迹四个角处的振荡明显减小;压电驱动器样机在矩形波和梯形波电压激励信号作用下能够进行步进驱动,梯形波电压激励信号作用下样机的响应步距提高约85%,输出步距为 8.23 μm,最大输出速度为 1.65 mm/s,最大输出力为 12 N,输出位移分辨力为 50 nm。对于四足行走旋转型压电驱动器,采用梯形波激励信号,驱动器的位移分辨力为 0.095 μrad,在信号频率为 45 Hz 时获得的最大输出角速度为 4588.51 μrad/s,最大输出转矩为 49 N·mm。实验结果表明,在四足行走致动模式下,压电驱动器具备低速、大输出力、微米级步距和优于亚微米级的分辨力输出能力。

本章参考文献

［1］ XU D M，LIU Y X，LIU J K，et al. A four-foot walking-type stepping piezoelectric actuator：driving principle，simulation and experimental evaluation［J］. Smart Materials and Structures，2018，27(11)：115002.

［2］ DENG J，CHEN W S，WANG Y，et al. Modeling and experimental evaluations of a four-legged stepper rotary precision piezoelectric stage［J］. Mechanical Systems and Signal Processing，2019，132：153-167.

第8章
多自由度压电驱动技术

面向光学扫描、微纳制造、生物医学、航空航天及机器人等领域的实际应用需求,压电驱动系统不仅需要具备高精度、大行程致动的能力,还需具备多自由度致动的能力。通常情况下,压电驱动系统的多自由度输出可由多个单自由度驱动器串联或者并联来实现。其中,由大位移输出的单自由度压电驱动器串联而成的多自由度超精密压电驱动系统虽然可以实现大尺度运动,但存在着结构较复杂、运动惯量较大、动态响应能力差、多自由度间动力学特性不对称、易出现累积误差以及导线随动等不足;并联型超精密多自由度压电驱动系统采用各个压电驱动单元和并联机构相结合直接驱动执行末端,具有高精度、低惯量、高固有频率、高承载能力以及多自由度间动力学特性一致等特点,但存在行程较小、成本高、控制方法复杂等不足,这在一定程度上限制了其应用范围。针对这些问题,著者将压电驱动方式由单自由度向多自由度拓展,提出了单驱动足多维轨迹致动和多足协调致动两种致动方式。

本章将介绍著者研制的多自由度压电驱动器,包括利用双超声压电驱动器串联而形成的双驱动器串联式两自由度直线型压电驱动器、利用单压电驱动器单足多维轨迹的单足致动两自由度旋转型压电驱动器,以及利用双压电驱动器、双足协调致动的双足致动两自由度直线型压电驱动器,并给出它们的结构设计、致动原理、仿真分析及实验测试结果。

8.1　双驱动器串联式两自由度直线型压电驱动器

8.1.1　压电驱动器结构与致动原理

基于传统串联方式,著者采用两个超声压电驱动器设计了一种双驱动器串联式两自由度直线型压电驱动器[1],其具体结构如图 8-1 所示。两个自由度分别为 X 向运动自由度与 Y 向运动自由度,X,Y 向运动部件为串联关系,即 Y 方向运动输出平台(简称 Y 向平台)的基座固定在 X 方向运动输出平台(简称 X 向平台)上,每个自由度均采用导轨固定在基座上、滑块承载平台运动的方式实现。沿 X,Y 方向分别平行布置两条导轨,每条导轨上配两个滑块。驱动器在 X,Y 方向上的最大运动行程为 104 mm,运动所需的最小空间尺寸为 240 mm ×265 mm×95 mm。在 X,Y 向平台的基座上都设置了橡胶挡块,而两个自由度的平台底部都设置了橡胶撞块,以实现两自由度的机械限位。每个自由度运动输出信号的采集均由磁栅尺完成,平台上的摩擦条与超声压电驱动器的驱动足形成摩擦副,摩擦条采用硬度高、耐磨性好的 2Cr13 不锈钢材料制成。摩擦条和超声压电驱动器驱动足之间的预紧力通过在后端盖和平台基座之间设置垫片来调整。

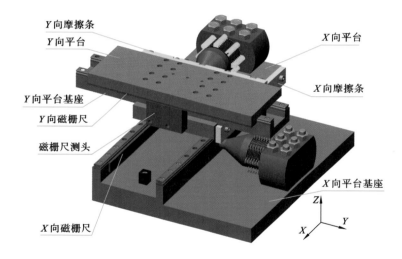

图 8-1　双驱动器串联式两自由度直线型压电驱动器三维结构

图 8-2 展示了单自由度直线型压电驱动器在一个周期内的致动过程。

(1)驱动足在预紧力作用下与输出平台接触,超声压电驱动器向上弯曲,驱动足沿竖直方向向上移动并箍紧输出平台。

(2)超声压电驱动器沿＋X 方向弯曲,驱动足通过摩擦力驱动输出平台沿＋X 方向运动。

(3)超声压电驱动器向下弯曲,驱动足沿竖直方向向下移动,与输出平台之间的正压力减小。

(4)超声压电驱动器沿－X 方向弯振,驱动足沿轴－X 方向移动,并且不

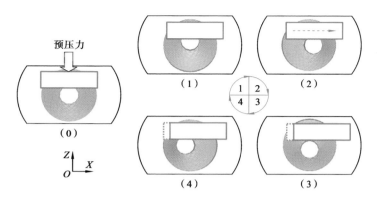

图 8-2　单自由度直线型压电驱动器致动原理

接触输出平台,驱动足返回其原始位置。

通过(1)→(2)→(3)→(4)→(1)……循环动作,超声压电驱动器驱动输出平台沿＋X 方向运动。

为了保证双驱动器串联式两自由度直线型压电驱动器整体结构的紧凑性,著者以前期研制的同阶弯振复合型超声压电驱动器为基础展开该两自由度直线型压电驱动器的结构设计。同阶弯振复合型超声压电驱动器总体结构如图 8-3(a)所示,驱动器需布置 16 个四分区压电陶瓷片,压电陶瓷片上相对的两个分区共同激励驱动器实现沿一个方向的弯振;利用 X 和 Z 两个方向(水平和竖

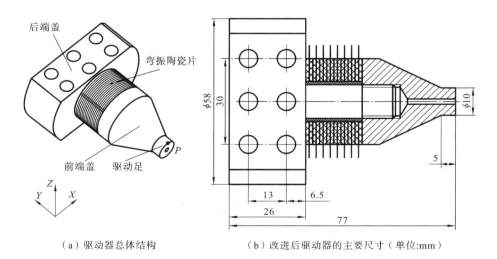

（a）驱动器总体结构　　　　　（b）改进后驱动器的主要尺寸（单位:mm）

图 8-3　同阶弯振复合型超声压电驱动器总体结构及主要尺寸

直方向)的二阶弯振复合出驱动足椭圆轨迹并驱动动子。在此基础之上进行结构优化设计,增大后端盖的厚度以及两排螺纹孔之间的距离,这主要是为了更好、更便利地对压电驱动器施加固定约束。改进后压电驱动器的主要尺寸如图8-3(b)所示。通过有限元模态分析对改进后的超声压电驱动器进行模态简并,模态仿真结果如图8-4所示,得到其 X 方向和 Z 方向的二阶弯振模态频率分别为 25317.9 Hz 和 25194.4 Hz,相差 123.5 Hz,基本实现了模态简并。

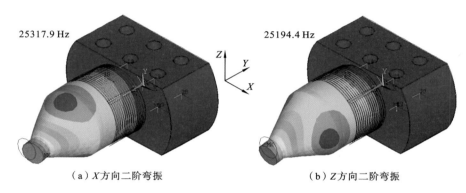

（a）X 方向二阶弯振   （b）Z 方向二阶弯振

图 8-4　改进设计的超声压电驱动器二阶弯振模态仿真结果

在完成超声压电驱动器的模态分析后,对其进行瞬态分析,分析在谐振状态下驱动足的振动轨迹与电压相关参量(幅值、频率和相位差)的关系。图8-5展示了不同幅值电压激励信号(频率相同且相位差为 90°)作用下驱动足的振动

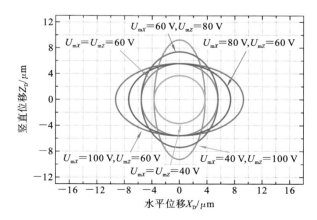

图 8-5　不同幅值电压激励信号作用下驱动足的振动轨迹

注:U_{mX}、U_{mY} 分别为水平、竖直方向弯振激励电压幅值。

轨迹。可以看到,驱动足以椭圆轨迹振动,当驱动足竖直方向(Z 向)运动的激励电压幅值保持不变时,水平方向(X 向)的振幅与激励电压之间成一定的线性关系;同理,竖直方向的振幅也与激励电压幅值之间成线性比例关系。

图 8-6 所示为不同频率激励信号作用下驱动足的振动轨迹。施加两个连续的同频激励信号,分别用于激励出驱动足水平和竖直的振动。当激励信号频率为两个方向二阶弯振模态频率的均值(25.26 kHz)时,激励驱动足的水平位移达到最大值 4.65 μm,因为该频率接近 X 方向二阶弯振模态的谐振点;而当激励信号频率分别为 24.00 kHz 和 26.00 kHz 时,驱动足的振幅分别为 0.32 μm 和 0.86 μm,振幅减小到只有最大时的 6.9% 和 18.5%。当激励信号频率变化时,驱动足水平和竖直方向的振幅同时变化,因此无法实现驱动足振幅的独立调节。

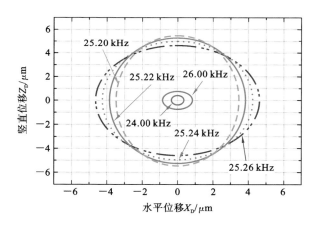

图 8-6　不同频率激励信号作用下驱动足的振动轨迹

分析驱动足的振动轨迹与相位差的关系,结果如图 8-7 所示。振动轨迹随相位差从 0°~180° 的变化而变化,其中激励信号频率为 25.26 kHz。当相位差为 0° 时,水平和竖直弯振激励信号 $U_1(t)$ 和 $U_2(t)$ 具有相同的振幅和符号,驱动足的振动在 X 方向和 Z 方向上被激励并同时随时间变化,故振动轨迹为斜线。而当信号 $U_1(t)$ 和 $U_2(t)$ 的相位差为 180° 时,二者振幅相同,但符号相反,这又导致了另一种斜向的线性运动。因此,驱动足的振动轨迹可随相位差的变化而变化。

从以上的仿真分析可以看到,驱动足的振动轨迹调控可以通过调节电压幅值、驱动频率和相位差来实现,但是只有通过调节电压幅值才可以实现驱动足

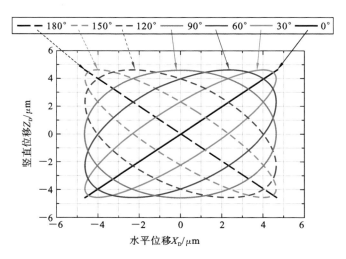

图 8-7 驱动足的振动轨迹与相位差的关系曲线

在两个振动方向上的独立可调。

8.1.2 实验研究

基于仿真分析制作同阶弯振复合超声压电驱动器样机,如图 8-8(a)所示。首先针对每个超声压电驱动器在两个方向上的振动进行振动特性测试。图 8-8(b)所示为 X 向压电驱动器 X 方向二阶弯振的振型图,弯振固有频率为 24.523

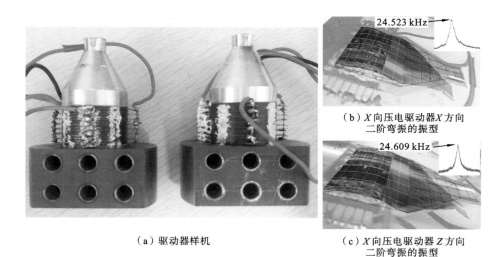

（a）驱动器样机

（b）X 向压电驱动器 X 方向二阶弯振的振型

（c）X 向压电驱动器 Z 方向二阶弯振的振型

图 8-8 同阶弯振复合超声压电驱动器样机和振型测试结果

kHz;图 8-8(c)所示为 X 向压电驱动器 Z 方向二阶弯振的振型图,弯振固有频率为 24.609 kHz。可见,X 向超声压电驱动器 X 方向和 Z 方向二阶弯振固有频率相差 86 Hz。Y 向压电驱动器 Y 向二阶弯振固有频率为 24.742 kHz,Y 向超声压电驱动器 Z 方向二阶弯振固有频率为 24.648 kHz,二者相差 94 Hz。两个样机在两个弯振方向上的弯振固有频率差值都不超过 100 Hz,可以满足基本驱动要求。偏差主要是由约束条件的不完全一致以及加工与装配误差造成的。

对双驱动器串联式两自由度直线型压电驱动器进行加工装配,如图 8-9 所示,针对 X、Y 向平台进行机械输出特性测试。控制 X 向压电驱动器竖直方向激励电压幅值为 80 V,水平方向激励电压幅值为 60 V,两相激励电压的相位差为 90°,若运动反向则变为 -90°。测得 X 向平台运动的速度与激励信号的频率关系如图 8-10(a)所示,正反向特性略有差异,这主要是由加工与装配误差引起的。通过曲线可以看出,频率在 24.5～25.2 kHz 的范围内时,X 向平台运动速度较快。

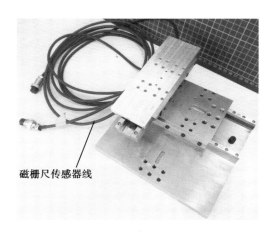

磁栅尺传感器线

图 8-9　双驱动器串联式两自由度直线型压电驱动器样机

在同样的条件下,测得 Y 向平台的速度与激励信号频率关系如图 8-10(b)所示,正反向运动特性的一致性也较好,激励信号频率在 24.4～25.0 kHz 的范围内,Y 向平台运动速度较快。

根据压电驱动器 X、Y 向平台速度与激励信号频率关系曲线,两个平台速度较快时激励信号的频率范围有较高的重合度,且重合部分包含 8.1.1 节中超声压电驱动器振型测试得到的模态频率,说明超声压电驱动器在设计的振动模态下的工作状态较其他振动模态下更好。在重合的频率范围内选择 24.63 kHz

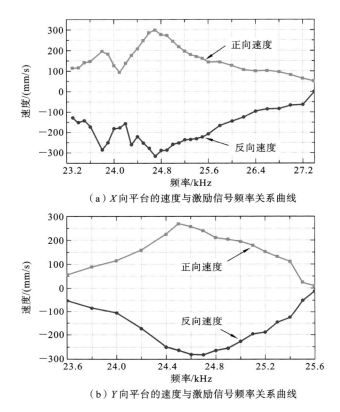

（a）X 向平台的速度与激励信号频率关系曲线

（b）Y 向平台的速度与激励信号频率关系曲线

图 8-10　压电驱动器 X,Y 向平台的速度与激励信号频率关系曲线

作为后续实验中与激励信号的频率。

　　由于在 X 和 Y 向平台运动的速度与激励信号的频率关系曲线中，正反向运动特性的一致性都较好，因此认为采用相位差为 $90°$ 和 $-90°$ 的两相激励信号来实现正反向驱动效果较好。后面不再专门对速度与激励电压相位差的关系进行测试，后续实验中控制平台正反向运动通过调节相位差为 $90°$ 或 $-90°$ 来实现。

　　接下来对 X 和 Y 向平台的速度和激励电压幅值的关系曲线进行测试。考虑到超声压电驱动器竖直方向的振动主要用于令驱动足压紧或者脱离动子，而其水平方向的振动主要用于产生驱动位移，因此在本组实验中，保持超声压电驱动器竖直方向的激励电压幅值为 80 V 不变，只改变超声压电驱动器样机水平方向的激励电压幅值，测试超声压电驱动器样机速度与水平方向的激励电压幅值的关系。由于激励电压幅值正负对称，在此规定，速度与电压幅值的关系曲线中，横坐标只标注幅值中的正值。按照上述条件，测得 X 和 Y 向平台的速度与激励电压幅值关系如图 8-11 所示，电压在 10～70 V 时，平台速度与激励电压幅值具有较明显的线性关系。

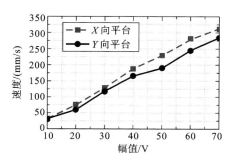

图 8-11　X 和 Y 向平台的速度与激励电压的幅值关系曲线

由上述实验结果可知，当超声压电驱动器工作在低电压条件下时，输出速度往往受到死区现象的限制，不能实现低速运动输出。针对此问题，著者利用所研制的同阶弯振复合超声压电驱动器两相弯振正交且相互独立的特性，进行低速特性研究[2]。通过独立控制驱动足在竖直和水平方向上的振幅，可以灵活改变驱动足振动轨迹的形状和大小，实现对输出速度的控制，最终实现低速输出。在开环测试系统的基础上搭建速度闭环控制系统，以速度作为反馈量用于控制驱动器的电压幅值，从而控制输出速度。系统将输出速度作为反馈量来与目标速度相比较计算偏差，经过PID 控制器独立调整超声压电驱动器水平激励电压幅值，改变驱动足振动轨迹的形状和大小，实现对输出速度的控制。

利用搭建好的速度闭环控制系统对所研制的两自由度运动平台的速度控制进行实验研究。首先对 X,Y 向平台的速度阶跃控制进行研究。PID 控制器通过控制超声压电驱动器 X 向激励电压幅值大小来控制平台的运动速度，所有的速度控制实验中，超声压电驱动器的激励电压频率为 24630Hz，单个超声压电驱动器两相激励电压的相位差根据运动方向的需要为 90°或者－90°，加在超声压电驱动器 Y 向电极上的激励电压幅值为 170 V。

进行平台 Y 向速度阶跃控制实验，整定 PID 参数至 $K_p=1, K_i=0.1, K_d=0$ 时，得到 Y 向速度曲线如图 8-12(a) 所示。图中加入了开环速度曲线作为对比。闭环速度控制的目标速度为 50 mm/s，输出稳定后，速度误差在 ±2.5 mm/s 以内。通过对比两条曲线可知闭环控制对速度的稳态特性提升效果明显。

进行平台 X 向速度阶跃控制实验，整定 PID 参数至 $K_p=1, K_i=0.2, K_d=0$ 时，得到 X 向的速度输出结果如图 8-12(b) 所示。图中曲线从上至下对应的速度目标值依次为 50 mm/s，20 mm/s，10 mm/s 和 5 mm/s。可以看出，目标值为 50 mm/s 的速度曲线中，输出稳定后速度误差不超过 ±2.5 mm/s，即在 ±5% 以内，速度从 0 mm/s 上升至目标值的 90%（即 45 mm/s）所用时间为 27

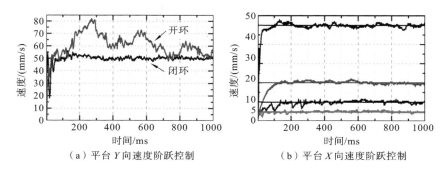

（a）平台 Y 向速度阶跃控制　　　　（b）平台 X 向速度阶跃控制

图 8-12　平台速度阶跃控制实验结果

ms。该超声压电驱动器样机依次稳定地输出了 20 mm/s,10 mm/s 和 5 mm/s 的速度,其中输出 5 mm/s 的速度时,稳定后速度误差在 ±1 mm/s 以内。

在平台 Y 向速度正弦控制中,整定 PID 参数至 $K_p=3, K_i=0.1, K_d=0.1$。测得 Y 向速度(目标值为 ±20 mm/s)按正弦规律变化时,平台的速度曲线如图 8-13 所示。计算 Y 向速度跟随频率依次为 0.5 Hz,1 Hz,1.5 Hz,2 Hz,幅值为 ±20 mm/s 的正弦信号变化时,计算出平台响应位移相位滞后依次为 0.72°,1.44°,2.16° 和 2.88°,响应位移误差依次为 2.03%,2.34%,2.50%,2.19%。

上述速度正弦控制实验证明了所研制的双驱动器串联式两自由度直线型压电驱动器及其驱动控制系统可以实现对平台速度的正弦控制,正弦信号频率最高为 2 Hz。整个正弦速度控制实验中,平台的速度幅值始终为 ±20 mm/s,

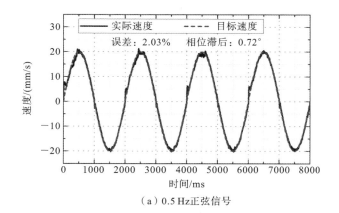

（a）0.5 Hz 正弦信号

图 8-13　平台 Y 向速度正弦控制

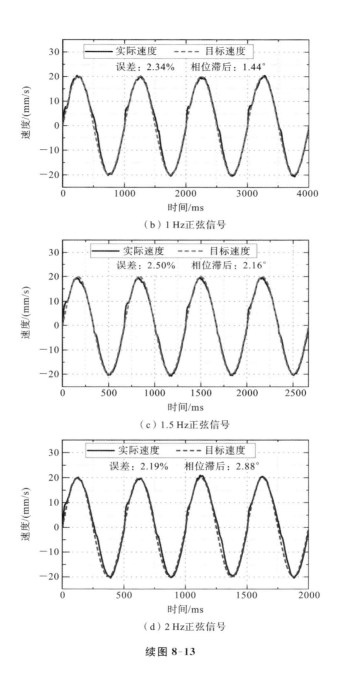

（b）1 Hz正弦信号

（c）1.5 Hz正弦信号

（d）2 Hz正弦信号

续图 8-13

属于低速状态的正弦速度控制。从实验结果来看,没有明显的速度死区,证明该双驱动器串联式两自由度直线型压电驱动器具有良好的低速性能。

8.2　单足致动两自由度旋转型压电驱动器

从上述双驱动器串联式两自由度直线型压电驱动器的相关研究结果可以发现,该驱动器结构较复杂,需要两套单自由度驱动器及其配套装置。上层驱动器的导线随底层平台运动,导致整体体积较大;此外,上层驱动器的运动输出会累积底层的运动误差,导致其输出误差难以抑制。针对这些问题,著者基于单驱动足多维致动轨迹致动方式,分别研制了基于夹心式结构的两自由度旋转型压电驱动器和基于贴片式十字梁结构的两自由度旋转型压电驱动器。相较于双驱动器串联式两自由度压电驱动器,著者研制的这两种驱动器可简化结构、减小驱动器的体积和减少配套装置,两自由度运动输出相互正交,避免了误差累积等问题。

8.2.1　基于夹心式结构的两自由度旋转型压电驱动器

基于夹心式结构的两自由度旋转型压电驱动器采用了单驱动足多维轨迹致动的思想,基于摩擦耦合,利用单驱动足所产生的多维轨迹驱动球形动子实现多自由度旋转运动。如图 8-14 所示,该压电驱动器由著者研制的夹心式弯曲复合致动器、外圆筒、环形定位架、钢珠滚轮、球形转子及连接螺钉组成[3]。其中,钢珠滚轮作为球形转子的支承件,由钢珠滚轮和环形定位架组成的支承预紧结构通过螺钉连接在外圆筒上端面,而弯曲复合致动器则通过螺钉连接在外圆筒下端面;外圆筒中部的通孔用于穿出电极引线。该压电驱动器具备结构紧凑、封装完整的特点。

夹心式弯曲复合致动器结构及其压电陶瓷片布置方式如图 8-15 所示。该致动器由基座、预紧螺栓、驱动足、四分区压电陶瓷片、四分区电极片、公共电极片组成。所用压电陶瓷片为四分区环形结构,四个环形分区按照特定的极化方向进行极化,且各分区之间的连接部分为非极化区域,压电陶瓷片采用纵向工作模式(d_{33}工作模式)。因此可采用一个环形电极片作为四分区压电陶瓷片的接地电极;为了在激励时仅对四分区压电陶瓷片中的部分分区进行激励,采用四个独立扇区的四分区电极片作为另一组电极。在各环形压电陶瓷片上沿着 X 方向的陶瓷分区构成 X 方向弯曲陶瓷分区组,该分区组在电压激励下产生一半分区伸长,另一半分区收缩的变形,通过两对角部分相反的变形运动,即可引起致动器沿着 X 方向的横向弯曲运动。同理,在各环形压电陶瓷片上沿着 Y 方向的陶瓷分区构成了 Y 方向弯曲陶瓷分区组。该分区组一半分区在电压激励下伸长,而另一半缩短,则可引起致动器沿着 Y 方向的横向弯曲运动。

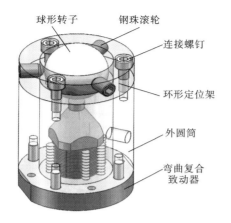

图 8-14　基于夹心式结构的两自由度
旋转型压电驱动器

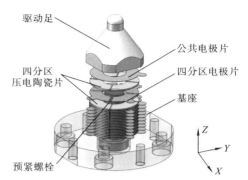

图 8-15　夹心式弯曲复合致动器结构
及其压电陶瓷片布置方式

　　针对球形转子的稳定支承和预紧需求,著者提出了一种适用于球形转子的
多点支承和预紧方案,如图 8-16 所示。

　　球形转子底部与驱动足顶端接触,支承件 A,B,C 均布在球形转子上半球
面周围并与球面相接触,以此限制球形转子的三个平移自由度;支承件 A,B,C
对球形转子的正压力垂直于球面并指向球心,正压力在三个支承接触点所在平
面内的正压力分量相互平衡,沿着 $-Z$ 方向的三个正压力分量之合力即为支承
件对球形转子的预紧力。

　　该驱动器利用惯性"粘-滑"致动原理实现球形转子的两自由度旋转驱动,
球形转子与驱动足的受力关系如图 8-17 所示,其中球形转子在支承件的约束下

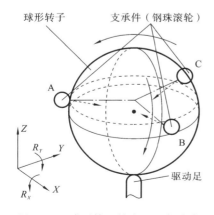

图 8-16　球形转子的支承预紧方案

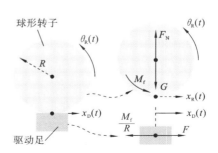

图 8-17　惯性"粘-滑"旋转运动示意图

仅实现步进旋转运动,而驱动足在电压激励下产生直线运动,二者通过单点实现摩擦接触。

若忽略支承件对球形转子竖直方向正压力的影响,由牛顿第二定律可知:

$$J_R\ddot{\theta}_R = M_f \tag{8-1}$$

$$F_N = G \tag{8-2}$$

式中:J_R——球形转子的转动惯量;

θ_R——球形转子的角位移;

M_f——球形转子与驱动足之间的滑动摩擦力矩;

F_N——驱动足作用在球形转子上的正压力;

G——球形转子的重力,$G = m_R g$,m_R 为球形转子的质量。

当球形转子的角位移足够小时,若球形转子与驱动足无相对滑动,则有

$$x_R = x_D \tag{8-3}$$

式中:x_R——球形转子上的接触质点的线位移;

x_D——驱动足的横向位移。

球形转子角位移与转子上接触质点的线位移之间的关系如下:

$$\theta_R = \frac{1}{R}x_R \tag{8-4}$$

式中:R——球形转子半径。

球形转子的惯性力矩为

$$M_R = J_R\ddot{\theta}_R = \frac{J_R}{R}\ddot{x}_R = \frac{J_R}{R}\ddot{x}_D \tag{8-5}$$

此时球形转子与驱动足之间的摩擦力为静摩擦力,则球形转子所受静摩擦力矩可由驱动足的受力平衡关系得出:

$$M_f = (F - m_D\ddot{x}_D)R \tag{8-6}$$

式中:m_D——驱动足的质量;

F——驱动足所受横向外力。

若球形转子与驱动足产生相对滑动,则球形转子上接触质点线位移与驱动足横向位移不同,即

$$x_R \neq x_D \tag{8-7}$$

此时球形转子与驱动足之间的摩擦力为滑动摩擦力,若使用库仑摩擦模型描述球形转子与驱动足之间的摩擦耦合,则球形转子所受滑动摩擦力矩可根据正压力和滑动摩擦系数得出:

$$M_f = \mu_d F_N R\,\mathrm{sgn}(\dot{x}_D - R\dot{\theta}_A) \tag{8-8}$$

式中：μ_d——球形转子与驱动足之间的滑动摩擦系数。

根据库仑摩擦定律和式(8-2)，球形转子与驱动足之间的最大静摩擦力矩为

$$M_{f0,\max} = \mu_0 F_N R = \mu_0 m_R g R \tag{8-9}$$

式中：μ_0——球形转子与驱动足之间的静摩擦系数。

球形转子与驱动足的接触质点产生相对滑动的条件为

$$M_R > M_{f0,\max} \tag{8-10}$$

公式(8-10)表明：当球形转子的惯性力矩不超过球形转子与驱动足之间的最大静摩擦力矩时，可认为若球形转子发生微小角位移，球形转子的接触质点与驱动足将具有相同的速度，二者"粘"在一起运动；当球形转子的惯性力矩大于球形转子与驱动足之间的最大静摩擦力矩时，球形转子与驱动足的接触质点之间将产生相对滑动。

对于球形转子，其转动惯量可表示为

$$J_R = \frac{2}{5} m_R R^2 \tag{8-11}$$

式中：m_R——球形转子的质量。

将公式(8-5)、公式(8-9)和公式(8-11)代入公式(8-10)，可得球形转子与驱动足产生相对滑动的条件为

$$\ddot{x}_D > \frac{5}{2} \mu_0 g \tag{8-12}$$

公式(8-12)表明：当球形转子上无附加预紧力时，若驱动足的运动加速度超过某个临界值，球形转子与驱动足的接触将产生相对滑动，否则球形转子和驱动足的接触质点将以共同速度"粘"在一起运动。对于图 8-14 所示驱动器，支承件对球形转子施加了额外的预紧力作用，因此需要对式(8-12)做进一步修正。考虑支承件支承作用时正压力可表示为

$$F_N = F_G + \sum_{k=1}^{3} F_{Vk} \tag{8-13}$$

等式右边第二项表示驱动器支承件 A，B，C 对球形转子正压力沿竖直方向分力的合力，即支承件对球形转子的预紧力。式(8-9)可修正为

$$M_{f0,\max} = \mu_0 F_N R = \mu_0 \left(m_R g + \sum_{k=1}^{3} F_{Vk} \right) R \tag{8-14}$$

将公式(8-15)、公式(8-11)、公式(8-14)代入公式(8-10)，可得出预紧力作用下球形转子与驱动足产生相对滑动的条件如下：

$$\ddot{x}_D > \frac{5}{2}\mu_0 g + \frac{5}{2m_R}\mu_0 \sum_{k=1}^{3} F_{Vk} \qquad (8\text{-}15)$$

式(8-15)表明:当球形转子上有附加预紧力时,当驱动足的运动加速度超过某个临界值时,球形转子与驱动足将产生相对滑动,否则球形转子和驱动足以共同速度"粘"在一起运动。在驱动器实际装配调试中,可通过调整支承件对球形转子的预紧力,改变球形转子与驱动足之间相对滑动的临界条件,进而实现球形转子的稳定驱动。

夹心式弯曲复合致动器利用惯性"粘-滑"运动驱动球形转子产生旋转运动,非对称锯齿波可用于激励驱动器产生非对称运动,典型的激励信号与球形转子致动过程如图 8-18 所示。弯曲复合致动器在一个致动周期内驱动球形转子的过程可分为初始阶段、缓慢"粘"运动阶段、转换阶段和快速"滑"运动阶段四个阶段。以施加激励信号驱动球形转子产生正向旋转运动为例说明驱动器的致动过程,具体如下。

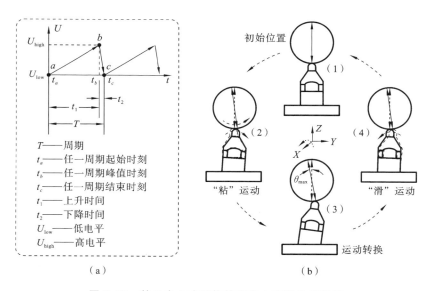

图 8-18　基于夹心式结构的两自由度惯性旋转型
压电驱动器的激励信号与致动过程

(1) 初始阶段:激励信号电压幅值为零(a 点),此时弯曲复合致动器压电陶瓷片上施加的电场强度为零,致驱动器处于无弯曲状态,故驱动足顶端的横向位移为零,转子与驱动足保持接触并处于初始位置。

(2) 缓慢"粘"运动阶段:激励信号幅值缓慢增大(ab 段),弯曲复合致动器压电陶瓷元件上的电场强度随着电压幅值的增加而增大,驱动器产生较为缓慢的弯曲变形;驱动足顶端的加速度较小,球形转子惯性力矩小于球形转子与驱动足之间的静摩擦力矩。因此,球形转子在微小角位移范围内与驱动足顶端保持相同的运动,二者处于"粘"附状态。

(3) 转换阶段:对应的激励信号幅值达到最大值(b 点),此时弯曲复合致动器压电陶瓷元件上的电场强度达到最大值,致动器处于最大弯曲状态,故其横向位移达到最大值,此时球形转子在一个致动周期中的角位移达到最大值。

(4) 快速"滑"运动阶段:激励信号幅值快速减小(bc 段),弯曲复合致动器压电陶瓷元件上的电场强度随着电压幅值的减小而减小,致动器产生快速的反向弯曲变形;驱动足产生快速的横向位移响应,即加速度较大,球形转子的惯性力矩大于球形转子与驱动足之间的静摩擦力矩,球形转子在驱动足快速弯曲回位过程中与其产生相对滑动。由于滑动摩擦力的存在,球形转子并不能完全保持已经转过的最大角位移,而是产生一个回退角度,此即惯性"粘-滑"致动中的回退现象。球形转子最大角位移与回退角度之间的差值即为单个激励周期所产生的位移步距。

上述四个阶段构成了采用锯齿波电压激励信号驱动球形转子的一个致动周期,球形转子经一个周期激励后产生一个转动步距。通过施加连续多周期的激励信号即可实现球形转子的连续驱动;通过改变激励信号每个周期中电压上升阶段和下降阶段的占比,即可改变锯齿波激励信号的对称性,从而交换"粘"运动和"滑"运动发生的先后次序,实现球形转子反向驱动。

夹心式弯曲复合致动器作为核心部件,其性能将对整个驱动器的输出特性产生影响。对其开展静力学分析。压电驱动器所采用的压电材料为 PZT-4。鉴于四分区压电陶瓷片中包括四个极化的扇形区域和四个非极化的连接区域,对极化扇形区域赋予压电特性,对非极化的连接区域则忽略其极化特性。弯曲复合致动器中压电陶瓷片与电极片之间采用环氧树脂粘接,考虑到粘接胶层厚度较小,在仿真中忽略其厚度;此外,忽略夹心式结构中预紧螺栓对压电陶瓷片的预紧作用,并设定基座为固定边界,开展仿真计算。将沿着 X 方向和 Y 方向配置的压电陶瓷片分区分别设置为 X 方向弯曲压电陶瓷片分区组和 Y 方向弯曲压电陶瓷片分区组。对接地节点进行电势耦合,从而获得施加激励信号的接地电势耦合节点;再分别对用于激励 X 方向和 Y 方向弯曲运动的电极节点进行电势耦合,从而模拟出 X 相弯曲电极组和 Y 相弯曲电极组耦合节点。分别对 X 相和 Y 相弯曲电极组耦合节点和接地电势节点施加直流电压信号,从而引起致动器的弯曲变形。具体仿真条件及结构参数参见文献[3];致动器沿 X 方向和 Y 方向的静力学仿真结果分别如图 8-19 和图 8-20 所示。

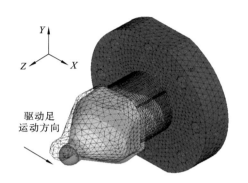
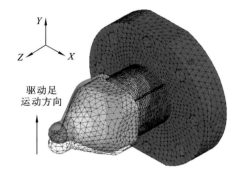

图 8-19   沿 X 方向的弯曲运动   图 8-20   沿 Y 方向的弯曲运动

仿真结果表明:致动器可在电压激励下产生分别沿着 X 方向和 Y 方向的弯曲运动;驱动足顶端可在电压峰峰值为 400 V 的信号激励下分别沿 X 方向和 Y 方向产生 8.78 μm 的静态横向位移。

上述静力学分析结果表明:该复合弯曲致动器可沿相互正交的 X 方向和 Y 方向产生电控弯曲运动,从而引起驱动足的二维横向运动;通过改变激励信号的规律,即可控制驱动足产生二维轨迹,所产生的运动轨迹则可进一步用于驱动球形转子产生旋转运动。

在完成基于夹心式结构的两自由度旋转型压电驱动器结构设计的基础上研制实验样机,如图 8-21 所示。进一步建立实验测试系统,并开展压电驱动器机械输出特性测试实验。利用电压峰峰值为 400 V、频率为 1 Hz、对称性为 100% 的锯齿波电压激励信号激励该压电驱动器样机,激励其沿 X 方向和 Y 方向产生弯曲运动,测量到驱动足的位移如图 8-22 所示。测试结果表明,在电压峰峰值为 400 V 激励条件下,压电驱动器样机的驱动足在 X 和 Y 方向上分别产生了 6.04 μm 和 5.93 μm 的位移响应。

选取激励信号频率为 1 Hz,测试在不同电压大小的激励信号作用下,压电驱动器样机绕 X 轴和 Y 轴运动的输出转速,测试结果如图 8-23 所示。测试结果表明:压电驱动器的输出转速随着激励电压幅值的增大近似呈线性增加,在相关系数 $R=0.99$ 时,压电驱动器输出转速与激励电压的近似线性关系可用公式(8-16)表示:

图 8-21　基于夹心式结构的两自由度
旋转型压电驱动器样机

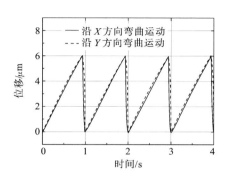

图 8-22　驱动器驱动足的横向输出位移

$$\begin{bmatrix} \omega_x \\ \omega_y \end{bmatrix} = \begin{bmatrix} a_X & 0 \\ 0 & a_Y \end{bmatrix} \begin{bmatrix} U_Y \\ U_X \end{bmatrix} + \begin{bmatrix} b_X \\ b_Y \end{bmatrix} \qquad (8\text{-}16)$$

式中：ω_X，ω_Y——绕 X 轴和 Y 轴运动的转速；

U_X，U_Y——绕 X 轴和绕 Y 轴运动的激励电压峰峰值；

a_X，a_Y，b_X，b_Y——线性拟合方程的系数，有

$$\begin{bmatrix} a_X & b_X \\ a_Y & b_Y \end{bmatrix} = \begin{bmatrix} 0.4579 & 2.4247 \\ 0.4629 & 1.6612 \end{bmatrix} \qquad (8\text{-}17)$$

该近似线性关系可为压电驱动器调压调速控制提供参考。

在激励电压峰峰值为 400 V 的条件下，分别测试了压电驱动器样机的输出转速与激励信号频率之间的关系，测试结果如图8-24所示。测试结果表明：压电驱动器输出转速在低频范围内随着激励信号频率的增加逐渐增大，但惯性"粘-滑"致动原理决定了频率的增加并不能使其持续增大。原因在于：当激励信号频率逐渐增加至某一特定值时，球形转子在"粘"运动阶段将产生间断性的滑动现象，由此引起单个输出步距的减小，从而使得输出转速下降；此外，激励频率过高会使得锯齿波激励信号上升沿和下降沿均处于"骤变"状态，若"粘"运动阶段的时间小于驱动器的最快响应时间，则压电驱动器来不及响应即进入"滑"运动阶段，从而导致压电驱动器输出转速下降。在前述测试条件下，压电驱动器在频率为 460 Hz 时分别可获得绕 X 轴 0.153 rad/s 和绕 Y 轴 0.154 rad/s 的最大输出转速。

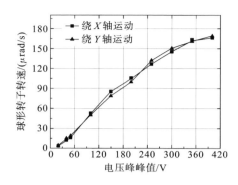

图 8-23　压电驱动器样机输出转速与激励
　　　　 电压幅值的关系曲线

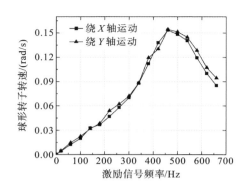

图 8-24　压电驱动器样机输出转速与激励
　　　　 信号频率的关系曲线

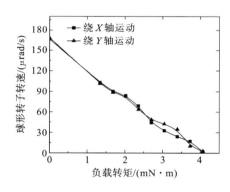

图 8-25　压电驱动器样机输出转速
　　　　 与负载转矩的关系曲线

在电压峰峰值为 400 V、频率为 1 Hz 的激励信号作用下，测试压电驱动器样机球形转子绕 X 轴和 Y 轴的转速与负载转矩之间的关系，测试结果如图 8-25 所示。测试结果表明：压电驱动器绕 X 轴和 Y 轴的空载转速分别为 166.27 μrad/s 和 168.56 μrad/s，绕 X 轴和绕 Y 轴转动时的最大负载转矩均超过了 4.07 mN·m。

选取激励电压幅值和频率分别为 400 V 和 1 Hz，测试压电驱动器球形转子分别绕 X 轴和 Y 轴运动的步距响应和运动耦合特性，结果如图 8-26、图 8-27 所示。

测试结果表明：在任意截取的四个激励周期中，球形转子绕 X 轴和 Y 轴转动的平均步距分别约为 166.27 μrad 和 168.56 μrad；当绕 X 轴的运动被激励四个运动周期并产生 674.24 μrad 的角位移时，绕 Y 轴运动引起的耦合角位移为 20.83 μrad，耦合运动比例约为 3.09%；当绕 Y 轴的运动被激励四个运动周期并产生 655.08 μrad 角位移时，绕 X 轴运动引起的耦合角位移为 38.18 μrad，耦合运动比例约为 5.74%。

就理论设计而言，弯曲复合压电致动器在 X 和 Y 方向上结构完全对称，且整个压电驱动器结构也具有对称性，不应出现运动耦合。然而，从压电驱动器的实际装配而言，沿着 X 方向和 Y 方向布置的两个压电陶瓷分区组在空间上难

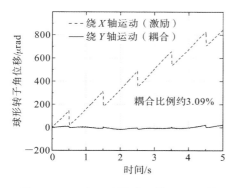

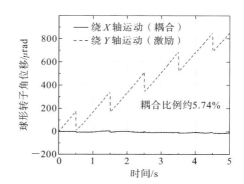

图 8-26　压电驱动器球形转子绕 X 轴
的运动耦合特性曲线

图 8-27　压电驱动器球形转子绕 Y 轴
的运动耦合特性

以实现绝对正交布置；就零件加工和装配工艺而言，环形定位架和支承件的几何公差以及驱动器装配误差均会引起运动耦合。此外，就压电驱动器整体结构而言，其装配关系难以保证绝对对称性，而这也会引起驱动器在 X，Y 两个方向上运动的耦合。由此可知，合理的预紧力施加方案、良好的加工精度和装配工艺是减小压电驱动器多自由度运动耦合的关键因素。

综上可知：所研制的基于夹心式结构的两自由度压电驱动器可产生耦合度较低的运动，并且运动耦合现象可以通过提高加工精度、改善装配工艺和优化结构的对称性设计而进一步削弱。

为了获得压电驱动器样机的最优角位移分辨力，采用连续阶跃激励信号测试样机所能响应的最小角位移。实验中将电压峰峰值为 21 V 的连续阶跃信号上升阶段细分为七段，每段的电压增量为 3 V，并选取电压偏移量为 90 V，测试压电驱动器球形转子绕 X 轴运动的连续阶跃响应，结果如图 8-28 所示。测试结果表明：压电驱动器球形转子在 3 V 的电压增量激励下，在绕 X 轴运动时可产生 2.49 μrad 的最小角位移。同理，运用相同的测试方法可测得压电驱动器球形转子绕 Y 轴运动时能够产生的位移分辨力为 2.52 μrad。

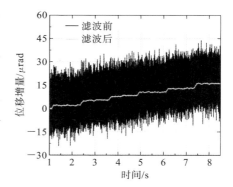

图 8-28　压电驱动器角位移
分辨力特性

8.2.2　基于贴片式十字梁结构压电致动器的两自由度旋转型压电驱动器

为了进一步验证单驱动足多维致动轨迹实现多自由度运动的基本思想,著者提出了一种基于贴片式十字梁结构压电致动器的两自由度旋转型压电驱动器设计方案[4]。

图 8-29 所示为贴片式十字梁结构的压电致动器。该压电致动器由金属基体、十字交叉梁、驱动足、压电陶瓷片以及连接螺钉组成。

八个压电陶瓷片通过粘接方式固定在十字交叉梁的四个分支上下表面,构成四组压电双晶梁结构;驱动足通过粘接方式固接在十字交叉梁中心,十字交叉梁外侧则通过螺钉与金属基体固接。通过激励四组压电双晶梁产生多种弯曲运动组合,即可使驱动足产生沿 X 和 Y 方向的横向摆动,从而在驱动足顶端形成沿 X 和 Y 方向的横向位移。

该致动器的压电陶瓷片极化和布置方式如图 8-30 所示。压电陶瓷片采用横向工作模式(d_{31} 模式)并沿其厚度方向极化,沿着 X 方向布置的压电陶瓷片 X_1,X_2,X_3,X_4 用于引起压电驱动器沿 X 方向的弯曲运动,而沿着 Y 方向布置的压电陶瓷片 Y_1,Y_2,Y_3,Y_4 用于引起压电驱动器沿 Y 方向的弯曲运动。

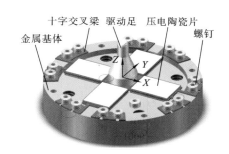

图 8-29　贴片式十字梁结构两自由度
旋转型压电驱动器

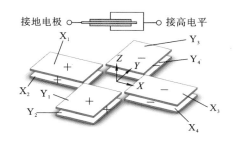

图 8-30　压电陶瓷片极化和布置方式

为了进一步阐明压电陶瓷片的极化配置关系,图 8-30 中符号"＋"表示压电陶瓷片极化方向沿 $+Z$ 方向,符号"－"表示压电陶瓷片极化方向沿 $-Z$ 方向。压电陶瓷片 X_1 和 X_2 极化方向完全相同,且二者分别粘贴在十字交叉梁沿 $-X$ 方向分支的上、下表面,构成一组压电双晶梁;同理,X_3 和 X_4 采用与 X_1 和 X_2 完全相反的极化方向,用于构成第二组电双晶梁;Y_1 和 Y_2 用于构成第三组压电双晶梁；Y_3 和 Y_4 则用于构成第四组压电双晶梁。压电陶瓷片上下表面为镀银电极层，十字交叉梁在激励时接入接地电极，压电陶瓷片 X_1，X_2，X_3，X_4 上未与十字交叉梁接触的银层短接形成 X 相电极；压电陶瓷片 Y_1，Y_2，Y_3，Y_4 上未与十字交叉梁接触的银层短接形成 Y 相电极。利用图 8-30 所示的反对称压电陶瓷片极化配置方式，通过在 X 相电极和接地电极之间施加电压激励信号，即可激励驱动器产生沿 X 方向的反对称弯曲运动，从而引起驱动足沿 X 方向的横向摆动。同理，通过在 Y 相电极与接地电极之间施加电压激励信号，即可激励驱动器产生沿 Y 方向的反对称弯曲运动，从而引起驱动足绕 Y 轴的横向摆动。通过上述激励方式，驱动足顶端可产生二维致动轨迹。

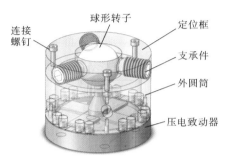

图 8-31　基于贴片式十字梁结构
压电致动器的两自由度
惯性旋转型压电驱动器

基于上述贴片式十字梁结构压电致动器所提出的两自由度惯性旋转型压电驱动器结构如图 8-31 所示。

该驱动器由压电致动器、外圆筒、定位框、支承件、球形转子及连接螺钉组成。由支承件和定位框组成的支承预紧结构通过螺钉连接在外圆筒上端面，而压电致动器则通过螺钉连接在外圆筒下端面；驱动足与球形转子结构保持单点接触。该压电驱动器与前述基于夹心式弯曲复合致动器的两自由度旋转型驱动器相比，具有更紧凑的结构。

上述驱动器同样利用惯性"粘-滑"运动驱动球形转子产生运动，因此可利用非对称锯齿电压信号激励驱动器产生非对称运动。该型驱动器的激励信号和致动过程如图 8-32 所示。驱动器在单个激励周期中驱动球形转子的过程同样可分为初始阶段、缓慢"粘"运动阶段、转换阶段和快速"滑"运动阶段这四个阶段。以施加激励信号驱动球形转子产生绕 Y 轴的旋转运动为例说明驱动器的致动过程，具体如下。

（1）初始阶段：施加的激励信号电压峰峰值为零，此时压电陶瓷片 X_1，X_2，X_3，X_4 在厚度方向上的电场强度为零，驱动器处于无弯曲运动状态，故驱动足的横向位移为零，球形转子与驱动足保持接触并处于起始位置。

（2）缓慢"粘"运动阶段：随着激励信号幅值缓慢增大，压电陶瓷片 X_1，X_2，X_3，X_4 在厚度方向上的电场强度逐渐增大，X_1 和 X_4 在电场作用下缓慢伸长，而

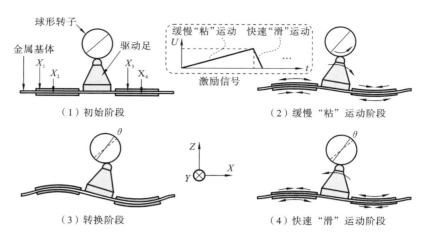

图 8-32　基于贴片式十字梁结构压电致动器的两自由度惯性旋转型驱动器
对球形转子的致动过程

X_2 和 X_3 在电场作用下缓慢缩短,从而使驱动器产生沿 X 方向的反对称弯曲运动,驱动足则沿 X 方向产生缓慢微幅摆动;球形转子在静摩擦力作用下产生旋转运动,球形转子与驱动足无相对滑动。

（3）转换阶段:当激励信号电压峰峰值增加至最大时,压电陶瓷片 X_1,X_2,X_3,X_4 在厚度方向上的电场强度达到最值,此时压电陶瓷片变形达到极限值;驱动器沿 X 方向运动到弯曲极限位置,驱动足沿 X 方向达到最大摆幅,此时球形转子在一个致动周期中的角位移达到最大值。

（4）快速"滑"运动阶段:随着激励信号电压快速减小,压电陶瓷片 X_1,X_2,X_3,X_4 在厚度方向上的电场强度快速下降,X_1 和 X_4 在电场作用下快速缩短回位,而 X_2 和 X_3 在电场作用下快速伸长回位,从而引起驱动器沿 X 方向的反对称回位弯曲运动,驱动足则沿 $-X$ 方向产生快速回位摆动。球形转子的惯性力矩大于球形转子与驱动足之间的静摩擦力矩,球形转子在驱动足快速弯曲回位过程中与其产生相对滑动。由于滑动摩擦力的存在,球形转子将产生一个回退角度。球形转子最大角位移与回退角度之间的差值即为单个激励周期所产生的位移步距。

通过施加连续多周期电压激励信号即可实现球形转子的连续驱动;通过改变激励信号每个周期中电压上升阶段和下降阶段的占比,交换"粘"运动和"滑"运动过程,即可实现球形转子的反向驱动。

为了验证基于贴片式十字梁结构压电致动器的两自由度惯性旋转型压电驱动器的两自由度运动原理,开展驱动器静力学分析。设定八片压电陶瓷片材质为 PZT-4。按照图 8-30 所示压电陶瓷片的极化配置关系对压电陶瓷片进行材料参数设定,忽略压电陶瓷片与十字交叉梁之间的粘接胶层厚度,并设定十字交叉梁外边沿为固定边界。对沿着 X 方向或 Y 方向分布的四个压电陶瓷片上背离十字交叉梁表面的节点进行电势耦合,形成 X 相或 Y 相弯曲电极耦合节点;同理,在十字交叉梁上与压电陶瓷片相接触的部分设置接地电极耦合节点。分别在 X 相或 Y 相弯曲电极耦合节点与接地电极耦合节点之间施加直流电压,对驱动器进行静力学分析。具体仿真条件及结构参数参见参考文献[4];驱动器沿 X 方向和 Y 方向的静力学仿真结果分别如图 8-33 和图 8-34 所示。

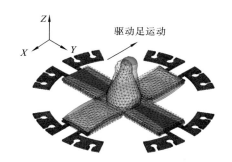

图 8-33　X 方向弯曲运动

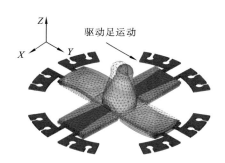

图 8-34　Y 方向弯曲运动

仿真结果表明,驱动器可在激励信号作用下产生沿着 X 和 Y 方向的弯曲运动,与前述基本运动的生成原理一致;驱动器驱动足顶端可在电压峰峰值为 210 V 的激励信号作用下分别沿 X 和 Y 方向产生 6.15 μm 的静态横向位移。

上述静力学分析结果表明:该驱动器可沿相互正交的 X 和 Y 方向产生弯曲运动,从而引起驱动足的二维横向摆动;通过改变激励信号波形的对称性,即可控制驱动足顶端产生二维运动轨迹,该运动轨迹则可进一步基于摩擦耦合驱动球形转子产生旋转运动。

在完成基于贴片式十字梁结构压电致动器的两自由度惯性旋转型压电驱动器结构设计、致动原理分析、有限元仿真分析后,研制该驱动器的实验样机,如图 8-35 所示。进一步建立实验测试系统,并测试样机的机械输出特性,具体如下。

利用电压峰峰值为 210 V、频率为 1 Hz、对称度为 100% 的锯齿波激励信号

图 8-35　基于贴片式十字梁结构压电致动器的两自由度惯性旋转型压电驱动器样机

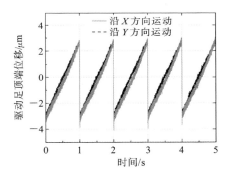

图 8-36　驱动足的锯齿波位移响应

激励该压电驱动器样机,其驱动足顶端的位移如图 8-36 所示。测试结果表明:在电压峰峰值为 210 V 的激励信号作用下,该驱动器驱动足在 X 和 Y 方向上分别产生了 5.61 μm 和 5.64 μm 的平均位移。此结果与有限元仿真结果(X,Y 方向位移均为 6.15 μm)较为接近。

通常而言,压电驱动器的非线性行为影响其定位精度,迟滞则是该类驱动器最受关注的非线性特性。为此,设置该压电驱动器的激励信号为正弦信号,其电压峰峰值为 210 V、频率为 1 Hz,测得压电驱动器沿 X 和 Y 方向的位移响应,并分别绘制出压电驱动器样机驱动足沿 X 和 Y 方向输出位移与激励电压之间的关系,如图 8-37 所示。测试结果表明:该压电驱动器样机沿 X 和 Y 方向响应位移的迟滞率分别为 3.63% 和 2.48%。压电驱动器样机的响应迟滞主要来源于压电材料固有的迟滞非线性。相较于传统压电叠堆型驱动器(迟滞率通常在 10%),基于贴片式十字梁结构压电致动器的两自由度惯性旋转型压电驱动器的迟滞性大大降低。这主要是由于驱动器所采用的贴片式压电陶瓷静态电容较小,贴片式十字梁的结构非线性较小。亦即在这两种因素的综合作用下,所研制的压电驱动器获得了较小的迟滞率。

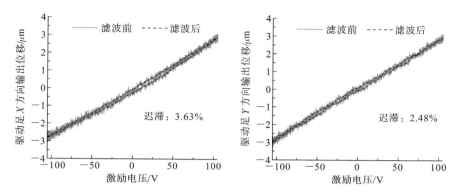

图 8-37　基于贴片式十字梁结构压电致动器的两自由度惯性旋转型
压电驱动器驱动足的响应迟滞特性

选取激励信号频率为 1 Hz，测试不同激励电压幅值下，压电驱动器球形转子绕 X 轴和 Y 轴运动的输出转速，测试结果如图 8-38 所示。测试结果表明：压电驱动器球形转子的输出转速随着激励电压幅值的增大近似呈线性增加。该近似线性关系可为压电驱动器调压调速控制提供参考。

在电压峰峰值为 210 V 的激励信号作用下，分别测试球形转子绕 X 轴和 Y 轴运动的输出转速与激励信号频率之间的关系，测试结果如图 8-39 所示。

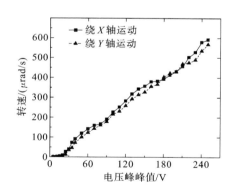

图 8-38　压电驱动器样机输出转速与
激励电压幅值的关系曲线

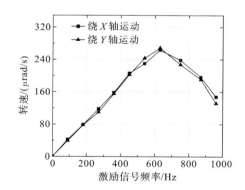

图 8-39　压电驱动器样机输出转速与激励
信号频率的关系曲线

测试结果表明：压电驱动器样机输出转速在低频范围内随着激励信号频率的增加逐渐增大；当激励信号频率逐渐增加至 630 Hz 之后，球形转子在"粘"运动阶段将产生间断性的滑动现象，由此引起单个输出步距的减小，使输出转速下降；另一方面，激励频率过高会使得锯齿波激励信号上升沿和下降沿均处于

"骤变"状态,若"粘"运动阶段的时间小于压电驱动器样机的最快响应时间,则样机来不及响应即进入"滑"运动阶段,从而导致输出转速下降。样机在频率为 630 Hz 时分别可获得绕 X 轴 263.26 mrad/s 和绕 Y 轴 268.48 mrad/s 的最大输出转速,据此可确定该型压电驱动器的最大工作频率应小于 630 Hz。

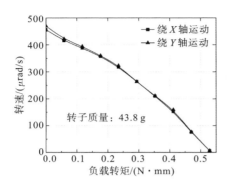

图 8-40 压电驱动器样机输出转速与负载转矩的关系曲线

在电压峰峰值为 210 V、频率为 1 Hz 的激励信号作用下,测试压电驱动器样机绕 X 轴和 Y 轴输出转速与负载转矩的关系,测试结果如图 8-40 所示。该测试结果表明:压电驱动器绕 X 轴和 Y 轴的空载转速分别为 456.41 μrad/s 和 469.67 μrad/s,在球形转子质量为 43.8 g 的条件下,最大输出负载转矩均超过了 0.53 mN·m。

为了获得该压电驱动器样机的角位移分辨力,采用连续阶跃激励信号测试压电驱动器样机所能产生的最小角位移响应。实验中将电压峰峰值为 17.5 V 的连续阶跃信号上升阶段细分为七段,每段的电压增量为 2.5 V,并选取电压偏移量为 90 V,分别测试绕 X 轴和 Y 轴运动的连续阶跃响应,结果如图 8-41 所示。测试结果表明:压电驱动器样机在2.5 V 的电压增量激励下,可绕 X 轴产生6.27 μrad 的最小角位移,绕 Y 轴产生 6.34 μrad 的最小角位移。测试结果充分表明所研制的基于贴片式十字梁结构压电致动器的两自由度惯性旋转型压电驱动器具备较高的位移分辨力。

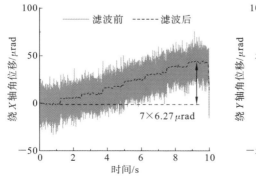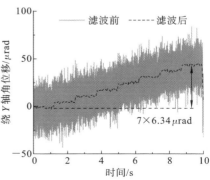

图 8-41 压电驱动器角位移分辨力特性

相关测试结果表明,所研制的压电驱动器采用单驱动足多维致动轨迹实现两自由度旋转运动,相对于串联型两自由度压电驱动器,简化了整体结构、减少了驱动器的体积和配套装置,两自由度运动输出相互正交,避免了误差累积等问题。

8.3 双足致动两自由度直线型压电驱动器

采用单足多维轨迹致动方式的驱动器一般可实现两自由度驱动,两自由度运动输出是正交的且理论上不存在运动耦合,但从前面实验结果可以发现,两自由度运动输出之间仍存在耦合,经分析可知,该问题是由压电材料的各向异性及装配误差导致的,难以避免。多足协调致动是另一种实现多自由度驱动的方式,各驱动足之间相互独立,各自由度运动输出由驱动信号控制,可以通过控制信号补偿多自由度运动输出之间的耦合。基于此,著者利用多足协调致动方式设计了一种双足致动两自由度直线型压电驱动器[5]。

8.3.1 压电驱动器结构与致动原理

双足致动两自由度直线型压电驱动器的结构如图 8-42 所示,由两个致动器通过静摩擦交替驱动实现 X 和 Y 两个方向直线运动输出。纵-弯复合致动器由底座、弯曲压电陶瓷组、法兰、压电叠堆和驱动足组成。弯曲压电陶瓷片采用四分区极化方式,两个水平极化分区在电压激励信号作用下产生水平(X 方向)弯曲变形,两个竖直极化分区在电压激励信号作用下产生竖直(Z 方向)弯曲变形;压电叠堆在电压激励信号作用下产生纵向(Y 方向)变形。

压电驱动器 X 方向直线运动由水平弯曲变形和竖直弯曲变形复合驱动实现,所需激励信号形式及其致动原理如图 8-43 所示,驱动足上的箭头代表其运动方向。为便于描述,将两个致动器分别命名为致动器 Ⅰ 和致动器 Ⅱ,相应致

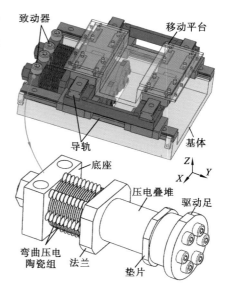

图 8-42 双足致动两自由度直线型
压电驱动器三维结构

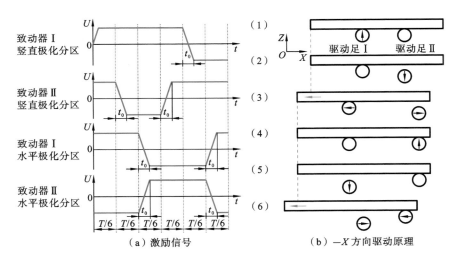

图 8-43　压电驱动器激励信号及其沿－X 方向驱动原理示意图

动器上的驱动足分别为驱动足Ⅰ和驱动足Ⅱ,具体工作过程如下:

（1）致动器Ⅰ保持向＋X 方向弯曲的同时向＋Z 方向弯曲,致动器Ⅱ保持向－X 方向和＋Z 方向弯曲,此时两个驱动足同时压紧移动平台。

（2）致动器Ⅱ向－Z 方向弯曲,驱动足Ⅱ脱离移动平台。

（3）致动器Ⅰ向－X 方向弯曲,驱动足Ⅰ驱动移动平台沿－X 方向移动一步,与此同时致动器Ⅱ向＋X 方向弯曲。

（4）致动器Ⅱ向＋Z 方向弯曲,两个驱动足同时压紧移动平台。

（5）致动器Ⅰ向－Z 方向弯曲,驱动足Ⅰ脱离移动平台。

（6）致动器Ⅰ向＋X 方向弯曲,致动器Ⅱ向－X 方向弯曲,驱动足Ⅱ驱动移动平台沿－X 方向移动一步。

可以看出,移动平台在一个周期内被驱动两次,通过重复上述驱动过程可实现移动平台沿－X 方向的大行程运动输出。此外,在整个驱动过程中,移动平台始终被致动器压紧,可保证输出运动的平稳性。

压电驱动器沿 Y 方向的直线运动由竖直弯曲变形和纵向伸缩变形复合驱动实现,相应所需的激励信号形式及其致动原理如图 8-44 所示,驱动足上的箭头表示其运动方向,具体工作过程如下:

（1）致动器Ⅰ保持沿＋Y 方向伸长的同时向＋Z 方向弯曲,致动器Ⅱ保持向＋Z 方向弯曲和沿－Y 方向缩短,此时两个驱动足同时压紧移动平台。

（2）致动器Ⅱ向－Z 方向弯曲,驱动足Ⅱ脱离移动平台。

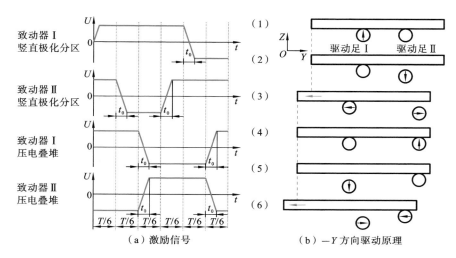

图 8-44　压电驱动器激励信号及其沿$-Y$方向驱动原理示意图

　　(3) 致动器Ⅰ沿$-Y$方向缩短,驱动足Ⅰ驱动移动平台沿$-Y$方向移动一步,与此同时致动器Ⅱ向$+Y$方向弯曲。

　　(4) 致动器Ⅱ向$+Z$方向弯曲,两个驱动足同时压紧移动平台。

　　(5) 致动器Ⅰ向$-Z$方向弯曲,驱动足Ⅰ脱离移动平台。

　　(6) 致动器Ⅱ沿$-Y$方向缩短,驱动足Ⅱ驱动移动平台沿$-Y$方向移动一步,同时致动器Ⅰ沿$+Y$方向伸长。

　　重复上述过程可实现沿$-Y$方向的大行程驱动,一个驱动周期内移动平台被驱动两次,同样在整个驱动过程中移动平台始终被致动器压紧,进而可使移动平台平稳运动。

　　由于所设计的双足致动两自由度直线型压电驱动器工作在非谐振状态下,为了确定该压电驱动器的谐振频率,对其进行模态分析。具体仿真条件及结构参数参见参考文献[5];模态分析结果如图 8-45 所示。通过模态分析得到驱动器的一阶弯振频率为 1498 Hz。因该压电驱动器工作在低频非谐振状态下,所以其工作频率远低于一阶弯振频率,满足工作频率要求。对纵-弯复合致动器开展瞬态仿真,以获取驱动器沿 X 和 Y 方向驱动时驱动足的运动情况,进一步揭示该压电驱动器的致动原理。仿真时压电叠堆电压(单极性)为 200 V,弯曲压电陶瓷组电压峰峰值为 400 V,得到的仿真结果如图 8-46 所示。可以看出,沿 X 方向驱动时,驱动足的运动轨迹由水平弯曲变形和竖直弯曲变形复合形成,为矩形轨迹;沿 Y 方向驱动时,驱动足的运动轨迹由竖直弯曲变形和纵向伸缩变

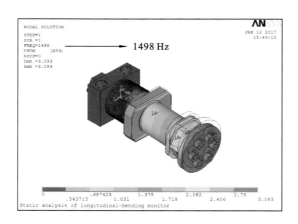

图 8-45　双足致动两自由度直线型压电驱动器的一阶弯振模态

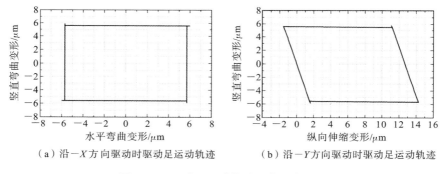

（a）沿 −X 方向驱动时驱动足运动轨迹　　（b）沿 −Y 方向驱动时驱动足运动轨迹

图 8-46　驱动足运动轨迹瞬态仿真结果

形复合形成,为平行四边形轨迹。导致上述两个运动轨迹不同的主要原因为:驱动足在致动器端部侧面,当振子产生竖直弯曲变形时,驱动足处会产生 Y 方向耦合位移,进而导致驱动足处的复合运动轨迹不是矩形,而是图 8-46(b)所示的平行四边形。

8.3.2　实验研究

研制双足致动两自由度直线型压电驱动器实验样机,如图 8-47 所示,其由两层方向相互正交的导轨组合而成,每层导轨由一对平行导轨组成,上、下层导轨通过整体连接块连接而成。

实验时,压电叠堆电压(单极性)为 200 V,弯曲压电陶瓷组电压峰峰值为 400 V。图 8-48 所示为压电驱动器样机沿 X 和 Y 两个方向的输出位移测试结

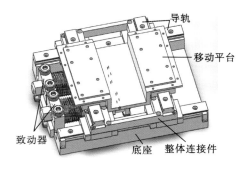

（a）驱动平台结构

（b）样机

图 8-47　双足致动两自由度直线型压电驱动器的结构和样机

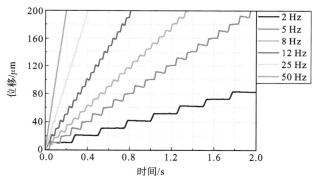

（a）X 方向输出位移-时间关系曲线

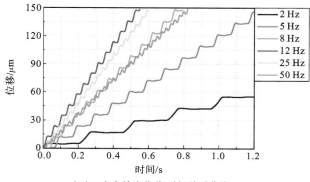

（b）Y 方向输出位移-时间关系曲线

图 8-48　双足致动两自由度直线型压电驱动器样机输出位移测试结果

果。可以看出,移动平台输出步进式运动,验证了压电驱动器通过水平弯曲变形和竖直弯曲变形实现 X 方向驱动,以及通过竖直弯曲变形和纵向伸缩变形实现 Y 方向驱动的可行性。

图 8-49 所示为该压电驱动器样机沿 X 和 Y 方向的输出速度与激励信号频率关系的测试结果。可以看出:X 方向输出速度随激励信号频率增加而变大,当激励信号频率为 50 Hz 时测得输出速度为 1010 $\mu m/s$;Y 方向输出速度随激励信号频率增加呈现先变大后减小的变化趋势,当激励频率为 14 Hz 时测得输出速度为 274.1 $\mu m/s$。导致上述两个方向输出速度变化趋势不同的主要原因为:所使用压电叠堆的静态电容较大(几十微法),在相同功率放大器激励下,压电叠堆的响应时间大于弯曲压电陶瓷组的响应时间,导致激励频率增大时压电叠堆在一个输出步距内不能完全伸长,进而影响输出速度。

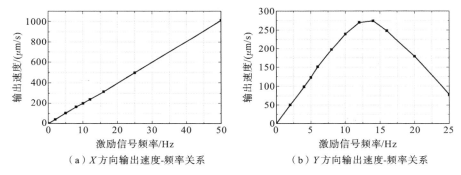

（a）X 方向输出速度-频率关系　　　　（b）Y 方向输出速度-频率关系

图 8-49　双足致动两自由度直线型压电驱动器样机输出速度与激励信号频率关系测试结果

图 8-50 所示为该双足致动两自由度直线型压电驱动器样机负载特性测试结果。实验时激励信号频率为 5 Hz,压电叠堆电压(单极性)和弯曲压电陶瓷组

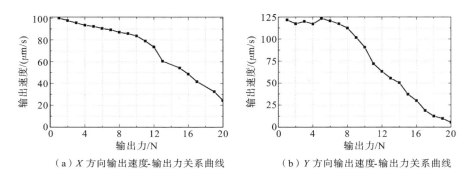

（a）X 方向输出速度-输出力关系曲线　　　　（b）Y 方向输出速度-输出力关系曲线

图 8-50　双足致动两自由度直线型压电驱动器样机负载特性测试结果

电压峰峰值分别为 200 V 和 400 V。可以看出,当负载力为 20 N 时,压电驱动器样机沿 X 和 Y 方向的输出速度分别为 24.24 $\mu m/s$ 和 5.7 $\mu m/s$,这意味着在这两个方向上均能产生大于 20 N 的输出力。

8.4 本章小结

本章讨论了多自由度压电驱动技术的基本实现方式,包括传统的多压电驱动器串/并联驱动方式,以及著者提出的单足多维轨迹致动和多足协调致动两种方式。介绍了著者研制的双驱动器串联式两自由度压电驱动器、单足致动两自由度压电驱动器及双足致动两自由度直线型压电驱动器。相关测试结果表明:双驱动器串联式两自由度压电驱动器继承了单个驱动器的基本机械输出特性,但存在着结构较复杂、易累积误差以及导线随动等不足;单足多维轨迹致动方式一般可实现两自由度运动输出,具有驱动器结构及激励信号简单的突出优点,在小型化、轻量化方向有着良好的发展前景,但是由于压电材料的各向异性及装配误差,两自由度运动输出之间存在耦合,且这种耦合难以避免;双足协调致动方式可实现两自由度直线运动,两自由度运动输出由各驱动足的激励信号控制,可避免各自由度之间的运动耦合,在输出特性方面有着独特的优势。

本章参考文献

[1] 申志航. 压电致动型两自由度直线运动平台及其驱动控制系统研究[D]. 哈尔滨:哈尔滨工业大学,2018.

[2] LI H,TIAN X Q,SHEN Z H,et al. A low-speed linear stage based on vibration trajectory control of a bending hybrid piezoelectric ultrasonic motor[J]. Mechanical Systems and Signal Processing,2019,132:523-534.

[3] ZHANG S J,LIU J K,DENG J,et al. Development of a novel two-DOF pointing mechanism using a bending-bending hybrid piezoelectric actuator[J]. IEEE Transactions on Industrial Electronics,2019,66(10):7861-7872.

[4] ZHANG S J,LIU Y X,DENG J,et al. Development of a two-DOF inertial rotary motor using a piezoelectric actuator constructed on four bimorphs[J]. Mechanical Systems and Signal Processing,2021,149:107213.

［5］LIU Y X，WANG L，GU Z Z，et al. Development of a two-dimensional linear piezoelectric stepping platform using longitudinal-bending hybrid actuators［J］. IEEE Transactions on Industrial Electronics，2019，66（4）：3030-3040.

第 9 章
跨尺度压电驱动技术

具有微/纳米级精度的超精密驱动技术在光学扫描、微纳制造、生物医学、航空航天及机器人等领域发挥着重要的作用,基于微纳操纵的细胞注射、基于微纳运动的显微扫描和卫星天线姿态调整、基于微纳加工的光栅和微电子机械系统制造等,均要求驱动系统具有大行程和高精度输出的特点,即具备跨尺度驱动能力。然而,单一压电驱动器通常只能实现特定的机械输出特性,无法完全满足上述领域快速发展的要求并兼顾各项输出特性要求。比如,超声压电驱动器能够实现快速、大推力、大行程的输出,但是其位移分辨力一般只能达到微米级;直驱压电驱动器虽然能够实现纳米级甚至亚纳米级分辨力的输出,但是存在输出行程相对较短等缺点。

为了进一步拓宽压电驱动器的应用范围,著者提出压电驱动器跨尺度驱动的思想,使单一压电驱动器具备在多致动模式下工作的能力;不同模式下压电驱动器具备不同的运动行程、输出速度、位移分辨力和输出力等机械特性,根据不同的机械输出特性需求选择不同的工作模式,通过各模式下输出特性交叉互补的特点实现跨尺度驱动。本章将首先介绍跨尺度压电驱动的基本思想;然后介绍多致动模式在单一压电驱动器中的融合方法;最后基于所提出的设计方法,分别介绍所研制的一维直线跨尺度压电驱动器和平面三维跨尺度压电驱动器的结构设计、致动原理、仿真分析及实验测试结果。实验测试结果证明了跨尺度压电驱动基本思想的正确性。

9.1 跨尺度压电驱动的基本思想

压电驱动器跨尺度驱动的基本思想就是设计出可工作在多种致动模式下的压电驱动器,使单一压电驱动器兼顾多致动模式下的机械输出特性。因此,需要明确压电驱动器在各致动模式下的基本特点和结构设计要求。

超声致动型压电驱动器的优点是结构灵活、输出速度大以及输出力大,缺点是位移分辨力不够。惯性致动型压电驱动器的优点是结构和激励信号简单、输出速度较大,可实现大行程内的亚微米级分辨力,其缺点是存在位移回退、输出力小等。

行走致动型压电驱动器的优点是利用静摩擦力驱动,摩擦磨损较小,可实现几十纳米级的位移分辨力,步距重复性好;但其结构和激励信号复杂,输出速度小。

使用压电叠堆直接致动的直驱压电驱动器的优点是输出力大,易于实现纳米级分辨力,激励信号简单,易于控制;但存在输出行程小的缺点,虽然可通过结合柔性放大机构放大输出位移,但这同时会导致结构复杂及动态性较差。

由此可见,工作在单种致动模式下的压电驱动器不能同时实现大行程和纳米级分辨力致动输出。针对上述问题,著者提出可工作在多致动模式下的跨尺度压电驱动的基本思想(见图 9-1),用以实现兼顾大行程和纳米级分辨力的致动输出,驱动器在直接致动模式下可以获得纳米级分辨力,在超声致动、惯性致动或行走致动模式下,可获得大行程致动输出,根据不同的驱动需求选择不同的致动模式,实现跨尺度驱动的能力。

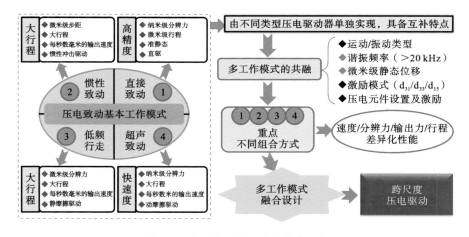

图 9-1 跨尺度压电驱动的基本思想

不同致动模式对压电驱动器结构及尺寸的部分要求互相矛盾。另外,选用何种振动模态和运动模式才能使单一压电驱动器具备多致动模式工作能力,是跨尺度压电驱动器设计的基础和关键。此外,超声致动模式对压电驱动器的工作频率、驱动部位的运动轨迹、振动模态的振幅、压电陶瓷片的长度及布置等均有要求。同时,直接致动、惯性致动和行走致动模式对压电驱动器的输出位移、输出刚度和加工装配精度等也有要求。因此,压电驱动器的构型设计成为具备多致动模式工作能力的单一驱动器设计的难点,同时也是单一压电驱动器能够工作在多致动模式下的基础和前提。需要综合考虑多致动模式对压电驱动器构型的要求,以及定子振动模态、运动模式的激励方法、压电陶瓷的尺寸和布置、压电驱动器在谐振工作模式下的工作频率和输出位移等方面,对压电驱动器的构型进行设计。

9.2　多致动模式的一体化融合设计

在单一压电驱动器中实现多致动模式一体化融合设计。首先从定子振动模态和运动模式出发,确定压电陶瓷片的布置方式,满足多致动模式对振动模态和运动模式的基本要求;其次,以压电驱动器在谐振工作模式(超声致动模式)下的工作频率和非谐振工作模式(惯性致动模式、行走致动模式及直接致动模式)下的输出位移为设计目标,完成压电驱动器结构及材料参数的确定[1]。基于此设计方法,确定采用弯振模态,通过对称的截面结构保证压电驱动器的谐振频率相等,避免频率简并;综合分析谐振和非谐振工作模式对压电陶瓷相互矛盾的设计要求,确定压电陶瓷片的厚度和布置位置;初步确定压电驱动器的基本结构。然后,针对压电驱动器在谐振模式下的谐振频率和在非谐振模式下的弯曲位移,对压电驱动器的结构尺寸进行参数敏感度分析。最后,利用仿真计算确定压电驱动器的最终尺寸参数,完成可工作在多致动模式下的压电驱动器的设计。

9.2.1　定子振动模态和运动模式

选择何种振动模态和运动模式,如何进行振动模态和运动模式的组合是进行压电驱动器结构设计要考虑的基本问题。通常情况下,压电驱动器运动模式和振动模态激励方式相同,区别是激励信号的频率是否为谐振频率。因此,下面只讨论如何选择驱动器的振动模态。

基于谐振式压电驱动器的分类和国内外研究现状,压电驱动器按照使用的振动模态可分为弯振复合型、纵振复合型、纵-弯复合型和纵-扭复合型等。对于后三种复合型振动模态,在使用过程中需要对两种单独的模态进行频率简并;当驱动器尺寸改变时,又需要重新进行频率简并,不利于压电驱动器的一体化设计以及压电驱动器的工业化应用。弯振复合型振动模态的频率简并可由驱动器定子对称的横截面直接满足。同时，对于弯振，在谐振工作模式下可以选取相对高阶的振动模态，在非谐振工作模式下可以选取其弯曲变形运动。因此，在谐振工作模式下利用压电定子的弯振模态，在非谐振工作模式下利用压电定子的准静态弯曲来实现致动。分析梁的弯振模态，确定适用于一体化设计的弯振模态。

首先分析均质梁的模态振型。均匀材质的圆形等截面梁在一端固定、另一端自由的边界条件（悬臂状态）下前四阶弯振模态如图 9-2 所示；在两端均自由的边界条件（自由状态）下前四阶弯振模态如图 9-3 所示。

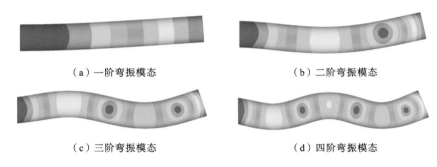

（a）一阶弯振模态 　　　　　　　　（b）二阶弯振模态

（c）三阶弯振模态 　　　　　　　　（d）四阶弯振模态

图 9-2　圆形等截面梁在悬臂状态下的前四阶弯振模态

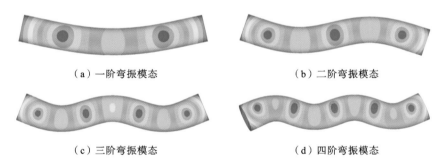

（a）一阶弯振模态 　　　　　　　　（b）二阶弯振模态

（c）三阶弯振模态 　　　　　　　　（d）四阶弯振模态

图 9-3　圆形等截面梁在自由状态下的前四阶弯振模态

两种边界条件下梁的特征方程及特征方程的解的前四阶值如表 9-1 所示。

表 9-1　梁的特征方程及特征方程解的前四阶值

边界条件	特征方程	X_1^2	X_2^2	X_3^2	X_4^2
一端固定，另一端自由	$1+\cosh X\cos X=0$	3.156	22.03	61.69	120.9
两端自由	$1-\cosh X\cos X=0$	22.37	61.67	120.9	199.8

由图 9-2 和图 9-3 可知：处于悬臂状态的梁的一阶到四阶弯振振型的节点个数分别为 1，2，3 和 4；处于自由状态的梁的一阶到四阶弯振振型的节点个数分别为 2，3，4 和 5。压电驱动器的固定位置一般设置在节点处，用以减小夹持对弯振模态的影响。对于处于自由状态的梁，可以采用薄壁梁或者薄壁环结构将压电驱动器夹持在弯振振型的节点处；对于悬臂梁，除了可以将压电驱动器夹持在弯振振型的节点处，还可以将其夹持在悬臂结构处。从减小夹持对弯振模态的影响以及增大压电驱动器的固定刚度的角度考虑，确定采用悬臂弯振模态。随着弯振模态阶数的增加，谐振频率增大，振动幅值减小。因此设计谐振式压电驱动器时一般尽量利用低阶弯振模态，以降低激励频率，同时提高弯振振幅。

综上，从频率简并、振动模态和非谐振位移的融合、压电驱动器的夹持、固定刚度、振动模态的频率和振幅等角度考虑，确定谐振工作模式下利用定子的悬臂弯振模态，非谐振工作模式下利用定子的弯曲位移来实现致动。

9.2.2 弯曲复合型压电驱动器压电陶瓷片的尺寸和布置

在非谐振工作模式下，压电驱动器利用压电叠堆沿厚度方向的位移实现驱动效果。根据压电方程，压电叠堆沿厚度方向的应变可以表示为

$$S_{33} = s_{33}T_{33} + d_{33}E_3 \tag{9-1}$$

式中：S_{33}——压电叠堆沿厚度方向的应变；

s_{33}——压电叠堆沿厚度方向的弹性柔顺系数（m^2/N）；

T_{33}——压电叠堆沿内部应力（N/m^2）；

d_{33}——压电叠堆沿厚度方向的压电常数（C/N）；

E_3——压电叠堆沿外加电场（N/C）。

在一端固定、一端自由的状态下，压电叠堆的内部应力 T_{33} 为零[2]，则

$$S_{33} = d_{33}E_3$$

若压电陶瓷片数量为 n，压电陶瓷片厚度为 t，施加到压电陶瓷片上的电压为 U，则压电叠堆产生的应变为

$$S_{33} = nd_{33}E_3 = nd_{33}\frac{U}{t} \tag{9-2}$$

在压电陶瓷片的数量 n 一定的条件下，减小压电陶瓷片的厚度 t，能够增大压电驱动器的输出位移。压电驱动器的长度越长（压电叠堆越长），其刚度越小，导致在同等激励条件下压电驱动器输出力越小。

若压电叠堆的总长为 l，则由公式（9-2）得

$$S_{33} = nd_{33}E_3 = \frac{l}{t}d_{33}\frac{U}{t} = \frac{ld_{33}U}{t^2} \tag{9-3}$$

在压电叠堆的总长 l 和施加到压电陶瓷片上的电压 U 一定的条件下,压电陶瓷片的厚度 t 越小,压电叠堆在厚度方向上产生的位移越大。

压电陶瓷叠堆作为激励元件,其放置的位置和长度影响弯振激励效果。在谐振工作模式下:将压电陶瓷片放置在弯振振型的波腹处时,梁获得的应变能最多,激励效果最好;将压电陶瓷片放置在弯振应变振型的节点处时,激励效果为零。压电陶瓷片的长度可以小于或等于弯振波的半波长 $\lambda/2$,波腹位置处的压电陶瓷片所起激励作用最大,远离波腹位置的压电陶瓷片所起激励作用小。

综合以上各个方面,设计了如图 9-4 所示的弯曲复合型压电驱动器的结构。压电驱动器由 PZT 压电陶瓷组、法兰、变幅杆和驱动足组成。压电驱动器采用夹心式结构,利用正交的悬臂弯振。PZT 压电陶瓷组中的陶瓷片为整片压电陶瓷两分区极化的结构,分为水平压电陶瓷组 PZT-H 和竖直压电陶瓷组 PZT-V,分别用于激励水平和竖直方向的弯振。法兰采用块状结构,利用螺栓固定压电驱动器。

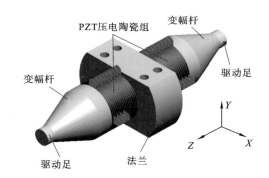

图 9-4　一体化设计的弯曲复合型压电驱动器结构

9.2.3　弯曲复合型压电驱动器在谐振工作模式下的谐振频率

对于图 9-4 所示的弯曲复合型压电驱动器,为了确保压电驱动器在谐振工作模式下的谐振频率处于超声频段(大于 20 kHz),初步确定采用悬臂二阶弯振模态;针对压电驱动器结构尺寸进行谐振频率的参数敏感度分析,进一步确定压电驱动器的可选尺寸范围。

该弯曲复合型压电驱动器的主要结构尺寸参数如图 9-5 所示,横截面尺寸包含压电陶瓷片的直径 D 和驱动足直径 D_1;轴向尺寸主要包含法兰长度 L_1、

压电陶瓷组的厚度 nL_2、轴肩长度 L_3、变幅杆长度 L_4 和驱动足长度 L_5。针对压电驱动器结构尺寸的谐振频率参数敏感度分析的主要任务是研究横截面尺寸和轴向尺寸对压电驱动器悬臂二阶弯振模态下谐振频率（简称弯振频率）的影响。

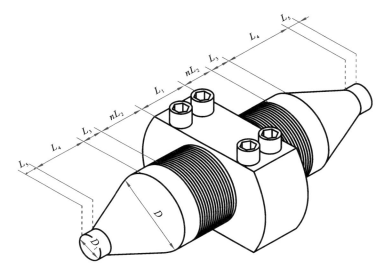

图 9-5　弯曲复合型压电驱动器主要结构尺寸参数

压电驱动器主要结构尺寸对驱动器水平方向的弯振频率的影响如图 9-6 所示：L_4 对弯振频率的影响最大；L_3，L_5，D_1 和 D 对弯振频率的影响稍次之，L_1 对弯振频率的影响最小。随着 L_3，L_4，L_5 和 D_1 的增大，弯振频率减小；随着 D

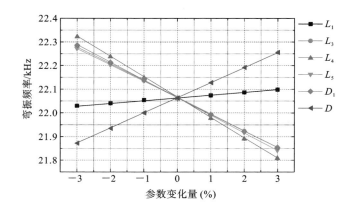

图 9-6　弯曲复合型压电驱动器弯振频率的参数灵敏度曲线

和 L_1 的增大,弯振频率增大。

通过调节尺寸 L_1,对压电驱动器的弯振频率进行微调;调节 L_3,L_4,L_5,D_1 和 D 的大小,粗调弯振频率。除了法兰的轴向尺寸 L_1 外,其他轴向尺寸增大时,弯振频率均减小。另外,水平和竖直方向弯振频率的参数敏感度一致,在此只给出了水平方向弯振频率的参数敏感度曲线。

基于模态分析,确定压电陶瓷片的数量 n(因在压电陶瓷片厚度一定的情况下,其数量决定了压电陶瓷组的厚度,故以压电陶瓷片的数量替代来考虑压电陶瓷组厚度对压电驱动器弯振频率的影响)、压电陶瓷的直径 D 和变幅杆的长度 L_4 的取值范围。其中,压电驱动器的法兰单侧的压电陶瓷片数量为 n,$n/2$ 个为水平压电陶瓷片,$n/2$ 个为竖直压电陶瓷片。相应的分析结果分别如图 9-7、图 9-8 和图 9-9 所示。

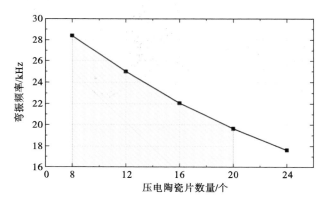

图 9-7　压电陶瓷片数量对压电驱动器弯振频率的影响曲线

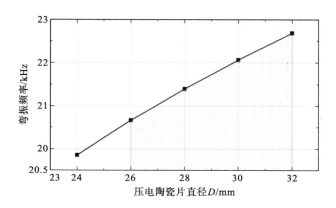

图 9-8　压电陶瓷片直径对压电驱动器弯振频率的影响曲线

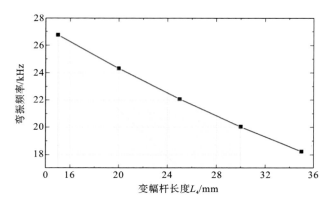

图 9-9　变幅杆长度对压电驱动器弯振频率的影响曲线

随着压电陶瓷片数量的增多,压电驱动器弯振频率减小。因为压电陶瓷片数量的增加将使压电驱动器的轴向尺寸增大,弯振频率减小。当压电陶瓷片的数量小于或等于 20 时,弯振频率大于 20 kHz。

将压电陶瓷片的厚度设定为 1 mm,研究陶瓷尺寸对弯振频率的影响。由分析结果可知,随着压电陶瓷片直径的增大,压电驱动器弯振频率增大。当压电陶瓷片的直径小于 25 mm 时,压电驱动器悬臂二阶弯振频率小于 20 kHz。

随着变幅杆长度的增大,压电驱动器的弯振频率减小。当变幅杆的长度大于 30 mm 时,压电驱动器悬臂二阶弯振频率小于 20 kHz。

9.2.4　弯曲复合型压电驱动器在非谐振工作模式下的输出位移

工作在非谐振工作模式下时弯曲复合型压电驱动器的输出特性需要和其工作在谐振工作模式下时的输出特性互补。鉴于在谐振工作模式下弯曲复合型压电驱动器的位移分辨力在微米数量级,因此在非谐振工作模式下压电驱动器的输出步距需要达到微米级。另外,考虑到设计裕量的基本要求,采用高激励电压时,压电驱动器在非谐振工作模式下的最大弯曲位移要求大于 2 μm。这是因为在非谐振工作模式下大的弯曲位移是实现致动的基础。同时,在非谐振工作模式下压电驱动器的高分辨力可以通过细分激励电压的数值实现。

分析主要结构尺寸对压电驱动器的弯曲位移的影响。弯曲位移的参数敏感度曲线如图 9-10 所示(水平和竖直方向弯曲位移的参数敏感度曲线的变化趋势一致,在此只给出水平弯曲位移的参数敏感度曲线):随着轴向尺寸的增大,弯曲位移增大,其中变幅杆长度 L_4 对弯曲位移的影响最大,轴肩长度 L_3 和驱动足长度 L_5 对弯曲位移的影响次之;弯曲位移对压电陶瓷的直径 D 比较敏感,

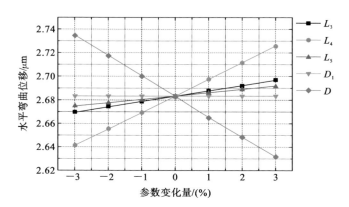

图 9-10　压电驱动器弯曲位移的参数敏感度曲线

随着 D 的增大,弯曲位移减小;驱动足的直径 D_1 对弯曲位移的影响很小。

　　基于谐振工作模式下谐振频率的要求确定的压电驱动器尺寸范围,利用静力学分析进一步计算压电陶瓷片的数量 n、压电陶瓷片的直径 D 和变幅杆的长度 L_4 对非谐振工作模式下压电驱动器的弯曲位移的影响。给压电驱动器施加 250 V 的直流激励电压,相应的计算结果分别如图 9-11、图 9-12 和图 9-13 所示。

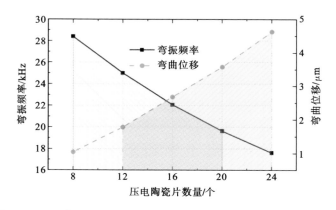

图 9-11　压电陶瓷片的数量 n 对弯振频率和弯曲位移的影响曲线

　　随着压电陶瓷片数量的增加,压电驱动器的弯曲位移增加,当压电陶瓷片的数量大于 12 时,压电驱动器的弯曲位移大于 2 μm。随着压电陶瓷片直径的增大,压电驱动器驱动足的弯曲位移减小。随着变幅杆长度的增大,压电驱动

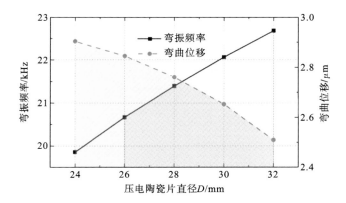

图 9-12 压电陶瓷片直径 D 对弯振频率和弯曲位移的影响曲线

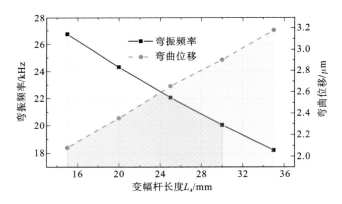

图 9-13 变幅杆长度 L_4 对弯振频率和弯曲位移的影响曲线

器驱动足的弯曲位移增大,变幅杆的长度大于或等于 16 mm 时,压电驱动器的弯曲位移大于 2 μm。

综合谐振工作模式下的谐振频率和非谐振工作模式下的弯曲位移的设计要求,选取图 9-11、图 9-12 和图 9-13 中弯振频率曲线和弯曲位移曲线交叉区域内的参数尺寸。

基于上述设计原则完成压电驱动器的一体化设计,最终确定的压电驱动器的结构尺寸如图 9-14 所示。其中:压电陶瓷片的直径为 30 mm,厚度为 1 mm,数量 n 为 16;压电驱动器的总体长度为 128 mm。基于此结构尺寸,在谐振工作模式下,压电驱动器水平和竖直方向的振动模态为悬臂二阶弯振模态,谐振频率约为 23 kHz。在非谐振工作模式、250 V 直流激励电压下,驱动足水平方向的弯曲位移约为 2.7 μm。

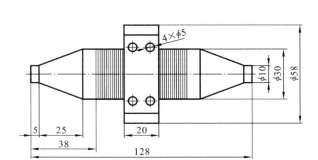

图 9-14　压电驱动器的结构尺寸（单位：mm）

　　PZT 压电陶瓷片分为两组，即水平弯振压电陶瓷组 PZT-H 和竖直弯振压电陶瓷组 PZT-V。压电陶瓷片的分布位置和极化方向如图 9-15 所示，极化方向用"＋"和"－"表示。压电陶瓷片为两分区压电陶瓷片，两分区的极化方向相反。水平压电陶瓷组的陶瓷片左右分区，相邻两陶瓷片的极化方向相反；给压电陶瓷片施加激励电压时驱动足产生沿水平方向的运动。同理：竖直压电陶瓷组的陶瓷片上下分区，相邻两陶瓷片的极化方向相反；给压电陶瓷片施加电压激励信号时驱动足产生沿竖直方向的运动。水平压电陶瓷组布置在靠近法兰的位置，竖直压电陶瓷组布置在靠近变幅杆的位置，法兰两侧压电陶瓷片关于法兰对称布置。

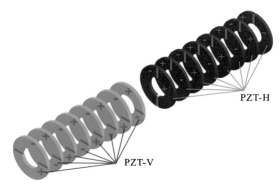

图 9-15　法兰左侧压电陶瓷片布置及极化方向

9.3　一维直线跨尺度压电驱动器

　　基于多致动模式融合设计方法，研究可工作在谐振和直驱致动模式下的一维直线跨尺度压电驱动器。

9.3.1　谐振工作模式

一维直线跨尺度压电驱动器的二阶弯振模态如图 9-16 所示。通过复合压电驱动器水平和竖直方向的弯振模态在驱动足处形成椭圆轨迹的运动,其中,竖直方向的弯振模态用以产生竖直方向的位移,水平方向的弯振模态用以产生水平方向的位移。采用 3.1.3 小节所提出的弯-弯模态组合方法来设计压电驱动器。

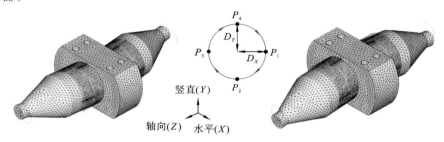

图 9-16　压电驱动器的弯振模态

压电驱动器的法兰双头螺柱采用 45 钢,变幅杆和驱动足均采用硬铝合金,压电陶瓷材料为 PZT-41。未极化区域的厚度和压电陶瓷片厚度相等,为 1 mm;压电陶瓷片的外径为 30 mm,内径为 14 mm。对压电驱动器进行模态分析,得到水平和竖直方向的悬臂二阶弯振的频率分别为 22.41 kHz 和 23.11 kHz,相差 0.70 kHz。水平和竖直方向弯振频率不一致主要是由不对称的法兰结构引起的;一般弯振的频带较宽,水平和竖直方向谐振频率的差值在允许范围内。给水平和竖直压电陶瓷组均施加激励信号为 $500\sin(\omega t)$,激励电压周期数为 240。水平和竖直方向的稳态位移分别为 9.5 μm 和 16.6 μm,如图9-17 所示。水平和竖直方向稳态位移存在一定差值,并且竖直方向的稳态位移大于水平方向的位移,这是因为激励电压的频率采用的是 23 kHz,介于水平和竖直方向弯振频率之间,且更接近竖直方向弯振频率,驱动足离水平方向弯振压电陶瓷组距离更远,竖直方向弯振压电陶瓷组进一步放大了驱动足处的水平弯曲运动位移。图 9-18 为第 240 个正弦激励电压仿真周期内,驱动足水平和竖直方向的输出位移曲线。将位移曲线和正弦信号 $10\sin(\omega t)$ 进行对比,得到水平方向弯振的初始相位约为 10°;竖直方向弯振的初始相位为 $-10°$;因此在正弦激励信号 $500\sin(\omega t)$ 作用下水平和竖直方向弯振模态的相位差约为 20°。

图 9-19 中虚线为压电驱动器的驱动足在第 240 个仿真周期的运动轨迹,实线为 $\gamma - \delta = 20°$ 时由理论计算得到的运动轨迹,两种情况下的运动轨迹基本重

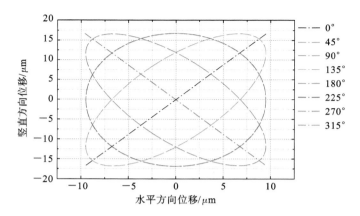

图 9-17　驱动足的理论计算运动轨迹

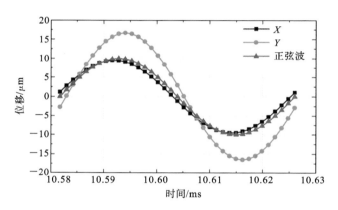

图 9-18　驱动足的稳态位移曲线

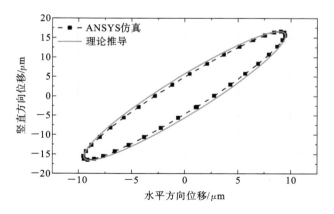

图 9-19　驱动足的仿真和理论运动轨迹

合,表明在正弦激励电压下,水平和竖直方向弯振的相位差为 20°,驱动足的运动轨迹为倾斜的椭圆。

设施加到水平压电陶瓷组上的激励信号为 $500\sin(\omega t)$,施加到竖直压电陶瓷组上的激励信号为 $500\sin(\omega t - \mu)$,改变水平和竖直压电陶瓷组激励电压的相位差 μ,不同相位差下驱动足的运动轨迹如图 9-20 所示(只给出了激励电压相位差为 20°倍数的驱动足的运动轨迹曲线),其中虚线为顺时针方向的运动轨迹,实线为逆时针方向的运动轨迹;运动轨迹均为椭圆,椭圆在水平和竖直方向上的振幅固定,椭圆的主轴方向随相位差的变化而变化。

激励电压相位差 μ 在 0°~160°范围内,驱动足的运动轨迹为逆时针方向椭圆,如图 9-20(a)所示:激励电压相位差 μ 为 80°时,驱动足的运动轨迹接近正圆;0°≤μ<80°时,驱动足的运动轨迹为长轴(L_2' 轴)方向一致的倾斜的椭圆,在此范围内,随着 μ 的增大,椭圆越来越"饱满",即短轴越来越长;80°<μ≤160°时,驱动足的运动轨迹为长轴(L_1' 轴)方向一致的倾斜的椭圆,在此范围内,随着 μ 的增大,椭圆越来越"扁平",即短轴越来越短;同时,长轴 L_1' 和长轴 L_2' 几乎垂直;在激励电压相位差为 160°时,驱动足的椭圆形运动轨迹特别扁平,接近一条倾斜的直线。

同理,激励电压相位差 μ 在 180°~340°范围内,驱动足的运动轨迹为顺时针方向椭圆,如图 9-20(b)所示:激励电压相位差 μ 为 260°时,驱动足的运动轨迹接近正圆;180°≤μ<260°时,运动轨迹为长轴(L_1 轴)方向一致的倾斜的椭圆,在此范围内,随着 μ 的增大,椭圆越来越"饱满",即短轴原来越长;260°<μ≤340°时,运动轨迹为长轴(L_2 轴)方向一致的倾斜的椭圆,在此范围内,随着 μ 的增大,椭圆越来越"扁平",即短轴越来越短;同时,长轴 L_1 和长轴 L_2 几乎垂直;在激励电压相位差为 340°时,驱动足椭圆运动轨迹特别扁平,接近一条倾斜的直线。

根据确定的结构参数,加工并装配一维直线跨尺度压电驱动器的实验样机,得到的样机如图 9-21 所示。铍青铜电极片之间涂抹绝缘硅胶,防止压电陶瓷片因厚度过小而产生放电现象。电极片厚 0.2 mm,外径为 30 mm,内径为 14 mm。后端盖加工有螺纹,法兰带有双头螺柱,通过螺纹连接将压电陶瓷片和电极片夹持在后端盖和法兰之间。测试压电驱动器机械输出特性的实验装置如图 9-22 所示。实验装置主要由压电驱动器、底座、导轨、滑块、滑轮质量系统、磁栅位移传感系统和计算机组成。压电驱动器通过垫块固定在底座上,导轨与驱动器的驱动足接触。通过滑轮质量系统,测试压电驱动器样机在带负载

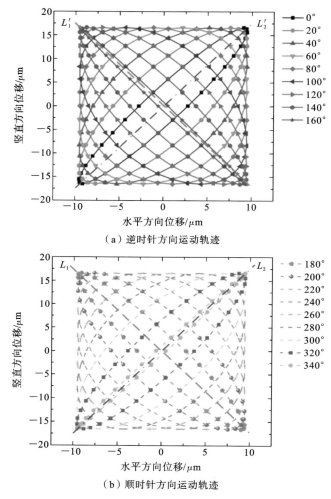

（a）逆时针方向运动轨迹

（b）顺时针方向运动轨迹

图 9-20 不同激励电压相位差下驱动足的运动轨迹

情况下的机械输出特性。

使用安捷伦精密阻抗分析仪（Agilent 4294A,美国生产）测试压电驱动器样机的阻抗特性。设置扫描频率在 $22\sim24$ kHz 之间变化,设置扫描点数为 800。对水平方向弯振进行测试时,水平压电陶瓷组的连接线与阻抗分析仪的高电平端相连,阻抗分析仪的低电平端与压电驱动器的接地线相连。测试竖直方向弯振时,竖直压电陶瓷组的连接线与阻抗分析仪的高电平端相连,阻抗分析仪的低电平端与压电驱动器的接地线相连。水平和竖直方向弯振模态的阻抗特性分别如图 9-23 和图 9-24 所示,由此可得到水平和竖直方向弯振模态的谐振频

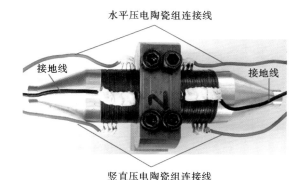

水平压电陶瓷组连接线

接地线

接地线

竖直压电陶瓷组连接线

图 9-21　一维直线跨尺度压电驱动器样机

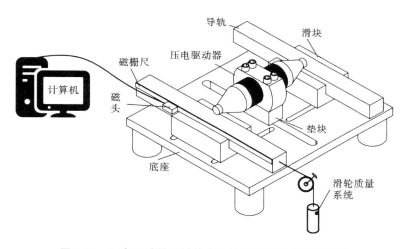

导轨

滑块

压电驱动器

磁栅尺

计算机

磁头

垫块

底座

滑轮质量系统

图 9-22　压电驱动器机械输出特性测试实验装置示意图

率分别为 22.98 kHz 和 23.29 kHz。

测试压电驱动器样机的机械输出特性,水平和竖直方向的激励信号均为正弦电压信号,激励信号的相位差 θ 在 0°～350°之间变化,激励电压的峰峰值为 500 V,频率为 23 kHz。不同激励信号相位差下压电驱动器样机的输出速度如图 9-25 所示。激励信号相位差 $\theta=90°$ 时,导轨正向运动速度最大,为 1750 mm/s;激励信号相位差 $\theta=270°$ 时,导轨反向运动速度最大,为 1880 mm/s。同时,激励信号相位差在 0°～160°范围内时,驱动足驱动导轨向前运动:在 0°～90°范围内,随着激励信号相位差的增大,输出速度增大;在 90°～160°范围内,随着激励信号相位差的增大,输出速度减小。同理,激励信号相位差在 180°～340°范围内时,驱动足驱动导轨向后运动:在 180°～270°范围内,随着激励信号相位差的

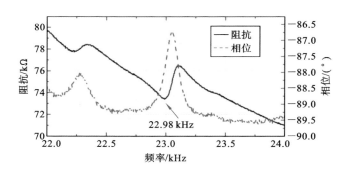

图 9-23　水平方向弯振模态的阻抗特性

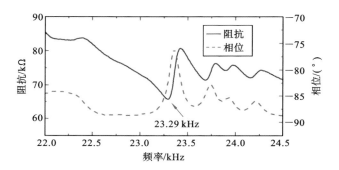

图 9-24　竖直方向弯振模态的阻抗特性

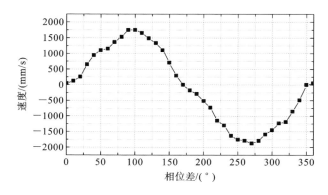

图 9-25　压电驱动器输出速度与激励信号相位差关系曲线

增大,输出速度增大;在 270°~340°范围内,随着激励信号相位差的增大,输出速度减小。在激励信号相位差分别等于 170°和 350°时,导轨均未被驱动。

对比驱动足的运动轨迹的形态,椭圆运动轨迹为正圆及饱满的斜椭圆时,压电驱动器输出速度较大;椭圆运动轨迹为斜线或者扁平的斜椭圆时压电驱动器输出速度较小。这是因为椭圆饱满(接近正圆)时有效驱动面积大,椭圆扁平时有效驱动面积小。实验测试值和仿真计算值存在大约 10°的偏差,这是因为瞬态分析时激励信号相位差均为 20°的整数倍,存在拟合误差;另外,瞬态分析时设置的阻尼和真实阻尼之间可能存在一定偏差。

通过改变两相激励信号的相位差可以改变压电驱动器的输出方向和输出速度。改变水平和竖直方向激励信号幅值,不同幅值激励信号下压电驱动器样机的输出速度如图 9-26 所示。随着激励电压幅值的减小,输出速度减小;水平和竖直压电陶瓷组激励电压峰峰值为 100 V 时,导轨未被驱动。

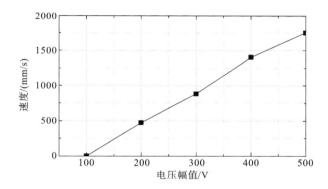

图 9-26 压电驱动器样机输出速度与激励电压的关系曲线

对压电驱动器样机水平和竖直压电陶瓷组的激励电压进行独立调节,竖直压电陶瓷组的激励电压峰峰值保持在 500 V,改变水平压电陶瓷组的激励电压,相应的输出速度与激励电压峰峰值关系曲线如图 9-27 所示。将水平压电陶瓷组的激励电压峰峰值减小至 20 V(驱动电源的最小激励电压)时,导轨还能被驱动,输出速度为 73 mm/s。

为了进一步研究一维直线跨尺度压电驱动器的动态输出特性,测试导轨的位移响应,并对其进行微分处理,得到压电驱动器样机输出速度与时间的关系曲线,如图 9-28 所示。导轨存在启动加速和制动减速阶段,在中间阶段导轨基本做匀速运动;导轨的启动时间大约为 110 ms,制动时间为 32 ms。

激励信号的相位差为 90°、频率为 23 kHz、电压峰峰值为 500 V 时,压电驱动器样机的输出速度与输出力的关系曲线如图 9-29 所示。随着负载的增大,输出速度减小;样机的空载转速为 1750 mm/s,最大输出力为 30 N。

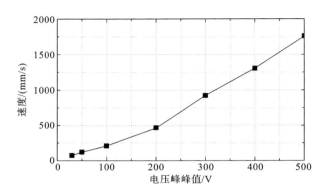

图 9-27　一维直线跨尺度压电驱动器样机的输出速度与水平压电
陶瓷组激励电压峰峰值的关系曲线

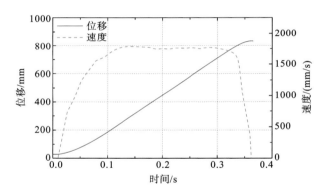

图 9-28　一维直线跨尺度压电驱动器样机的输出位移、输出速度与时间的关系曲线

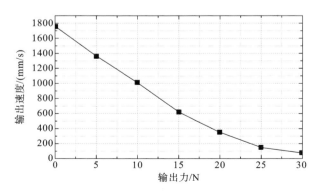

图 9-29　一维直线跨尺度压电驱动器样机的输出速度与输出力的关系曲线

综上，在交流激励电压作用下，所设计的压电驱动器在超声致动模式下能够实现快速、大推力和大行程的连续输出。

9.3.2 直驱工作模式

为了获得高位移分辨力输出，开展压电驱动器在直驱工作模式下的输出特性研究。施加直流电压信号，压电驱动器样机输出位移与输入电压的关系如图 9-30 所示。在水平弯振压电陶瓷组 PZT-H 上施加 250 V 的直流电压时，输出位移达到 2.62 μm。可以通过改变输入电压来改变输出位移，输出位移与输入直流电压峰峰值成线性关系，线性拟合相关系数为 0.998。但由于电源的分辨力和测试环境的影响，在 5 V 的输入电压下，可以测量到 50 nm 的输出位移。此外，理论上使用高分辨力的电源可以实现更小的位移输出。

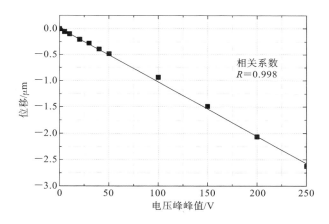

图 9-30　一维直线跨尺度压电驱动器样机在直驱工作模式下的
输出位移与输入电压的关系曲线

由上面的实验测试结果可知，所研制的一维直线跨尺度压电驱动器可工作在超声致动模式和直接致动模式下。在超声致动模式下获得了 1750 mm/s 的最大空载速度，实现了 30 N 最大输出力，行程由导轨的长度决定，实现了高速、大推力及大行程输出；在直接致动模式下，在 5 V 的直流电压下实现了 50 nm 的输出位移。总而言之，通过双模式的切换，驱动器可实现跨尺度输出。

9.4　平面三维跨尺度压电驱动器

著者在一维直线跨尺度压电驱动器的基础上研制了平面三维跨尺度压电

驱动器[3],通过多驱动足协调致动的方式实现了平面三维致动,通过行走致动模式和直接致动模式实现了跨尺度特性输出。

9.4.1　压电驱动器结构与致动模式

自然界中,四足生物可通过灵活的运动方式实现不同的运动目标:当其摆动时,可实现小范围内精准动作;当其行走时,可实现大工作范围内的低速步进运动;当其奔跑时,可实现大工作范围内的快速运动。基于仿生原理,著者设计了四足压电驱动器,其由四条驱动腿、一个定位块和基体组成,如图 9-31 所示。定位块安装在基体上,四条驱动腿通过螺栓连接到定位块的四个侧面上。当驱动器像四足生物一样"摆动"时,工作在直接致动模式下完成准静态运动,可实现微米尺度下纳米级分辨力的致动输出;当其"行走"时,工作在行走致动模式下,以小步距完成平面内大范围运动并实现毫米尺度下亚微米级分辨力的致动输出。通过两种工作模式的灵活切换,该四足压电驱动器可实现跨尺度特性输出。

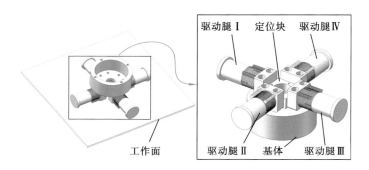

图 9-31　四足压电驱动器构型

图 9-32 展示了四足压电驱动器在各自由度下做平面运动时的受力分析图。理论上,通过控制四条驱动腿的动态响应并调整驱动足与工作面之间的动力学关系,即可改变驱动器所受合力的大小和方向,控制其运动方向和输出形式,从而实现三自由度致动的效果。

1. 直接致动模式

当四足压电驱动器工作在直接致动模式下时,同一轴线上的一对驱动腿完成水平弯曲动作,驱动器通过自身与工作台之间的静摩擦力完成摆动动作,从而实现致动效果。此外,四足压电驱动器可通过多运动策略的切换实现多自由度运动输出。

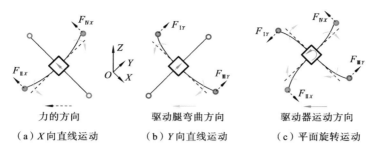

（a）X向直线运动　　　（b）Y向直线运动　　　（c）平面旋转运动

图 9-32　四足压电驱动器在各自由度下做平面运动时的受力分析

1）直线运动策略

压电驱动器同一轴线上的一对驱动腿完成水平同向弯曲动作，与工作面接触的驱动足保持静止，在静摩擦力驱动下驱动器整体完成摆动动作，进而实现单个直线方向致动。实现沿－Y 方向的直线运动策略的具体致动方案如图 9-33（a）所示，详细步骤如下：

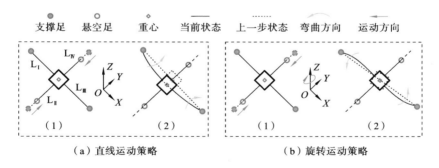

（a）直线运动策略　　　　　　　　（b）旋转运动策略

图 9-33　四足压电驱动器在直接致动模式下的直线和旋转运动策略

（1）驱动腿Ⅱ和Ⅳ（图中 $L_Ⅱ$ 和 $L_Ⅳ$）同时向＋Z 方向弯曲（竖直向上），离开工作面并悬在空中。

（2）驱动腿Ⅰ和Ⅲ（图中 $L_Ⅰ$ 和 $L_Ⅲ$）同时向＋Y 方向弯曲，驱动器整体通过自身与工作台之间的静摩擦力完成向－Y 方向的摆动动作，实现微米范围内直线自由度致动。

沿＋Y 方向直线运动策略与沿－Y 方向直线运动策略基本相同，只需在上述步骤（2）中使驱动腿Ⅰ和Ⅲ往反方向弯曲即可。

驱动器在平面内沿 X、Y 两个方向的直线运动策略是基本相同的，只是两对驱动腿的致动动作不同。具体地,将驱动腿Ⅰ和Ⅲ与驱动腿Ⅱ和Ⅳ的致动动作交换,驱动器即可实现沿一X方向的直线运动。

2）旋转运动策略

对于绕垂直于工作面轴线旋转运动策略,驱动器同一轴线上的一对驱动腿完成水平方向上方向相反的弯曲动作即可实现旋转致动。具体地,驱动器绕Z轴顺时针旋转的运动策略如图9-33(b)所示,详细致动方案如下:

（1）驱动腿Ⅱ和Ⅳ同时向+Z方向弯曲,离开工作面并悬在空中。

（2）驱动腿Ⅰ和Ⅲ分别向+Y和一Y方向弯曲,它们的驱动足保持静止,压电驱动器通过自身驱动足与工作台之间的静摩擦力完成绕Z轴的摆动动作,实现微弧度范围内的旋转运动。

3）激励方案

压电驱动器通过四足协调配合实现直接致动模式下的摆动动作,在致动过程中一对驱动腿完成抬起动作离开工作面,另一对驱动腿完成水平方向上的准静态弯曲动作并通过静摩擦力驱动压电驱动器,实现微米尺度下纳米级分辨力的致动输出。分析沿一Y方向直线运动策略的致动方案并完成驱动足动作分解:驱动足Ⅰ和Ⅲ沿水平方向做直线运动,驱动足Ⅱ和Ⅳ沿竖直方向做直线运动,如图9-34(a)所示。根据驱动器在直接致动模式下驱动足的动作顺序设计激励信号,驱动足Ⅰ和Ⅲ的动作一致但需两相相位相反的激励信号,因为四条驱动腿结构相同且驱动足Ⅰ和Ⅲ同轴对称布置,它们在水平方向上的响应方向相反。驱动足Ⅱ和Ⅳ实现竖直方向直线运动只需一相激励信号。在直接致动

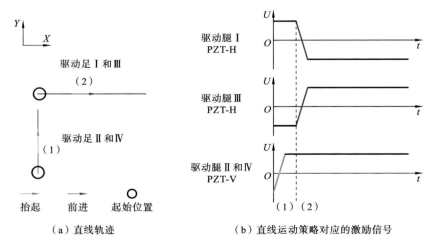

（a）直线轨迹　　　　（b）直线运动策略对应的激励信号

图 9-34　直接致动模式下驱动足轨迹及直线运动策略对应的激励信号

模式下驱动腿完成准静态动作,激励信号设计为变化缓慢的斜坡信号。三相激励信号如图 9-34(b)所示。

2. 行走致动模式

当四足压电驱动器工作在行走致动模式下时,同一轴线上的一对驱动腿完成抬起、前进等动作,另一轴线上的一对驱动腿用以辅助支撑驱动器,保证输出运动步态的平稳性。分析四足生物行走运动形式下直线和旋转运动的步态动作,提出四足压电驱动器工作在行走致动模式下的直线和旋转运动策略。

1)直线运动策略

类似于四足生物的直线行走运动,四足压电驱动器通过周期性的步进运动实现大范围运动输出。四足压电驱动器在平面内 X、Y 两个方向上的直线运动策略是相同的,一个周期包括六个子步。其中,压电驱动器沿 $-X$ 方向的直线运动策略如图 9-35 所示,具体致动方案如下:

(1)驱动腿 Ⅱ 和 Ⅳ(图中 $L_{Ⅱ}$ 和 $L_{Ⅳ}$)同时向 $+Z$ 方向弯曲(竖直向上),它们的驱动足完成"抬起"动作,离开工作面并悬在空中,压电驱动器由驱动腿 Ⅰ 和 Ⅲ(图中 $L_{Ⅰ}$ 和 $L_{Ⅲ}$)支撑,重心不变。

(2)驱动腿 Ⅱ 和 Ⅳ 同时向 $-X$ 方向弯曲,驱动足 Ⅱ,Ⅳ 在空中完成"前进"动作。

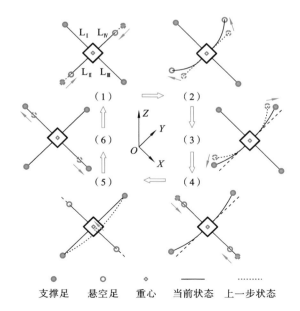

图 **9-35** 四足压电驱动器在行走致动模式下的直线运动策略

（3）驱动腿Ⅱ和Ⅳ同时向－Z方向弯曲，驱动足Ⅱ，Ⅳ完成"下落"动作，与工作面接触。

（4）驱动腿Ⅰ和Ⅲ同时向＋Z方向弯曲，驱动足Ⅰ，Ⅲ完成"抬起"动作，离开工作面并悬在空中，驱动器由驱动腿Ⅱ和Ⅳ支撑，重心不变。

（5）驱动腿Ⅱ和Ⅳ同时向＋X方向弯曲，压电驱动器在驱动足Ⅱ，Ⅳ与工作面之间静摩擦力的驱动下沿－X方向移动一步。

（6）驱动腿Ⅰ和Ⅲ同时向－Z方向弯曲，驱动足Ⅰ，Ⅲ完成"下落"动作，与工作面接触。

2）旋转运动策略

对于绕垂直于工作面轴线的旋转的运动策略，同一轴线上的一对驱动腿完成的弯曲动作方向相反，所产生的一对摩擦力方向相反并形成一对绕垂直于工作面轴线的力偶，实现绕工作面轴线旋转的步进致动。具体地，实现绕垂直于工作面轴线旋转的运动策略的详细致动方案如下：

（1）驱动腿Ⅱ和Ⅳ同时向＋Z方向弯曲，驱动足完成"抬起"动作，离开工作面并悬在空中，压电驱动器由驱动腿Ⅰ和Ⅲ支撑，重心不变。

（2）驱动腿Ⅱ和Ⅳ分别向＋X和－X方向弯曲，驱动足Ⅱ，Ⅳ在空中完成绕垂直于工作面轴线的逆时针旋转的弯曲动作。

（3）驱动腿Ⅱ和Ⅳ同时向－Z方向弯曲，驱动足Ⅱ，Ⅳ完成"下落"动作，与工作面接触。

（4）驱动腿Ⅰ和Ⅲ同时向＋Z方向弯曲，驱动足Ⅰ，Ⅱ完成"抬起"动作，离开工作面并悬在空中，压电驱动器由驱动腿Ⅱ和Ⅳ支撑，重心不变。

（5）驱动腿Ⅱ和Ⅳ同时向＋X方向弯曲，压电驱动器在驱动足Ⅱ，Ⅳ与工作面之间静摩擦力的驱动下绕Z轴顺时针方向旋转一个微角度。

（6）驱动腿Ⅰ和Ⅲ同时向－Z方向弯曲，驱动足Ⅰ，Ⅲ完成"下落"动作，与工作面接触。

3）激励方案

通过施加周期性的激励信号，驱动器可实现平面三自由度（平面两自由度直线运动和单自由度旋转）大范围行走运动输出。分析压电驱动器在一个周期内的动作，不难发现，其在运动过程中始终保持至少有一对驱动足与工作面接触的状态。这可以保证压电驱动器在竖直方向上的重心稳定，有利于获得平稳的运动步态，从而满足输出运动稳定性要求。

四足压电驱动器通过四足协调配合实现步进行走运动，在致动过程中用于致动的一对驱动足在一个周期里完成抬起、前进、下落和回退四个动作,使压电驱动器在工作面上行走一步,而另一对驱动足用于辅助支撑驱动器并完成抬起和下落两个动作。压电驱动器通过重复行走动作实现平面三自由度大范围行走运动输出。分析压电驱动器沿 $-X$ 方向直线运动策略的具体致动方案并对驱动足周期性动作进行分解,驱动足 Ⅱ 和 Ⅳ 的运动轨迹为矩形且动作一致,驱动足 Ⅰ 和 Ⅲ 做竖直方向的直线运动,如图 9-36(a) 所示。

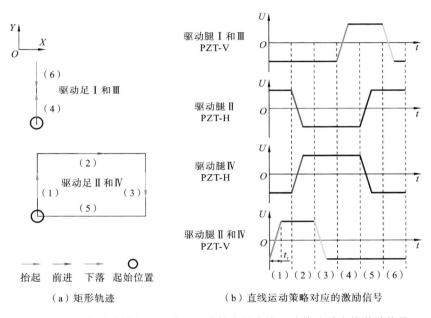

（a）矩形轨迹　　　　（b）直线运动策略对应的激励信号

图 9-36　行走致动模式下驱动足运动轨迹及直线运动策略对应的激励信号

　　根据压电驱动器在行走致动模式下的致动方案和驱动足的动作顺序,设计电压激励信号:驱动足 Ⅱ 和 Ⅳ 的动作一致并同时完成矩形轨迹运动,只需一相信号激励它们的竖直压电陶瓷组(PZT-V)完成竖直方向的运动,需相位相反的两相信号激励它们的水平压电陶瓷组(PZT-H)完成水平方向的运动;驱动足 Ⅰ 和 Ⅲ 做竖直方向的直线运动且动作一致,故只需一相信号激励它们的竖直压电陶瓷组。理论上,通过施加矩形波信号即可激励驱动足实现抬起、前进等动作,但是,压电驱动腿系统通常可以被简化为一个二阶系统,在矩形波信号激励下驱动足的位移响应为阶跃响应,存在较大的超调及振荡,这对于驱动器在超精密领域的实际应用十分不利。因此,为了减小超调及振荡以获得良好的步态稳定性,将驱动腿的位移响应设计为斜坡响应,将激励信号调整为梯形信号。致动过程中,驱动足在上升时间(t_r)内完成致动动作,在调整时间内使动作稳定,最后保持动作,实现稳定行走致动。综上确定驱动器在行走致动模式下的激励方案,如图9-36(b)所示,所采用的激励信号为四相梯形波激励信号。

9.4.2 压电驱动器系统动力学模型

四足压电驱动器由四个结构一致的驱动腿并联而成,致动过程中驱动足与工作面发生相对运动,驱动力由驱动足与工作面之间的摩擦产生,压电驱动器通过四个驱动腿协调配合完成平面三自由度致动输出。因此,可以将压电驱动器系统的动力学模型分解为两个子模型:单个驱动腿的动力学模型、驱动足与工作面之间的接触模型。

1. 单个驱动腿的动力学模型

驱动腿两个方向的弯曲运动是相互正交且独立的。压电驱动器水平和竖直方向弯曲运动的致动原理是一致的,因此,先建立驱动腿水平弯曲动力学模型。Timoshenko梁理论考虑了剪切变形和转动惯量对短粗梁振动的影响,故以其为理论基础,结合压电耦合方程建立激励信号和驱动足输出位移之间的数学关系。建模所用梁的水平弯曲等效几何形状、简化模型以及剪切力和力矩的符号约定如图9-37所示。驱动足水平响应位移设为$w(x,t)$;轴线角位移设为$\theta(x,t)$,由横截面角位移及剪切角两部分组成,分别表示为$\psi(x,t)$和$\gamma(x,t)$,它们的关系为

$$\frac{\partial w}{\partial x} = \theta = \psi + \gamma \tag{9-4}$$

$$\gamma = \frac{P}{kGA} \tag{9-5}$$

式中:x——驱动腿的轴向长度;

k——剪切系数[4];

P——惯性力;

G——剪切模量;

A——横截面面积。

力矩-角位移关系为

$$M = EI\frac{\partial \psi}{\partial x} \tag{9-6}$$

式中:M——惯性力矩;

E——杨氏模量;

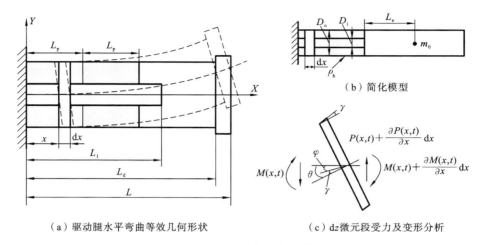

（a）驱动腿水平弯曲等效几何形状　　　　（c）dz微元段受力及变形分析

图 9-37　驱动腿水平弯曲模型

I——截面的惯性矩。

在图 9-37(c)所示的微元中,水平方向的惯性力和惯性力矩与水平响应位移的关系可表示为

$$\begin{cases} \dfrac{\partial P}{\partial x} = \rho_e A \dfrac{\partial^2 w}{\partial t^2} \\ \dfrac{\partial M}{\partial x} + P = \rho_e I \dfrac{\partial^2 \psi}{\partial t^2} \end{cases} \tag{9-7}$$

式中:ρ_e——微元段平均密度。

联合式(9-4)至式(9-7),消除惯性力和力矩,得到驱动腿水平弯曲运动的动力学方程:

$$\rho_e A \frac{\partial^2 w}{\partial t^2} + EI \frac{\partial^4 w}{\partial x^4} - \rho_e I \left(1 + \frac{E}{kG}\right) \frac{\partial^4 w}{\partial t^2 \partial x^2} + \frac{\rho_e^2 I}{kG} \frac{\partial^4 w}{\partial t^4} = 0 \tag{9-8}$$

为了求解响应位移,采用 Galerkin 离散方法将式(9-8)的解写为如下形式[5]:

$$w(x,t) = \sum_{i=1}^{n} \varphi_i(x) r_i(t) \tag{9-9}$$

$\varphi_i(x)$ 和 $r_i(t)$ 分别是第 i 阶模态振型和广义坐标,有

$$\begin{cases} \varphi_i(x) = a_1 \sin\lambda_{1i} x + b_1 \cos\lambda_{1i} x + c_1 \sinh\lambda_{1i} x + d_1 \cosh\lambda_{1i} x \\ r_i(t) = a_2 \sin\omega_i t + b_2 \cos\omega_i t + c_2 \sinh\omega_i t + d_2 \cosh\omega_i t \end{cases} \tag{9-10}$$

式中:a_n,b_n,c_n,d_n——常数;

ω_i,λ_{n_i}——系统第 i 阶固有频率及无量纲频率,前者决定后者的具体数值。

驱动腿由压电段和金属前端盖组成,如图 9-38(a)所示,其中 L_p 是压电段的长度,L_e 是金属前端盖等效到压电段尾部的等效距离;驱动腿压电部分的横截面如图 9-38(b)所示。根据驱动腿边界条件得到以下关系:

$$
\begin{cases}
w(0,t)=0 \\[2mm]
\left.\dfrac{\partial w}{\partial x}\right|_{(0,t)}=0 \\[2mm]
\left.EI\dfrac{\partial^2 w}{\partial x^2}\right|_{x=L_\mathrm{p}}+L_\mathrm{e}m_0\left(\dfrac{\partial^2 w}{\partial t^2}+L_\mathrm{e}\dfrac{\partial^3 w}{\partial x\partial t^2}\right)\bigg|_{x=L_\mathrm{p}}=0 \\[2mm]
\left.EI\dfrac{\partial^3 w}{\partial x^3}\right|_{x=L_\mathrm{p}}-m_0\left(\dfrac{\partial^2 w}{\partial t^2}+L_\mathrm{e}\dfrac{\partial^3 w}{\partial x\partial t^2}\right)\bigg|_{x=L_\mathrm{p}}=0
\end{cases}
\tag{9-11}
$$

式中:m_0——金属前端盖的等效质量。按照图 9-38 所示的几何关系给出 EI 和 L_e:

$$
\begin{cases}
EI=\dfrac{\pi\left[E_\mathrm{p}(D_\mathrm{o}^4-D_\mathrm{i}^4)+E_\mathrm{s}D_\mathrm{i}^4\right]}{64} \\[4mm]
L_\mathrm{e}=\dfrac{\displaystyle\sum_{i=1}^{n}m_i x_i}{\displaystyle\sum_{i=1}^{n}m_i}
\end{cases}
\tag{9-12}
$$

式中:E_p,E_s——压电材料和金属基体的杨氏模量。

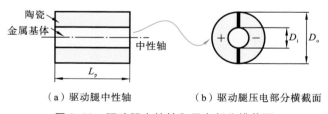

（a）驱动腿中性轴　　　　　（b）驱动腿压电部分横截面

图 9-38　驱动腿中性轴和压电部分横截面

将式(9-9)和式(9-10)代入式(9-11),则由模态振型表示的边界条件可写为

$$
\begin{cases}
\varphi_i(0)=0 \\[2mm]
\varphi_i'(0)=0 \\[2mm]
EI\varphi_i''(L_\mathrm{p})-L_\mathrm{e}m_0\omega_i^2\left[\varphi_i(L_\mathrm{p})+L_\mathrm{e}\varphi_i'(L_\mathrm{p})\right]=0 \\[2mm]
EI\varphi_i'''(L_\mathrm{p})+m_0\omega_i^2\left[\varphi_i(L_\mathrm{p})+L_\mathrm{e}\varphi_i'(L_\mathrm{p})\right]=0
\end{cases}
\tag{9-13}
$$

使用质量和刚度关于各阶模态振型的正交条件获得各阶模态振型间的关系:

$$
\frac{\rho_\mathrm{b}\pi D_\mathrm{o}^2}{4}\int_0^{L_\mathrm{p}}\varphi_i(x)\varphi_j(x)\mathrm{d}x+m_0\left[\varphi_i(L_\mathrm{p})+\varphi_i'(L_\mathrm{p})L_\mathrm{e}\right]\left[\varphi_j(L_\mathrm{p})+\varphi_j'(L_\mathrm{p})L_\mathrm{e}\right]
$$

$$+ \rho_s S_s \int_0^{L_p} I_s \varphi_i'(x) \varphi_j'(x) \mathrm{d}x + \rho_p S_p \int_0^{L_p} I_p \varphi_i'(x) \varphi_j'(x) \mathrm{d}x$$

$$+ J_t [\varphi_i'(L_p) + \varphi_i''(L_p) L_e][\varphi_j'(L_p) + \varphi_j''(L_p) L_e]$$

$$= \delta_{ij} \tag{9-14}$$

$$J_t = \frac{1}{3} m_0 L_e^2$$

$$\frac{1}{64} D_i^4 \pi E_s \int_0^{L_p} \varphi_i''(x) \varphi_j''(x) \mathrm{d}x + \frac{1}{64}(D_o^4 - D_i^4) \pi E_p \int_0^{L_p} \varphi_i''(x) \varphi_j''(x) \mathrm{d}x = \delta_{ij} \omega_i^2$$

$$\tag{9-15}$$

式中：δ_{ij}——克罗内克 δ 函数，当 $i = j$ 时，$\delta_{ij} = 1$，否则 $\delta_{ij} = 0$；

J_t——端部相对于 Y 轴的转动惯量。

结合边界条件和正交条件可获得驱动腿的各阶模态振型和固有频率。当驱动器工作在非谐振模式下且以低频工作时，利用一阶固有频率及振型来计算其响应位移已经足够准确[6]，故 i 值选为 1。

接下来，利用拉格朗日方程求解广义坐标 $r(t)$。驱动腿的拉格朗日方程记为如下形式：

$$\frac{\partial}{\partial t}\left(\frac{\partial L}{\partial \dot{r}}\right) - \left(\frac{\partial L}{\partial r}\right) = \frac{\delta W}{\delta r} \tag{9-16}$$

$$L = E_{kd} - E_{pd} \tag{9-17}$$

式中：L——拉格朗日量；

E_{kd}——驱动腿的动能；

E_{pd}——压电腿的势能；

W——压电腿的虚功。

驱动腿的动能是压电段的动能 E_{kb} 和前端盖的动能 E_{kc} 之和，其中压电段动能为

$$E_{kb} = \frac{1}{2} \rho_b \int_{V_b} \left(\frac{\partial w}{\partial t}\right)^2 \mathrm{d}V_b \tag{9-18}$$

式中：ρ_b——压电段等效密度；

V_b——单位长度的压电段体积。

压电段等效密度由下式计算：

$$\rho_b = \frac{\rho_p S_p + \rho_s S_s}{S_p + S_s} \tag{9-19}$$

式中：S_p, S_s——压电段横截面面积、金属基体衬底区域横截面面积；

ρ_p, ρ_s——压电陶瓷密度和金属基体密度。

前端盖的动能为

$$E_{kc} = \frac{1}{2} m_0 \left(\frac{\partial w}{\partial t} + \frac{\partial^2 w}{\partial x \partial t} L_e \bigg|_{x=L_p} \right)^2 + \frac{1}{2} J_t \left(\frac{\partial^2 w}{\partial x \partial t} + \frac{\partial^3 w}{\partial x^2 \partial t} L_e \bigg|_{x=L_p} \right)^2 \quad (9\text{-}20)$$

压电腿势能包括内部弹性势能 E_{pi}、电势能 E_{pv} 和重力势能 E_{pg}，其中 E_{pi} 为

$$E_{pi} = \frac{1}{2} \int_{V_s} \sigma^s \varepsilon^s \mathrm{d}V_s + \frac{1}{2} \int_{V_p} \sigma^p \varepsilon^p \mathrm{d}V_p \quad (9\text{-}21)$$

式中：σ^p, σ^s——压电段、金属基体区域正应力；

$\quad\quad \varepsilon^p, \varepsilon^s$——压电段、金属基体区域正应变；

$\quad\quad V_p$——压电段的体积；

$\quad\quad V_s$——金属基体区域的体积。

金属基体区域的应变和应力由胡克定律确定，压电段的应变和应力由其本构方程确定：

$$\begin{cases} \sigma^s = E_s \varepsilon^s \\ \varepsilon^s = -z\psi' \end{cases} \quad (9\text{-}22)$$

$$\begin{cases} \sigma^p = E_p \varepsilon^p - e_{33} E_3 \\ D_3 = e_{33} \varepsilon^p + \varepsilon_{33} E_3 \end{cases} \quad (9\text{-}23)$$

式中：e_{33}——压电常数；

$\quad\quad \varepsilon_{33}$——介电常数；

$\quad\quad D_3$——电位移；

$\quad\quad E_3$——电场强度，有

$$E_3 = -\frac{U(t)}{t_p} \quad (9\text{-}24)$$

其中：$U(t)$——两个压电电极片之间单片陶瓷的激励电压。

驱动腿可被视为电容为 C_p 的容性单元。当驱动器在低频非谐振模式下工作时，系统的电路如图 9-39 所示，施加到驱动腿上的电压与输入电压之间的关系由下式给出：

$$U_0(t) = \frac{R_0 + R_d}{R_d} U(t) + R_0 C_d \frac{\mathrm{d}U(t)}{\mathrm{d}t}$$

$$(9\text{-}25)$$

式中：R_0——电源内阻；

$\quad\quad R_d$——驱动足电阻。

电势能为

$$E_{pv} = -\frac{1}{2} \int_{V_p} E_3 D_3 \mathrm{d}V_p \quad (9\text{-}26)$$

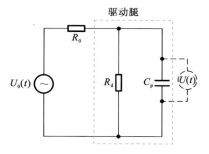

图 9-39　驱动腿等效电路

当驱动腿在水平方向上弯曲时,重力势能为零;当驱动腿在竖直方向上弯曲时,重力势能为变量。具体如下:

$$
E_{pg} = \begin{cases} 0 & \text{(水平弯曲)} \\ -m'_0 g\left(v(x,t) + \dfrac{L'_e}{2}\dfrac{\partial w(x,t)}{\partial x}\bigg|_{s=L_p}\right) - \displaystyle\int_{V_b} \rho_b g v(x,t)\, dV & \text{(竖直弯曲)} \end{cases}
$$

$$(9\text{-}27)$$

式中:m'_0——驱动腿竖直弯曲时金属前端盖的等效质量;

L'_e——驱动腿竖直弯曲时金属前端盖等效到压电段末端的等效距离;

$v(x,t)$——驱动腿竖直弯曲时的响应位移。

虚功包括驱动腿正压电效应做的虚功 δW_M 和机械阻尼做的虚功 δW_c。

$$
\begin{cases} \delta W_M = M_{po}\delta w'(L,t) \\ M_{po} = -\displaystyle\iint_{A_+} \sigma^p x\, dA - \iint_{A_-} \sigma^p x\, dA \end{cases}
$$

$$(9\text{-}28)$$

式中:A_+——压电陶瓷片正极化区域的面积;

A_-——压电陶瓷片负极化区域的面积。

$$
\delta W_c = -\int_0^{L_p} c_b \frac{\partial^2 w}{\partial x \partial t}\, dx\, \delta w
$$

$$(9\text{-}29)$$

式中:c_b——机械阻尼系数,$c_b = 2m\omega\xi$;

ξ——模态阻尼系数,在非谐振频率工况下取经验值 0.01。

将边界条件和各阶模态振型的正交条件代入上述压电腿的动能、势能及虚功表达式中,得到压电腿的动能为

$$
E_{kd} = \frac{1}{2}\dot{r}^2(t)
$$

$$(9\text{-}30)$$

压电腿的势能为

$$
\begin{aligned}
E_{pd} = {} & \frac{1}{2}\omega_1^2 r^2(t) - C_1 r(t)\ddot{r}(t) + C_2 \ddot{r}^2(t) - 2C_3 r(t)U(t) \\
& - C_6 r(t) + 2C_4 \ddot{r}(t)U(t) - C_5 U^2(t)
\end{aligned}
$$

$$(9\text{-}31)$$

压电腿的虚功为

$$
\frac{\delta W}{\delta r(t)} = C_7 r(t) - C_8 \ddot{r}(t) - C_9 U(t) - C_{10}\dot{r}(t)
$$

$$(9\text{-}32)$$

式(9-31)和式(9-32)中系数 $C_1 \sim C_{10}$ 的计算式分别如下:

$$
\begin{aligned}
C_1 = {} & \frac{\pi}{64}\frac{\rho_s}{k_1 G_s}D_i^4 E_s \int_0^{L_p} (\varphi''(x)\varphi(x))\, dx \\
& + \frac{\pi}{64}\frac{\rho_p}{k_2 G_p}(D_o^4 - D_i^4)E_p \int_0^{L_p} (\varphi''(x)\varphi(x))\, dx
\end{aligned}
$$

$$C_2 = \frac{\pi}{128} D_i^4 E_s \left(\frac{\rho_s}{k_1 G_s} \right)^2 \int_0^{L_p} (\varphi^2(x)) \, dx$$

$$+ \frac{\pi}{128} (D_o^4 - D_i^4) E_p \left(\frac{\rho_p}{k_2 G_p} \right)^2 \int_0^{L_p} (\varphi^2(x)) \, dx$$

$$C_3 = \frac{1}{12} (D_o^3 - D_i^3) e_{33} \frac{1}{t_p} \int_0^{L_p} \varphi''(x) \, dx$$

$$C_4 = \frac{1}{12} (D_o^3 - D_i^3) \frac{\rho_p}{k_2 G_p} e_{33} \frac{1}{t_p} \int_0^{L_p} \varphi(x) \, dx$$

$$C_5 = \frac{1}{4} \pi (D_o^2 - D_i^2) L_p \varepsilon_{33} \frac{1}{t_p^2}$$

$$C_6 = \begin{cases} 0 & \text{(水平弯曲)} \\ m_0 g (\varphi(L_p) + L_e \varphi'(L_p)) + \frac{1}{4} \pi (D_o^2 - D_i^2) \rho_b g \int_0^{L_p} \varphi(x) \, dx & \text{(竖直弯曲)} \end{cases}$$

$$C_7 = \frac{\pi}{64} (D_o^4 - D_i^4) E_p \varphi''(L_p) \varphi'(L_p)$$

$$C_8 = \frac{\pi}{64} (D_o^4 - D_i^4) E_p \frac{\rho_p}{k_2 G_2} \varphi(L_p) \varphi'(L_p)$$

$$C_9 = \frac{1}{6} (D_o^3 - D_i^3) e_{33} \varphi'(L_p) \frac{1}{t_p}$$

$$C_{10} = -c_b \int_0^{L_p} \varphi^2(x) \, dx$$

综上,压电腿的拉格朗日量可以写为如下形式:

$$L = \frac{1}{2} \dot{r}^2(t) - \frac{1}{2} \omega_1^2 r^2(t) + C_1 r(t) \ddot{r}(t) - C_2 \ddot{r}^2(t) + C_6 r(t)$$

$$+ 2C_3 r(t) U(t) - 2C_4 \ddot{r}(t) U(t) + C_5 U^2(t) \tag{9-33}$$

将式(9-33)代入式(9-16)可得

$$\ddot{r}(t) + \eta \dot{r}(t) + \upsilon r(t) - \kappa = \zeta U(t) \tag{9-34}$$

式中:$\eta, \upsilon, \kappa, \zeta$——系数,具体如下:

$$\begin{cases} \eta = \dfrac{C_{10}}{1 + C_8 - C_1} \\[3mm] \upsilon = \dfrac{\omega_1^2 - C_7}{1 + C_8 - C_1} \\[3mm] \kappa = \dfrac{C_6}{1 + C_8 - C_1} \\[3mm] \zeta = \dfrac{2C_3 - C_9}{1 + C_8 - C_1} \end{cases}$$

式(9-34)给出了驱动腿的水平响应位移与电压激励信号的关系。至此,驱动腿水平方向弯曲运动的动力学模型建立完成。驱动腿竖直方向弯曲运动的动力学模型与水平方向弯曲运动的相似,故不再赘述。

2. 驱动足与工作面之间的接触模型

驱动腿在致动过程中完成抬起、前进等基本动作,驱动足与工作面的接触状态随时间变化,属于二维接触状态;因此,本小节采用 Greenwood-Williamson 模型(简称 G-M 模型)和切向接触理论[7,8]来描述驱动足和工作面间的接触关系。在建模过程中,假设工作面为光滑刚性表面,驱动足表面为随机粗糙表面,如图 9-40(a)所示。等效表面的基本参数由一对接触面的参数决定;假设驱动足随机粗糙表面由多个微凸体组成,以所有微凸体的平均表面高度作为 Z 轴的原点,光滑刚性表面的高度为 h_0,微凸体沿 Z 轴的变形为 d($d=z-h_0$,z 为微凸体顶点的 Z 坐标),当 d 为正时微凸体与光滑刚性表面接触,当 d 为负时它们相互分离。图 9-40(a)中,R 是球体的半径,a 是接触半径,在微变形的情况下,它们的关系近似为

$$a^2 = 2Rd \tag{9-35}$$

接触面等效杨氏模量由所定义两个表面的参数确定,有

$$\frac{1}{E_e} = \frac{1-\nu_1^2}{E_1} + \frac{1-\nu_2^2}{E_2} \tag{9-36}$$

式中:E_e——接触面等效杨氏模量;

E_1,E_2——驱动足和工作面材料的杨氏模量;

ν_1——驱动足材料的泊松比;

ν_2——工作面材料的泊松比。

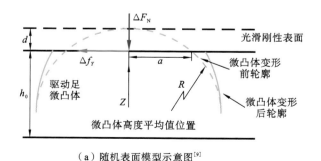

(a)随机表面模型示意图[9]

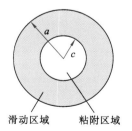

(b)粘附和滑动区域

图 9-40　随机表面模型

微凸体的高度分布符合高斯分布。高度分布函数为 $\Phi(z)$,由下式给出:

$$\varPhi(z) = \left(\frac{1}{2\pi l^2}\right)^{\frac{1}{2}} \exp\left(\frac{-z^2}{2l^2}\right) \tag{9-37}$$

式中：l——微凸体高度分布的均方根（RMS），数值取为表面粗糙度 Ra。

图 9-40(a) 展示了一个微凸体的受力分析：在致动过程中，因驱动器重力的作用驱动足微凸体受到静态正压力 ΔF_N，在驱动腿水平弯曲过程中切向力 Δf_Y 由工作面和驱动足之间的相对滑动产生。在微凸体与光滑刚性表面的相对滑动过程中，接触区域中存在一个粘附区域（半径为 c 的圆）和一个滑动区域（半径为 a 的圆中去掉粘附区域后形成的圆环），如图 9-40(b) 所示。

接触表面上的分布压力 p 可以通过赫兹理论获得[10]：

$$p(r) = \frac{2E_e a}{\pi R}\sqrt{1-\frac{r^2}{a^2}}, \quad r \leqslant a \tag{9-38}$$

单个微凸体的静态正压力和接触面积可表示为

$$\begin{cases} \Delta F_N = \int_0^a p(r) 2\pi r \mathrm{d}r = \frac{2p_0 \pi a^2}{3} = \frac{4}{3}E_e R^{\frac{1}{2}}(z-h_0)^{\frac{3}{2}} \\ \Delta A = \pi a^2 = \pi \mathrm{d}R = \pi R(z-h_0) \end{cases} \tag{9-39}$$

与光滑刚性表面接触的微凸体的数量、总接触面积和总静态正压力由下式给出：

$$\begin{cases} N = \int_{h_0}^{\infty} N_0 \varPhi(z) \mathrm{d}z \\ A = \int_{h_0}^{\infty} N_0 \varPhi(z) \pi R(z-h_0) \mathrm{d}z \\ F_N = \int_{h_0}^{\infty} N_0 \varPhi(z) \frac{4}{3}E_e R^{\frac{1}{2}}(z-h_0)^{\frac{3}{2}} \mathrm{d}z \end{cases} \tag{9-40}$$

式中：N_0——微凸体总数量。

由式(9-40)可知，光滑刚性表面高度 h_0 和初始预紧力 F_0 之间的关系可由 G-M 模型计算：

$$F_0 = \int_{h_0}^{\infty} N_0 \varPhi(z) \frac{4}{3}E_e R^{\frac{1}{2}}(z-h_0)^{\frac{3}{2}} \mathrm{d}z \tag{9-41}$$

压电驱动器系统的输入是驱动足的水平弯曲位移 $w(t)$ 和竖直弯曲位移 $v(t)$（振幅为 V），微凸体与光滑刚性表面的动态法向接触力 ΔF_d 的计算式为

$$\Delta F_d = \begin{cases} 0, & z < h_0 - V \\ 2aE_e(z+v(t)-h_0), & z \geqslant h_0 - V \end{cases} \tag{9-42}$$

因此，总动态法向接触力 F_d 为

$$F_d = \begin{cases} 0, & z < h_0 - V \\ \displaystyle\int_{h_0-v(t)}^{\infty} N_0 \Phi(z) \frac{4}{3} E_c R^{\frac{1}{2}} (v(t) + z - h_0)^{\frac{3}{2}} \mathrm{d}z, & z \geqslant h_0 - V \end{cases} \tag{9-43}$$

根据平面三维跨尺度压电驱动器的致动原理,实际工作过程中驱动器竖直方向没有约束,竖直弯曲位移 $v(t)$ 在总坐标系里并不是对称的,故式(9-43)并不适用。对于这种特殊情况,分析驱动足的致动动作及其与工作面的接触状态。总动态法向接触力 F_d 为

$$F_d = \begin{cases} mg, & v(t) \geqslant 0 \\ 0, & v(t) < 0 \end{cases} \tag{9-44}$$

切向摩擦力 f_y 由驱动足与工作面间的滑动摩擦力和驱动足切向惯性力之间的关系确定,有

$$f_y = \begin{cases} 0, & \mu F_d = 0 \\ \mu F_d, & \mu F_d \leqslant F_y \\ \sigma(v_y - v_s), & \mu F_d > F_y \end{cases} \tag{9-45}$$

式中:μ——滑动摩擦系数;

σ——粘滞摩擦系数;

v_y——驱动足的水平弯曲速度;

v_s——工作面的速度。

单驱动足与工作面间切向惯性力记为 F_y,其计算式为

$$F_y = \frac{m}{2} \frac{\partial^2 w(t)}{\partial^2 t} \tag{9-46}$$

式中:m——驱动器的质量;

$w(t)$——驱动足水平弯曲位移响应。

驱动器通过一对驱动足和工作面之间的切向摩擦力驱动其在工作面上移动,输出位移的计算式为

$$s(t) = \iint \frac{2f_y}{m} \mathrm{d}t^2 \tag{9-47}$$

分析不同致动模式和运动策略下的致动原理可知,该压电驱动器通过同一轴线上的一对驱动腿完成致动,因此,整合一对驱动腿的动力学模型及相应驱动足与工作面之间的接触模型即可获得驱动器单个自由度致动输出的整体动力学模型。单自由度致动的仿真程序框图如图 9-41 所示,基于此框图开展压电驱动器的动力学特性分析。

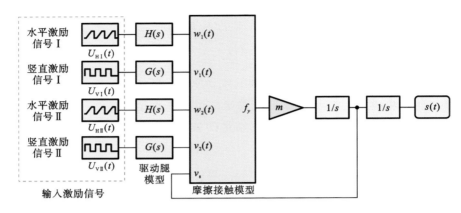

图 9-41　单自由度致动的仿真程序框图

9.4.3　压电驱动器特性仿真分析

基于所建立的驱动腿动力学模型,结合边界条件和正交条件开展驱动腿模态分析,以获得驱动腿的模态振型和固有频率;结合直流激励信号开展静力学分析,以获得驱动足在不同电压下的输出位移。以压电陶瓷片尺寸、数量及金属前端盖尺寸为设计参数,以满足不同致动模式及方法下驱动足空间运动轨迹及尺度要求为约束条件,开展驱动器构型设计,确定驱动腿的结构参数,如表 9-2 所示。

表 9-2　驱动腿构型及材料参数表

参 数 名 称	数值	参 数 名 称	数值
水平压电陶瓷组长度(L_p)	10 mm	压电陶瓷泊松比(ν_p)	0.32
螺栓长度(L_l)	34 mm	压电陶瓷密度(ρ_p)	7200 kg/m³
无驱动足驱动腿总长度(L_d)	59 mm	螺栓材料杨氏模量(E_s)	206 GPa
驱动腿总长度(L)	64 mm	螺栓材料泊松比(ν_s)	0.3
陶瓷环外径(D_o)	30 mm	螺栓材料密度(ρ_s)	7800 kg/m³
陶瓷环内径(D_i)	14 mm	驱动足材料弹性模量(E_1)	72 GPa
螺栓公称直径(D_{ti})	12 mm	驱动足材料泊松比(ν_1)	0.33
压电陶瓷片厚度(t_p)	1 mm	驱动足材料密度(ρ_1)	2810 kg/m³
压电陶瓷杨氏模量(E_p)	76.5 GPa		

1. 直接致动模式下的动力学特性

将最终确定的构型及材料参数代入驱动腿的动力学模型,基于 Laplace 变换可获得驱动腿水平和竖直方向弯曲运动的传递函数,根据驱动腿电学关系可

得电源输入电压 U_0 与施加到驱动腿等效电容元件两端电压 U 的关系,通过实验测得单个压电陶瓷片的电容 C_p 和电源内阻 R_0,获得驱动腿电学传递函数。通过建立的传递函数开展驱动腿动态特性数值仿真分析,分别给驱动足 PZT-H 和 PZT-V 施加幅值为 400 V 的阶跃信号,其水平方向位移响应为 6.65 μm,对应的阶跃位移响应曲线如图 9-42(a)所示;相同地,通过竖直方向弯曲运动的传递函数,可以获得其竖直方向位移响应为 6.38 μm。结合边界条件和质量刚度正交条件求解出驱动腿一阶弯振频率和相应模态振型,其一阶水平弯振频率为 1.09 kHz,对应的模态振型如图 9-42(b)所示。此外,利用相同的方法即可求得其一阶竖直弯振频率和对应的模态振型,所求的一阶竖直弯振频率为 1.29 kHz。

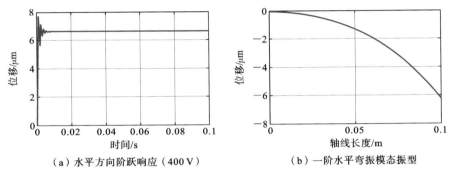

（a）水平方向阶跃响应（400 V）　　（b）一阶水平弯振模态振型

图 9-42　驱动腿动态响应

　　分别将设计的两种模式的激励信号施加到单个驱动腿上,将激励电压峰峰值设置为 400 V,求解并获得驱动足在直接致动模式和行走致动模式下的空间运动轨迹,结果如图 9-43 所示:驱动足在直接致动模式下获得了直线运动轨迹;

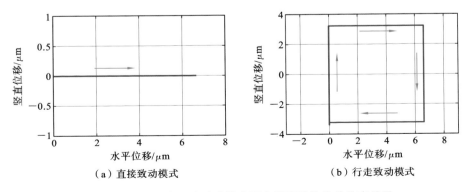

（a）直接致动模式　　（b）行走致动模式

图 9-43　驱动足在两种致动模式下空间运动轨迹的仿真结果

在行走致动模式下获得了空间矩形运动轨迹。

在确定驱动器构型及材料参数的基础上分析驱动足与工作面之间的接触状态,确定驱动器-工作面摩擦接触模型所用参数,如表 9-3 所示。

表 9-3　摩擦接触模型所用参数

参 数 名 称	数　值	参 数 名 称	数　值
微凸体数量(N_0)[11]	655.4×7.85	工作面材料的泊松比(ν_2)	0.25
光滑表面高度(h_0)	0.3 μm	滑动摩擦系数(μ)	0.15
表面粗糙度(Ra)	0.32 μm	粘滞摩擦系数(σ)[12]	$10^{2.5}$ N・s/m
微凸体直径(R)	3.2 μm	驱动器质量(m)	3.5 kg
工作面材料的弹性模量(E_2)	195 GPa		

2. 直接致动模式下的动力学特性

施加幅值随时间增大的正弦激励信号 $y(t)=2t \cdot \sin(2\pi ft)$(V),最大幅值限定为 200 V,频率 f 设置为 0.1 Hz。驱动器工作在准静态模式下。数值仿真结果如图 9-44(a)所示,输出位移随激励信号幅值增大而增大,在电压峰峰值为 400 V 的信号作用下获得 6.61 μm 的位移输出,由此可计算出旋转运动时驱动器的角位移输出为 64.49 μrad(线位移与驱动器转动半径的比值)。施加增幅为 1 V 的阶梯激励信号,驱动器位移响应仿真结果如图 9-44(b)所示,1 V 电压增量对应 16 nm 位移增量,由此可计算出角位移分辨力为 0.161 μrad。理论上,在更小的电压增量下驱动器可以获得更小的位移增量。综上可知,直接致动时,驱动器在电压峰峰值为 400 V 的信号作用下可获得 6.61 μm×6.61 μm×64.49 μrad 的输出范围;在 1 V 电压增量下可获得 16 nm 的线位移分辨力和

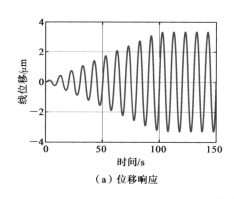

（a）位移响应

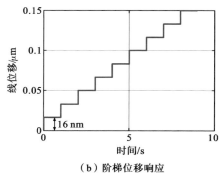

（b）阶梯位移响应

图 9-44　直接致动模式下驱动器位移响应

0.161 μrad 的角位移分辨力。

3. 行走致动模式下的动力学特性

在行走致动模式下工作时,输出步距的稳定性是压电驱动器关键的技术指标。实施瞬态动力学分析并研究激励信号对驱动器输出步态平稳性和输出步距的影响规律。驱动器步态平稳性由驱动腿位移响应的上升时间和调整时间共同决定,理论上,上升时间应足够长,以保证较小的响应输出位移的振荡性;驱动腿每一个动作的响应时间应大于调整时间,以保证驱动器输出步距的稳定性。

给驱动腿施加具有不同上升时间的梯形波激励信号,研究驱动足位移动态响应规律。图 9-45 展示了在上升时间分别为 $\frac{1}{36}$ s,$\frac{1}{18}$ s 及 $\frac{1}{12}$ s 的梯形波激励信号下驱动足的位移响应。可以发现,所施加梯形波激励信号的上升时间越长,驱动足的位移振荡越小。对比可知,上升时间越长,响应位移的超调量越小并且振荡时间越短。这意味着在长上升时间的梯形激励信号作用下,驱动腿响应位移的振荡得到了改善。

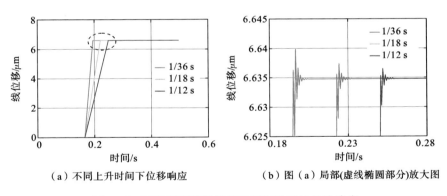

（a）不同上升时间下位移响应　　（b）图（a）局部(虚线椭圆部分)放大图

图 9-45　不同梯形波激励信号下驱动腿的位移响应

基于上述分析,综合考虑驱动器步态平稳性和步距稳定性特性要求及激励信号设置的方便性,将驱动器单个动作子步的上升时间设计为单个子步动作时长的三分之一,剩余三分之二时间用于响应位移的调整,尽可能保证在不同频率的激励信号下输出步距的稳定性。

通过动力学模型分析四足压电驱动器输出步距与激励信号频率的关系,数值仿真结果如图 9-46 所示,在 1 Hz,5 Hz 和 10 Hz 频率下,驱动器直线运动的输出步距分别是 6.63 μm,6.63 μm 和 5.32 μm。旋转运动的输出步距与直线

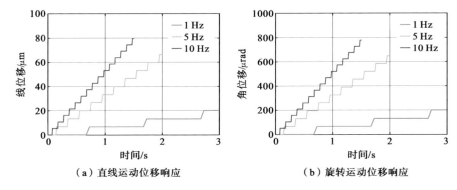

（a）直线运动位移响应　　　　　（b）旋转运动位移响应

图 9-46　不同频率下驱动器位移响应

运动的输出步距变化规律一致。可以发现,随着激励信号频率的增大,压电驱动器输出步距先保持恒定然后逐渐减小,这是因为:随着频率的增大激励信号的上升时间逐渐缩短,当驱动腿的响应时间不足时,位移响应还没有达到最大值,施加的电压幅值已经减小,从而导致压电驱动器输出位移减小,输出步距减小。因此,随着频率增大,压电驱动器的步距逐渐减小,直到发生"打滑"失效。总而言之,驱动器在行走致动模式下可以实现稳定的步距输出。

9.4.4　压电驱动器实验测试系统搭建及特性测试

1. 压电驱动器实验测试系统搭建

平面三维跨尺度压电驱动器实验测试系统主要包括驱动电源、压电驱动器样机及位移传感器。完成驱动器样机研制后搭建实验测试平台,主要包括激励系统、测试系统和数据采集系统,如图 9-47 所示。激励系统包括产生激励信号的 PC(personal computer,个人计算机)及用于信号放大的四通道功率放大器。针对三种致动模式及三种运动策略下的跨尺度输出特性,测试系统选用电容位移传感器(D-E20.050,测量范围为 50 μm,动态分辨力为 1 nm,静态分辨力为 0.5 nm,带宽为 1.24 kHz)测量直接致动模式下的位移响应,选用激光位移传感器(LK-H020,测量范围为 3 mm,动态分辨力为 5 nm,采样率设置为 10 kHz)来测量行走致动模式下的位移响应;为了测试角位移,在驱动器基体上安装一个载物台,用于放置辅助测量件。位移传感器采集的位移响应数据由数据采集系统的 PC 处理。

为了便于获得压电驱动器样机旋转自由度的角位移输出,将矩形截面的

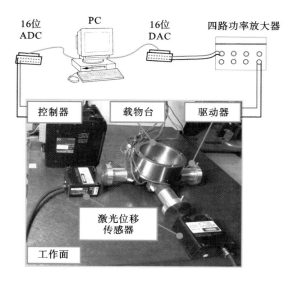

图 9-47　压电驱动器实验测试平台

注：ADC 指模/数转换器，DAC 指数/模转换器。

辅助测量件置于载物台上，其响应角位移近似等于弧长，具体的测量方法如图 9-48 所示。

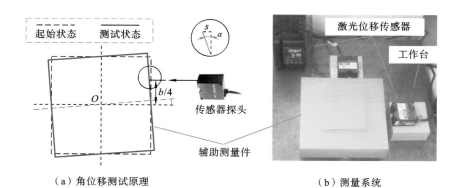

（a）角位移测试原理　　　　　　　　　（b）测量系统

图 9-48　角位移测量方法

将传感器探头布置于辅助测量件四分之一边长的位置，可通过测量此位置的线位移计算出角位移，线位移与角位移之间的关系如下：

$$\alpha \approx \tan\alpha = \frac{4s}{b} \tag{9-48}$$

式中：b——辅助测量件边长；

    α——角位移；

    s——测量线位移。

2. 驱动腿运动特性实验研究

给驱动腿 Ⅰ 施加电压峰峰值为 400 V、频率为 50 Hz 的矩形波激励信号，测得驱动足水平方向位移响应，如图 9-49（a）所示。利用激光测振仪测量驱动腿模态振型，其一阶水平弯振模态的振型图如图 9-49（b）所示。

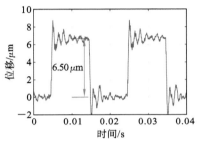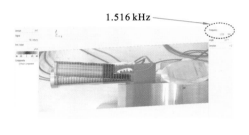

（a）水平方向阶跃位移响应（$U_{p\text{-}p}=400$ V）　　　　（b）一阶水平弯振振型

图 9-49　驱动腿动态响应实验测试结果

表 9-4 对比了驱动腿动态响应的数值仿真与实验测试结果。可以看出，实验测试结果与数值仿真结果基本吻合，仅存在较小的偏差。存在位移响应偏差的主要原因在于仿真所用的材料物理参数与实际值之间存在一定的差异，存在频率偏差的主要原因在于实验与仿真的边界条件存在一定的差异。

表 9-4　驱动腿动态响应仿真与实验测试结果对比

项　目	水平位移响应	竖直位移响应	一阶水平弯振频率	一阶竖直弯振频率
仿真结果	6.65 μm	6.38 μm	1.09 kHz	1.29 kHz
实验结果	6.50 μm	6.23 μm	1.516 kHz	1.602 kHz

在直接致动模式下，给单条驱动腿施加所规划的斜坡激励信号，改变电压幅值并测得如图 9-50（a）所示的驱动足空间轨迹。可以看出，驱动足通过施加设计的激励信号可获得直线运动轨迹。

在行走致动模式下，施加所规划的梯形波激励信号，电压峰峰值为 400 V、频率为 1 Hz，测得如图 9-50（b）所示的矩形轨迹，与数值仿真结果吻合。

以上实验测试结果均验证了前述所提出激励方法的有效性。

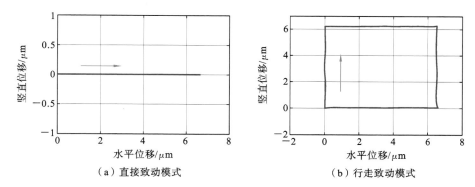

（a）直接致动模式 （b）行走致动模式

图 9-50　驱动足在两种致动模式下的运动轨迹的实验测试结果

3. 驱动器在两种致动模式下的运动特性实验研究

1）直接致动模式下的运动特性

施加所规划的斜坡激励信号，改变电压幅值，测量压电驱动器样机的线位移和角位移响应，结果如图 9-51 所示：输出位移与激励电压幅值成线性关系，线

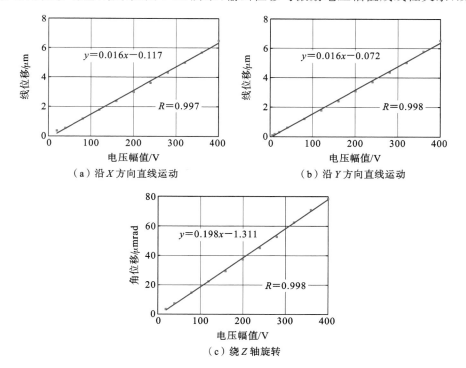

（a）沿 X 方向直线运动 （b）沿 Y 方向直线运动

（c）绕 Z 轴旋转

图 9-51　压电驱动器样机输出位移与激励电压幅值的关系曲线

位移增量为 16 nm/V，角位移增量为 0.198 μrad/V。在幅值为 400 V 的电压激励信号作用下，压电驱动器样机的 X，Y 向线位移均为 6.4 μm，角位移为 79.2 μrad，数值仿真的线位移和角位移输出结果分别为 6.61 μm，64.49 μrad，对比发现实验测量和数值仿真所得的线位移输出结果基本吻合，角位移输出结果存在偏差。这主要是由角位移测量计算方法的误差引起的。

图 9-52 展示了压电驱动器样机在增量为 1 V 的阶梯激励信号下的位移响应。当激励电压高于 5 V 时，响应位移呈现为阶梯响应且增量为 16 nm/V，实现了 16 nm 的稳定步距输出，这表明压电驱动器样机在 1 V 电压增量下获得了 16 nm 的位移分辨力。

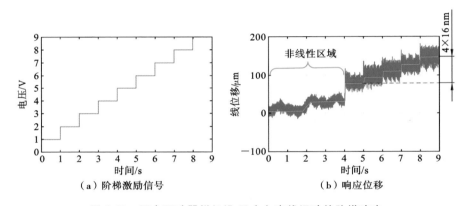

（a）阶梯激励信号　　　　　　（b）响应位移

图 9-52　压电驱动器样机沿 X 方向直线运动的阶梯响应

2）行走致动模式下的运动特性

施加所规划的梯形波激励信号，驱动器以行走致动模式运行。首先，测试压电驱动器样机在不同频率下的位移响应，将激励电压峰峰值设置为 400 V，分别测量样机在 X，Y 方向上做直线运动和绕 Z 轴旋转时的位移响应。图 9-53 展示了压电驱动器样机分别在频率为 1 Hz，5 Hz 和 10 Hz 的激励信号下的位移响应。可以看出，在不同频率下压电驱动器样机获得了稳定的步距输出，并且在三种运动形式下的响应步态相似，与数值仿真结果吻合，验证了所提出的致动方案的有效性。

基于测试结果计算不同频率下压电驱动器样机做平面两直线运动时的输出步距，随机选择十个子步并以它们的步距平均值为输出步距，结果如图 9-54 所示（步距偏差值在图中由相应误差栏给出）。可以发现，在激励信号频率为 40 Hz 时压电驱动器样机输出步距的偏差值达到了最大，其中，沿 X 方向的平均步

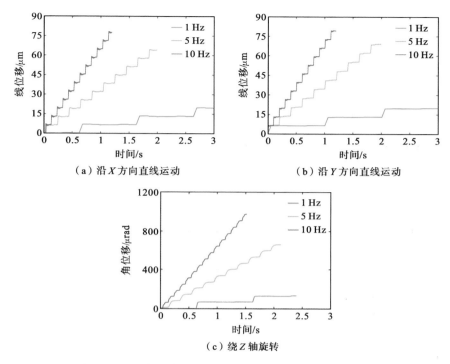

图 9-53　压电驱动器样机在不同频率下的位移响应曲线

距和最大偏差分别为 7.26 μm 和 0.10 μm,沿 Y 方向的平均步距和最大偏差分别为 7.46 μm 和 0.16 μm;在频率为 1 Hz 时沿 X 方向和 Y 方向最大偏差分别为 0.09 μm 和 0.07 μm。实验结果表明,所研制的平面三维跨尺度压电驱动器输出步距的可重复性良好,具有优异的步距稳定性。

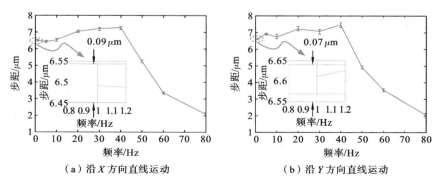

图 9-54　做直线运动时压电驱动器样机的输出步距及其偏差

从图 9-54 中还可发现,40 Hz 频率下压电驱动器样机沿 X,Y 方向运动时的步距分别为 7.26 μm 和 7.46 μm,均大于 6.50 μm 的空载水平响应位移。该现象可通过驱动足与工作面间最大静摩擦力和驱动足切向惯性力之间的关系来解释。分别测试驱动足在激励信号频率为 1 Hz,40 Hz 和 80 Hz 时的位移响应并计算相应的切向惯性加速度,结果如图 9-55 所示。

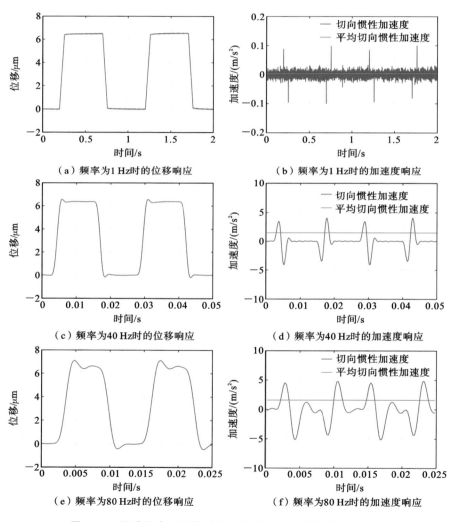

图 9-55　驱动足在不同激励信号频率下的动态响应特性曲线

切向惯性加速度的平均值由水平响应位移(s)关于时间(t)的微分来计算,

计算结果如图 9-56(b)所示。可以看出,平均切向惯性加速度随着频率的增大而增大。最大静摩擦力可为压电驱动器提供的加速度为 μg,测得滑动摩擦系数 μ 为 0.15,重力加速度 g 取为 9.8 m/s²。激励信号频率为 40 Hz 时的平均切向惯性加速度约为 1.47 m/s²,等于最大静摩擦力所提供的加速度,此时步距达到最大值。激励信号频率小于 40 Hz 时,步距随频率的增大先保持恒定再逐渐增大。随着平均切向惯性加速度继续增大,最大静摩擦力将不能满足驱动要求,驱动足与工作面之间发生打滑,输出步距减小。因此,压电驱动器在行走致动模式下的频带为 0～40 Hz,在频带内的滑移和磨损问题可以忽略,压电驱动器获得稳定的步距输出。

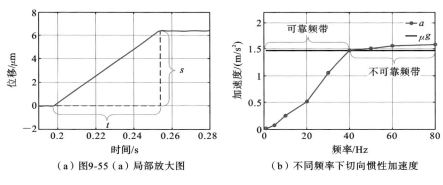

（a）图9-55（a）局部放大图　　（b）不同频率下切向惯性加速度

图 9-56　驱动足频率-切向惯性加速度关系曲线

测试在电压峰峰值为 400 V 的激励信号作用下压电驱动器样机输出速度与频率之间的关系,结果如图 9-57 所示,在可靠频带内输出速度随频率的增加而增加,在 40 Hz 的频率下达到最大值,驱动足沿 X 方向直线运动的最大速度

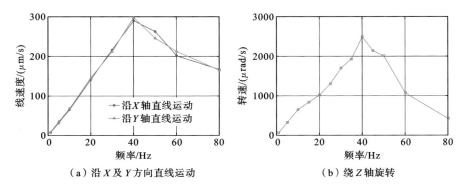

（a）沿 X 及 Y 方向直线运动　　（b）绕 Z 轴旋转

图 9-57　平面三维跨尺度压电驱动器样机输出速度与激励信号频率的关系曲线

约为 290 μm/s,沿 Y 方向直线运动的最大速度约为 300 μm/s。测试压电驱动器的输出速度与施加到驱动腿水平压电陶瓷组上电压的关系,其中,激励信号的频率为 40 Hz,施加到驱动腿竖直压电陶瓷组上的激励信号电压峰峰值为400 V,结果如图9-58 所示,可以看出,输出速度与施加到驱动腿水平压电陶瓷组上的电压峰峰值成线性关系。在电压峰峰值为 400 V、频率为 40 Hz 的激励信号下测试驱动器样机的负载特性,结果如图9-59 所示。所测得的最大负载为35 kg,对应 X 和 Y 方向直线运动的输出步距分别是 0.09 μm 和 0.08 μm,这表明在行走致动模式下,驱动器在 35 kg 的负载下可实现优于 0.1 μm 的位移分辨力。

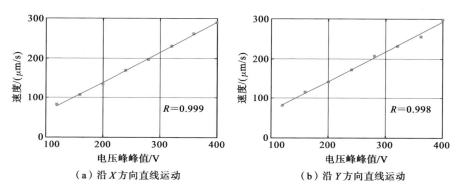

（a）沿 X 方向直线运动　　　　（b）沿 Y 方向直线运动

图 9-58　平面三维跨尺度压电驱动器样机输出速度与激励电压峰峰值的关系曲线

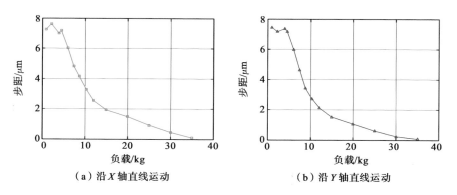

（a）沿 X 轴直线运动　　　　（b）沿 Y 轴直线运动

图 9-59　平面三维跨尺度压电驱动器样机输出步距与负载的关系曲线

基于以上实验测试结果可知,在直接致动模式下,样机运动范围大于 6.4 μm×6.4 μm×79.2 μrad,线位移分辨力优于 16 nm,角位移分辨力优于 0.198

μrad；在行走致动模式下，该压电驱动器样机实现了工作平面内任意位置的大范围运动，线位移分辨力优于 $0.1~\mu m$。实验证明所设计的压电驱动器可实现平面三维跨尺度纳米级分辨力致动输出。

9.4.5 基于平面三维跨尺度压电驱动器的大行程纳米定位平台

基于平面三维跨尺度压电驱动器，著者研制了大行程纳米定位平台[13]，其主要由基架、四足压电驱动器和输出平台组成，如图 9-60 所示。

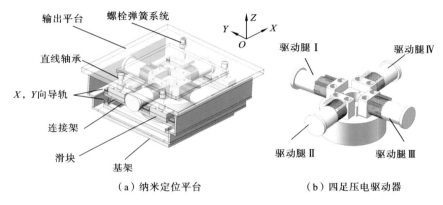

（a）纳米定位平台　　　　　　　　　　（b）四足压电驱动器

图 9-60　基于平面三维跨尺度压电驱动器的大行程纳米定位平台

该平台中包含导向系统，用于实现输出平台的运动导向以及底座、压电驱动器和输出平台之间的连接与集成；导向系统采用两组正交的直线导轨滑块机构，分别用于输出平台沿 X 和 Y 方向直线运动的导向；两组导轨滑块机构通过连接架相连，一组导轨滑块机构由两个平行布置的直线导轨和四个滑块组成。使用一对布置在输出平台对角线上的直线轴承来连接输出平台和导向系统，相对于导向系统，输出平台的五个自由度受到这对直线轴承的限制，仅允许输出平台沿直线轴承轴向做线性运动。此外，设计了两组螺栓弹簧系统并将其布置在输出平台的另一条对角线上，用于限制平台沿 Z 方向的直线运动输出，尽可能减少平台在致动过程中沿 Z 方向的位移振荡，保证输出运动的平稳性。通过这些限制，输出平台相对于导向系统的六个自由度被完全限制，只能随着导向系统完成平面 X 和 Y 方向直线运动；此外，螺栓弹簧系统还可用于调节输出平台和压电驱动器之间的预紧力。

1. 双模式致动原理

该平台旨在实现大工作范围内的纳米定位，由前面实验测试结果可知：

四足致动型压电驱动器可通过直接致动模式实现微米尺度下纳米级分辨力的致动输出,可通过行走致动模式实现毫米尺度下亚微米级分辨力的致动输出。面向实际应用领域,超精密运动平台应具有纳米级分辨力、大工作范围、输出平稳性好以及结构紧凑等特点,可通过结合压电驱动器行走致动模式和直接致动模式实现平台大工作范围内的纳米定位。在行走致动模式下,一对在同一轴线上的驱动足以矩形轨迹运动并驱动输出平台在垂直于该轴线的方向上逐步移动,可实现亚微米级分辨力的大行程运动输出;在直接致动模式下,一对在同一轴线上的驱动足以直线轨迹运动并通过静摩擦力驱动输出平台跟随驱动足运动,实现微米尺度下纳米级分辨力的致动输出。两种致动模式下的输出特性交叉互补,通过两种致动模式的灵活切换可实现大工作范围内的纳米定位。

在行走致动模式下四足驱动器一个致动周期包括六个步骤。

驱动器实现沿$+Y$方向行走致动的策略如图 9-61 所示,相应的激励信号如图 9-62 所示。

四足压电驱动器实现$+Y$方向直线致动的具体步骤如下:

(1)施加到驱动腿Ⅱ和Ⅳ的竖直压电陶瓷组(PZT-V)上的激励信号电压从$-U_{max}$缓慢变化到U_{max},驱动腿Ⅱ和Ⅳ沿$+Z$方向弯曲并钳紧输出平台。

(2)施加到驱动腿Ⅰ和Ⅲ的竖直压电陶瓷组上的电压激励信号从U_{max}缓慢变化到$-U_{max}$,驱动腿Ⅰ和Ⅲ向$-Z$方向弯曲并远离输出平台。

(3)施加到驱动腿Ⅱ的水平压电陶瓷组上的电压激励信号从$-U_{max}$变化到U_{max},同时施加到驱动腿Ⅳ的水平压电陶瓷组上的电压激励信号从U_{max}变为$-U_{max}$,驱动腿Ⅱ和Ⅳ分别缓慢向$+Y$方向弯曲,通过静摩擦力驱动输出平台移动一步。

(4)施加到驱动腿Ⅰ和Ⅲ的竖直压电陶瓷组上的电压激励信号从$-U_{max}$缓慢变化到U_{max},驱动腿Ⅰ和Ⅲ向$+Z$方向弯曲并钳紧输出平台。

(5)施加到驱动腿Ⅱ和Ⅳ的竖直压电陶瓷组上的电压激励信号从U_{max}缓慢变化到$-U_{max}$,驱动腿Ⅱ和Ⅳ向$-Z$方向弯曲并离开输出平台。

(6)施加到驱动腿Ⅱ的水平压电陶瓷组上的电压激励信号从U_{max}缓慢变为$-U_{max}$,同时施加到驱动腿Ⅳ的水平压电陶瓷组上的电压激励信号从$-U_{max}$缓慢变为U_{max},驱动腿Ⅱ和Ⅳ向$-Y$方向弯曲。

周期电压信号连续激励驱动器驱动输出平台沿$+Y$方向逐步移动。相反地,可以通过将施加到驱动腿Ⅱ和Ⅳ的水平压电陶瓷组上的电压激励信号替

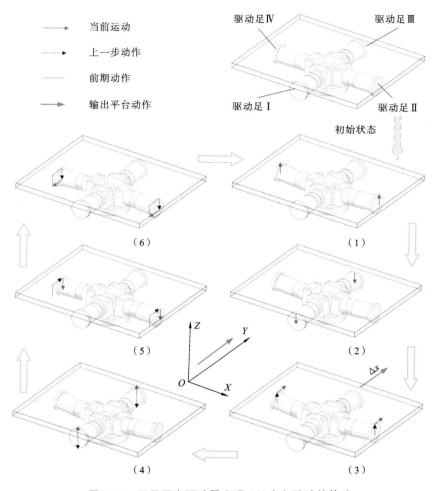

图 9-61　四足压电驱动器实现＋Y方向致动的策略

换为反相位信号来实现输出平台沿－Y方向的运动。类似地，可以通过将施加到驱动腿Ⅱ和Ⅳ的上电压激励信号与施加到驱动腿Ⅰ和Ⅲ上的电压激励信号交换，实现输出平台沿 X 方向的直线步进运动。因此，通过施加合适的激励信号，定位平台可通过行走致动模式实现平面大范围 X,Y 方向运动输出。

　　四足压电驱动器实现＋Y方向直接致动的策略如图 9-63 所示，相应的激励信号如图 9-64 所示。四足压电驱动器实现沿 Y 方向直线致动的具体步骤

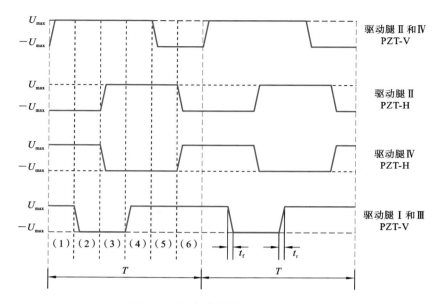

图 9-62　行走致动模式的激励信号

注：t_r 和 t_f 分别为激励信号的上升和下降时间。

如下：

（1）施加到驱动腿Ⅱ和Ⅳ的竖直压电陶瓷组上的激励信号从零变化到 U_{max}，驱动腿Ⅱ和Ⅳ向＋Z方向弯曲并钳紧输出平台。

（2）施加到驱动腿Ⅰ和Ⅲ的竖直压电陶瓷组上的激励信号从零变化到 －U_{max}，驱动腿Ⅰ和Ⅲ向－Z方向弯曲并离开输出平台。

（3）施加到驱动腿Ⅱ的水平压电陶瓷组上的激励信号从0线性变化到 U_{max}，同时施加到驱动腿Ⅳ的水平压电陶瓷组上的激励信号从0线性变化到－U_{max}，驱动腿Ⅱ和Ⅳ向＋Y方向弯曲，通过静摩擦力驱动输出平台跟随驱动足直线运动，实现沿＋Y方向直线的运动输出。

（4）施加到驱动腿Ⅱ的水平压电陶瓷组上的激励信号从 U_{max} 线性变化到0，同时施加到驱动腿Ⅳ的水平压电陶瓷组上的激励信号从－U_{max} 线性变化到0，驱动腿Ⅱ和Ⅳ向－Y方向弯曲，利用静摩擦力驱动输出平台跟随驱动足运动，实现沿－Y方向直线运动输出。

类似地，可通过将施加到驱动腿Ⅱ和Ⅳ上的电压激励信号与施加到驱动腿Ⅰ和Ⅲ上的电压激励信号相互交换，以实现定位平台沿 X 轴的直线运动。

综上，定位平台在直接致动模式下可以实现微米工作范围内的纳米级分辨

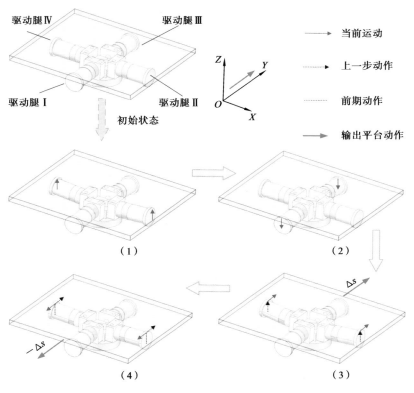

图 9-63 四足压电驱动器实现＋Y 方向直接致动的策略

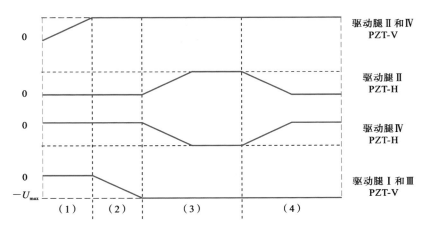

图 9-64 定位平台在直接致动模式下的激励信号

力的致动输出,在行走致动模式下可以实现大工作范围内亚微米级分辨力的致动输出。通过两个致动模式的灵活切换,定位平台可实现大工作范围内纳米级分辨力的 X,Y 方向运动输出。

2. 多致动模式下定位平台的开环输出特性

加工装配大行程纳米定位平台,设计并搭建实验测试平台,实验测试平台系统框图和实验测试平台系统组成分别如图 9-65(a)和(b)所示。

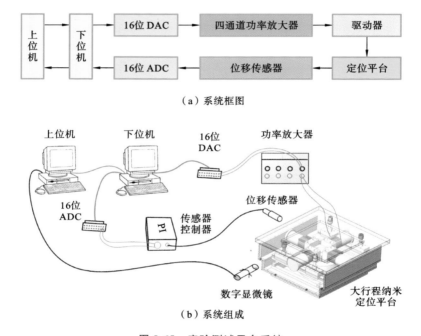

（a）系统框图

（b）系统组成

图 9-65　实验测试平台系统

采用电容位移传感器(D-E20.050,测量范围为 50 μm,动态分辨力为 1 nm,静态分辨力为 0.5 nm,带宽为 1.24 kHz)测量直接致动模式下定位平台的位移响应;采用激光位移传感器(LK-H020,测量范围为 3 mm,动态分辨力为 5 nm,最高采样率为 392 kHz)测量行走致动模式下定位平台的位移响应;此外,利用放大倍数为 500 倍的数字显微镜对定位平台的位移响应进行实时观测并保存相应的视频文件。

1）行走致动模式下定位平台的开环输出特性

施加所设计的梯形波激励信号,电压峰峰值设为 400 V,频率分别设置为

1 Hz，10 Hz 和 20 Hz，通过实验测试定位平台在行走致动模式下的位移响应，实验测试结果如图 9-66(a) 和 (c) 所示。此外，基于所建立的动力学模型对定位平台在相同激励方案下沿 X，Y 方向的位移响应进行数值仿真分析，仿真结果如图 9-66(b) 和 (d) 所示。

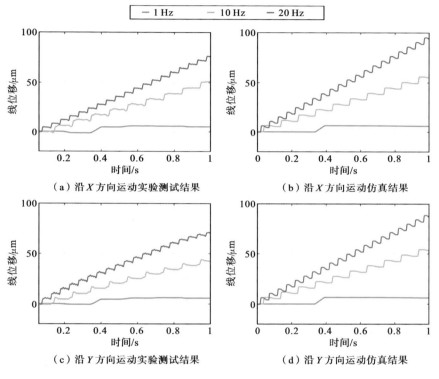

图 9-66　行走致动模式下的实验测试与仿真结果

从图 9-66 可以看出，实验结果和仿真结果吻合得较好，响应位移皆为阶梯式步进运动。这进一步证实了所提出的动力学模型的正确性及其良好的适用性。在频率为 1 Hz 的激励信号下，数值仿真得到输出平台沿 X 和 Y 方向运动的步距分别为 6.247 μm 和 6.150 μm，实验测量输出平台在这两个方向上的步距分别为 6.012 μm 和 5.611 μm，实验测量数值小于仿真数值。主要原因有两个：一个是装配误差和材料误差导致仿真与实验使用的系统参数存在一定的差异；另一个是该定位平台的连接系统对于不同的激励信号，特别是不同的频率，不能保证连接刚度的绝对恒定，并且摩擦系数也会随频率的变化而变化。计算输出平台沿 X 和 Y 方向运动数值仿真和实验测量步距的相对误差,在频率为 1 Hz 时相对误差分别为 3.91% 和 9.61%,在频率为 20 Hz 时相对误差分别为 16.90% 和16.97%,可见数值仿真和实验测量步距的相对误差随频率的增加而增大。这意味着所建立的系统动力学模型在低频条件下准确性更好。实验与仿真结果验证了所研制的大行程纳米定位平台在行走致动模式下致动方案的有效性和动力学模型的正确性,该平台通过小步距累积的方式可以实现平面大范围运动输出。

2)直接致动模式下定位平台的开环输出特性

在直接致动模式下定位平台工作在准静态模式下,通过施加低频正弦激励信号研究其输出特性。图 9-67 展示了在不同正弦激励信号作用下,定位平台位移响应的数值仿真与实验测试结果,其中施加到驱动腿水平压电陶瓷组上正弦激励信号的电压峰峰值分别为 400 V,300 V,200 V 和 100 V,施加到驱动足竖直压电陶瓷组上的电压保持为 200 V。可以看出,在不同的激励信号下,实验测

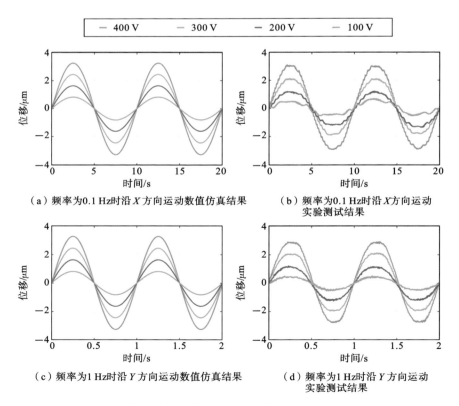

（a）频率为0.1 Hz时沿 X 方向运动数值仿真结果

（b）频率为0.1 Hz时沿 X 方向运动实验测试结果

（c）频率为1 Hz时沿 Y 方向运动数值仿真结果

（d）频率为1 Hz时沿 Y 方向运动实验测试结果

图 9-67　直接致动模式下定位平台的数值仿真与实验测试结果

试结果与数值仿真结果吻合得较好,定位平台的响应位移均遵循正弦规律。实验结果验证了所提出的大行程纳米定位平台在行走和直接致动模式下的致动方案的有效性及动力学模型的正确性。

3. 多致动模式下定位平台的闭环输出特性

由于比例积分(PI)控制器具有原理简单、适应性好、鲁棒性强的特点,因此基于 PI 控制器设计平台系统的控制器并将其用于闭环控制实验。基于所建立的动力学模型设计适用于直接致动模式和行走致动模式的两个分立 PI 控制器,采用试错法对控制器的增益 K_p 和 K_i 进行整定,选取适用于两种致动模式下的增益值,开展闭环控制实验。

1）行走致动模式下平台的闭环输出特性

首先开展行走致动模式下该定位平台的点位控制实验,研究该定位平台在大工作范围内的定位能力。分别针对 X 和 Y 轴上不同位置开展平台点位控制实验,为了保证系统的快速响应特性,将激励信号频率设为 20 Hz,实验测试结果如图 9-68 所示。目标位置为 X 轴上距原点 ± 1000 μm(简写为 X 轴 ± 1000

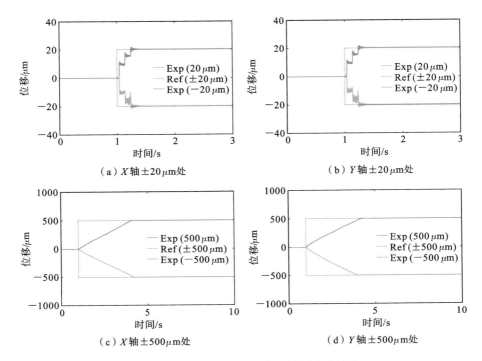

（a）X 轴 ± 20 μm 处 　　　　　　（b）Y 轴 ± 20 μm 处

（c）X 轴 ± 500 μm 处 　　　　　　（d）Y 轴 ± 500 μm 处

图 9-68 行走致动模式下点位控制实验结果

注:Exp 表示实验曲线,Ref 表示目标参考曲线。

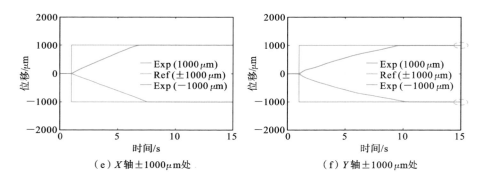

（e）X 轴±1000 μm 处　　　　　　　（f）Y 轴±1000 μm 处

续图 9-68

μm，余同）处时的实验结果如图 9-68（e）所示；目标位置为 Y 轴上距原点±1000 μm（简写为 Y 轴±1000 μm，余同）处时的点位控制实验结果如图 9-68（f）所示，该图的局部放大图如图 9-69 所示，稳态值选用系统运行 14 s 后的位移测量值。可以发现平台对 X 和 Y 轴进行点位控制的稳态误差均在±1 μm 以内。

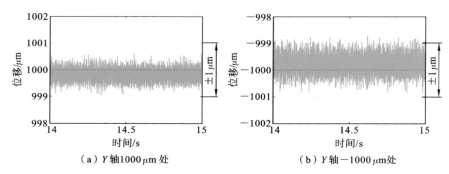

（a）Y 轴1000 μm 处　　　　　　　（b）Y 轴−1000 μm 处

图 9-69　系统运行 14 s 后定位平台在目标位置为 Y 轴±1000 μm
处时的点位控制实验结果局部放大图

基于实验测量结果，将平台的闭环响应特性量化如下：

当目标位置为 X 轴1000 μm 处时，超调率为 0.510%、上升时间为 5.901 s、稳定时间为 0.045 s；

当目标位置为 X 轴−1000 μm 处时，超调率为 0.201%、上升时间为 6.549 s、稳定时间为 0.035 s；

当目标位置为 Y 轴+1000 μm 处时，超调率为 1.220%、上升时间为 8.615 s、稳定时间 0.301 s；

当目标位置为 Y 轴－1000 μm 处时,超调率为 0.201%、上升时间为 9.421 s、稳定时间为 0.141 s。

可见,在行走致动模式下,该定位平台通过闭环控制可以实现大工作范围内微米级定位精度。

然后开展该定位平台在行走致动模式下的正弦轨迹跟踪控制实验,目标运动轨迹设为 $x(t) = 50\sin(2\pi ft)$ (μm)。图 9-70(a)和(b)展示了在目标信号频率

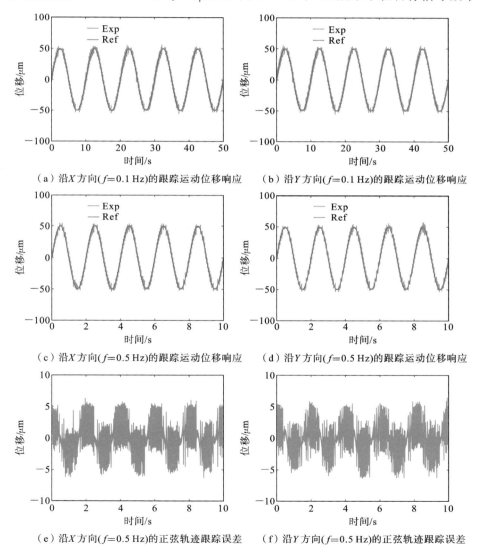

（a）沿 X 方向(f=0.1 Hz)的跟踪运动位移响应　　（b）沿 Y 方向(f=0.1 Hz)的跟踪运动位移响应

（c）沿 X 方向(f=0.5 Hz)的跟踪运动位移响应　　（d）沿 Y 方向(f=0.5 Hz)的跟踪运动位移响应

（e）沿 X 方向(f=0.5 Hz)的正弦轨迹跟踪误差　　（f）沿 Y 方向(f=0.5 Hz)的正弦轨迹跟踪误差

图 9-70　行走致动模式下定位平台沿 X,Y 方向的正弦轨迹跟踪控制实验结果

$f = 0.1\ \mathrm{Hz}$ 的情况下，定位平台沿 X 和 Y 轴的正弦轨迹跟踪控制实验结果；图 9-70(c) 和 (d) 展示了目标信号频率 $f = 0.5\ \mathrm{Hz}$ 的情况下，定位平台沿 X 和 Y 方向的正弦轨迹跟踪控制实验结果。图 9-70(e) 和 (f) 分别给出了激励信号频率为 $0.5\ \mathrm{Hz}$ 时定位平台沿 X 和 Y 方向跟踪正弦轨迹的跟踪误差，由图可以看出系统的最大跟踪误差约为 $\pm 5\ \mu m$，为振幅的 10%，几乎无相位滞后。

实验结果表明，在行走致动模式下，定位平台能够很好地跟踪振幅小于 $50\ \mu m$、频率不超过 $0.5\ \mathrm{Hz}$ 的正弦轨迹，具备在大工作范围内扫描的能力，对于光学扫描等要求大工作范围及高跟踪精度的领域具备一定的应用潜力。

2）直接致动模式下定位平台的闭环输出特性

定位平台在行走致动模式下，可以实现大工作范围内微米级定位精度，进一步地，通过完成直接致动模式下的闭环控制实验将其定位精度拓展到纳米级。直接致动模式下的点位控制实验结果如图 9-71 所示，目标位置设为 $\pm 2\ \mu m$。可以看出，定位平台对 X 和 Y 轴进行点位控制的稳态响应误差分别在 $\pm 20\ \mathrm{nm}$ 和 $\pm 30\ \mathrm{nm}$ 范围以内。

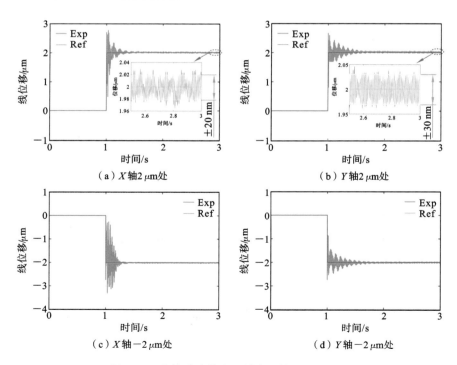

图 9-71　直接致动模式下的点位控制实验结果

具体地,闭环响应特性量化为:

当目标位置为 X 轴 2 μm 处时,超调率为 35.35%,上升时间为 0.003 s,稳定时间为 0.409 s;

当目标位置为 X 轴－2 μm 处时,超调率为 35.50%,上升时间为 0.003 s,稳定时间为 0.279 s;

当目标位置为 Y 轴 2 μm 处时,超调率为 33.90%,上升时间为 0.003 s,稳定时间为 0.558 s;

当目标位置为 Y 轴－2 μm 处时,超调率为 37.25%,上升时间为 0.002 s,稳定时间为 0.798 s。

实验结果表明,该平台在直接致动模式下获得了快速响应的闭环控制特性;此外,在微米尺度工作范围内获得了优于±30 nm 的定位精度。

接下来,开展了正弦轨迹跟踪控制实验,研究定位平台在直接致动模式下的闭环跟踪能力。目标轨迹为正弦轨迹,目标信号幅值为 1 μm,频率 f 分别设为0.1 Hz,1 Hz 和 2 Hz,定位平台沿 X 和 Y 轴的正弦轨迹跟踪控制的实验测试结果如图 9-72 所示;计算频率为 2 Hz、幅值为 1 μm 时定位平台的正弦轨迹跟踪误差,结果如图 9-73 所示。由图可见,定位平台沿 X 和 Y 轴的正弦运动轨迹跟踪误差约为±0.25 μm。

此外,在直接致动模式下,针对变幅值正弦位移轨迹进行轨迹跟踪控制实验,研究闭环条件下平台的扫描范围。目标运动轨迹设为 $y(t) = 0.05t \cdot \sin(2\pi f t)(\mu m)$,频率 f 设为 0.05 Hz,跟踪实验测量结果如图 9-74 所示。可以看出,该定位平台可以实现对 4 μm×4 μm 的平面进行区间扫描,沿 X 和 Y 轴的最大跟踪误差均小于 0.2 μm。这一特点使得该平台可应用在基于微纳运动的光学扫描领域。

最后测试定位平台系统的位移分辨力。通过跟踪连续阶梯信号完成大行程纳米定位平台沿 X 和 Y 方向位移分辨力的测试,每一阶梯的步距设置为相同值。图 9-75 展示了定位平台沿 X 方向(步距为 20 nm)和 Y 方向(步距为 30 nm)的阶梯轨迹跟踪实验结果。可以看出,该定位平台可以很好地跟踪所设置的连续阶梯信号。

由此可见,所设计的定位平台在直接致动模式下沿 X 方向的位移分辨力高于 20 nm,沿 Y 方向的位移分辨力高于 30 nm。两个方向位移分辨力的不一致是由定位平台两方向惯量差异导致的。定位平台沿 Y 方向的惯量大于沿 X 方向的,从而导致了其沿 Y 方向的位移分辨力低于沿 X 方向的。

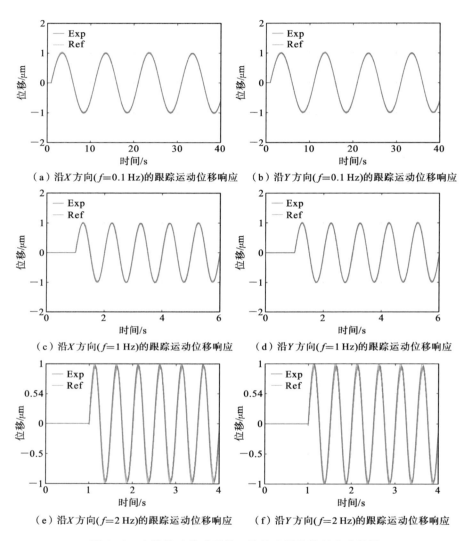

图 9-72　直接致动模式下的正弦轨迹跟踪控制实验结果

3）双致动模式协调控制下定位平台的输出特性

针对定位平台大尺度工作范围、纳米级定位精度的输出特性要求，基于上述实验测试结果，建立面向压电驱动器多致动模式的协调控制策略，设计多致动模式之间的切换控制器，以实现行走致动模式和直接致动模式的自动切换，根据不同的输出目标选用不同的致动模式。

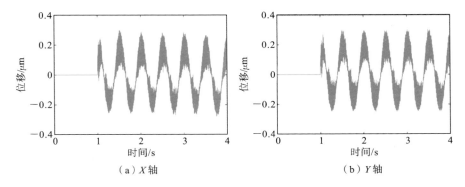

图 9-73　直接致动模式下定位平台的正弦轨迹跟踪误差

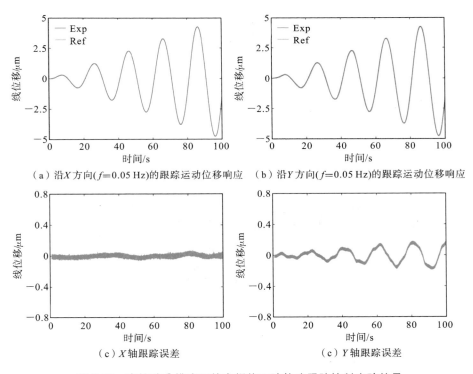

图 9-74　直接致动模式下的变幅值正弦轨迹跟踪控制实验结果

　　开展定位平台沿 X 方向运动输出的相关实验,控制框图如图 9-76 所示,分为两个步骤,具体如下。

　　(1) 行走致动模式:开关置于 P_1 处,P_1I_1 控制器被激活,平台以行走致动模式运行并以微米级精度逐步移动到目标位置。

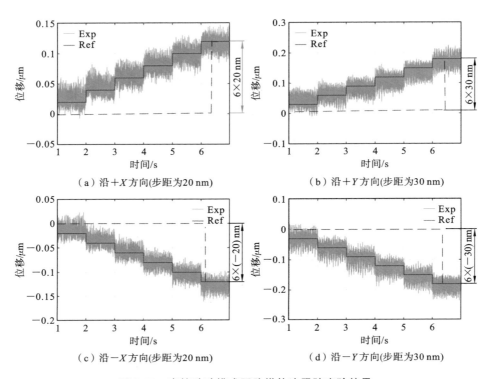

（a）沿＋X方向(步距为20 nm)

（b）沿＋Y方向(步距为30 nm)

（c）沿－X方向(步距为20 nm)

（d）沿－Y方向(步距为30 nm)

图 9-75　直接致动模式下阶梯轨迹跟踪实验结果

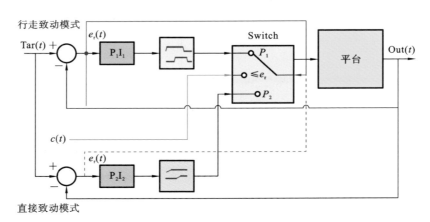

图 9-76　双致动模式协调控制下定位平台闭环控制框图

（2）直接致动模式：切换控制器，P_2I_2 控制器被激活，开关从 P_1 切换到 P_2 位置，平台以直接致动模式运行，在微米级范围内以纳米级精度移动到目标位置。

综合分析行走致动模式和直接致动模式下平台的闭环输出特性,将切换控制器的阈值设计为 $c(t)=2\ \mu\mathrm{m}$,当误差 $e_r(t)$ 的计算值小于 $c(t)$ 时,切换控制器被激活,系统执行从行走致动模式到直接致动模式的切换操作。图 9-77(a)~(d)分别展示了定位平台在 X 轴±20 $\mu\mathrm{m}$ 及 X 轴±40 $\mu\mathrm{m}$ 位置处的点位控制实验结果,图9-77(e)和(f)分别展示了点位控制实验中在行走致动和直接致动模式下施加到驱动足水平压电陶瓷组上的电压值。定位平台输出位移的稳态误差定义为系统运行 5s 时的测量值与目标值的差值,总结目标位置为 X 轴±20

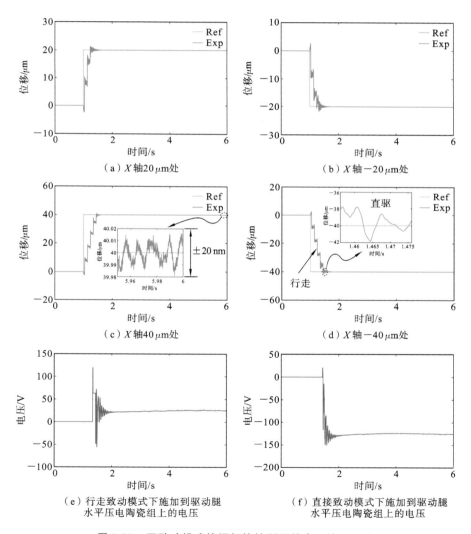

图 9-77　双致动模式协调切换控制下的点位控制实验

μm 处和 X 轴± 40 μm 处时的五组实验测试结果,列于表 9-5 中。

表 9-5　X 轴点位控制稳态误差

目标位置/μm	测量值/μm	稳态误差/nm
−40	−40.0009	12.8
	−40.0009	
	−40.0116	
	−39.9872	
	−40.0070	
	−39.9994	
−20	−20.0089	11.0
	−20.0012	
	−19.9921	
	−20.0043	
	−19.9905	
	−19.9890	
20	19.9921	11.9
	19.9966	
	19.9966	
	20.0119	
	19.9936	
	20.0119	
40	40.0055	7.0
	40.0040	
	40.0070	
	40.0050	
	40.0070	
	39.9933	

结合图 9-77 和表 9-5 可以看出,在不同的运动范围内定位平台输出位移的稳态误差均在± 20 nm 以内。实验结果表明,通过行走致动模式和直接致动模式的灵活切换,定位平台可以兼顾大工作范围和纳米级精度,实现了二维跨尺

度运动输出。

表 9-6 总结了所提出的大行程纳米定位平台的基本输出特性。该定位平台在行走致动模式和直接致动模式下的输出特性是互补和交叉的,通过所设计的切换控制器实现了两种致动模式的自动切换,最终实现了大工作范围内的纳米级定位。

表 9-6　大行程纳米定位平台的基本输出特性

项　　目	行走致动模式	直接致动模式	两致动模式切换
工作范围	15 mm×15 mm	4 μm×4 μm	15 mm×15 mm
定位精度	±1 μm(目标位置为 X 轴 1000 μm)	±20 nm(目标位置为 X 轴 ±2 μm)	±20 nm(目标位置为 X 轴 ±40 μm)
正弦跟踪误差	±5 μm(信号振幅为 50 μm,频率为 0.5 Hz)	±0.25 μm(信号振幅为 1 μm,频率为 2 Hz)	—
位移分辨力	—	X 方向为 20 nm,Y 方向为 30 nm	

9.5　本章小结

本章介绍了跨尺度压电驱动的基本思想,并基于该思想实现了多致动模式在单一压电驱动器中的融合设计。介绍了著者所研制的一维直线跨尺度压电驱动器和平面三维跨尺度压电驱动器的结构设计、致动原理、仿真分析及实验测试结果。实验结果表明:

所研制的一维直线跨尺度压电驱动器在超声致动模式下获得了 1750 mm/s 的最大空载速度,行程由导轨的长度决定;在直接致动模式下实现了 50 nm 的输出位移,通过双模式的切换可实现跨尺度输出。

所研制的平面三维跨尺度压电驱动器在行走致动模式下实现了工作平面内任意位置的大范围运动,线位移分辨力优于 0.1 μm;直接致动模式下运动范围大于 6.4 μm×6.4 μm×79.2 μrad,线位移分辨力优于 16 nm,角位移分辨力优于 0.198 μrad。

此外,本章还介绍了基于该平面三维跨尺度压电驱动器研制的大行程纳米定位平台。通过建立面向驱动器双致动模式的协调控制策略,设计双致动模式

之间的切换控制器,该定位平台实现了行走致动模式和直接致动模式的自动切换,最终实现了 15 mm×15 mm 运动范围内高于±20 nm 的定位精度。

本章参考文献

[1] 徐冬梅. 弯曲压电驱动器共振与非共振一体化设计与致动方式研究[D]. 哈尔滨:哈尔滨工业大学,2017.

[2] 赵宏伟. 尺蠖型压电驱动器基础理论与试验研究[D]. 长春:吉林大学,2006.

[3] DENG J,LIU Y X,CHEN W S,et al. A XY transporting and nanopositioning piezoelectric robot operated by leg rowing mechanism[J]. IEEE/ASME Transactions on Mechatronics,2019,24(1):207-217.

[4] HUTCHINSON J R. Sheer coefficients for Timoshenko beam theory[J]. Journal of Applied Mechanics,2001,68(1):87-92.

[5] ERTURK A,INMAN D J. A distributed parameter electromechanical model for cantilevered piezoelectric energy harvesters[J]. Journal of Vibration and Acoustics,2008,130(4):041002.

[6] AYED S B,ABDELKEFI A,NAJAR F,et al. Design and performance of variable shaped piezoelectric energy harvesters[J]. Journal of Intelligent Material Systems and Structures,2014,25(2):174-186.

[7] GREENWOOD J A,TRIPP J H. The contact of two nominally flat rough surfaces[J]. Proceedings of the Institution of Mechanical Engineers,1970,185(1):625-633.

[8] MINDLIN R D. Compliance of elastic bodies in contact[J]. Journal of Applied Mechanics,1949,16(3):259-268.

[9] 张强. 夹心式直线超声电机机电及摩擦耦合建模与实验研究[D]. 哈尔滨:哈尔滨工业大学,2017.

[10] BROWN S R,SCHOLZ C H. Closure of random elastic surfaces in contact[J]. Journal of Geophysical Research:Solid Earth,1985,90(B7):5531-5545.

[11] KUCHARSKI S,KLIMCZAK T,POLIJANIUK A,et al. Finite-elements model for the contact of rough surfaces[J]. Wear,1994,177:1-13.

[12] DE WIT C C,OLSSON H,ASTROM K J,et al. A new model for control of systems with friction[J]. IEEE Transactions on Automatic Con-

trol，1995，40(3)：419-425.

[13] DENG J，LIU Y X，ZHANG S J，et al. Development of a nanopositioning platform with large travel range based on bionic quadruped piezoelectric actuator[J]. IEEE/ASME Transactions on Mechatronics，2021，26 (4)：2059-2070.

第 10 章
压电驱动技术典型应用

压电驱动技术易于实现纳米级分辨力,通过将灵活的结构和多样化的致动模式相结合可实现大位移输出,同时具有输出力大、响应快、电磁兼容性优异等特点,可用于各种精密驱动系统,已得到了较为广泛的研究,部分成果也实现了商业化应用。综合分析压电驱动技术的应用研究成果,可归纳总结出其九个典型应用领域,包括精密定位平台、生物组织及细胞穿刺、光学仪器调姿、超精密加工、微纳加工、振动抑制、空间机构、微纳操控机器人及微小型机器人。下面对这九个典型应用领域进行介绍。

10.1 精密定位平台

精密定位平台属于半导体光刻、超精密加工、微电子、精密机械、光机电一体化、纳米技术和生物工程等领域的核心部件,这些领域要求运动系统的定位精度可以达到微米级甚至纳米级。传统的精密定位平台一般采用"伺服电机+滚珠丝杠"的方式定位,将旋转运动转换成直线运动,中间存在转换环节和弹性变形,无法避免地会产生间隙误差,从而降低系统的实时性,限制定位精度的进一步提高,只能用于定位精度不高的驱动场合。常规的驱动方式不能够满足高精度的要求,超精密定位平台大多选择压电驱动器作为主要驱动元件。

压电驱动器的优点使其非常适合用于要求超高精度及快速响应的定位平台,形成压电精密定位平台。压电精密定位平台已被广泛应用在各种精密定位系统中,部分已经实现商用。原子力显微镜系统(atomic force microscope,AFM)是压电精密定位平台最成功的应用之一,可用来研究固体材料表面结构:将一个微悬臂一端固定,另一端的微小针尖接近样品,针尖将与样品表面发生相互作用,使微悬臂发生微形变或运动状态发生微小变化;扫描样品时,利用传感器检测这些微变化,就可获得作用力分布信息,从而以纳米级分辨力获得样品表面形貌结构信息及表面粗糙度信息。在原子力显微镜系统中,压电精密定位平台被用于搭载实验样品,如图 10-1 所示。

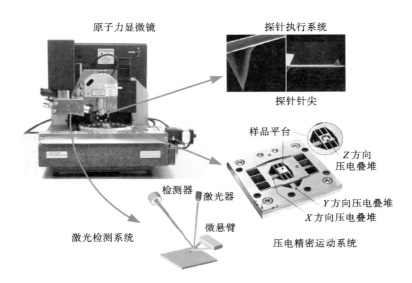

图 10-1 压电精密定位平台在原子力显微镜中的应用

此外,压电精密定位平台近些年也被应用于新兴的高精密设备,如激光直写机、光刻机等,如图 10-2 所示。中国科学院长春光学精密机械与物理研究所(简称长春光机所)熊木地设计了宏微两级定位激光直写设备[1],如图 10-2(a)所示。该设备使用步进电机驱动气浮导轨与滚珠丝杠进行宏定位,使用压电精密定位平台进行精密定位,使用光栅尺实时测量反馈控制。该系统能实现亚微

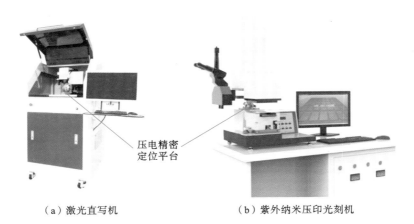

(a)激光直写机   (b)紫外纳米压印光刻机

图 10-2 压电精密定位平台在激光直写机及光刻机中的应用

米级大行程空间定位功能,在 2 mm 直线范围内能实现 $\pm 0.1\ \mu m$ 的定位精度,在 200 mm×200 mm×40 mm 三维空间范围内能实现 0.29 μm 的定位精度。西安交通大学的刘红忠等人设计的压印光刻机宏微两级超高精度定位系统采用双伺服控制[2],系统的宏定位和微定位分别由滚珠丝杠导轨和压电精密定位平台实现。该系统的最大行程为 200 mm,定位精度为 8 nm。

面向大行程、高精度和平面两自由度输出的技术需求,著者研制了一种单压电驱动器驱动的两自由度精密定位平台[3],实现大工作范围内的高精度定位和高频扫描,结构如图 10-3 所示。同时,设计了一种功能模块驱动器,利用分区激励方法,该功能模块驱动器可以产生两组正交弯曲运动和一组纵向运动,利用其弯曲变形驱动输出平台实现平面二维运动,利用其纵向变形动态地调整驱动力,从而拓宽平台的工作频带。定位平台开环特性测试结果表明:在 3.368 μm×3.396 μm 的扫描范围内,该定位平台在直接致动模式下获得了 308 Hz 的扫描频率及 16 nm 的位移分辨力;在惯性致动模式下,该定位平台的最大速度为 3.38 mm/s。此外,著者还进行了定位平台的闭环特性测试实验,提出了一种用于实现该定位平台惯性致动模式和直接致动模式自动切换的控制策略,该定位平台在设定目标位置实现了高扫描频率。

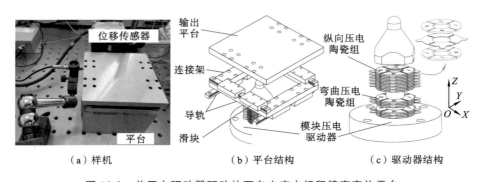

(a)样机 　　　(b)平台结构 　　　(c)驱动器结构

图 10-3　单压电驱动器驱动的两自由度大行程精密定位平台

10.2　生物组织及细胞穿刺

近年来,生物组织及细胞的操纵技术在生物医学工程中得到了越来越广泛的应用,其中,生物组织和细胞穿刺是细胞操纵技术的最典型代表,同时是开展其他生物操纵如生物组织或细胞靶向药物注射的重要前提。压电驱动器凭借其高分辨力、大行程、快响应、易于微小型化和易于控制等优点,成为国内外学者研究生物组织及细胞穿刺技术的首选驱动部件。

目前,连续或间歇性抗血管内皮生长因子玻璃体视网膜下穿刺注射是治疗新生血管性老年性黄斑变性的唯一方法[4],同时也是治疗糖尿病视网膜病变的有效措施[5],国外学者对此开展了多年的系统性研究[6-10]。2000 年,卡内基梅隆大学首次将三自由度压电操控器(由三个压电驱动器并联组成,每个压电驱动器由七个压电叠堆叠加,具有两个偏转自由度和一个直线运动自由度,针尖沿 X,Y 和 Z 方向的最大输出位移分别为 560 μm,560 μm 和 100 μm)和六自由度惯性位置传感器集成到图 10-4 所示的手持式视网膜手术机器人中,实现了振颤消除和高精度显微操控[7]。该手术机器人跟踪一维和三维轨迹的均方根误差分别为 2.5 μm 和 11.2 μm。图 10-5 所示为卡内基梅隆大学于 2015 年研制的六自由度手持式显微外科手术机器人[10],其核心创新点为利用新型的线性压电驱动器(尺寸为 2.8 mm×2.8 mm×6 mm,在大于 3.3 V 的电压下的输出力为 0.3 N,利用压电元件的振动实现螺杆的线性运动)设计了微型 Gough-Stewart 平台,以更小的封装实现了更大的运动范围和更高的自由度。实验测得,该机器人可承受 0.25 N 的侧向力,同时跟踪正弦轨迹的误差小于 20 μm,并且对圆形轨迹的跟踪误差小于 25 μm。此外,约翰斯·霍普金斯大学在利用压电驱动器开展眼内组织穿刺方面也取得了一系列的原创性研究成果[11-13]。

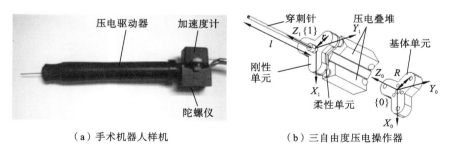

（a）手术机器人样机　　　　（b）三自由度压电操作器

图 10-4　手持式视网膜手术机器人

2019 年,日本索尼公司和美国哈佛大学合作研制了一种用于显微穿刺手术遥操作的微型机器人[14],如图 10-6 所示。该微型机器人质量为 2.4 g,尺寸为 50 mm×70 mm×50 mm,有效载荷约为 27 mN,定位精度达到了 26.4 μm,最大运动范围分别为 67°,99° 和 10 mm。它采用了三个独立控制的带有传感功能的线性惯性致动型压电驱动器(单个驱动器质量为 0.41 g,尺寸为 28 mm×

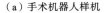

（a）手术机器人样机 （b）六自由度Gough-Stewart平台

图 10-5　六自由度手持式显微外科手术机器人

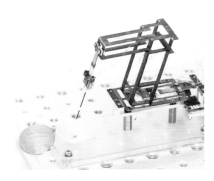
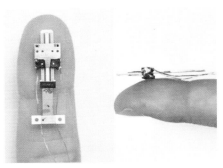

（a）手术机器人样机 （b）惯性压电驱动器样机

图 10-6　显微穿刺手术遥操作微型机器人

7 mm×3.6 mm），具有两个旋转自由度和一个直线自由度。该机器人的研制为实现"粘-滑"原理的压电驱动器在穿刺手术中的临床应用奠定了基础。

日本学者 Yoshida 和 Perry[15]利用压电驱动器进行微操作，实现了对小鼠中期卵母细胞的穿刺注射。穿刺注射的过程如图 10-7 所示。在压电驱动器的推动下，微穿刺针尖可以精确而快速地向前移动。基于研制的压电微操作装置，Yoshida 和 Perry 开展多种应用试验研究，包括核移植克隆、精子细胞注射以及囊胚注射等显微操作。

国内对生物组织及细胞的穿刺技术研究主要集中在构型设计以及控制器开发等方面[16-20]。澳门大学徐青松等人研制了多款用于细胞穿刺的压电

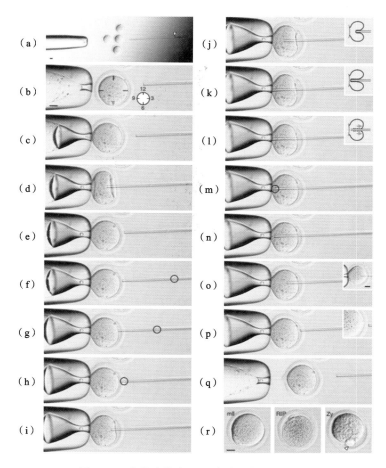

（a）

（b）

（c）

（d）

（e）

（f）

（g）

（h）

（i）

（j）

（k）

（l）

（m）

（n）

（o）

（p）

（q）

（r）

图 10-7　小鼠中期卵母细胞的穿刺注射过程

装置[16-18]，图 10-8 展示了他们所研制的一种用于生物细胞穿刺的新型恒力柔性压电定位平台实验系统[16]。定位平台由压电驱动器结合位移放大机构实现大行程驱动，在 138 μm 的输出位移下输出 1.38 N 的恒定力，仅有 2.9% 的输出力波动，恒定输出力的波动小于 ±0.01 N。此外，通过实验研究，证明了该定位平台可用于生物细胞的穿刺应用。南京航空航天大学解明扬等人研制了一种新型细胞注射微进给装置[19,20]，如图 10-9（a）所示。该装置采用了压电驱动器驱动的桥式位移放大机构，并利用遗传优化算法对参数化模型进行优化，使桥式位移放大机构的位移放大倍数达到 8.99，一阶谐振频率达到 213.18 Hz；在此基础上，进一步建立了注射装置的迟滞和补偿模型，实现了更高精度的运动控制;最后,以斑马鱼胚胎为验证对象,成功完成了显微细胞穿刺实验(见图 10-9(b))。

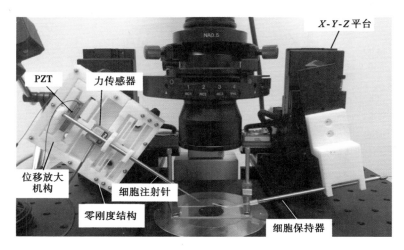

图 10-8　用于生物细胞穿刺的恒力柔性压电定位平台实验系统

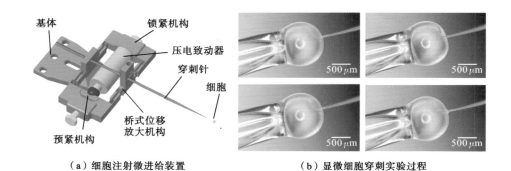

（a）细胞注射微进给装置　　　　　　（b）显微细胞穿刺实验过程

图 10-9　新型细胞注射微进给装置与细胞穿刺实验过程

　　面向弯曲血管和复杂形状细胞穿刺的实际需求,著者提出了一种采用惯性致动型压电驱动器驱动的空间二维大尺度压电穿刺针[21],其结构及应用分别如图10-10(a)(b)所示。该穿刺针主要由压电叠堆、弯曲致动器和轴向非对称型弯曲针头组成。通过压电叠堆的伸缩变形实现驱动足的纵向直线运动,通过摩擦耦合输出为弯曲针头的直线运动;通过弯曲致动器的弯曲变形实现驱动足的横向摆动,进而通过摩擦耦合输出弯曲针头的旋转运动。为了便于操作以及与其他系统融合,著者还结合驱动信号形式和机械结构特点研制了配套的专用手

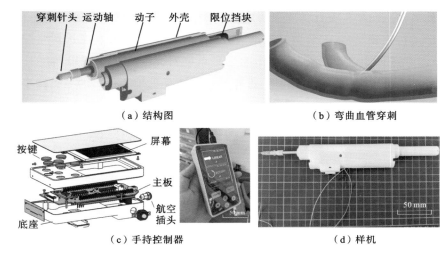

（a）结构图　　　　　　　　　　（b）弯曲血管穿刺

（c）手持控制器　　　　　　　　（d）样机

图 10-10　空间二维大尺度压电穿刺针系统

持控制器（见图 10-10(c)）。

　　基于所研发样机（见图 10-10(d)）的实验测试结果表明：该穿刺针可在手持控制器的控制下完成大尺度直线和旋转运动，直线运动行程大于 10 mm，可实现整周连续旋转；直线运动和旋转运动的最大速度分别为 412 μm/s 和 200.92 mrad/s，在不同的激励电压幅值和频率条件下均可提供最高约 32 mN 的穿刺力。

　　所研制的空间二维大尺度压电穿刺针和手持控制器具有重要的实用价值，可有效降低生物组织操作中的操作难度，可用作生物组织显微操作的末端驱动器。

10.3　光学仪器调姿

　　随着光学技术的发展，在精密光学工程领域，各种应用对光束指向控制技术的要求越来越高。对于机载激光通信系统，要求机载平台上的调姿机构响应速度快、工作频带宽且光束指向控制误差在微弧度量级[22,23]；对于现代星地激光通信链路[24,25]，为了确保通信链路的可靠性，要求光束跟踪精度达到微弧度或亚微弧度量级；对于光电跟踪设备系统，为实现对机动目标的高精度跟踪，要求系统具有大的跟踪范围和角秒级的跟踪精度。

　　为提高光学仪器的光束定位或跟踪精度，传统调姿机构常采用由精密轴承支承的多轴万向架构设计的光束稳定平台来补偿外界振动引起的光束抖动,但该平台结构比较复杂、安装调试困难、转动惯量大、分辨力最高能达到亚毫弧度级、工作带宽只能达到几十赫兹,不能满足系统对光束定位或跟踪精度日益严格的要求[26,27]。为解决这一问题,近年来以快速反射镜为代表的一类调姿机构应运而生。它通过微纳驱动器控制反射镜偏摆来控制激光光束的偏折方向,具有结构紧凑、响应速度快、控制精度高、能够实现微弧度量级或更高精度的定位控制等优点[28-31]。按照驱动方式的划分,快速反射镜主要分为音圈电机驱动式[32-34]和压电驱动式[35-38]两种。其中,音圈电机驱动式快速反射镜利用通电线圈与固定磁体之间的洛仑兹力使线圈与磁体之间产生相对位移,能够获得较大的偏转行程,但其谐振频率低,易受外磁场的影响。压电驱动式快速反射镜基于压电陶瓷的逆压电效应将电能转化为机械能,实现位移的输出,具有分辨力高、响应速度快、不受外界电磁干扰和可断电自锁等优点。

国外对快速反射镜的研究较早,部分技术已经进入成熟阶段,现已有适用于各种场合的产品。美国 Left Hand Design 公司所设计的 FSM-300 快速反射镜采用了音圈电机与压电陶瓷复合驱动的方式,极大地提高了快速反射镜的使用寿命和适用范围。该快速反射镜的定位精度为 $1\ \mu\text{rad}$,扫描范围可达 $18°$,闭环带宽约为 $5000\ \text{Hz}$。美国洛克希德·马丁空间系统公司的 Francisc M. Tapos 等人设计了一种三自由度压电陶瓷驱动的高带宽的快速反射镜,用于精确调整迈克尔逊干涉仪的光路,如图 10-11 所示。该快速反射镜采用框架式结构,将镜体四周侧面固定,以便保证其高精度面型。镜面直径为 $\phi 50.8\ \text{mm}$,面型精度为 $\lambda/900$,闭环控制带宽为 $1000\ \text{Hz}$,稳态偏转运动精度可达 $4\ \text{nrad}$。美国约翰斯·霍普金斯大学应用物理实验室与国家标准和技术协会(NIST)联合研制了一种 PZT 驱动两自由度精密定位平台,如图10-12 所示。该快速反射镜的激励电压最大为 $100\ \text{V}$,重复定位精度可达 $1\ \mu\text{rad}$。

韩国加工与材料研究所的 Jung-Ho Park 等人于 2012 年基于压电陶瓷驱动器设计了一款用于激光扫描设备的快速反射镜,镜体尺寸为 $\phi 28\ \text{mm} \times 2\ \text{mm}$,闭环控制带宽为 $4000\ \text{Hz}$,扫描速度可达 $1\ \text{m/s}$。

法国 CEDRAT 公司长期致力于为星地通信系统研制不同系列的压电驱动式快速反射镜。该公司曾为罗塞塔号彗星探测器激光通信设备成功研制了一款高带宽高精度抗冲击的快速反射镜平台。该公司设计的一款具有六个移动自由度的高刚度快速反射镜平台,在 X,Y 方向上最大角位移均为 $50\ \mu\text{rad}$,Z 方向的最大角位移为 $240\ \mu\text{rad}$,分辨力可达 $2\ \text{nm}$,最高可承受 $3\ \text{kg}$ 的负载,可用

图 10-11 洛克希德·马丁空间公司
的快速反射镜

图 10-12 PZT 驱动两自由度
精密定位平台

于具有定位、微扫描、像素偏移和抖动补偿等功能的高精度成像系统中。

德国 PI 公司是微驱动领域的先驱,到目前为止已经研制了不同规格、应用于不同领域(显微成像、激光通信、天文望远镜等)的压电驱动式快速反射镜。该公司生产的一种分布式带有柔性环结构的两自由度压电驱动式快速反射镜镜体直径为 $\phi25$ mm,两轴偏转角度均为 0.6~25 mrad,闭环控制带宽在 500~900 Hz 内,角度分辨力达到了 0.1 μrad。该反射镜已被应用于夏威夷岛莫纳克亚山的 Subaru 陆基望远镜和 Keck Outrigger 陆基望远镜。此外,PI 公司生产的型号 S330 产品考虑了温度等外界环境对装置的影响,其镜体直径为 $\phi50$ mm,光学偏转范围为 20 mrad,分辨力为 20 nrad,响应速度达到亚毫米级。

我国对快速反射镜的研究起步较晚,国内最早对快速反射镜展开研究的单位主要是长春光机所、哈尔滨工业大学、国防科学技术大学、中国科学院光电技术研究所(简称光电所)等。

长春光机所张丽敏等人基于压电陶瓷驱动器设计了一种快速反射镜[39],解决了大口径望远镜系统中光束稳定性差、校正困难的难题。该装置最大偏摆角度为 $\pm4'$,精度优于 0.06″。

付锦江等人基于椭圆弧柔性铰链和压电驱动器设计了一款口径大、成本低、结构简单且能满足激光通信地面检测设备性能要求的两自由度快速转向镜[40-42],其镜体直径为 $\phi100$ mm,两轴偏转角度均大于 5 mrad,角度分辨力大于 0.63 μrad,重复定位精度高于 4 μrad,阶跃响应时间小于 25 ms,闭环控制带宽大于 200 Hz。为解决空间激光通信系统中光束指向控制问题,方楚等人基于压电陶瓷驱动器设计了一款快速转向镜[43]。该装置采用菱形微位移放大机构增大输出量程,镜体尺寸为 $\phi90$ mm,其静态偏摆范围不低于 5 mrad,定位精度不低于 13 μrad,谐振频率约为 250 Hz,闭环带宽不低于 120 Hz。哈尔滨工业大学孙立宁等人研制了一种压电快速反射镜,压电陶瓷内置应变式传感器,实现对偏摆角度的闭环控制[44]。该快速反射镜转动范围为±2.1 mrad,谐振频率约为 1.5 kHz,分辨力可达 0.1 μrad,可用于空间激光通信 ATP(捕获、跟踪、对准)定位系统。

著者针对光学辅助微操作对两轴光束偏转装置的应用需求,基于压电双晶梁结构提出了一种贴片式十字梁构型的两轴压电偏转镜[45],如图 10-13 所示。偏转镜绕 X 轴和 Y 轴的运动耦合比例分别为 3.03％和 3.63％,最大工作电压下的迟滞比例分别小于 7％和 6％,偏转运动分辨力分别为 1.83 μrad 和 1.73 μrad;闭环定位运动的响应时间小于 5.9 ms,X 轴和 Y 轴的定位运动误差分别在±7.35 μrad 和±8.81 μrad 之内;最大静态电容为每轴 13.61 nF。与现有的多轴偏转镜相比,该两轴压电偏转镜具有高分辨力、快速响应、低迟滞、低成本、易于驱动控制、易于实现系列化生产等优势。此外,著者团队针对空天发射伴随外部振动、大加速度和侧向力冲击等情况,研制了一种具有高抗剪能力、高刚度的压电偏转镜[46],如图 10-14 所示。该偏转镜采用基于十字正交布置结构的

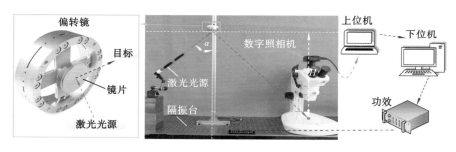

图 10-13　两轴压电偏转镜

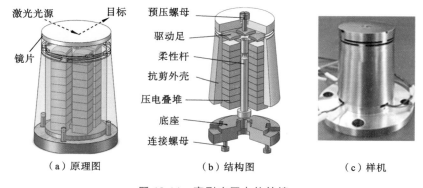

（a）原理图　　　　（b）结构图　　　　（c）样机

图 10-14　高刚度压电偏转镜

四个压电叠堆实现了低耦合、高分辨力输出特性,即绕 X 轴和 Y 轴转动的运动耦合误差分别为 0.71% 和 0.64%,且绕 X 轴和 Y 轴转动的运动分辨力可达 $0.28~\mu rad$;在预紧机构和抗剪外壳的联合作用实现了高结构刚度,且其抗剪能力明显优于普通压电偏转镜。

10.4　超精密加工

压电驱动器在超精密加工领域的应用可追溯到 20 世纪初。美国科学家 Legge 最早将超声压电驱动器应用到陶瓷的钻孔中[47],进行振动辅助加工。研究发现引入振动而形成的断续切削,带来了切削力减小、切削温度降低、刀具磨损减小、排屑容易等众多优势,使加工过程中韧性切削深度提升,刀具寿命延长,毛刺明显减少,形状误差减小,表面粗糙度降低[48]。振动辅助加工带来的众多优势,激发研究人员进行了大量的新型难加工材料的振动辅助加工实验,将超声辅助加工技术成功应用到钛合金[48-50]、复合材料[49-51]、陶瓷材料[52-55]、半导体材料[53]等高硬度、高强度、高脆性材料加工中,将其应用领域拓展到航空航天、生物医学、半导体和光学等领域。

振动辅助加工是指在传统的加工(车削、铣削、磨削、钻削等)过程中为刀具或者工件增加小幅位移,使工件和刀具之间产生小往复(一维)运动、椭圆(二维)运动或空间椭圆(三维)运动。切削速度、刀具振幅和频率的适当组合,使刀具周期性地失去与切屑的接触(在多维振动辅助加工中刀具将完全离开工件),加工力可以降低。与传统的机械加工相比,振动辅助加工降低了工件表面粗糙度、提高了工件加工精度,并且在不抛光的情况下可产生接近于零毛刺的表面。另一方面,振动辅助加工可大大延长刀具的使用寿命,特别是金刚石刀具切削黑色金属材料时的寿命。切割脆性材料时,振动辅助加工可增加韧性切削深度,可在不磨削和抛光的条件下制造复杂光学表面。

从振动辅助加工压电驱动器的振动维度进行分类,可将振动辅助加工分为三大类,即一维、二维和三维振动辅助加工。一维振动辅助加工是最早得到研究的加工类型[47]。早期一维振动辅助加工研究主要将其与新加工方法进行融合[55-58]以及应用到更多的难加工新材料的加工中[59-61]。利用振动辅助加工,研究者们在减小刀具磨损、提高表面质量和充分发挥韧性切削优势方面开展了许多卓有成效的探索。

典型的利用压电驱动器进行一维振动辅助车削加工的平台如图 10-15 所示[57]。日本的 Moriwaki 教授利用该装置车削玻璃,达到了 $Ra=0.03~\mu m$ 的表面粗糙度。韩国的 Kim 教授[60]研制了一维振动辅助车削机床,对碳纤维进行车削加工,达到了 $Ra=2.8~\mu m$ 的表面粗糙度。新加坡 Zhou 教授[61,62]利用压电驱动器振动辅助车削加工平台车削二氧化硅,达到 $Ra=0.1~\mu m$ 的表面粗糙度。法国的 Zhong[58]研制了超声振动辅助车削铝基碳化硅复合材料的系统,对该材料的车削表面粗糙度达到了 $Ry=0.578~\mu m$,实现了辅助材料的超精密加工。

国内南京航空航天大学较早地将压电驱动器应用于振动研磨三氧化二铝陶瓷,探索了振动方向和加工表面粗糙度之间的影响关系[63]。中国地质大学徐林红开展了压电超声振动换能器驱动的超声辅助微铣削平台的研制工作,该微铣削平台如图 10-16 所示。研究发现,超声振动降低了钛合金铣削力 17%,减少了表面缺陷和加工痕迹,提高了表面质量[64]。山东大学的张建华团队搭建了一维超声振动辅助车削系统,建立了超声振动辅助车削加工表面微观纹理排列和几何形状的织构生成的理论模型,证明了压电超声振动车削加工表面的简单性和快速性[65]。

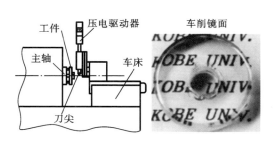

图 10-15 一维振动车削装置及其加工效果

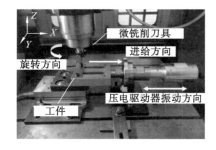

图 10-16 超声辅助微铣削平台

多维振动辅助加工是在一维振动辅助加工的基础上发展而来的,国内外学者尝试采用二维振动辅助加工方法加工高强度、高硬度难加工材料[54,66,67](如碳化硅、淬硬钢、蓝宝石等)和具有分层结构的复合材料[49],逐渐地也有学者开始尝试三维振动在难加工材料车削领域的应用。多维振动辅助加工应用在难加工材料加工中,使加工效率进一步提高、刀具磨损进一步减小,因此近年来其应用范围越来越广[49,54,68]。

日本对多维振动辅助加工的研究起步较早。Moriwaki[69]研制了一种弯-弯复合压电换能器,用于振动辅助车削加工,在车削加工铜时表面粗糙度达到了 $Ra=0.02~\mu m$。Brinksmeier 教授[70]研制了二维椭圆振动车削装置,研究表明二维振动辅助加工可使刀具磨损减少到原来的 1/10,加工表面粗糙度得到改善,如图 10-17 所示。Shamoto[71]研制的二维超声辅助铣削系统应用于淬硬模具钢镜面加工,所得加工表面粗糙度 $Ra=0.05\ \mu m$,如图 10-18 所示。

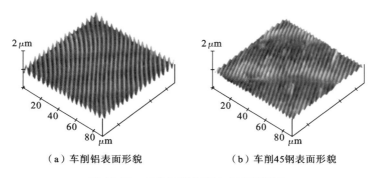

（a）车削铝表面形貌　　　　　（b）车削45钢表面形貌

图 10-17　二维振动切削加工表面形貌

图 10-18　二维振动辅助铣削加工系统及其加工效果

我国 Zhang[72]研制了二维椭圆振动车削系统,该系统在纳米纹理沟槽和三维网格曲面加工中得到了成功应用,如图 10-19 所示。

韩国 Kurniawan 研制了三维振动辅助微槽纹结构加工系统,对微结构膨胀和聚边现象产生机理进行了深入分析[73]。

国内多维振动辅助加工近年来发展较为迅速,研究人员在多维振动辅助钻削、磨削、铣削方面进行了较多探索[66,74-76]。哈尔滨工业大学唐心田[68]研制了纵-弯复合超声辅助钻削系统。该系统提高了脆性材料钻孔加工效率和精度。北京航空航天大学耿大喜[49]研制的弯-弯复合超声辅助 CFRP(carbon fiber reinforced polymer/plastic,碳纤维增强树脂基复合材料)钻削系统,减少了碳纤维布的热损伤,获得了更好的显微组织。青岛科技大学贾东洲等人搭建二维振动辅助精密磨削加工平台(见图 10-20),对振动相位影响表面精度的机理进行了研究,发现二维振动的相位相差 45°时加工表面粗糙度最低($Ra=0.585$

$\mu m)^{[67]}$。南京航空航天大学 Zhang 等人在三维椭圆振动辅助车削机构研制方面进行了尝试,提出了三维椭圆振动辅助切削机构解耦设计方法[77, 78]。该方法有望在纳米结构表面加工中得到推广应用。

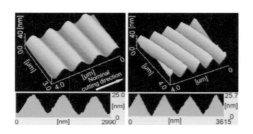

图 10-19　二维椭圆振动辅助制造表面结构

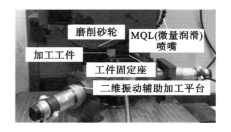

图 10-20　二维振动辅助精密磨削平台

钛合金以其优异的强度、耐腐蚀性和生物相容性等优点广泛应用于国防、航空航天、生物医学等领域。然而,其低弹性模量和强延展性会导致刀具磨损严重,加工精度低,传统钛合金铣削仍存在刀具磨损严重和表面质量差等亟待解决的问题。振动辅助铣削由于其表面熨烫或断续切削效应可提高加工精度和改善表面完整性,被引入钛合金铣削。著者研制了一种基于纵-弯振动复合换能器的新型压电超声铣削刀具,其实验系统及加工效果如图 10-21 所示。实验结果表明,钛合金纵-弯振动复合铣削的切削力相对常规铣削和纵振辅助铣削分别降低 39.3% 和 27.2%,毛刺形成概率明显降低。此外,纵-弯振动复合铣削时的表面粗糙度 Ra 达到 0.102 μm,相对传统铣削和纵振辅助铣削分别降低 85.2% 和 54.5%。上述结果表明所提出的纵-弯振动复合铣削刀具在降低切削力和减少毛刺形成方面均具有独特的优势。

超声表面光整工艺是一种机械表面强化工艺,是利用静压力和超声波振动冲击力的共同作用抛光工件表面的工艺。研究表明,对于许多塑性材料,超声表面光整工艺在降低表面粗糙度和表面强化方面具有明显的优势。著者研制了一种用于超精密平面抛光的紧凑型超声光整系统[79],利用压电纵振换能器搭建了一种紧凑型(280 mm×224 mm×558 mm)微小型平面抛光系统,实现了无机床辅助条件下高精度无进给痕迹平面抛光,为微小型零件超精密加工提供了一种可行的解决方案。实验结果表明:当振幅在 30 μm 以下时,增大振幅可提高抛光效率 33.3%;长时间大振幅表面抛光将导致材料流动加剧,导致表面状况恶化;抛光形成的高精度表面粗糙度 Ra 为 0.182 μm,比原始状态表面粗糙度降低了 88.31%,证明了所提出的抛光系统的优异性能。

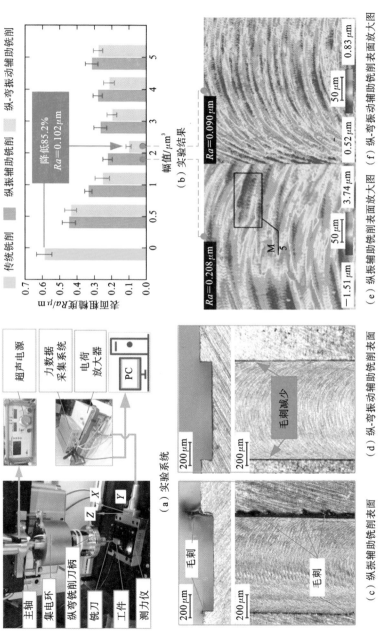

图10-21 基于纵-弯振动复合换能器的新型压电超声铣削刀具实验系统及其加工效果

10.5 微纳加工

微纳加工技术指尺度为亚毫米、微米和纳米级的元件以及由这些元件构成的部件或系统的优化设计、加工、组装、系统集成与应用技术,是先进制造技术的重要组成部分。压电驱动技术易于实现纳米级精度的特性,这使得其在微纳加工领域有着广泛的应用。卡内基梅隆大学的 Gozen 等人设计了一套多自由度纳米级压电机器人系统[80],用于微纳尺度的材料铣削加工;利用串联型三轴压电驱动器操控压电悬臂执行器,用于加工置于三自由度串联压电平台上的样品,以长卷曲切片的形式去除材料,如图 10-22 所示,可以刻划直径最大为 5 μm、深度为 30 nm 的圆形图案,加工误差可达 4 nm。

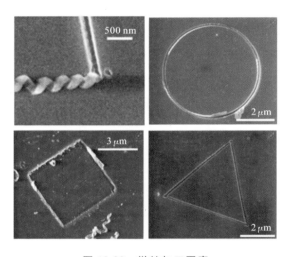

图 10-22 微纳加工图案

日本富山大学的学者基于原子力显微镜研究了单晶硅的微纳加工[81],如图 10-23 所示。在进行加工时,纯净硅晶圆被安装在原子力显微镜压电扫描器上,通过悬臂的偏转和扭转来计算加工力,利用压电扫描器的反馈控制加工质量。斯坦福大学的学者利用扫描隧道显微镜制作了微纳三维扫描装置,获取显微镜尖端横向样品表面和跟踪表面的形貌[82]。该装置如图 10-24 所示,它的核心是压电驱动器。其压电驱动器采用压电双晶梁形式,由多个金属电极、电介质膜和压电氧化锌膜构成,顶部和底部电极各分为左右两个区域,独立控制四个压电分区,在激励信号的控制下实现装置尖端的三维运动。

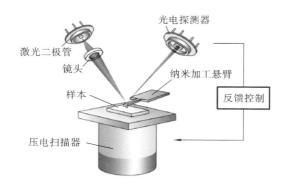

图 10-23　单晶硅微纳加工装置

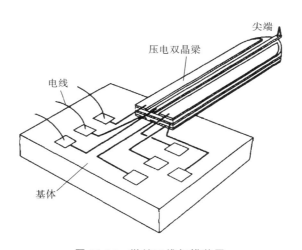

图 10-24　微纳三维扫描装置

　　有德国学者提出了一种用于微增材制造的压电机器人装置[83]，如图 10-25 所示。该装置由四个独立的压电平台组成，每个平台都配有内部定位传感器，其中两个平台采用惯性致动型压电驱动器驱动，行程可以达到几厘米，闭环精度优于 20 nm，它们可以作为直径为 1 μm 胶体粒子的样品载物台，末端执行器采用压电驱动的精细定位平台进行驱动。该装置首次实现了对亚微米级粒子的操控，并且具有高可靠性和可重复性，为更复杂微粒的自动化装配提供了一定的研究基础。

　　图 10-26 所示为日本学者设计的显微操作装置。该装置主要由一个主臂、一个副臂和一个样品台组成，显微操作器安装在扫描电子显微镜中[84]。将微型样品放在样品台上，用连接在主臂上的探针进行操作，样品台有三个自由度，分

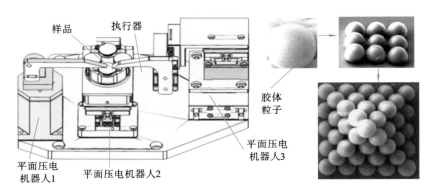

图 10-25　用于微增材制造的压电机器人装置示意图

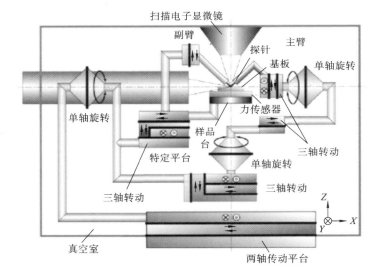

图 10-26　日本学者设计的显微操作装置

辨力为 70 nm,主臂由分辨力为 0.1°的超声电机驱动,可以将微球排列成预定的图案。该显微操作装置在微纳装配领域有着良好的应用前景。

　　卡内基梅隆大学的 ONAL 等人设计了一种自动化压电操作系统,用于多粒子微纳制造[85],如图 10-27 所示。将一个原子力显微镜固定在悬臂上用作纳米操作器,三维压电纳米定位平台用作原子力显微镜的定位器,该定位器具有 12 μm 的行程范围,高于 1 nm 的定位精度。基于该系统开展了多粒子微纳组装等工作,在微纳增材制造等领域有着广泛的应用前景。

　　香港城市大学 Lu 等人研制了一种用于加工三维螺旋微结构的压电机器人

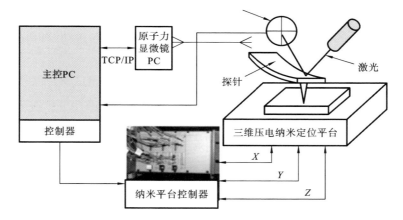

图 10-27　自动化微纳压电操作系统原理图

操控系统[86]，如图 10-28(a)所示。该操作系统利用三个单自由度惯性致动直线型压电驱动器(ECS3030，德国 Attocube 公司)串联来实现大工作空间输出，加工精度可达 $10\mu m$，三维螺旋微结构(见图 10-28(b))的尺寸可达毫米级。

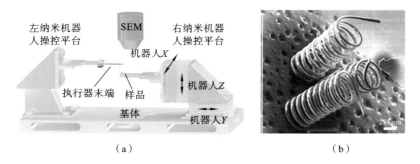

图 10-28　用于加工三维螺旋微结构的压电机器人操控系统及其加工的螺旋弹簧

10.6　振动抑制

压电材料所具备的机电耦合效应使得机械能与电能之间的相互转化更为直接，能够同时用于驱动和传感，赋予了材料"智能"的特性。使用时，可以灵活地选择将压电材料粘贴在设备表面或者嵌入设备[87, 88]，这使得其非常适合作为控制振动能量的材料。

在工程、生活各领域普遍存在着振动问题。例如，在航空航天、车辆、航海、机械制造等领域，振动的存在会严重降低设备和工程机械的工作性能和使用寿命,同时会对操作人员身心健康造成一定的影响,极端情况下还会导致事故的发生,造成巨大的人员伤亡和经济损失。如果能有效消除振动,可以保护人员和设备,间接节省能源和经济开销。

从控制的角度来看,振动的抑制可以采用被动控制和主动控制两种方法,因此抑振分为被动抑振和主动抑振[89]。被动抑振单纯靠消耗结构振动的能量,通过给原有结构安装被动抑振装置(相当于阻尼器的作用)[90],加快能量的消耗,从而快速减小振动的幅度。虽然其效果一般不如主动抑振,但系统无附加条件稳定且无须附加设备。主动抑振则是通过驱动器给结构施加位移或力,从而减小被控对象的相对位移、受力等,达到抑振主动控制的目的。主动抑振具有额外的能量输入,会导致其系统稳定性降低[89],在某些情况下,振动还可能被增强。使用压电智能材料,可以灵活选择使用被动、主动或者两者结合的抑振方法,同时利用两者的优点。

在航空航天领域,由于装备对重量很敏感,因此大规模使用了小阻尼的轻质材料,导致结构的柔度增加[89],在执行任务过程中会不可避免地激发出振动。压电材料由于在结构上的灵活性和具备较高的输出力重量比,得到了各国研究人员的青睐。1996 年,一个由美国波音公司、马里兰大学、麻省理工学院、加利福尼亚大学洛杉矶分校和美国陆军研究办公室组成的小组研制了智能直升机旋翼[91-93],如图 10-29 所示。旋翼的一部分由压电纤维等复合材料构成,充分利用了压电智能材料所制作的结构和位移响应灵活的特点,减小了运行时的振动和噪声,提高气动性能。实验结果表明,振动垂直剪切力被减小了 70%。

同样地,美国、加拿大和澳大利亚的技术合作研究小组为 F-18 战斗机研制了垂直尾翼抖振控制系统[94,95]。战斗机的垂直尾翼(见图 10-30)被压电智能材料覆盖,能够在保证对气动外形影响较小和重量增加较少的情况下,进行抖振的抑制,使垂直尾翼寿命延长 70%,体现了压电材料的抑振能力和结构布置灵活的优点。

在民用领域,20 世纪 90 年代,Worth 公司在其 Copperhead 球棒(见图 10-31)的手柄部分增加了压电抑振装置,以减小偏心撞击引起的振动,进而减少用户受到的冲击[96],提高用户的使用舒适度并延长球棒使用寿命。击球产生的振动能量被转化为电能,并被电阻以发热的形式消耗掉,另一部分电能则被提供给球棒尾部的 LED 灯,以使其在振动时亮起,提示运动员抑振装置工作正常。韩国的 Lim 使用压电双晶片实现了机械硬盘抑振[97,98],如图 10-32 所示,在 901 Hz 的频率下将硬盘的振幅降低了 60％。

图 10-29　智能直升机旋翼

图 10-30　F-18 战斗机的抑振垂直尾翼

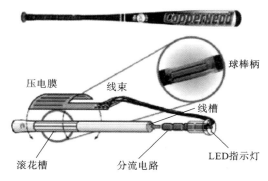

图 10-31　Worth 公司于 1998 年推出的抑振球棒

图 10-32　机械硬盘抑振装置

在加工制造领域，Aggogeri 基于压电驱动的 Stewart 机构，为铣床设计了抑振主轴外壳[99]（见图 10-33），在频率约为 380 Hz 时使刀具振幅降低达 32.9％。Albertelli 基于分离构型，设计了带有主动抑振主轴的刨床[100]（见图 10-34），将刀尖动态顺应性降低了 50％，有效减少了主轴振动。重庆大学的 He[101] 利用压电材料的自传感能力，使轴系传感器的数量减少，并使抑振装置的体积可以缩小。图 10-35 所示为其所研制的压电自传感轴系抑振装置。使用自传感压电方式时，该装置在 4500 r/min 的转速下，可将轴系振动的振幅减小约 10％，仅比使用位移传感器时振幅减小的幅度小 5％。

图 10-33　铣床抑振主轴外壳

图 10-34　刨床抑振主轴

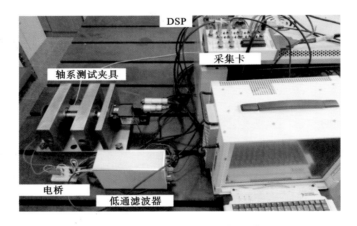

图 10-35　压电自传感轴系抑振装置

2020 年,著者根据对传统轴系主动抑振装置的分析,提出了一种基于弯-弯复合振动的嵌入式压电主动抑振装置,如图 10-36(a)所示。

传统抑振装置使用驱动器推动原有支承,移动轴心,做补偿移动,从而减小末端的径向跳动(见图 10-36(b))。由于采用分离式构型,其控制简单直观,但缺点是驱动器布置方向与轴向垂直,导致其径向尺寸较大(见图 10-36(c)),从而限制了其应用范围。

著者新提出的基于弯-弯复合振动的嵌入式压电主动抑振装置利用了四分区压电陶瓷片。单独控制每个分区的动作,使得径向尺寸大幅缩小,最小可与轴同直径(见图 10-36(d))。该装置使用二维压电驱动器输出的弯曲运动来控制轴端部的运动,最终取得了良好的抑振效果(见图 10-37)。

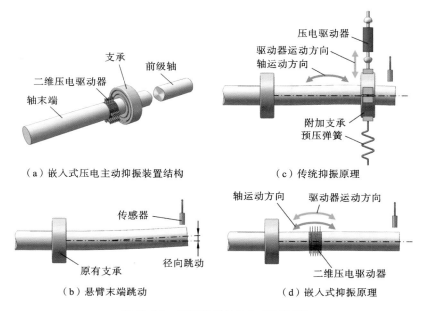

（a）嵌入式压电主动抑振装置结构

（c）传统抑振原理

（b）悬臂末端跳动

（d）嵌入式抑振原理

图 10-36　抑振装置结构与抑振原理

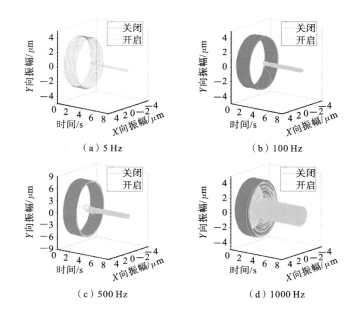

（a）5 Hz

（b）100 Hz

（c）500 Hz

（d）1000 Hz

图 10-37　嵌入式压电主动抑振装置在不同频率下的抑振效果

10.7 空间机构

随着空间探测领域的快速发展,执行各种探测任务的航天器层出不穷,对相关技术领域的突破和发展均提出了十分迫切和苛刻的需求。其中,空间调姿机构是航天器中的核心与关键装备之一,广泛用于太阳能帆板、空间相机等航天装置[102-105],是保证航天器在轨可靠运行和高效工作的基础设备。各航天大国均已对空间调姿机构开展了多年的研究。压电驱动器具有结构简单、精度高、响应快、不受电磁干扰、断电自锁和易于实现多个运动自由度等突出优势,已在各种空间机构获得了初步的成功应用。

美国喷气推进实验室(JPL)和麻省理工学院联合研制了用于火星探测车操作臂关节驱动的大力矩双面齿超声压电驱动器(见图 10-38),其转速为 40 r/min 时力矩可达 2 N·m,效率在 40% 以上。美国国家航空航天局(NASA)将超声压电驱动器应用于第二代空间探测机器人操作手臂 MarsArm Ⅱ 中,其主臂关节采用六个旋转超声压电驱动器进行驱动,具有四个运动自由度,重量比之前采用直流电机驱动的 MarsArm Ⅰ 轻 40%[106]。图 10-39 所示为法国 Cedrat 公司开发出的一种采用压电陶瓷堆叠的直线型超声压电驱动器,它在 6 V 交流电压的驱动下可输出 45 N 的推力,在直流工作模式下位移分辨力小于 1 nm,已被成功应用在卫星 Helos 望远镜的倾角调整机构上[107]。

图 10-38 基于双面齿超声压电驱动器的火星探测车

图 10-39 Cedrat 公司直线型超声压电驱动器

南京航空航天大学赵淳生院士团队研发的超声压电驱动器被应用到嫦娥三号和四号探测器上,用于驱动与控制红外成像光谱仪内的定标板;后续该团队研发的超声压电驱动器被应用到嫦娥五号探测器上,用来控制光谱仪接收反射光谱的镜面的方向和角度,如图 10-40 所示[108-111]。南京航达超控科技有限公司研制的"四超一特"新型超声压电驱动器,在"行云二号"的 1,2 号卫星上得到了成功应用。北京控制工程研究所将超声压电驱动器应用于控制力矩陀螺、激光指向机构,有效降低了产品重量,提高了控制精度。浙江大学基于超声压电驱动器研制了空间飞网捕获系统自适应收口机构,实现了收口机构的轻量化设计。

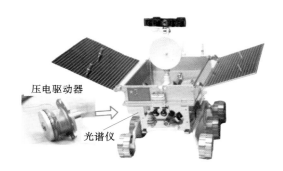

图 10-40　超声压电驱动器应用于探月车

2016 年,哈尔滨工业大学邓宗全院士团队研制出一种用于星球表面岩石采样的超声波钻进取心器[112],如图 10-41 所示。该超声波钻进取心器利用高频纵振达到破碎岩石的目的,无须驱动钻具做回转运动,可搭载在漫游车或机械臂末端。相关实验结果表明所研制的超声波钻进取心器具有较高的岩石钻进效率且断心取心可靠。

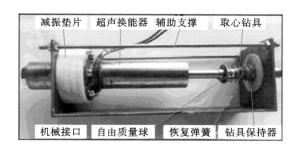

图 10-41　用于星球表面岩石采样的超声波钻进取心器

2017 年,著者研制出一种基于单足直线型压电驱动器的连杆式空间折展机构[113],如图 10-42 所示,通过单足直线型压电驱动器驱动直线导轨,导轨末端与连杆机构连接,实现展开动作。相关实验结果(见图 10-43)表明,压电驱动器在不同激励方法下能够满足折展机构不同的展开要求。在高频谐振激励下,当

电压峰峰值为 400 V 时,该折展机构展开所需时间约为 0.2 s,可实现快速展
开;在高频步进激励和低频冲击激励下,导轨的步距分别为 2.87 μm 和 0.285
μm,满足了空间折展机构高展开分辨力要求,有着良好的应用前景。

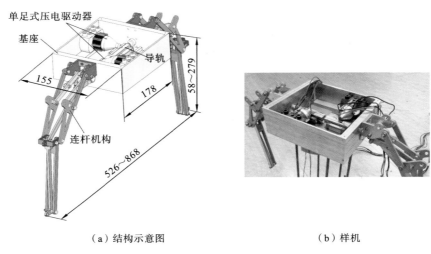

（a）结构示意图　　　　　　　　　　　（b）样机

图 10-42　连杆式空间折展机构的结构与样机

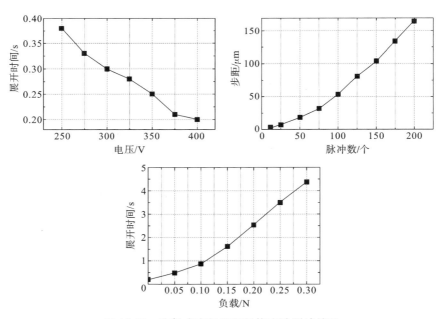

图 10-43　连杆式空间折展机构实验测试结果

此外,著者基于纵-弯复合型超声压电驱动器研制出一种可旋转式套筒伸展机构[114],如图 10-44 所示。该机构主要由内套筒、外套筒、压电驱动器构成。压电驱动器通过夹持块固定在外套筒上;驱动足与内套筒接触,实现机械运动输出;内套筒与外套筒之间设置有万向球轴承。该套筒伸展机构通过不同振动复合可实现内套筒直线运动、旋转以及螺旋运动输出。实验结果(见图 10-45)显示,内套筒的最大直线运动速度为 530 mm/s,最大转速为 240.2(°)/s,线性位移分辨力为 2 μm,旋转位移分辨力为 0.0021°,能够满足不同的运动需求。

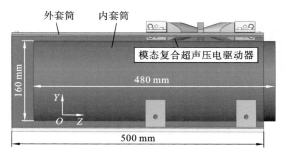

(a)结构示意图

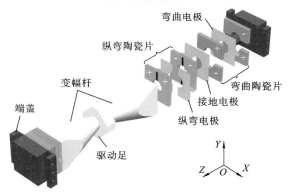

(b)模态复合超声压电驱动器结构

(c)样机

图 10-44　可旋转式两自由度套筒伸展机构

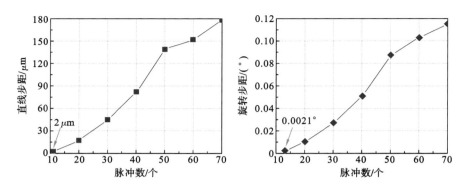

图 10-45　可旋转式两自由度套筒伸展机构实验结果

10.8　微纳操控机器人

通过具有纳米级定位能力的移动机器人配合执行器,可以完成微纳尺度样品的轮廓扫描、推拉移动等各项任务。如图 10-46(a)所示,移动机器人用于样品的移动与定位,执行器用于配合机器人完成任务[115]。例如:

(1) 在微纳制造领域[116,117],移动机器人通过空间大范围运动完成微纳材料轮廓扫描以研究其基本形貌,通过推拉及移动样品对其进行拉伸或屈曲以研究其力学性能,通过微纳铣削实现微纳材料的断裂成形,通过大范围移动实现平面大规模打印成形。

(2) 在生命科学领域[118,119],研究对象的尺寸范围已经扩大到了纳米至毫米尺度[120]。如图 10-46(b)所示,DNA(deoxyribonucleic acid,脱氧核糖核酸)尺寸为 1~10 nm,病毒尺寸为 10~100 nm,细菌尺寸为 1~10 μm,动植物细胞尺寸为 10~100 μm,受精卵尺寸为 1~10 mm,需要对它们进行表征、检测和操控,用于基因工程、细胞图谱工程及药物运输等,比如用在细胞的推拉穿刺、生物组织特定位置 DNA 的提取(数十毫米工作范围、纳米级定位精度)等方面,如图 10-46(c)所示。

面对上述领域的发展需求,移动机器人需具备纳米级定位精度、数十毫米级行程、平面三自由度输出能力、牛顿级输出力、毫秒级响应速度及紧凑的结构,等等。

压电微纳操控机器人继承了压电驱动器的独特优点,近年来得到了越来越多的研究与应用。图 10-47 所示为市场上几款有代表性的商用微纳操控机器人[121]。此外,2019 年美国 Xidex 公司研制了一款三自由度串联压电微纳操控

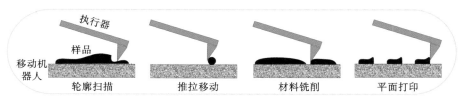

（a）典型应用

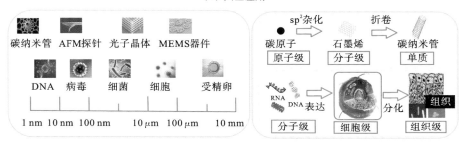

（b）研究对象尺寸 （c）跨尺度应用领域

图 10-46 微纳操控机器人应用领域

注：MEMS 指微机电系统，RNA 指核糖核酸。

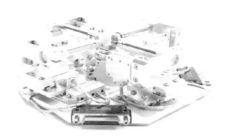

（a）Zyvex公司微纳操控机器人

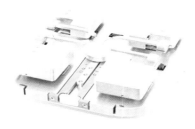

（b）Lifeforce公司微纳操控机器人

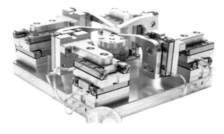

（c）SmarAct system公司微纳操控机器人

（d）Kleindiek Nanotechnik公司微纳操控机器人

图 10-47 商用微纳操控机器人

机器人 NanoBot,如图 10-48(a)所示,其单自由度行程为 12 mm,分辨力优于 1 nm,最大输出速度达 10 mm/s[①]。德国 Kleindiek Nanotechnik 公司在 2019 年研制了两自由度串联压电微纳操控机器人 MM3A-EM,如图 10-48(b)所示。该压电机器人可实现两个旋转运动输出,能够以 0.1°的角位移分辨力实现 360°大范围运动输出,转矩达 0.01 mN·m[②]。哈尔滨工业大学机器人技术与系统国家重点实验室赵杰团队研制了两自由度串联压电微纳操控机器人,如图 10-48(c)所示。该压电机器人可以 2～3 mm/s 的速度对直径在 120 μm 以上的血管完成穿刺操控[122]。

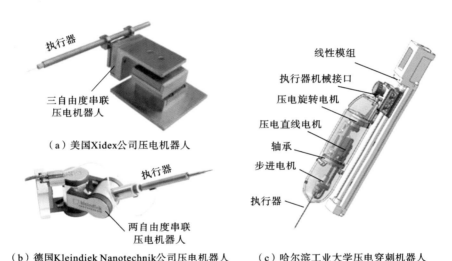

（a）美国Xidex公司压电机器人

（b）德国Kleindiek Nanotechnik公司压电机器人　　（c）哈尔滨工业大学压电穿刺机器人

图 10-48　压电微纳操控机器人

由于压电机器人具有装配控制简单、易于操作观察等突出优点,利用压电机器人配合执行机构开展不同生物体操控的应用实验已得到了广泛的研究。新加坡国立大学的 Li 等人研发了一款用于细胞操控的两自由度串联压电微纳操控机器人[123],其可配合光学镊子完成细胞操控任务,如图 10-49 所示。该机器人工作范围为 120 mm×100 mm×100 mm,单自由度分辨力为 10 nm,最终实现细胞毫米尺度下沿不同轨迹的操控,轨迹误差为 0.2 μm。

2021 年,著者受自然界中多足生物运动模式的启发,提出了一种基于功能

---

① 参见 Xidex 公司官网。

② 参见 Kleindiek Nanotechnik 公司官网。

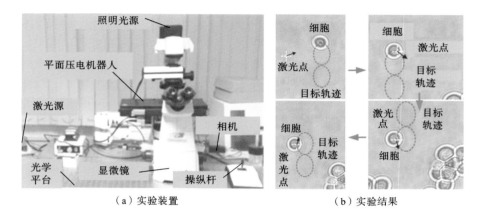

（a）实验装置　　　　　　　　（b）实验结果

图 10-49　新加坡国立大学用于细胞操控的压电微纳操控机器人

模块设计、多足协同作业以及多模式融合驱动的压电微纳操控机器人的设计理念，并以此为依据成功研制出一种压电六足机器人[124]，如图 10-50（a）所示。在激励信号的控制下，这种机器人可以生成摆动、滑移和行走三种运动步态，以实现空间中六个自由度下的精密运动输出。实验结果表明，这种机器人在平面内 X,Y,Z 三个方向的直线运动行程可自由扩展，而其运动分辨力高达 4 nm（0.2

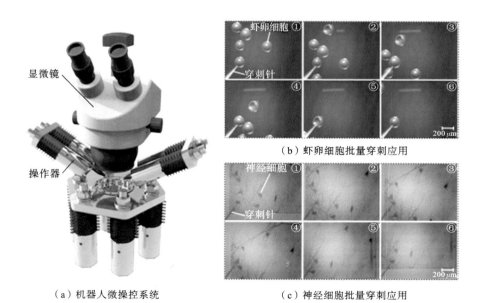

（a）机器人微操控系统　　　　　（b）虾卵细胞批量穿刺应用

　　　　　　　　　　　　　　　（c）神经细胞批量穿刺应用

图 10-50　著者研制的压电六足机器人及其应用

μrad)。即使在 22 倍自重的负载条件下,这种机器人仍能稳定运动,实现了在毫米尺度运动范围内高于 5 nm 的定位精度,充分展示了其卓越的多维跨尺度运动能力以及优异的负载鲁棒性,在综合运动性能方面获得了显著的进步。借助图像识别和视觉反馈技术,这种机器人可应用于大面积分散细胞的自动批量化注射,能够显著提高微纳操控的工作效率。这种机器人应用于虾卵细胞批量操作和神经细胞批量操作的初步实验结果分别如图 10-50(b)和图 10-50(c)所示。

10.9　微小型机器人

微小型压电机器人是一种尺度在几厘米甚至几毫米的由压电元件驱动的移动机器人,它们可以执行许多传统机器人因为存在尺寸大、位移分辨力低、电磁干扰、死区大等缺陷而无法完成的任务,如细胞操作、狭窄或拥挤空间中的搜索工作、精密加工、安全监控、医疗检测等。为了让设计得到的微小型压电机器人拥有优秀的性能,许多研究人员在微小型压电机器人的构型和驱动原理设计过程中参考了仿生学研究成果。微小型压电机器人按照运动的介质可以分为在流体介质中运动的微小型压电机器人与在固体介质上运动的微小型压电机器人;根据微小型压电机器人的致动模式,可以将其分为尺蠖致动型、惯性致动型、谐振致动型等。

在谐振致动微小型压电机器人的研究方面:美国哈佛大学的 Baisch 等人基于自然界蟑螂的仿生学步态,研制了一种六足微小型压电机器人 HAMR。该机器人体长仅 57 mm,质量仅为 2 g,六条支腿与基体之间采用挠性连接,每条腿都具有解耦的两个自由度,如图 10-51 所示。在 20 Hz 的激励频率下,HAMR 可实现每秒 4 倍体长的运动速度[125]。2011 年,Baisch 等人对 HAMR 进行改进,研制了新一代的六足仿生微小型压电机器人 HAMR-3,其质量进一步减小至 1.7 g,体长进一步缩短至 48 mm,并带有机载电源,实现了电源集成,如图 10-52 所示。在 20 Hz 的激励频率下,HAMR-3 可实现 44 mm/s 的运动速度,每秒运动距离接近 0.9 倍体长[126]。而后,Baisch 等人在前面研究的基础上,进一步设计制造了一种四足仿生微小型压电机器人 HAMR-VP,其体长为 44 mm,具有模块化组装带来的制造装配简单的优点,如图 10-53 所示。HAMR-VP 每秒可以运动 442 mm(约等于 10.1 倍体长),展示出了与节肢动物类似的运动性能[127]。2019 年,清华大学 Wu 等人研制了一种由压电聚合物材料制造而成的微小型压电软体机器人。该软体机器人基于仿生学原理,工作在谐振模式下,尺寸仅有

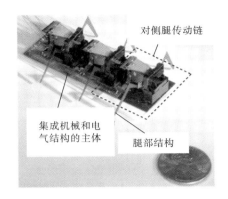

图 10-51　六足微小型压电机器人 HAMR

图 10-52　六足仿生微小型压电
机器人 HAMR-3

图 10-53　四足仿生微小型压电
机器人 HAMR-VP

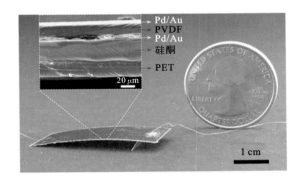

图 10-54　微小型压电软体机器人
注：PET—聚对苯二甲酸乙二醇酯。

3 cm×1.5 cm，如图10-54所示。该软体机器人展现了许多与节肢动物类似的优点，如最高能达到每秒 20 倍体长的运动速度、达到 6 倍体重的承载能力；对该软体机器人施加超过其自身体重 100 万倍的压力，它也能在压力消失之后，恢复原来的运动状态[128]。

在惯性致动微小型压电机器人的研究方面：国内上海交通大学学者刘品宽研制了一种新型管内移动微小型压电机器人。该机器人采用压电双层膜驱动器和惯性冲击式原理，实现在直径为 16～18 mm 的直管内稳定运动，如图 10-55 所示。在电压幅值为 50 V 和频率为 1100 Hz 的锯齿波信号驱动下，该微小型压电机器人的直线运动速度可以达到 3.5 mm/s[129]。

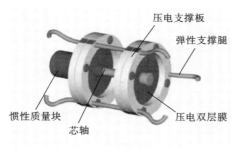

（a）结构示意图　　　　　　　　　　　（b）样机

图 10-55　新型管内移动微小型压电机器人

在尺蠖致动压电微小型机器人的研究方面：日本电气通信大学的 Aoyama 等学者在 2001 年提出了一种应用在扫描电子显微镜（SEM）中，由尺寸小于一英寸（1 in＝2.54 cm）的微小型压电机器人辅助的柔性微处理系统，机器人如图 10-56 所示。在微处理系统中，压电微小机器人主要的作用是在精确的坐标上拾取和放置所要处理的微小物体，压电驱动器良好的电磁兼容特性使得其在 SEM 系统中不会导致 SEM 成像失真[130]。在此基础上，Aoyama 等学者还开发了尺蠖致动三足微小型压电机器人，如图 10-57 所示。

图 10-56　SEM 系统中用到的压电机器人　　　图 10-57　尺蠖致动三足微小型
　　　　　　　　　　　　　　　　　　　　　　　　　　压电机器人

2006 年，清华大学的 Yan 等人基于尺蠖原理研制了一种具有三个自由度（两个平动、一个转动自由度）的微型压电步进机器人。该机器人由四条电磁腿、一个菱形柔性铰链框架和一个压电驱动器构成，如图 10-58 所示。该机器人采用尺蠖致动模式，由箝位和驱动两个动作驱动机器人进行 X 和 Y 方向上的直线运动。同理,改变四个电磁足的箝紧和释放顺序以及驱动器动作顺序就可以实现 X-Y 平面内的转动。该机器人的传动采用了柔性铰链,减小了传动链尺寸[131]。日本横滨国立大学的 Fuchiwaki 在 2013 年研制了一种基于尺蠖驱动原理的微小型压电机器人。该机器人质量仅 50 g,体积不足 5 cm³,如图 10-59 所示。为了实现尺蠖致动,该机器人由一对 U 形电磁铁和四个压电驱动器驱动,可以承受 100 g 的载荷,定位误差小于行程距离的 0.4%,并可实现亚微米级到纳米级步距的往返运动[132]。在之后的研究中,Fuchiwaki 等学者又提出了用于运动补偿的理论模型,使压电机器人的运动精度得到进一步提高[133]。

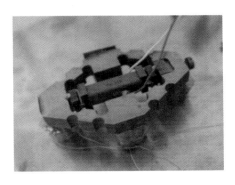

图 10-58　清华大学研制的压电机器人

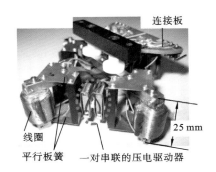

连接板

25 mm

线圈
平行板簧
一对串联的压电驱动器

图 10-59　Fuchiwaki 研制的
压电机器人

2020 年,著者所在课题组研制了一种微小型多模式六足压电机器人[134],其体长为 58 mm,质量为 42.55 g。如图 10-60(a)所示,该机器人基于节肢动物的分节现象,由三个相同的模块化驱动腿组成。每个驱动腿包括一个一体化结构(由腿部基体、一对驱动足和薄壁梁组成)和八个压电陶瓷片,足腿一体化设计可有效减小传动误差,且结构简单、装配方便。该机器人的突出创新点是集成了多种驱动模式,可兼顾平面内快速运动和具有亚微米级分辨力的步进式运动,以及具有纳米级分辨力的准静态运动。其中,谐振式驱动是指利用固有频率激励驱动腿,使其达到谐振状态。驱动腿两个正交方向上的二阶弯振模态相位差为 90°时,可在驱动足端合成椭圆轨迹运动(见图 10-60(b)),进而依靠与地面间摩擦力实现驱动。通过多驱动足间协调配合,机器人可实现平面内直线运动、转向和旋转运动。机器人实现的最大直线运动速度为 516.3 mm/s(每秒运动约 9 倍体长),最小转向半径约为 182 mm,最大转速为 315(°)/s,且机器人工作在超声频率下,具有无噪声的优点。此外,机器人在谐振驱动模式下可承载

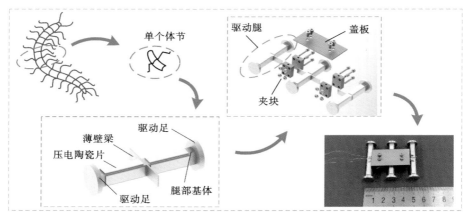

（a）微小型六足压电机器人的设计流程

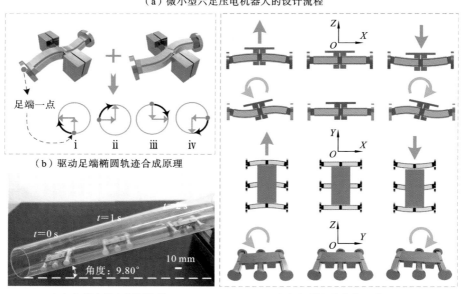

（b）驱动足端椭圆轨迹合成原理

（c）机器人攀爬倾斜管道

（d）机器人准静态运动原理

图 10-60　微小型六足压电机器人

200 g（约 4.7 倍自重）；可在倾斜管道中攀爬，实现的最大攀爬角度为 9.8°，如图 10-60（c）所示。在高频脉冲信号激励下，机器人实现了步进式运动，实现的最小步距即位移分辨力为 0.44 μm。同时，机器人实现了 0.26 mm/s 的最小运动速度，即该机器人的速度范围跨越了三个数量级，该速度范围是已知文献中相近尺寸机器人实现的最宽速度范围。此外，机器人还可以工作在准静态驱动模式下,如图 10-60(d)所示,驱动足实现准静态运动,即驱动足保持静止,利用压电陶瓷的直接变形实现具有纳米级分辨力的多自由度运动输出,包括沿 Y 轴和 Z 轴的直线运动,以及绕 Y 轴和绕 X 轴的偏转运动。以绕 Y 轴的偏转运动为例,机器人实现的分辨力优于 8 nm,行程为 1.8 μm。综上可见,该机器人具备小型化、运动快速和高分辨力特点,且运动灵活、负载能力强、无噪声。该机器人的成功研制有利于扩展微小型压电机器人的应用范围,高效地实现狭小空间内多目标位置的精密操作。

10. 10　本章小结

本章对压电驱动技术的应用研究领域进行了归纳,总结出了精密定位平台、生物组织及细胞穿刺、光学仪器调姿、超精密加工、微纳加工、振动抑制、空间机构、微纳操控机器人及微小型机器人九个典型应用领域,并且介绍了国内外研究人员包括著者在这些领域开展的应用研究工作及最新研究成果。综合分析压电驱动的技术特点与应用领域,未来发展的一个方向是追求压电驱动器在结构、体积质量和寿命这三个方面的进一步突破。

本章参考文献

[1] 熊木地. 大行程亚微米精度激光直写设备定位技术的研究[D]. 长春:中国科学院长春光学精密机械与物理研究所,2000.

[2] 刘红忠,卢秉恒,丁玉成. 超高精度定位系统及线性补偿研究[J]. 西安交通大学学报,2003,37(3):277-281.

[3] DENG J,LIU Y X,ZHANG S J,et al. Modeling and experiments of a nano-positioning and high frequency scanning piezoelectric platform based on function module actuator[J]. Science China(Technological Sciences),2020,63(12):2541-2552.

[4] WONG W L,SU X Y,LI X,et al. Global prevalence of age-related macular degeneration and disease burden projection for 2020 and 2040:a systematic review and meta-analysis[J]. The Lancet Global Health,2014,2(2):e106-e116.

[5] YAU J P W,ROGERS S L,KAWASAKI R,et al. Global prevalence and major risk factors of diabetic retinopathy[J]. Diabetes Care,2012,35

（3）：556-564.

[6] RIVIERE C N，THAKOR N V. Modeling and canceling tremor in human-machine interfaces[J]. IEEE Engineering in Medicine and Biology Magazine，1996，15（3）：29-36.

[7] RIVIERE C N，ANG W T，KHOSLA P K. Toward active tremor canceling in handheld microsurgical instruments[J]. IEEE Transactions on Robotics and Automation，2003，19（5）：793-800.

[8] CHOI D Y，RIVIERE C N. Flexure-based manipulator for active handheld microsurgical instrument[C]//IEEE. Proceedings of the 27th Annual International Conference of the IEEE Engineering in Medicine and Biology Society. Piscataway：IEEE，2005：5085-5088.

[9] MACLACHLAN R A，BECKER B C，TABARES J C，et al. Micron：an actively stabilized handheld tool for microsurgery[J]. IEEE Transactions on Robotics，2012，28（1）：195-212.

[10] YANG S，MACLACHLAN R A，RIVIERE C N. Manipulator design and operation of a six-degree-of-freedom handheld tremor-canceling microsurgical instruments[J]. IEEE/ASME Transactions on Mechatronics，2015，20（2）：761-772.

[11] SONG C，GEHLBACH P L，KANG J U. Active tremor cancellation by a "Smart" handheld vitreoretinal microsurgical tool using swept source optical coherence tomography[J]. Optics Express，2012，20（21）：23414-23421.

[12] GONENC B，BALICKI M A，HANDA J，et al. Preliminary evaluation of a micro-force sensing handheld robot for vitreoretinal surgery[J]. 2012 IEEE/RSJ International Conference on Intelligent Robots and Systems，2012，8（07-12）：4125-4130.

[13] KANG J U，CHEON G W. Demonstration of subretinal injection using common-path swept source oct guided microinjector[J]. Applied Sciences-Basel，2018，8（8）：1287.

[14] SUZUKI H，WOOD R J. Origami-inspired miniature manipulator for teleoperated microsurgery[J]. Nature Machine Intelligence，2020，2（8）：437-446.

[15] YOSHIDA N，PERRY A C F. Piezo-actuated mouse intracytoplasmic sperm injection (ICSI)[J]. Nature Protocols，2007，2(2)：296-304.

[16] WANG P Y，XU Q S. Design and testing of a flexure-based constant-force stage for biological cell micromanipulation[J]. IEEE Transactions on Automation Science and Engineering，2018，15(3)：1114-1126.

[17] WANG G W，XU Q S. Design and development of a piezo-driven micro-injection system with force feedback [J]. Advanced robotics，2017，31(23-24)：1349-1359.

[18] WANG G W，XU Q S. Design and precision position/force control of a piezo-driven microinjection system[J]. IEEE/ASME Transactions on Mechatronics，2017，22(4)：1744-1754.

[19] YU S D，XIE M Y，WU H T，et al. Composite proportional-integral sliding mode control with feedforward control for cell puncture mechanism with piezoelectric actuation [J]. ISA Transactions，2020，2(7)：1-9.

[20] YU S D，XIE M Y，WU H T，et al. Design and control of a piezoactuated microfeed mechanism for cell injection[J]. The International Journal of Advanced Manufacturing Technology，2019，105(12)：4941-4952.

[21] DENG J，LIU S H，LIU Y X，et al. A 2-DOF needle insertion device using inertial piezoelectric actuator[J]. IEEE Transactions on Industrial Electronics，2021，69(4)：3918-3927.

[22] JUAREZ J C，YOUNG D W，SLUZ J E，et al. Free-space optical channel propagation tests over a 147-km link[C]//THOMAS L M W，SPILLAR E J. SPIE Proceedings Vol 8038，Atmspheric Propagation Ⅷ. Washington：The International Society for Optical Engineering，2011，80380B.

[23] FLETCHER T M，CUNNINGHAM J，BABER D，et al. Observations of atmospheric effects for FALCON laser communication system flight test[C]//THOMAS L M W，SPILLAR E J. SPIE Proceedings Vol 8038，Atmspheric Propagation Ⅷ. Washington：The International Society for Optical Engineering，2011：80380F.

[24] ZORAN S，HANSPETER L，BERNHARD F，et al. Optical satellite

communications in Europe[C]//HEMMATI H，SPIE Proceedings Vol 7587，Free-Space Laser Communication Technologies ⅩⅫ. Washington：The International Society for Optical Engineering，2010：758705.

[25] NEVIN K E，DOYLE K B，PILLSBURY A D. Optomechanical design and analysis for the LLCD space terminal telescope[C]//KAHAN M A. SPIE Proceedings Vol 8127，Optical Modeling and Performance Predictions. Washington：The International Society for Optical Engineering，2011：81270G.

[26] KLAUS U. Two-axis beam steering mirror control system for precision pointing and tracking applications[D]. Livermore：Lawrence Livermore National Laboratory，2006.

[27] KLUK D J. An advanced fast steering mirror for optical communication [D]. Boston：Massachusetts Institute of Technology，2007.

[28] YUAN G，WANG D H，LI S D. Single piezoelectric ceramic stack actuator based fast steering mirror with fixed rotation axis and large excursion angle[J]. Sensors and Actuators A：Physical，2015，235：292-299.

[29] LIU L，LI Q，YUN H，et al. Composite modeling and parameter identification of broad bandwidth hysteretic dynamics in piezoelectric fast steering platform[J]. Mechanical Systems and Signal Processing，2019，121：97-111.

[30] DONG Z C，JIANG A M，DAI Y F，et al. Space-qualified fast steering mirror for an image stabilization system of space astronomical telescopes [J]. Applied Optics，2018，57(31)：9307-9315.

[31] CHANG T Q，WANG Q D，ZHANG L，et al. Battlefield dynamic scanning and staring imaging system based on fast steering mirror[J]. Journal of Systems Engineering and Electronics，2019，30(1)：37-56.

[32] XIAO R J，XU M L，SHAO S B，et al. Design and wide-bandwidth control of large aperture fast steering mirror with integrated-sensing unit [J]. Mechanical Systems and Signal Processing，2019，126：211-226.

[33] XIANG S H，WANG P，CHEN S H，et al. The research of a novel single mirror 2D laser scanner[C]//AMZAJERDIAN F，GAO C Q，XIE T Y. SPIE Proceedings Vol 7382，International Symposium on Photoelec-

tronic Detection and Imaging 2009：Laser Sensing and imaging. Washington：The International Society for Optical Engineering，2009：73821A.

[34] SHAO B，CHEN L G，RONG W B，et al. Modeling and design of a novel precision tilt positioning mechanism for inter-satellite optical communication[J]. Smart Materials & Structures，2009，18(3)：035009.

[35] SHAO S B，TIAN Z，SONG S Y，et al. Two-degrees-of-freedom piezo-driven fast steering mirror with cross-axis decoupling capability[J]. Review of Scientific Instruments，2018，89(5)：055003.

[36] KIM H S，LEE D H，HUR D J，et al. Development of two-dimensional piezoelectric laser scanner with large steering angle and fast response characteristics［J］. Review of Scientific Instruments，2019，90(6)：065004.

[37] LING M X，CAO J Y，JIANG Z，et al. Optimal design of a piezo-actuated 2-DOF millimeter-range monolithic flexure mechanism with a pseudo-static model[J]. Mechanical Systems and Signal Processing，2019，115：120-131.

[38] FANG C，GUO J，YANG G Q，et al. Design and performance test of a two-axis fast steering mirror driven by piezoelectric actuators[J]. Optoelectronics Letters，2016，12 (5)：333-336.

[39] 张丽敏，王帅，杨飞，等. PZT 驱动快速控制反射镜的设计与试验[J]. 机电工程，2013，30(7)：783-787.

[40] 付锦江. 基于椭圆弧柔性铰链支撑的高性能快反镜优化设计[D]. 长春：中国科学院长春光学精密机械与物理研究所，2016.

[41] 付锦江，颜昌翔，刘伟，等. 快速控制反射镜两轴柔性支撑平台刚度优化设计[J]. 光学精密工程，2015，23(12)：3378-3386.

[42] 付锦江，颜昌翔，刘伟，等. 椭圆弧柔性铰链刚度简化计算及优化设计[J]. 光学精密工程，2016，24 (7)：1703-1710.

[43] FANG C，GUO J，XU X H，et al. Design and performance test of a two-axis fast steering mirror driven by piezoelectric actuators[J]. Optoelectronics Letters，2016，12(5)：333-336.

[44] 邵兵. 激光星间通信终端精瞄微定位系统关键技术的研究[D]. 哈尔滨：哈尔滨工业大学，2006.

[45] ZHANG S J, LIU Y X, DENG J, et al. Development of a low capacitance two-axis piezoelectric tilting mirror used for optical assisted micromanipulation[J]. Mechanical Systems and Signal Processing, 2021, 154: 107602.

[46] CHANG Q B, CHEN W S, LIU J K, et al. Development of a novel two-DOF piezo-driven fast steering mirror with high stiffness and good decoupling characteristic[J]. Mechanical Systems and Signal Processing, 2021, 159: 107851.

[47] LEGGE P. Ultrasonic drilling of ceramics[J]. Industrial Diamond Review, 1964, 24(278): 20-24.

[48] KUMAR S, WU C S, PADHY G K, et al. Application of ultrasonic vibrations in welding and metal processing: A status review[J]. Journal of Manufacturing Processes, 2017, 26: 295-322.

[49] GENG D X, LU Z H, YAO G, et al. Cutting temperature and resulting influence on machining performance in rotary ultrasonic elliptical machining of thick CFRP[J]. International Journal of Machine Tools and Manufacture, 2017, 123: 160-170.

[50] ZHU L D, NI C B, YANG Z C, et al. Investigations of micro-textured surface generation mechanism and tribological properties in ultrasonic vibration-assisted milling of Ti-6Al-4V[J]. Precision Engineering, 2019, 57: 229-243.

[51] WANG H, HU Y B, CONG W L, et al. A mechanistic model on feeding-directional cutting force in surface grinding of CFRP composites using rotary ultrasonic machining with horizontal ultrasonic vibration[J]. International Journal of Mechanical Sciences, 2019, 155: 450-460.

[52] KUMABE J, FUCHIZAWA K, SOUTOME T, et al. Ultrasonic superposition vibration cutting of ceramics[J]. Precision Engineering, 1989, 11(2): 71-77.

[53] DING K, FU Y C, SU H H, et al. Experimental studies on drilling tool load and machining quality of C/SiC composites in rotary ultrasonic machining[J]. Journal of Materials Processing Technology, 2014, 214(12): 2900-2907.

[54] WANG J J, FENG P F, ZHANG J F, et al. Reducing cutting force in rotary ultrasonic drilling of ceramic matrix composites with longitudinal-torsional coupled vibration[J]. Manufacturing Letters, 2018, 18: 1-5.

[55] YANG Z C, ZHU L D, NI C B, et al. Investigation of surface topography formation mechanism based on abrasive-workpiece contact rate model in tangential ultrasonic vibration-assisted CBN grinding of ZrO_2 ceramics[J]. International Journal of Mechanical Sciences, 2019, 155: 66-82.

[56] ASTASHEV V K. Effect of ultrasonic vibrations of a single point tool on the process of cutting[J]. Journal of Machinery Manufacture and Reliability, 1992, 5: 65-70.

[57] MORIWAKI T, SHAMOTO E, INOUE K. Ultraprecision ductile cutting of brittle materials by applying ultrasonic vibration[J]. CIRP Annals, 1992, 41(1): 141-144.

[58] ZHONG Z W, LIN G. Diamond turning of a metal matrix composite with ultrasonic vibrations[J]. Materials and Manufacturing Processes, 2005, 20(4): 727-735.

[59] ASTASHEV V K. Effect of ultrasonic vibrations of a single point tool on the process of cutting[J]. Journal of Machinery Manufacture Reliability, 1992, 5(3): 65-70.

[60] KIM J D, LEE E S. A study of the ultrasonic-vibration cutting of carbon-fiber reinforced plastics[J]. Journal of Materials Processing Technology, 1994, 43(2-4): 259-277.

[61] ZHOU M, WANG X J, NGOI B K A, et al. Brittle-ductile transition in the diamond cutting of glasses with the aid of ultrasonic vibration[J]. Journal of Materials Processing Technology, 2002, 121(2-3): 243-251.

[62] GAN J, WANG X, ZHOU M, et al. Ultraprecision diamond turning of glass with ultrasonic vibration[J]. The International Journal of Advanced Manufacturing Technology, 2003, 21(12): 952-955.

[63] XU J W, ZHENG J X, DING S Y. The basic experimental research on the NC-creep feed ultrasonic assisted grinding ceramics[C]//Anon. Proceedings of the 15th International Symposium on Electromachining. [S. l. :s. n.], 2007: 487-491.

[64] XU L H, NA H B, HAN G C. Machinablity improvement with ultrasonic vibration-assisted micro-milling[J]. Advances in Mechanical Engineering, 2018, 10(12): 1-12.

[65] LIU X F, WU D B, ZHANG J H, et al. Analysis of surface texturing in radial ultrasonic vibration-assisted turning[J]. Journal of Materials Processing Technology, 2019, 267: 186-195.

[66] LIANG Z, WU Y B, WANG X B, et al. A Two-dimensional ultrasonically assisted grinding technique for high efficiency machining of sapphire substrate[J]. Materials Science Forum, 2009, 626-627: 35-40.

[67] JIA D Z, LI C H, ZHANG Y B, et al. Experimental evaluation of surface topographies of NMQL grinding ZrO_2 ceramics combining multiangle ultrasonic vibration[J]. The International Journal of Advanced Manufacturing Technology, 2019, 100(1): 457-473.

[68] TANG X T, LIU Y X, SHI S J, et al. Development of a novel ultrasonic drill using longitudinal-bending hybrid mode[J]. IEEE Access, 2017, 5 (99): 7362-7370.

[69] MORIWAKI T, SHAMOTO E. Ultrasonic elliptical vibration cutting [J]. CIRP Annals, 1995, 44(1): 31-34.

[70] BRINKSMEIER E, GLÄBE R. Elliptical vibration cutting steel with diamond tools[J]. Materials Science, 1999, 14(2): 163-169.

[71] SHAMOTO E, SUZUKI N, TSUCHIYA E, et al. Development of 3 DOF ultrasonic vibration tool for elliptical vibration cutting of sculptured surfaces[J]. CIRP Annals, 2005, 54(1): 321-324.

[72] ZHANG J G, SUZUKI N, WANG Y L, et al. Ultra-precision nanostructure fabrication by amplitude control sculpturing method in elliptical vibration cutting[J]. Precision Engineering, 2015, 39: 86-99.

[73] KURNIAWAN R, ALI S, PARK K M, et al. Experimental study of micro-groove surface using three-dimensional elliptical vibration texturing [J]. Journal of Micro and Nano-Manufacturing, 2019, 7(2): 284-287.

[74] QIN N, PEI Z J, TREADWELL C, et al. Physics-based predictive cutting force model in ultrasonic-vibration-assisted grinding for titanium drilling[J]. Journal of Manufacturing Science and Engineering, 2009,

131(4)：481-498.

[75] PENG Y，WU Y，LIANG Z，et al. Kinematical characteristics of two-dimensional vertical ultrasonic vibration-assisted grinding technology [C]//YANG L，NAMBA Y，WALKER D D，et al. SPIE Proceedings Vol 7655，5th International Symposium on Advanced Optical Manufacturing and Testing Technologies：Advanced Optical Manufacturing Technologies. Washington：The International Society for Optical Engineering，2010：765508.

[76] LIANG Z Q，WANG X B，WU Y B，et al. Wear characteristics of diamond wheel in elliptical ultrasonic assisted grinding (EUAG) of Monocrystal Silicon[C].//YANG L，NAMBA Y，WALKER D D，et al. SPIE Proceedings，Vol 7655，5th International Symposium on Advanced Optical Manufacturing and Testing Technologies：Advanced Optical Manufacturing Technologies. Washington：The International Society for Optical Engineering，2010：765535.

[77] ZHANG C，SONG Y. Design and kinematic analysis of a novel decoupled 3D ultrasonic elliptical vibration assisted cutting mechanism[J]. Ultrasonics，2019，95：79-94.

[78] ZHANG C，SONG Y. A novel design method for 3D elliptical vibration-assisted cutting mechanism[J]. Mechanism and Machine Theory，2019，134(1)：308-322.

[79] DU P F，LIU Y X，DENG J，et al. A compact ultrasonic burnishing system for high precision planar burnishing：Design and performance evaluation[J]. IEEE Transactions on Industrial Electronics，2021，2022，69(8)：8201-8211.

[80] GOZEN B A，OZDOGANLAR O B. A rotating-tip-based mechanical nano-manufacturing process：nanomilling[J]. Nanoscale Research Letters，2010，5(9)：1403-1407.

[81] KAWASEGI N，TAKANO N，OKA D. Nanomachining of silicon surface using atomic force microscope with diamond tip[J]. Journal of Manufacturing Science and Engineering—Transactions of the ASME，2006，128(3)：723-729.

[82] ALBRECHT T R，AKAMINE S，ZDEBLICK M J，et al. Microfabrication of integrated scanning tunneling microscope[J]. Journal of Vacuum Science and Technology A：Vacuum Surfaces and Films，1990，8(1)：317.

[83] ZIMMERMANN S，TIEMERDING T，FATIKOW S. Automated robotic manipulation of individual colloidal particles using vision-based control[J]. IEEE/ASME Transactions on Mechatronics，2015，20(5)：2031-2038.

[84] KASAYA T，MIYAZAKI H T，SAITO S，et al. Image-based autonomous micromanipulation system for arrangement of spheres in a scanning electron microscope[J]. Review of Scientific Instruments，2004，75(6)：2033-2042.

[85] ONAL C D，OZCAN O，SITTI M. Automated 2-D nanoparticle manipulation using atomic force microscopy[J]. IEEE Transactions on Nanotechnology，2011，10(3)：472-481.

[86] LU H J，WANG P B，TAN R，et al. Nanorobotic system for precise in-situ three-dimensional manufacture of helical microstructures[J]. IEEE Robotics and Automation Letters，2018，3(4)：2846-2853.

[87] SONG G，SETHI V，LI H N. Vibration control of civil structures using piezoceramic smart materials：A review[J]. Engineering Structures，2006，28(11)：1513-1524.

[88] NUFFER J，BEIN T. Application of piezoelectric materials in transportation industry[C/OL]. [2021-11-25]. https://www.researchgate.net/publication/255591884_APPLICATION_OF_PIEZOELECTRIC_MATERIALS_IN_TRANSPORTATION_INDUSTRY.

[89] 文荣，吴德隆. Smart 结构——用压电材料抑制结构振动研究之一[J]. 导弹与航天运载技术，1997(2)：45-52.

[90] HAGOOD N W，Von FLOTOW A. Damping of structural vibrations with piezoelectric materials and passive electrical networks[J]. Journal of sound and vibration，1991，146(2)：243-268.

[91] DERHAM R C，HAGOOD N W. Rotor design using smart materials to actively twist blades[C]//Anon. American Helicopter Society 52nd An-

nual Forum. Washington，D. C. ：AHS，1996：1242-1252.

[92] THAKKAR D，GANGULI R. Active twist control of smart helicopter rotor—a survey[J]. Journal of Aerospace Sciences and Technologies，2005，57(4)：429-448.

[93] VIANA F A C，STEFFEN V Jr. Multimodal vibration damping through piezoelectric patches and optimal resonant shunt circuits[J]. Journal of the Brazilian Society of Mechanical Sciences and Engineering，2006，28 (3)：293-310.

[94] NITZSCHE F，ZIMCIK D G，RYALL T G，et al. Closed-loop control tests for vertical fin buffeting alleviation using strain actuation[J]. Journal of Guidance，Control，and Dynamics，2001，24(4)：855-857.

[95] NITZSCHE F. The use of smart structures in the realization of effective semi-active control systems for vibration reduction[J]. Journal of the Brazilian Society of Mechanical Sciences and Engineering，2012，34(S)：371-377.

[96] RUSSELL D A. Flexural vibration and the perception of sting in hand-held sports implements[C/OL]. [2021-12-15]. https：//www. acs. psu. edu/drussell/bats/papers/in12_1215. pdf.

[97] LIM S C，CHOI S B. Vibration control of an HDD disk-spindle system utilizing piezoelectric bimorph shunt damping：I. Dynamic analysis and modeling of the shunted drive[J]. Smart Materials and Structures，2007，16(3)：891.

[98] LIM S C，CHOI S B. Vibration control of an HDD disk-spindle system using piezoelectric bimorph shunt damping：II. Optimal design and shunt damping implementation[J]. Smart Materials and Structures，2007，16(3)：901.

[99] AGGOGERI F，BORBONI A，MERLO A，et al. Real-time performance of mechatronic PZT module using active vibration feedback control[J]. Sensors，2016，16(10)：1577.

[100] ALBERTELLI P，ELMAS S，JACKSON M R，et al. Active spindle system for a rotary planning machine[J]. The International Journal of Advanced Manufacturing Technology，2012，63(9-12)：1021-1034.

[101] HE Y，CHEN X A，LIU Z，et al. Piezoelectric self-sensing actuator for active vibration control of motorized spindle based on adaptive signal separation[J]. Smart Materials & Structures，2018，27(6)：065011.

[102] PUIG L，BARTON A，RANDO N. A review on large deployable structures for astrophysics missions[J]. Acta Astronautica，2010，67 (1-2)：12-26.

[103] JOHNSON L，YOUNG R，MONTGOMERY E，et al. Status of solar sail technology within NASA[J]. Advances in Space Research，2011，48(11)：1687-1694.

[104] YINGLING A J，AGRAWAL B N. Applications of tuned mass dampers to improve performance of large space mirrors[J]. Acta Astronautica，2014，94(1)：1-13.

[105] OGILVIE A，ALLPORT J，HANNAH M，et al. Autonomous robotic operations for on-orbit satellite servicing[C]//HOWARD R T，MOTAGHED P. SPIE Proceedings，Vol 6958：Sensors and Systens for Space Application Ⅱ. Washington：The International Society for Optical Engineering，2008：695809.

[106] SCHENKER P S，BAR-COHEN Y，BROWN D K，et al. Composite manipulator utilizing rotary piezoelectric motors：new robotic technologies for Mars in-situ planetary science[C]//REGELBRVGGE M. SPIE Proceedings，Vol 3041，Smart Structures and Materials 1997：Smart Structures and Integrated Systems. Washington：The International Society for Optical Engineering，1997：918-926.

[107] POCHARD M，NIOT J M，COSTE G，et al. Smart mechanisms for optical space equipment[C]//Anon. Proceeding of the 48th IAF Congress. Turin：AIDAA 1997：145-152.

[108] 王锋. 用奋斗回报祖国，用坚持成就初心——访中国科学院院士、南京航空航天大学赵淳生教授[J]. 网信军民融合，2021(2)：8-11.

[109] 综合科技日报，新华每日电讯. 高校院所鼎力助推"嫦五"挖土成功[J]. 科学大观园，2021(2)：30-31.

[110] 郑伟. 讲好"嫦五"奔月背后的"江苏智慧"[J]. 记者观察，2021(14)：140-141.

[111] 杨淋，赵淳生. 军民两用高性能超声电机的研发和产业化[J]. 军民两用技术与产品. 2018(9)：40-43.

[112] 全齐全，李贺，邓宗全，等. 用于星球表面岩石采样的超声波钻进取心器[J]. 中南大学学报(自然科学版)，2016，47(12)：4081-4089.

[113] 赵亮亮. 面向折展机构的足式直线型压电驱动器及驱动电源的研究[D]. 哈尔滨：哈尔滨工业大学，2017.

[114] 闫纪朋. 面向可旋转式套筒伸展机构的两自由度压电超声电机研究[D]. 哈尔滨：哈尔滨工业大学，2017.

[115] MEKID S, BASHMAL S. Engineering manipulation at nanoscale: further functional specifications[J]. Journal of Engineering, Design and Technology. 2019, 17(3)：572-590.

[116] FECHNER R, MUSLIJA A, KOHL M. A micro test platform for in-situ mechanical and electrical characterization of nanostructured multi-ferroic materials[J]. Microelectronic Engineering, 2017, 173：58-61.

[117] PETIT T, ZHANG L, PEYER K E, et al. Selective trapping and manipulation of microscale objects using mobile microvortices[J]. Nano Letters, 2012, 12(1)：156-160.

[118] AHMAD M R, NAKAJIMA M, KOJIMA S, et al. Nanofork for single cells adhesion measurement via ESEM-nano manipulator system[J]. IEEE Transactions on Nanobioscience, 2012, 11(1)：70-78.

[119] DAS S, CARNICER-LOMBARTE A, FAWCETT J W, et al. Bio-inspired nano tools for neuroscience[J]. Progress in Neurobiology, 2016, 142：1-22.

[120] DU E, CUI H L, ZHU Z Q. Review of nanomanipulators for nanomanufacturing[J]. International Journal of Nanomanufacturing, 2006, 1(1)：83-103.

[121] SHI C Y, LUU D K, YANG Q M, J. et al. Recent advances in nano-robotic manipulation inside scanning electron microscopes[J]. Microsystems and Nanoengineering. 2016, 2：16024.

[122] 李治廷. 眼科显微手术辅助机器人视网膜血管注药器研制[D]. 哈尔滨：哈尔滨工业大学，2019.

[123] LI X, CHEAH C C. A simple trapping and manipulation method of bio-

logical cell using robot-assisted optical tweezers：singular perturbation approach[J]．IEEE Transactions on Industrial Electronics，2017，64 (2)：1656-1663.

[124] YU H P，LIU Y X，DENG J，et al．Bioinspired multilegged piezoelectric robot：the design philosophy aiming at high-performance micromanipulation[D/OL]．[2022-1-11]．https：//onlinelibrary. wiley. com/doi/full/10. 1002/aisy. 202100142.

[125] BAISCH A T，SREETHARAN P S，WOOD R J，et al．Biologically-inspired locomotion of a 2 g hexapod robot[D/OL]．[2021-12-13]．http：//vigir. missouri. edu/～gdesouza/Research/Conference _ CDs/IEEE _ IROS_2010/data/papers/1458. pdf.

[126] BAISCH A T，HEIMLICH C，KARPELSON M，et al．HAMR3：An autonomous 1. 7 g ambulatory robot[C]//IEEE. 2011 IEEE/RSJ International Conference on Intelligent Robots and Systems. Piscataway：IEEE，2011：5073-5079.

[127] BAISCH A T，OZCAN O，GOLDBERG B，et al．High speed locomotion for a quadrupedal microrobot[J]．International Journal of Robotics Research，2014，33(8)：1063-1082.

[128] WU Y C，YIM J K，LIANG J M，et al．Insect-scale fast moving and ultrarobust soft robot[J]．Science Robotics，2019，4(32)：eaax1994.

[129] LIU P K，WEN Z J，LI J．A piezoelectric in-pipe micro robot actuated by impact drive mechanism[J]．Optics and Precision Engineering，2008，12：2320-2326.

[130] AOYAMA H，FUCHIWAKI O，Flexible micro-processing by multiple microrobots in SEM[C]//IEEE. Proceedings 2001 ICRA. IEEE International Conference on Robotics and Automation. Piscataway：IEEE，2001：3429-3434.

[131] YAN S Z，ZHANG F X，QIN Z，et al．A 3-DOFs mobile robot driven by a piezoelectric actuator[J]．Smart Materials and Structures，2006，15(1)：N7-N13.

[132] FUCHIWAKI O．Insect-sized holonomic robots for precise, omnidirectional, and flexible microscopic processing：Identification, design, de-

velopment，and basic experiments[J]. Precision Engineering，2013，37 (1)：88-106.

[133] FUCHIWAKI O，YAMAGIWA T，OMURA S，et al. In-situ repetitive calibration of microscopic probes maneuvered by holonomic inchworm robot for flexible microscopic operations[C]//IEEE. 2015 IEEE/RSJ International Conference on Intelligent Robots and Systems. Piscataway：IEEE，2015：1467-1472.

[134] LIU Y X，LI J，DENG J，et al. Arthropod-metamerism-inspired resonant piezoelectric millirobot[J]. Advanced Intelligent Systems，2021，3 (8)：2100015.